Teubner Studienbücher

Mathematik

Ansorge: **Differenzenapproximationen partieller Anfangswertaufgaben**
298 Seiten. DM 29,80 (LAMM)

Böhmer: **Spline-Funktionen**
Theorie und Anwendungen. 340 Seiten. DM 28,80

Clegg: **Variationsrechnung**
138 Seiten. DM 17,80

Collatz: **Differentialgleichungen**
Eine Einführung unter besonderer Berücksichtigung der Anwendungen
5. Aufl. 226 Seiten. DM 22,80 (LAMM)

Collatz/Krabs: **Approximationstheorie**
Tschebyscheffsche Approximation mit Anwendungen. 208 Seiten. DM 28,—

Constantinescu: **Distributionen und ihre Anwendung in der Physik**
144 Seiten. DM 18,80

Fischer/Sacher: **Einführung in die Algebra**
2. Aufl. 240 Seiten. DM 18,80

Grigorieff: **Numerik gewöhnlicher Differentialgleichungen**
Band 1: Einschrittverfahren. 202 Seiten. DM 16,80
Band 2: Mehrschrittverfahren. 411 Seiten. DM 29,80

Hainzl: **Mathematik für Naturwissenschaftler**
2. Aufl. 311 Seiten. DM 29,— (LAMM)

Hilbert: **Grundlagen der Geometrie**
12. Aufl. VII, 271 Seiten. DM 22,80

Jaeger/Wenke: **Lineare Wirtschaftsalgebra**
Eine Einführung
Band 1: XVI, 174 Seiten. DM 19,80 (LAMM)
Band 2: IV, 160 Seiten. DM 19,80 (LAMM)

Kall: **Mathematische Methoden des Operations Research**
Eine Einführung. 176 Seiten. DM 22,80 (LAMM)

Kochendörffer: **Determinanten und Matrizen**
IV, 148 Seiten. DM 17,80

Kohlas: **Stochastische Methoden des Operations Research**
192 Seiten. DM 24,80 (LAMM)

Krabs: **Optimierung und Approximation**
208 Seiten. DM 25,80

Stiefel: **Einführung in die numerische Mathematik**
5. Aufl. 292 Seiten. DM 24,80 (LAMM)

Stummel/Hainer: **Praktische Mathematik**
299 Seiten. DM 28,80

Topsøe: **Informationstheorie**
Eine Einführung. 88 Seiten. DM 12,80

Velte: **Direkte Methoden der Variationsrechnung**
Eine Einführung unter Berücksichtigung von Randwertaufgaben bei partiellen
Differentialgleichungen. 198 Seiten. DM 25,80 (LAMM)

Fortsetzung auf der 3. Umschlagseite

Teubner Studienbücher Mathematik

R. Ansorge
Differenzenapproximationen
partieller Anfangswertaufgaben

Leitfäden der angewandten Mathematik und Mechanik LAMM

Unter Mitwirkung von
Prof. Dr. E. Becker, Darmstadt
Prof. Dr. G. Hotz, Saarbrücken
Prof. Dr. P. Kall, Zürich
Prof. Dr. K. Magnus, München
Prof. Dr. E. Meister, Darmstadt
Prof. Dr. Dr. h. c. F. K. G. Odqvist, Stockholm
Prof. Dr. Dr. h. c. Dr. h. c. Dr. h. c. E. Stiefel, Zürich

herausgegeben von
Prof. Dr. Dr. h. c. H. Görtler, Freiburg

Band 45

Die Lehrbücher dieser Reihe sind einerseits allen mathematischen Theorien und Methoden von grundsätzlicher Bedeutung für die Anwendung der Mathematik gewidmet; andererseits werden auch die Anwendungsgebiete selbst behandelt. Die Bände der Reihe sollen dem Ingenieur und Naturwissenschaftler die Kenntnis der mathematischen Methoden, dem Mathematiker die Kenntnisse der Anwendungsgebiete seiner Wissenschaft zugänglich machen. Die Werke sind für die angehenden Industrie- und Wirtschaftsmathematiker, Ingenieure und Naturwissenschaftler bestimmt, darüber hinaus aber sollen sie den im praktischen Beruf Tätigen zur Fortbildung im Zuge der fortschreitenden Wissenschaft dienen.

Differenzenapproximationen partieller Anfangswertaufgaben

Von Dr. rer. nat. Rainer Ansorge
o. Professor an der Universität Hamburg

Mit zahlreichen Beispielen

B. G. Teubner Stuttgart 1978

Prof. Dr. rer. nat. Rainer Ansorge

Geboren 1931 in Berlin. Von 1951 bis 1956 Studium der Mathematik und Physik an der Freien Universität Berlin. 1956 Diplom in Mathematik. Von 1956 bis 1957 Industrietätigkeit. Von 1957 bis 1963 wissenschaftlicher Assistent am Institut für Mathematik der Bergakademie (später: Technische Hochschule) Clausthal. 1959 Promotion, 1963 Habilitation in Mathematik. 1963 Hochschuldozent, 1968 Professor an der Technischen Hochschule Clausthal. Seit 1969 o. Professor an der Universität Hamburg

CIP-Kurztitelaufnahme der Deutschen Bibliothek

Ansorge, Rainer:
Differenzenapproximationen partieller Anfangswert-
aufgaben. — 1. Aufl. — Stuttgart : Teubner, 1978. —
 (Leitfäden der angewandten Mathematik und Mecha-
 nik ; 45) (Teubner-Studienbücher : Mathematik)
 ISBN 978-3-519-02347-0   ISBN 978-3-322-91209-1 (eBook)
 DOI 10.1007/978-3-322-91209-1

Umschlaggestaltung: W. Koch, Sindelfingen

Vorwort

1956 veröffentlichten Lax und Richtmyer [69] eine Arbeit, in der
unter Benutzung funktionalanalytischer Hilfsmittel die Struktur des
Konvergenzverhaltens von Differenzapproximationen für eine große
Klasse linearer Anfangswertaufgaben bei partiellen Differentialgleichungen aufgeklärt werden konnte. Insbesondere konnte der Satz
über die Äquivalenz der numerischen Stabilität mit der punktweisen
Konvergenz eines mit der gegebenen Anfangswertaufgabe konsistenten
Differenzenverfahrens weitestgehend unabhängig von dem der Aufga-
benstellung zugrundeliegenden normierten Raum und unabhängig vom
Typ der approximierten Aufgabe formuliert werden. Zugleich ergab
sich, daß unter gewissen Voraussetzungen neben den klassischen Lösungen der gegebenen Anfangswertaufgabe auch deren verallgemeinerte Lösungen durch das Differenzenverfahren approximierbar sind,
wenngleich Fehlerabschätzungen oder auch nur Angaben über die Konvergenzordnung im Falle verallgemeinerter Lösungen zunächst aus-
blieben.

In den seither vergangenen zwei Jahrzehnten wurden mit Erfolg zahlreiche Versuche unternommen, diese Lax-Richtmyer-Theorie in verschiedenen Richtungen zu ergänzen und zu verallgemeinern. Dabei
zeigte sich insbesondere, daß die punktweise Konvergenz der iterierten Differenzenoperatoren bei der Approximation nichtlinearer
Differentialgleichungen in der Regel nicht ausreicht, um die numerische Brauchbarkeit eines Verfahrens zu gewährleisten, jedoch gelang es, auch bei entsprechend verfeinerten Konvergenzbegriffen unter Verwendung geeigneter Stabilitätsdefinitionen Äquivalenzsätze
aufzustellen und damit die Lax-Richtmyer-Theorie einschließlich der
aus ihr für konkrete Probleme in den Anwendungsgebieten resultie-
renden Forderungen auf solche nichtlinearen Probleme zu erweitern.
Naturgemäß spielte dabei die Frage der Existenz und der numerischen
Erfaßbarkeit verallgemeinerter Lösungen nichtlinearer Probleme eine nicht unerhebliche Rolle.

Die Einbeziehung der ursprünglich auch im linearen Fall nicht ein-
geschlossenen Abhängigkeit des in der jeweiligen Anfangswertaufgabe
auftretenden Ortsvariablen-Differentialoperators von der Zeit ergab
zusätzliche Schwierigkeiten, die jedoch ebenfalls behoben werden

konnten.

Die Frage der Konvergenzordnung bei der Erfassung verallgemeinerter Lösungen wurde 1967 erstmals von Peetre und Thomée [81] für den
linearen Fall beantwortet. Diese Ergebnisse konnten in der Folge-
zeit wenigstens auf Klassen halblinearer Anfangswertaufgaben verallgemeinert werden, während z.B. im Bereich quasilinearer Aufgaben für gewisse Problemklassen bisher lediglich die Existenz verallgemeinerter Lösungen und deren numerische Erfaßbarkeit durch das
Differenzenverfahren im Sinne geeigneter Konvergenzbegriffe sichergestellt wurden.

Aufgrund des Umstandes, daß trotz der erfreulichen Fortschritte im
Bereich der Galerkinverfahren nach wie vor bei nichtlinearen Anfangswertaufgaben die Differenzenverfahren als zentrales und uni-
verselles Hilfsmittel der Praxis anzusehen sind, schien es dem Verfasser an der Zeit, die erwähnten Verallgemeinerungen der linearen
Lax-Richtmyer-Theorie im Zusammenhang darzustellen.

Dennoch konnte im Interesse einer möglichst geschlossenen Darstellungsweise Vollständigkeit nicht angestrebt werden. Insbesondere
mußte von vornherein der Versuch unterbleiben, diesem der Struktur
des Verhaltens von Differenzenverfahren gewidmeten Buch eine kata-
logähnliche Zusammenstellung der in der Literatur verstreuten und
vielfach auf konkrete Einzelprobleme zugeschnittenen Methoden bei-
zugeben. Hingegen werden in den eingefügten und bewußt sowohl hinsichtlich der jeweils zu behandelnden Differentialgleichung wie
hinsichtlich des jeweils zugrundegelegten Raumes möglichst einfach
gehaltenen Beispielen zahlreiche wichtige Verfahrenstypen ange-
sprochen.

Die Darstellung, bei der die Konvergenzfrage im Vordergrund steht,
folgt weitgehend der historischen Entwicklung. Mithin wird nach Beschreibung der behandelten Klassen von Anfangswertaufgaben und nach
dem Eingehen auf verschiedenartige Konvergenzbegriffe und auf die
Existenz und numerische Erfaßbarkeit der auch für praktische Fragestellungen wichtigen verallgemeinerten Lösungen von linearen
Problemen über halblineare und quasilineare Anfangswertaufgaben bis
zu gewissen voll nichtlinearen Aufgabenklassen fortgeschritten. Neben historischen und didaktischen Gesichtspunkten stand bei der

Wahl dieses Aufbaus insbesondere der Umstand im Vordergrund, daß
die Spezialisierung der für weniger stark eingeschränkte Aufgabentypen gewonnenen Ergebnisse auf speziellere Problemklassen die dort
vorher gewonnenen Resultate naturgemäß häufig nur teilweise repro-
diziert.

Die Approximation nichtlinearer Anfangswertaufgaben bei gewöhnlichen Differentialgleichungen mittels Differenzenverfahren wird
nur insoweit gestreift, als die für partielle Differentialgleichungen gewonnenen Ergebnisse durch Spezialisierung zu Resultaten der
ebenfalls 1956 erschienen und für die numerische Behandlung gewöhnlicher Differentialgleichungen grundlegenden Arbeit von Dahlquist
[29] führen und so die Querverbindung herstellen.

Das Buch ist aus Vorlesungen entstanden, die der Verfasser ver-
schiedentlich in Hamburg gehalten hat, so daß es sich an Vorle-
sungsbedürfnisse anlehnt, doch wurde das Manuskript selbst weitgehend losgelöst von den Vorlesungen erstellt und dabei, wie der
Autor hofft, auch den Bedürfnissen des in der Praxis tätigen An-
wenders angepaßt.

Zahlreichen Kollegen und Mitarbeitern habe ich für Anregungen und
Verbesserungsvorschläge zu danken. Frau W. Bergmann danke ich für
die außerordentlich sorgfältige Erstellung der Druckvorlage und dem
Teubner-Verlag für das bereitwillige Eingehen auf meine Wünsche.

Hamburg, im Frühjahr 1978   R. Ansorge

Inhalt

1 Das kontinuierliche Problem

1.1 Funktionalanalytische Formulierung von Anfangswertaufgaben

Den nachfolgenden Betrachtungen werden in der Regel gewisse Funktionenmengen oder Funktionenräume zugrundeliegen, wobei wir die unabhängigen Variablen $x \in \mathbb{R}^d$ als *Ortsvariable* bezeichnen:

$$u = u(x).$$

Innerhalb dieser Funktionenmengen werden häufig gewisse einparametrige Scharen von Funktionen gesucht werden. Den Scharparameter t bezeichnen wir als *Zeitvariable*. Gemäß Auffassung der einzelnen Funktionen der betrachteten Mengen als Elemente oder *Punkte* dieser Mengen werden wir häufig auf die explizite Angabe der Ortsvariablen verzichten, jedoch den Scharparameter mitführen. Wir bezeichnen dann mit $\{u(t)\}$ die Schar, während $u(t)$ eine spezielle Funktion von x zum festen Parameter t bedeutet. Auch setzen wir

$$[u(t)](x) = u(x,t).$$

Überdies werden die betrachteten Funktionenmengen in der Regel Teilmengen eines normierten Raumes sein. Unter der Ableitung der Schar $\{u(t)\}$ nach dem Parameter t (bezüglich der gegebenen Norm) an einer Stelle t_0 verstehen wir dann ein Element v des betrachteten Funktionenraumes mit der Eigenschaft

$$\lim_{t \to t_0} \left\| \frac{1}{t-t_0} \{u(t) - u(t_0)\} - v \right\| = 0,$$

und wir schreiben

$$v = u_t(t_0).$$

Zwecks Einführung in die später benutzte Bezeichnungsweise beginnen wir mit einigen Beispielen:

1. In dem Banach-Raum

$$\mathfrak{M} := \left\{ u \mid u \in C^0_{2\pi}(\mathbb{R}), \ \|u\| = \max_{0 \le x \le 2\pi} |u(x)| \right\} \quad [1]$$

---

[1] Unter $C^p_\omega(B)$ verstehen wir die Menge der in B p-mal stetig-differenzierbaren, in jeder Ortsvariablen mit der Periode ω periodischen Funktionen.

12

suchen wir diejenige einparametrige Schar $\{u(t)\}$, die dort (bezüglich der in $\mathfrak{M}$ gegebenen Norm) der linearen Anfangswertaufgabe

$$u_t = u_x, \quad 0 \leq t \leq T \tag{1.1.1}$$

$$u(x,0) = u_0(x)$$

genügt. Diese Schar nennen wir dann *Lösung* der gegebenen Aufgabe.
Setzt man den linearen Differentialoperator (bezüglich der Ortsva-
riablen) $\frac{\partial}{\partial x} = A$ und läßt man (wie verabredet) die Ortsvariable weg,
so läßt sich diese Aufgabe im Raum $\mathfrak{M}$ in der Form

$$u_t = Au, \quad 0 \leq t \leq T \tag{1.1.2}$$

$$u(0) = u_0$$

schreiben, wo A ein auf $C^1_{2\pi}(\mathbb{R}) =: \mathfrak{M}_A \subset \mathfrak{M}$ definierter und $\mathfrak{M}_A$ in $\mathfrak{M}$ ab-
bildender linearer Operator ist.

Die Menge derjenigen Anfangselemente $u_0 \in \mathfrak{M}$, für die die Aufgabe
(1.1.2) eindeutige Lösungen besitzt, bezeichnen wir mit $\mathfrak{A}$ $(\mathfrak{A} \subset \mathfrak{M}_A)$.
Im Spezialfall (1.1.1) ist $\mathfrak{A} = \mathfrak{M}_A$.

Bemerkung: *Gelegentlich werden wir mit dem Buchstaben $\mathfrak{A}$ sogar nur
solche Mengen bezeichnen, die lediglich gewisse eindeutige Lösungen
erzeugen.*

Wir werden dann sagen, daß (1.1.2) eindeutige Lösungen auf $\mathfrak{A}$ besitze.

Offenbar ist dann für jedes feste $t \in [0,T]$ das *Lösungselement* $u(t)$
eindeutig durch u_0 bestimmt, so daß wir schreiben können

$$u(t) = E_0(t)u_0, \tag{1.1.3}$$

wobei die Operatoren $E_0(t)$ $(0 \leq t \leq T)$ auf $\mathfrak{A}$ definiert sind und $\mathfrak{A}$ in
$\mathfrak{M}$ abbilden. Die $E_0(t)$ werden *Lösungsoperatoren* genannt.

Ist (wie im Beispiel (1.1.1)) $\mathfrak{A}$ ein linearer Teilraum von $\mathfrak{M}_A$, so
gilt bei linearem Operator A das Überlagerungs- oder *Superpositi-
onsprinzip*, d.h. jede Linearkombination von Lösungen ist wiederum
Lösung. Mithin ist in einem solchen Fall der Operator $E_0(t)$ (bei
jeweils festem t) ein linearer Operator von $\mathfrak{A}$ in $\mathfrak{M}$.

Im Spezialfall (1.1.1) lassen sich die Lösungen und damit die Lösungsoperatoren explizit angeben:

$$[u(t)]\,(x) = u(x,t) = u_0(x+t) =: [E_0(t)u_0](x)\,, u_0 \in C^1_{2\pi}(\mathbb{R})\,. \quad (1.1.4)$$

Im vorliegenden Fall bilden die Operatoren $E_0(t)$ sogar $\mathcal{O}$ in $\mathcal{O}$ ab, und die Lösung auf der *Schicht* oder der Hyperebene $t + \tau$ ($0 \le t \le T$, $0 \le \tau \le T$, $t + \tau \le T$) läßt sich auch dadurch gewinnen, daß man zunächst die Lösung $\{u(t)\}$ auf der Schicht τ berechnet, mit dieser als neues Anfangselement in die gegebene Anfangswertaufgabe hineingeht und die aus diesem Anfangselement hervorgehende Lösung auf der Schicht t ermittelt, d.h.

$$u(t+\tau) = E_0(t)u(\tau)$$

oder $\qquad\qquad\qquad\qquad\qquad\qquad\qquad\qquad\qquad\qquad\qquad (1.1.5)$

$$E_0(t+\tau) = E_0(t)E_0(\tau)\,.$$

Überdies gilt nach Definition der Lösungsoperatoren offenbar $E_0(0) = I$ (Identität). Erfüllen die Lösungsoperatoren einer gegebenen Anfangswertaufgabe die Eigenschaft (1.1.5), so werden wir sagen, sie hätten die *Halbgruppeneigenschaft.*

Für den Fall, daß (1.1.2) einen Naturvorgang beschreibt, ist (1.1.5) identisch mit dem *Hadamardschen Prinzip des Determinismus in der Natur* (vgl. z.B. [48], S.29).

Bemerkung: Gemäß der oben verbal geschilderten Bedeutung von (1.1.5) läßt sich das Vorhandensein der Halbgruppeneigenschaft allerdings nur für einen von der Fortschreitungsrichtung, d.h. von t, unabhängigen Operator A erwarten (häufig dagegen ist A von t abhängig, wie etwa in dem Beispiel

$$u_t = f(x,t)u_x, \quad d.h. \quad A = f(\cdot,t)\frac{\partial}{\partial x} = A(t)).$$

Tatsächlich liefert das mit $\mathcal{M} = \mathcal{M}_A = \mathcal{O} = \mathbb{R}$ *in das Modell (1.1.2) hineinpassende Beispiel der gewöhnlichen Differentialgleichung*

$$\dot{u} = 2tu, \quad u(0) = u_0$$

(d.h. $A(t) = 2t \cdot I$*) die Lösung*

$$u(t) = e^{t^2} u_0 =: E_0(t)u_0,$$

14

wobei $E_o(t)$ offenbar nicht die Halbgruppeneigenschaft besitzt.

Die Lösungsoperatoren $E_o(t)$ unseres Beispiels (1.1.1) waren gemäß (1.1.4) nur auf $\mathcal{O}$ definiert. Offenbar lassen sich jedoch auch für beliebige $u_o \in \mathcal{M}$ gewisse lineare (und ebenfalls die Halbgruppeneigenschaft besitzende) Operatoren $E(t)$ vermittels

$$\left[E(t)u_o\right](x) = u_o(x+t) \quad (Verschiebungsoperator)$$

definieren, deren Restringierung auf $\mathcal{O}$ die ursprünglichen Lösungsoperatoren ergibt. Sie stellen somit lineare Fortsetzungen der Lösungsoperatoren $E_o(t)$ vom Definitionsbereich $\mathcal{O}$ auf den Definitionsbereich $\mathcal{M}$ (kurz: Fortsetzungen oder Erweiterungen von $\mathcal{O}$ auf $\mathcal{M}$) dar. Überdies sind die Operatoren $E(t)$ ebenso wie die Operatoren $E_o(t)$ beschränkt, also als lineare Operatoren auch stetig ($\|E_o(t)\| = \|E(t)\| = 1$).

<u>Definition</u>: Die vermittels stetiger Fortsetzungen $E(t)$ gegebener Lösungsoperatoren $E_o(t)$ erzeugten Scharen

$$u(t) = E(t)u_o$$

heißen *verallgemeinerte Lösungen* der gegebenen Anfangswertaufgabe[1].

Bemerkung: *Häufig erfüllen die Daten (hier Anfangswerte) eines Naturvorganges, der seinerseits durch eine Differentialgleichung beschrieben wird, nicht die Voraussetzungen eines zur Differentialgleichung gehörenden Existenzsatzes (obschon der Naturprozeß auch unter den gegebenen, schwächer strukturierten Daten in meßbarer Weise abläuft). In solchen Fällen wird der Prozeß-Ablauf oftmals durch eine solche verallgemeinerte Lösung wiedergegeben, so daß auch die Möglichkeit der numerischen Berechenbarkeit verallgemeinerter Lösungen von Interesse ist.*

Bemerkung: *In Beispiel (1.1.1) gilt $\mathcal{O} = \mathcal{M}_A \xrightarrow[dicht]{} \mathcal{M}$, da nach dem Weierstraß'schen Approximationssatz (vgl. z.B. [74]) bereits die in $\mathcal{M}_A$ enthaltenen trigonometrischen Polynome dicht in $\mathcal{M}$ liegen.*

---

[1] Gegenüber den verallgemeinerten Lösungen werden die Lösungen gelegentlich durch die Bezeichnung *echte Lösungen* hervorgehoben werden.

2. In dem Banach-Raum

$$\mathfrak{M} = \{\, u \mid u \in C^o[0,1]\,,\ u(0) = u(1) = 0,\ \|u\| = \max_{0 \leq x \leq 1} |u(x)|\,\}$$

suchen wir eine einparametrige Schar $\{u(t)\}$ von Elementen, die
dort der linearen Anfangsrandwertaufgabe

$$u_t = u_{xx},$$

$$u(x,0) = u_o(x) \text{ für } 0 \leq x \leq 1 \text{ mit } u_o(0) = u_o(1) = 0, \qquad (1.1.6)$$

$$u(0,t) = u(1,t) = 0 \text{ für } 0 \leq t \leq T$$

genügt.

Da wir uns bei der Wahl des Raumes (und damit auch des Definitions-
bereiches des Operators $\frac{\partial^2}{\partial x^2}$) bereits auf Funktionen $u(x)$ mit der
Eigenschaft $u(0) = u(1) = 0$ beschränkt haben, können in (1.1.6) die
den stetigen Anschluß der Anfangsfunktion an die gesuchte Lösung
auch in den Ecken $(0,0)$ und $(1,0)$ gewährleistenden Nebenbedingungen
$u_o(0) = u_o(1)$ ebenso entfallen wie die linearen homogenen Randbedingungen $u(0,t) = u(1,t) = 0$.

Setzt man in diesem Beispiel nun $A := \frac{\partial^2}{\partial x^2}$, so läßt sich die Anfangsrandwertaufgabe (1.1.6) in dem gewählten Raum $\mathfrak{M}$ wiederum vollständig als reine Anfangswertaufgabe der Form (1.1.2) darstellen.

Dabei ist $\mathfrak{M}_A = \mathfrak{M} \cap C^2[0,1]$.

Wir definieren nun $u_o(x) = -u_o(-x)$ für $-1 \leq x \leq 0$ und setzen die
in $\mathfrak{M}_A$ liegenden Anfangsfunktionen u_o über das Intervall $[-1,1]$ hinaus periodisch fort. Damit wird $u_o \in C_2^o(\mathbb{R})$ und ist außerhalb der
ganzzahligen Punkte der x-Achse sogar zweimal stetig differenzierbar. In den ganzzahligen Punkten haben die betrachteten u_o den
Wert 0.

Funktionen dieser Art sind in gleichmäßig konvergente Fourier-Rei-
hen entwickelbar. Zu jeder dieser Anfangsfunktionen existiert eine
eindeutig bestimmte Lösung:

Hat u_o (als ungerade Funktion) etwa die Darstellung

$$u_o(x) = \sum_{k=1}^{\infty} B_k \sin(k\pi x),$$

so lautet die Lösung unserer Aufgabe:

$$u(x,t) = \sum_{k=1}^{\infty} e^{-k^2\pi^2 t} B_k \sin(k\pi x).$$

Der Teilraum $\mathcal{O}$ von $\mathcal{M}$, auf dem die betrachtete Aufgabe eindeutige Lösungen besitzt, ist daher wiederum mit $\mathcal{M}_A$ identisch.

Da $\mathcal{O}$ die Restriktionen der ungeraden trigonometrischen Polynome auf das Intervall $[0,1]$ enthält, ist wiederum $\mathcal{O}$ dicht in $\mathcal{M}$.

Die Lösungsoperatoren dieses Beispiels werden somit offenbar auf $\mathcal{O}$ definiert durch

$$[E_o(t)u_o](x) = \sum_{k=1}^{\infty} e^{-k^2\pi^2 t} B_k \sin(k\pi x)$$

und sind wiederum lineare stetige Operatoren von $\mathcal{O}$ in $\mathcal{M}$ (die im übrigen offensichtlich wiederum die Halbgruppeneigenschaft besitzen).
Nicht so offensichtlich wie im ersten Beispiel ist hier die Existenz stetiger linearer Fortsetzungen der Operatoren $E_o(t)$ (vergleiche jedoch hierzu Abschnitt 1.2).

3. In dem bereits in Beispiel 1 betrachteten Banach-Raum $\mathcal{M} = C^o_{2\pi}(\mathbb{R})$ (versehen mit der Tschebyscheff-Norm) suchen wir eine einparametrige Schar $\{u(t)\}$, deren Elemente der halblinearen Anfangswertaufgabe

$$u_t - u_x = 2u^2, \quad 0 \leqq t \leqq T \tag{1.1.7}$$

$$u(x,0) = u_o(x)$$

genügen. Dabei nennen wir eine partielle Differentialgleichung *halblinear*, wenn in ihr die Glieder mit den höchsten Ableitungsordnungen nur linear auftreten, hingegen niedrigere Ableitungen (einschließlich der nullten Ableitung) der gesuchten Funktion auch nichtlinear vorkommen. Dabei werden wir im folgenden vornehmlich solche halblinearen Probleme betrachten, bei denen die Ableitung nach t nur von erster Ordnung ist und *sämtliche* Ableitungen höherer als nullter Ordnung lediglich linear auftreten. Der nichtlineare Teil ist dann nur (in nichtlinearer Weise) von der Lösung u selbst

abhängig, nicht aber von den Ableitungen von u.
Hinsichtlich anderer halblinearer Aufgaben vergleiche allgemein die
Rückführung nichtlinearer Probleme auf quasilineare Aufgaben (Bei-
spiel 4) sowie Kapitel 7.

Bezeichnen wir nun den linearen Differentialoperator bezüglich der
Ortsvariablen mit F (gegebenenfalls mit F(t)) (im vorliegenden Bei-
spiel ist $F = \frac{\partial}{\partial x}$) und den nichtlinearen Term mit G(t)u (im vorliegenden Beispiel ist der nichtlineare Operator G unabhängig von
t: $Gu := u^2$) und die Summe der Operatoren F und G mit A (bzw.
A(t)), so können auch halblineare Aufgaben der beschriebenen Art
wiederum in der Form

$$u_t = Au$$

$$u(0) = u_0$$

geschrieben werden.

Im Beispiel (1.1.7) ist G auf dem zugrundegelegten Gesamtraum
(von dem wir in anderen Fällen gelegentlich nur voraussetzen werden, daß er ein normierter aber nicht notwendig vollständiger Raum
ist) definiert und bildet diesen in sich ab, während F (und damit
A) nur dann seinen Definitionsbereich $\mathfrak{M}_F$ in $\mathfrak{M}$ hinein abbildet, wenn
man $\mathfrak{M}_F = \mathfrak{M} \cap C^1(\mathbb{R})$ wählt.

Bemerkung: *Im folgenden werden wir in der Regel davon ausgehen, daß
die auftretenden Operatoren wie die zugrundegelegten Funktionenmengen so beschaffen sind, daß alle Bilder der Elemente dieser Mengen in dem Raum liegen, in dem die Anfangswertaufgabe formuliert
wurde.*

Die Lösung der Aufgabe (1.1.7) lautet

$$u(x,t) = \frac{u_0(x+t)}{1-2tu_0(x+t)} \qquad (1.1.8)$$

und ist eindeutig bestimmt für alle $u_0 \in \mathfrak{M} \cap C^1(\mathbb{R})$ mit $-\infty < u_0(x) < \frac{1}{2T}$.

Wir beschränken unsere Betrachtungen bei diesem Beispiel jedoch auf
die Menge

$$\mathfrak{A} := \left\{ u \mid u \in \mathfrak{M} \cap C^1(\mathbb{R}),\ \|u\| < \frac{1}{2T} \right\},$$

die zwar nicht (wie bei den obigen linearen Beispielen) dicht in
$\mathfrak{M}$, wohl aber dicht in

$$\mathfrak{U} := \{\, u \mid u \in \mathfrak{M}, \ \|u\| < \tfrac{1}{2T} \,\} \tag{1.1.9}$$

liegt, da wiederum diejenigen trigonometrischen Polynome, die $\mathfrak{A}$ an-
gehören, bereits in $\mathfrak{U}$ dicht liegen.

Durch (1.1.8) werden die zu diesem Beispiel gehörenden, $\mathfrak{A}$ in $\mathfrak{M}$ ab-
bildenden Lösungsoperatoren $E_o(t)$ definiert:

$$[E_o(t)u_o](x) = \frac{u_o(x+t)}{1-2tu_o(x+t)}, \ \text{für alle } x \in \mathbb{R}.$$

Diese Operatoren $E_o(t)$ sind gemäß der Nichtlinearität der Differentialgleichung nichtlineare, jedoch (für jedes feste $t \in [0,T]$) stetige Operatoren von $\mathfrak{A}$ in $\mathfrak{M}$ (und besitzen übrigens in Übereinstimmung mit der t-Unabhängigkeit von A wiederum die Halbgruppeneigen-
schaft).

4. Die Bedeutung der im nachfolgenden Beispiel betrachteten quasilinearen Anfangswertaufgaben liegt unter anderem darin, daß sich
auch Anfangswertaufgaben mit nichtlinearen partiellen Differentialgleichungen höherer Ordnung zumeist auf Anfangswertaufgaben mit
Systemen quasilinearer Differentialgleichungen zurückführen lassen:

Wir betrachten die Aufgabe (vgl. [94], S.126, sowie [10], S.7 ff.)

$$u_{tt} = f(x,t,u,u_x,u_t,u_{xx},u_{xt})$$

$$u(x,0) = \varphi(x), \ u_t(x,0) = \psi(x)$$

und führen die allgemein üblichen Bezeichnungen

$$u_x = p, u_t = q, u_{xx} = r, u_{xt} = s, u_{tt} = w$$

ein. Mit diesen Bezeichnungen ist dann obige Aufgabe dem Anfangswertproblem mit dem System

$$u_t = q$$

$$p_t = q_x$$

$$q_t = w$$

$$r_t = s_x$$

$$s_t = w_x$$

$$w_t = f_t + f_u q + f_p q_x + f_q w + f_r s_x + f_s w_x$$

und den Anfangsbedingungen

$$u(x,0) = \varphi(x) =: u_o(x)$$

$$p(x,0) = \varphi'(x) =: p_o(x)$$

$$q(x,0) = \psi(x) =: q_o(x)$$

$$r(x,0) = \varphi''(x) =: r_o(x)$$

$$s(x,0) = \psi'(x) =: s_o(x)$$

$$w(x,0) = f(x,0,u_o(x), p_o(x), q_o(x), r_o(x), s_o(x)) =: w_o(x)$$

äquivalent. Wir setzen nun:

$$\bar{u}(x,t) := \begin{pmatrix} u \\ u_x \\ u_t \\ u_{xx} \\ u_{xt} \\ u_{tt} \end{pmatrix} = \begin{pmatrix} u \\ p \\ q \\ r \\ s \\ w \end{pmatrix} \quad \text{und} \quad \bar{v}(x,t) := \begin{pmatrix} v \\ v_x \\ v_t \\ v_{xx} \\ v_{xt} \\ v_{tt} \end{pmatrix}$$

für hinreichend glatte v, sowie

$$[F(t,\bar{u})\bar{v}](x) := \begin{pmatrix} 0 & 0 & 0 & 0 & 0 & 0 \\ 0 & 0 & \frac{\partial}{\partial x} & 0 & 0 & 0 \\ 0 & 0 & 0 & 0 & 0 & 0 \\ 0 & 0 & 0 & 0 & \frac{\partial}{\partial x} & 0 \\ 0 & 0 & 0 & 0 & 0 & \frac{\partial}{\partial x} \\ 0 & 0 & f_p\frac{\partial}{\partial x} & 0 & f_r\frac{\partial}{\partial x} & f_s\frac{\partial}{\partial x} \end{pmatrix} \bar{v},$$

$$G(t)\bar{u}\ (x)\ :=\ \begin{pmatrix} q \\ o \\ w \\ o \\ o \\ f_t + f_u\ q + f_q\ w \end{pmatrix},$$

wobei die auftretenden Ableitungen von f Funktionen von $x,t,\bar{u}$ sind.
Mit F + G = A kann auch diese Anfangswertaufgabe wie in den voran-
gegangenen linearen und halblinearen Fällen in der Form

$$u_t = A(t)\bar{u}(= F(t,\bar{u})\bar{u} + G(t)\bar{u}),\quad O \leq t \leq T$$

$$\bar{u}(O) = \bar{u}_o$$

mit $\bar{u}_o = (u_o,p_o,q_o,r_o,s_o,w_o)^T$ geschrieben werden.

Der Operator $F(t,\bar{u})$ ist für jedes feste $t \in [O,T]$ und für jedes
feste $\bar{u}$ aus dem zugrundegelegten normierten Raum $\mathfrak{M}$ (über $\mathbb{R}$) ein linearer Differentialoperator bezüglich der Ortsvariablen; also gilt

$$F(t,\bar{u})\ (\lambda_1\bar{v}_1+\lambda_2\bar{v}_2) = \lambda_1\ F(t,\bar{u})\bar{v}_1 + \lambda_2 F(t,\bar{u})\bar{v}_2,\quad \text{für alle } \lambda_i \in \mathbb{R},$$
$$\text{für alle } \bar{v}_i \in \mathfrak{M}_F,$$

wobei $\mathfrak{M}_F$ der gemeinsame (und als nicht-leer vorausgesetzte) Definitionsbereich der Operatoren $F(t,\bar{u})$ ist.
$F(t,\bar{u})\ \bar{u}$ ist also in bezug auf das *äußere* $\bar{u}$ bei festem *inneren* $\bar{u}$
ein linearer Differentialausdruck (bezüglich der Ortsvariablen)
erster Ordnung, dessen Koeffizienten jedoch selbst noch von $\bar{u}$ abhängen. Aus diesem Grunde wird bei Aufgaben dieser Art von *quasilinearen* Problemen gesprochen.

Bemerkung: *Man beachte, daß sich bei vektorwertigen Funktionen u
somit auch Systeme von Differentialgleichungen vielfach auf die
Form (1.1.2) bringen lassen.*

Die angeführten Beispiele legen allgemein die Behandlung von Anfangswertaufgaben der folgenden Form nahe:

In einem normierten Raum $\mathfrak{M}$ über $\mathbb{R}$ werde eine einparametrige Schar
$\{u(t)\}$ von Elementen gesucht, die dort (bezüglich der in $\mathfrak{M}$ gegebenen Norm) der im allgemeinen nichtlinearen Anfangswertaufgabe

$$u_t = A(t)u, \quad 0 \le t \le T \qquad\qquad (1.1.10)$$

$$u(0) = u_0$$

genügt. Dabei ist $\mathfrak{M}$ in der Regel ein Raum der auf einer Teilmenge
$\mathcal{G} \subset \mathbb{R}^d$ der Ortsvariablen x definierten reellwertigen (eventuell vektorwertigen) Funktionen [1].

Weiter sei $\mathcal{A}$ Teilmenge derjenigen Elemente $u_0 \in \mathfrak{M}$, für die obige Anfangswertaufgabe jeweils eine eindeutige Lösung besitzt.

Bemerkung: *Für $F = \Theta$ (Nulloperator) sind in der Klasse der halblinearen partiellen Anfangswertaufgaben*

$$u_t = Fu + G(t)u, \quad u(0) = u_0 \qquad\qquad (1.1.11)$$

insbesondere auch die nichtlinearen Anfangswertaufgaben

$$\dot{u} = g(t,u), \quad u(0) = u_0$$

*für gewöhnliche Differentialgleichungen erster Ordnung, bzw. für
Systeme solcher Gleichungen, enthalten ($\dot{u} := u_t$, $g(t,u) := G(t)u$).*

Wie in obigen Beispielen definieren wir nun auf $\mathcal{A}$ vermöge

$$\{E_0(t)u_0\} = \{u(t)\} \text{ ist Lösung der gegebenen Aufgabe}$$

eine Operatorenschar $\{E_0(t)\}$ (Lösungsoperatoren). Wir setzen im folgenden die Operatoren $E_0(t)$ für jedes feste $t \in [0,T]$ als stetig
voraus.

Definition: Anfangswertaufgaben mit auf $\mathcal{A}$ eindeutigen Lösungen,
die dort von diesen Anfangselementen u_0 stetig abhängen, heißen *auf
$\mathcal{A}$ sachgemäß gestellt.*

---

[1] Es handelt sich hier also um *zylindrische Probleme*, bei denen
Lösungen $u(x,t)$ gesucht werden, die auf den nicht notwendig beschränkten Zylindern $\mathcal{G} \times [0,T]$ definiert sind; für nichtzylindrische Probleme vgl. Kapitel 8.

Offenbar ist die Abbildung

$$[0,T] \xrightarrow[E_o(t)u_o]{} \mathfrak{M} \qquad\qquad (1.1.12)$$

für jedes feste $u_o \in \mathfrak{A}$ stetig, da $E_o(t)u_o$ sogar (bezüglich der in $\mathfrak{M}$ gegebenen Norm) nach t differenzierbar ist.

1.2 Der Begriff der verallgemeinerten Lösung

Satz 1.2.1:

Es sei
$$\mathfrak{I} \underset{dicht}{\subseteq} \mathfrak{U} \subset \mathfrak{M} \ , \ \mathfrak{I} \subset \mathfrak{A} .$$

Die Anfangswertaufgabe (1.1.10) sei auf $\mathfrak{I}$ sachgemäß gestellt. Dann gibt es höchstens eine stetige Fortsetzung des (nicht notwendig linearen) Lösungsoperators $E_o(t)$ von $\mathfrak{I}$ auf $\mathfrak{U}$ für jedes feste $t \in [0,T]$.

Beweis: Seien E und F stetige Fortsetzungen des Operators E_o von $\mathfrak{I}$ auf $\mathfrak{U}$. Ferner sei $u \in \mathfrak{U}$ ein beliebig herausgegriffenes Element. Dann ist für $v \in \mathfrak{I}$

$$\|Eu - Fu\| \leqq \|Eu - Ev\| + \|Ev - Fv\| + \|Fv - Fu\|$$

$$= \|Eu - Ev\| + \|Fv - Fu\| \ (\text{da } Ev = Fv = E_o v \text{ wegen } v \in \mathfrak{I}).$$

Da $\mathfrak{I}$ dicht in $\mathfrak{U}$ ist und E und F stetig auf $\mathfrak{U}$ sind, gibt es zu beliebigem $\varepsilon > 0$ ein $v \in \mathfrak{I}$ mit $\|Eu - Ev\| < \varepsilon$, $\|Fu - Fv\| < \varepsilon$. Wählt man in obiger Ungleichung ein solches v, so folgt

$$\|Eu - Fu\| < 2\varepsilon \ \text{ für jedes } \ \varepsilon > 0, \ \text{d.h.} \ \ Eu - Fu = 0.$$

Dies gilt für jedes feste $u \in \mathfrak{U}$. Also ist $E = F$ auf $\mathfrak{U}$.

Satz 1.2.2:

Ist unter den Voraussetzungen des Satzes 1.2.1 der Operator E_o auf $\mathfrak{I}$ sogar lipschitz-stetig, d.h. existiert ein L, so daß für alle $u,v \in \mathfrak{I}$

$$\|E_o u - E_o v\| \leqq L\|u - v\|$$

gilt und ist $\mathfrak{M}$ vollständig (also ein Banach-Raum), so existiert stets eine Fortsetzung E des Operators E_o von $\mathfrak{I}$ auf $\mathfrak{U}$, die mit der gleichen Konstante L lipschitz-stetig ist.

Beweis: Sei $u \in \mathcal{U}$ beliebig fest gewählt. Da $\mathcal{I}$ dicht in $\mathcal{U}$ ist, existiert zu jedem derartigen u eine Folge $\{u_n\} \subset \mathcal{I}$ mit

$$\lim_{n \to \infty} u_n = u. \qquad\qquad (1.2.1)$$

Wegen

$$\|E_o u_{n+p} - E_o u_n\| \leqq L\|u_{n+p} - u_n\|$$

ist mit $\{u_n\}$ auch $\{E_o u_n\}$ eine Cauchy-Folge in $\mathcal{M}$ und somit wegen der Vollständigkeit von $\mathcal{M}$ konvergent.

Wir setzen

$$\lim_{n \to \infty} E_o u_n =: Eu \qquad\qquad (1.2.2)$$

und zeigen:

a) E ist Fortsetzung von E_o:
Sei nämlich speziell $u \in \mathcal{I}$. Dann ist

$$\|Eu - E_o u\| \leq \|Eu - E_o u_n\| + \|E_o u_n - E_o u\|$$

$$\leq \|Eu - E_o u_n\| + L\|u_n - u\| \quad (\text{da } u_n, u \in \mathcal{I}).$$

Wegen (1.2.1) und (1.2.2) streben rechterhand für $n \to \infty$ beide Terme gegen Null, so daß $Eu = E_o u$ resultiert.

b) E ist mit der gleichen Konstante L lipschitz-stetig auf $\mathcal{U}$. Seien nämlich u,v beliebige feste Elemente aus $\mathcal{U}$. Dann folgt

$$\|Eu - Ev\| \leqq \|Eu - Eu_n\| + \|Eu_n - Ev_n\| + \|Ev_n - Ev\|,$$

wobei $\{u_n\}$ (bzw. $\{v_n\}$) die zu u (bzw. v) gewählte und gegen u (bzw. v) konvergierende Folge aus $\mathcal{I}$ ist. Mithin folgt bei beliebig gegebenem $\varepsilon > 0$ für alle hinreichend großen n:

$$\|Eu - Ev\| \leqq 2\varepsilon + L\|u_n - v_n\| \quad (\text{wegen } E = E_o \text{ auf } \mathcal{I})$$

$$\leqq 2\varepsilon + L\|u_n - u\| + L\|u - v\| + L\|v - v_n\|$$

$$\leqq 2\varepsilon (1+L) + L\|u - v\| \quad \text{für alle hinreichend großen n.}$$

Da $\varepsilon > 0$ beliebig war, folgt unmittelbar

$$\|Eu - Ev\| \leqq L\|u - v\|. \qquad\qquad (1.2.3)$$

Bemerkung: *Aufgrund der Aussage des Satzes 1.2.1 ist der durch (1.2.2) definierte Operator E unabhängig von der zu jedem $u \in \mathcal{U}$ gewählten Folge $\{u_n\}$.*

Bemerkung: *Man zeigt leicht, daß die Fortsetzung $E(t)$ der Operatoren $E_o(t)$ die Halbgruppeneigenschaft besitzt, wenn dies für die Operatoren $E_o(t)$ gilt $(0 \leq t \leq T)$.*

Bemerkung: *Ist $\mathcal{V}$ ein linearer Raum und E_o ein auf $\mathcal{V}$ linearer Operator, so ist auch E ein linearer Operator auf $\mathcal{U}$, denn für beliebig fest gewählte $u, v \in \mathcal{U}$ gilt dann bei beliebigen $\lambda_i \in R$:*

$$\| E(\lambda_1 u + \lambda_2 v) - (\lambda_1 Eu + \lambda_2 Ev) \| \leq$$

$$\| E(\lambda_1 u + \lambda_2 v) - E_o(\lambda_1 u_n + \lambda_2 v_n) \| + \| \lambda_1 E_o u_n + \lambda_2 E_o v_o - \lambda_1 Eu - \lambda_2 Ev \|$$

$$\leq \| E(\lambda_1 u + \lambda_2 v) - E_o(\lambda_1 u_n + \lambda_2 v_n) \| + |\lambda_1| \, \| E_o u_n - Eu \|$$

$$+ |\lambda_2| \, \| E_o v_n - Ev \| .$$

Wegen $\{\lambda_1 u_n + \lambda_2 v_n\} \longrightarrow \lambda_1 u + \lambda_2 v$ und der oben erwähnten Unabhängigkeit des Operators E von den jeweils gewählten konvergenten Folgen ergibt sich gemäß der Definition (1.2.2) bei beliebig gewähltem $\varepsilon > 0$ für alle hinreichend großen n:

$$\| E(\lambda_1 u + \lambda_2 v) - (\lambda_1 Eu + \lambda_2 Ev) \| < \varepsilon \, , \qquad d.h.$$

$$E(\lambda_1 u + \lambda_2 v) = \lambda_1 Eu + \lambda_2 Ev,$$

also die Linearität von E.

Bemerkung: *Ist E_o linear auf $\mathcal{V}$, also wegen der Stetigkeit auch beschränkt, und ist damit auch E linear und stetig, also ebenfalls beschränkt, so gilt sogar*

$$\| E_o \|_{\mathcal{V}} = \| E \|_{\mathcal{U}} , \tag{1.2.4}$$

denn zunächst kann dann in Satz 1.2.2 $L = \| E_o \|_{\mathcal{V}}$ gewählt werden, so daß (1.2.3) die Aussage

$$\| E \|_{\mathcal{U}} \leq L = \| E_o \|_{\mathcal{V}}$$

liefert. Andererseits ist

$$\|E\|_{\mathfrak{U}} = \sup_{\substack{u \in \mathfrak{U} \\ \|u\|=1}} \|Eu\| \geq \sup_{\substack{u \in \vartheta \\ \|u\|=1}} \|Eu\| = \sup_{\substack{u \in \vartheta \\ \|u\|=1}} \|E_o u\| = \|E_o\|_{\vartheta},$$

mithin also in der Tat $\|E_o\|_{\vartheta} = \|E\|_{\mathfrak{U}}$ *(vgl. für den linearen Fall*
[57], S.107).

<u>Folgerung</u>: Bei einer linearen sachgemäß gestellten Anfangswertauf-
gabe, bei der $\mathfrak{M}$ vollständig und ϑ dicht in $\mathfrak{U}$ ist, gibt es stets
eindeutig bestimmte verallgemeinerte Lösungen auf $\mathfrak{U}$ (vgl. Beispiel
(1.1.1) und die Bemerkung am Schluß des Beispiels 2 aus Abschnitt
1.1; dort war jeweils $\mathfrak{U} = \mathfrak{M}$) (vgl. auch [69]).

<u>Bemerkung</u>: *Handelt es sich bei der linearen Anfangswertaufgabe um*
das in ein (lineares) System erster Ordnung überführte Cauchy-Pro-
blem der Wellengleichung $w_{tt} = w_{xx} + w_{yy}$ *und legt man geeignete So-*
bolevräume zugrunde, so sind die verallgemeinerten Lösungen im oben
definierten Sinne identisch mit den schwachen Lösungen der Wellen-
gleichung im Sinne von Sobolev [96] und Friedman [39] (vgl. hierzu
[71]).

<u>Bemerkung</u>: *Bei gewissen halblinearen Gleichungen läßt sich die Exi-*
stenz verallgemeinerter Lösungen nach Thompson [119] mittels Ite-
rationsverfahren unter Verwendung des Satzes von Weißinger [127]
beweisen. Wir werden jedoch später diese Existenz (ebenso wie in
gewissen quasilinearen Fällen) aus den zur numerischen Behandlung
herangezogenen approximierenden Differenzengleichungen direkt ab-
lesen.

<u>Bemerkung</u>: *Besitzen bei vollständigem Raum* $\mathfrak{M}$ *die Lösungsoperatoren*
$E_o(t)$ *der linearen Anfangswertaufgabe* $u_t = Au$, $u(0) = u_o$, $0 \leq t \leq T$
(und damit auch die Operatoren $E(t)$*) die Halbgruppeneigenschaft,*
ist $\mathfrak{U} = \mathfrak{M}$ *und gilt* $\|E_o(t)\| = \|E(t)\| \leq 1$ [1] *(bilden die* $E(t)$ *also*
eine Kontraktionshalbgruppe auf $\mathfrak{M}$*), so ist der Operator A nach dem*
Hille-Yosida-Theorem (vgl. [130]) abschließbar, wobei der abge-
schlossene Operator $\bar{A}$ *der infinitesimale Erzeuger der Halbgruppe*
$\{E(t)\}$ *ist.*

---

[1] Dies bedeutet bei physikalischen Anwendungen vielfach die Gültigkeit des Satzes von der Erhaltung der Energie (eventuell einschließlich Dämpfung).

26

Bemerkung: *Ist die Aufgabe*

$$u_t = A(t)u, \quad 0 \leq t \leq T$$

$$u(0) = u_o$$

in einem reellen oder komplexen Hilbertraum $\mathcal{H}$ gestellt, wobei die Differentialoperatoren $A(t)$ ($\mathcal{H}_{A(t)} \rightarrow \mathcal{H}$) nicht notwendig linear und die Definitionsbereiche $\mathcal{H}_{A(t)}$ nicht notwendig von t unabhängig zu sein brauchen [1], so heißt der Operator $A(t)$ (bei jeweils festem t) dissipativ oder Minty-monoton, sofern ein $\alpha(t) \geq 0$ existiert mit

$$Re(F(t)v - F(t)u, v-u) = -\alpha(t)\,\|u-v\|^2, \quad \text{für alle } u,v \in \mathcal{H}_{A(t)}.$$

Dabei stellt (u,v) das innere Produkt in $\mathcal{H}$ und $\|u\| := (u,u)^{1/2}$ die durch dieses innere Produkt induzierte Norm dar.

Existiert $\hat{\alpha} \in \mathbb{R}$ mit

$$\alpha(t) \geq \hat{\alpha} > 0 \quad \text{für alle } t \in [0,T],$$

so heißt $F(t)$ streng dissipativ oder parabolisch.

Besitzt die gegebene nichtlineare Anfangswertaufgabe eindeutige Lösungen $u(t) = E_o(t)u_o$ für alle $u_o \in \mathcal{U} \subset \mathcal{H}_{A(0)}$, so folgt für $u_o, v_o \in \mathcal{U}$ bei dissipativen $A(t)$:

$$(u-v, u_t - v_t) + (u_t - v_t, u-v) = (u-v, A(t)u - A(t)v)$$

$$+ (A(t)u - A(t)v, u-v) = 2Re(A(t)u - A(t)v, u-v)$$

$$\leq -2\alpha(t)\|u-v\|^2.$$

Andererseits gilt

$$(u-v, u_t - v_t) + (u_t - v_t, u-v) = \frac{d}{dt}\|u-v\|^2, \quad d.h. \text{ die Energieungleichung}$$

$$\frac{d}{dt}\|u(t) - v(t)\|^2 \leq -2\alpha(t)\|u(t) - v(t)\|^2,$$

---

[1] Hierdurch sind insbesondere auch die Beschränkungen hinsichtlich der gegebenenfalls in die Definitionsbereiche eingearbeiteten Randbedingungen (sofern es sich um eine Anfangs-Randwertaufgabe handelt) abschwächbar.

die wegen $\alpha(t) \geq 0$ durch Integration unmittelbar zu der Aussage

$$\|u(t)-v(t)\| = \|E_o(t)u_o - E_o(t)v_o\| \leq \|u_o-v_o\|$$

führt, womit aus Satz 1.2.1 die Existenz verallgemeinerter Lösungen für alle $u_o \in \mathfrak{U} = \overline{\mathfrak{A}}$ folgt $(L = 1)$ [1].

2 Differenzenverfahren

2.1 Konstruktion von Differenzenapproximationen

Zur näherungsweisen Behandlung der hier betrachteten Typen partieller Anfangswertaufgaben stehen im wesentlichen drei Verfahrensklassen zur Verfügung:

1. Differenzenverfahren auf Rechteck- oder Parallelogramm-Gittern;

2. Charakteristikenverfahren für den Fall hyperbolischer Aufgaben;

3. Galerkin-Verfahren.

Differenzenverfahren besitzen den Vorteil einer weitgehend universellen Anwendbarkeit und prinzipiell einfachen Programmierbarkeit; ihre Struktur ist relativ leicht durchschaubar, so daß häufig auch Genauigkeitsfragen in einer für praktische Fragestellungen befriedigenden Weise beantwortet werden können. Diese Verfahren und ihre Struktur bilden den Gegenstand dieses Buches.

Die speziell auf hyperbolische Probleme zugeschnittenen Charakteristikenverfahren sind den Differenzenverfahren bei gleichem Rechenaufwand hinsichtlich der Genauigkeit gelegentlich überlegen. Insbesondere bei halblinearen hyperbolischen Systemen erster Ordnung liegt ein Vorteil der Charakteristikenverfahren in der Möglichkeit, das gegebene System in ein System gewöhnlicher Differentialgleichungen entlang der lösungsunabhängigen Charakteristiken

---

[1] gemäß einem Hinweis von H. Kreth

zu überführen und dieses System dann z.B. mit Hilfe der Adams-Verfahren zu lösen (vgl. hierzu etwa [3]). Die Idee der Anwendung der Adams-Verfahren auf hyperbolische Systeme gelang auch für den Fall quasilinearer Aufgaben in einer Zeit- und einer Ortsvariablen, wie von Thomas [114] und Stetter [102] gezeigt wurde, sofern nur zwei Charakteristikenscharen existieren, die dann als neue Koordinatenlinien eingeführt werden. Ein gewisser Nachteil der Charakteristikenverfahren besteht in dem Umstand, daß ohne zusätzliche Interpolation die Näherungswerte nur über einem sehr ungleichförmigen und in verschiedenen Teilen des überdeckten Bereichs sehr unterschiedlich dichten Gitternetz anfallen. Die Charakteristikenverfahren, die wieder etwas an Interesse gewonnen haben (vgl. z.B. die Untersuchungen von Johnston und Pal [54] sowie von Demmig [31]), werden im folgenden nicht ausdrücklich hervorgehoben werden, doch sei darauf hingewiesen, daß sie sich ebenso wie die insbesondere auf R. Albrecht und Urich [1] zurückgehenden Quasicharakteristiken-Verfahren weitestgehend unter die nachfolgend für Differenzenverfahren auf Rechteckgittern gewählte Darstellungsweise subsumieren lassen und mithin viele der dargestellten Ergebnisse auch für diesen Verfahrenstyp gelten.

Die Galerkin-Methoden für Anfangswertaufgaben sind gegenwärtig in rascher Entwicklung begriffen. Verwiesen sei etwa auf die Arbeiten von Douglas und Dupont [33], Fix und Nassif [37], Thomée [116], Thomée und Wendroff [117], Thomée und Wahlbin [118]. Wenngleich heuristisch auch bei diesem Verfahrenstyp relativ breite Anwendbarkeit gewährleistet erscheint, liegen hinsichtlich der Struktur und der Eigenschaften dieser Verfahren gesicherte mathematische Ergebnisse im Bereich der Anfangswertaufgaben naturgemäß vorerst vor allem für lineare (parabolische) Anfangs-Randwert-Probleme vor (vgl. jedoch z.B. [118], [84]). Da in der vorliegenden Darstellung typ-unabhängig formulierbare Aussagen bei nichtlinearen Anfangswertaufgaben im Vordergrund stehen, wird im folgenden auf eine Wiedergabe der bisher für Galerkin-Methoden erzielten Ergebnisse verzichtet.

Die Gewinnung von Differenzapproximationen für partielle Differentialgleichungen ähnelt der für gewöhnliche Differentialgleichungen.

Man überdeckt den Produktraum $[0,T] \times \mathbb{R}^d$ mit einem Gitter und ersetzt die auftretenden Ableitungen in den Gitterpunkten durch finite Ausdrücke (vergleiche etwa [23]). Eine allgemeine Konstrukti-
onsvorschrift gibt es nicht. Die Konstruktionen erfolgen zum Teil
heuristisch. Ihre Rechtfertigung finden sie dann gegebenenfalls
durch den Nachweis wünschenswerter Eigenschaften der so gewonnenen
Verfahren.

Vielfach werden die Diskretisierungen in Richtung der Ortsvariablen einerseits und der Zeitvariablen andererseits nicht simultan
durchgeführt:
Diskretisiert man zunächst nur in t-Richtung, so entsteht auf jeder Schicht t_n $(n = 0,1,2,\ldots,[\frac{T}{h}])$ eine Differentialgleichung bezüglich der Ortsvariablen (und zwar eine gewöhnliche Differentialgleichung im Falle $d = 1$, bzw. eine partielle Differentialgleichung
im Falle $d > 1$). Handelt es sich bei der ursprünglich gegebenen Aufgabe um eine Anfangsrandwertaufgabe (vgl. etwa Beispiel 2 aus Abschnitt 1.1), so erhält man eine Randwertaufgabe für ein System gewöhnlicher oder partieller Differentialgleichungen, das dann seinerseits gegebenenfalls diskretisiert wird, um zu einer Diskretisierung des Ausgangsproblems zu gelangen (vgl. z.B. [66]).

Diskretisiert man zunächst nur in Richtung der Ortsvariablen, so
gelangt man zur sogenannten *Linienmethode*, die sich insbesondere
bei der Gewinnung von Existenzaussagen für das Ausgangsproblem be-
währt hat (vgl. z.B. [125], S.275 ff.).

In Richtung der Zeitvariablen t nehmen wir der Einfachheit halber
das Gitter im folgenden stets als äquidistant an [1] und bezeichnen die Schrittweite in dieser Richtung mit h. Ferner setzen wir
t_n = nh $(n = 0,1,2,\ldots)$.

Exemplarisch werde folgende Konstruktion einer Differenzenapproximation für Aufgaben der Art (1.1.10) betrachtet, wobei wir uns der
Einfachheit halber zunächst auf Einzeldifferentialgleichungen (also
nicht Systeme von Differentialgleichungen) beschränken.

---

[1] Diese Annahme ist nicht einschneidend; für nicht-äquidistante
Zeit-Schrittweiten vgl. z.B. [88].

Man approximiere in einem ersten Schritt die linke Seite der etwa
für $t = t_n$ angeschriebenen Differentialgleichung (1.1.10) durch ge-
wichtete Mittel der auf $t = t_n$, $t = t_{n+1}$, ..., $t = t_{n+k-1}$ genommenen Werte dieser Seite. Entsprechend verfahre man auf der rechten
Seite unter Heranziehung der Werte auf den Schichten t_n, t_{n+1}, ...,
t_{n+k} und erhält

$$\sum_{\nu=0}^{k-1} \alpha_\nu u_t(t_{n+\nu}) = \sum_{\nu=0}^{k} \beta_\nu A(t_{n+\nu})\, u(t_{n+\nu}) + R_n$$

mit gewissen noch wählbaren Gewichten α_ν, β_ν, die der Bedingung

$$\sum_{\nu=0}^{k-1} \alpha_\nu = \sum_{\nu=0}^{k} \beta_\nu = 1$$

genügen mögen; der Rest R_n verschwindet allgemein lediglich für den
Spezialfall $\alpha_\nu = \beta_\nu$ $(\nu=0,\ldots,k-1)$, $\beta_k = 0$.

Im zweiten Schritt ersetze man $u_t(t_\varrho)$ durch den vorwärts genommenen
Differenzenquotienten $\frac{1}{h}[u(t_{\varrho+1}) - u(t_\varrho)]$ $(\varrho=n,n+1,\ldots,n+k-1)$ und
gewinnt

$$\sum_{\nu=0}^{k-1} \alpha_\nu [u(t_{n+\nu+1}) - u(t_{n+\nu})] = h \sum_{\nu=0}^{k} \beta_\nu A(t_{n+\nu})\, u(t_{n+\nu}) + S_n$$

mit $S_n = h R_n + P_n$, wobei der Fehleranteil P_n aus der Diskretisierung in t-Richtung herrührt.

Im dritten Schritt approximiere man rechterhand die bezüglich der
Ortsvariablen auftretenden Ableitungen ebenfalls durch Differenzenquotienten, wobei natürlich bezüglich der Wahl der jeweiligen fi-
niten Ausdrücke noch Freiheiten bestehen, jedoch erneut ein zu-
sätzlicher Fehleranteil erzeugt wird.

Schließlich ersetze man die auftretenden Funktionen $u(t_\varrho)$ durch die
gesuchten Näherungsfunktionen u_ϱ [1] unter gleichzeitigem Weglassen
des insgesamt bei den vorangehenden Schritten entstandenen Fehlers.
Dabei hat man durch geeignete Wahl aller auftretenden Parameter
(neben der Sicherstellung später zu betrachtender wünschenswerter

---

[1] Die gesuchten Näherungswerte für $u(\xi,t_\nu) = [u(t_\nu)](\xi)$ auf der
Schicht t_ν an der Stelle $\xi \in \mathcal{O} \subset \mathbb{R}^d$ bezeichnen wir zukünftig
stets mit $u_\nu(\xi)$.

Eigenschaften) insbesondere zu gewährleisten, daß die entstehende Differenzengleichung bei Kenntnis von u_n, u_{n+1}, ..., u_{n+k-1} ($n=0,1,2,...$) nach u_{n+k} aufgelöst werden kann, mithin die Aufstellung der Differenzengleichung in Verbindung mit der jetzt nicht näher präzisierten Berechnung eines zum Start des Verfahrens notwendigen *Anfangsfeldes* $\{u_o, u_1, ..., u_{k-1}\}$ als rekursive Definition der Näherungsfunktionen u_n ($n=k,k+1,...$) aufgefaßt werden kann.

Bemerkung: Für $k = 1$ ist die Ermittlung eines Anfangsfeldes aufgrund des vorgegebenen u_o prinzipiell nicht notwendig. Anfangsfelder zum Start der fortlaufenden Rechnung im Falle $k > 1$ lassen sich deshalb z.B. durch Verwendung eines anderen, mit $k = 1$ arbeitenden Verfahrens bei hinreichend verkleinerter Schrittweite $\hat{h} = \frac{h}{m}(m \in \mathbb{N})$ berechnen; die Wahl einer kleineren Schrittweite bei der Anfangsfeldberechnung ist in der Regel erforderlich, wenn man die bei der fortlaufenden Rechnung infolge $k > 1$ im allgemeinen erzielbare höhere Genauigkeit nicht durch ein ungenaues Anfangsfeld zunichte machen will. Auf die Zusammenhänge zwischen der Genauigkeit einerseits und der Schrittweite sowie der Schrittzahl k andererseits werden wir alsbald zurückkommen.

Wir verdeutlichen den oben exemplarisch beschriebenen Weg zur Aufstellung einer Differenzengleichung am Beispiel der folgenden quasilinearen parabolischen Anfangswertaufgabe in zwei Ortsvariablen

$$u_t = \mathcal{Y}(t,u)\{u_{xx}+u_{yy}\} + f(\cdot,\cdot,t,u), \quad (x_1=x, x_2=y)$$

$$\mathcal{Y} > 0, \quad u(0) = u_o, \quad 0 \leq t \leq T \tag{2.1.1}$$

und erhalten zunächst

$$\sum_{\nu=0}^{k-1} \alpha_\nu \{u(t_{n+\nu+1}) - u(t_{n+\nu})\} = h \sum_{\nu=0}^{k} \beta_\nu \mathcal{Y}(t_{n+\nu}, u(t_{n+\nu}))\{u_{xx}(t_{n+\nu})$$

$$+ u_{yy}(t_{n+\nu})\} + h \sum_{\nu=0}^{k} \beta_\nu f(\cdot,\cdot,t_{n+\nu}, u(t_{n+\nu})) + S_n. \tag{2.1.2}$$

Approximation der in (2.1.2) auftretenden Ableitungen durch entsprechende Differenzenquotienten (wir ersetzen die zweiten Ableitungen nach x, bzw. nach y, jeweils durch zentrale Differenzenquotienten) unter Verwendung des über $\mathbb{R}^2$ gelegten Gitters und Vernachlässigung des genannten Gesamtfehlers ergibt folgende Bestimmungsgleichung für die gesuchten Näherungen u_n $(n=k,k+1,\ldots)$:

$$\sum_{\nu=0}^{k-1} \alpha_\nu\{u_{n+\nu+1}(x,y) - u_{n+\nu}(x,y)\} =$$

$$h \sum_{\nu=0}^{k} \beta_\nu\, \mathcal{Y}(t_{n+\nu},u_{n+\nu}(x,y))\left\{\frac{u_{n+\nu}(x-\Delta x,y)-2u_{n+\nu}(x,y)+u_{n+\nu}(x+\Delta x,y)}{(\Delta x)^2}\right.$$

$$\left. + \frac{u_{n+\nu}(x,y-\Delta y)-2u_{n+\nu}(x,y) + u_{n+\nu}(x,y+\Delta y)}{(\Delta y)^2}\right\} \tag{2.1.3}$$

$$+ h \sum_{\nu=0}^{k} \beta_\nu\, f(x,y,t_{n+\nu},u_{n+\nu}(x,y)).$$

Voraussetzung: Sofern nichts anderes gesagt wird, gehen wir im folgenden davon aus, daß zwischen den (nicht notwendig äquidistanten) Schrittweiten Δx_j in Richtung der Ortsvariablen x_j und der Schrittweite h in Richtung der Zeitvariablen gewisse (im Einzelfall zu präzisierende) Bedingungen der Form

mit
$$\max \Delta x_j = g_j(h)\;{}^{1)}$$
$$\lim_{h\to 0} g_j(h) = 0 \quad (j=1,2,\ldots,d) \tag{2.1.4}$$

definiert sind, so daß als schrittweitenkennzeichnender Parameter nur die Schrittweite h auftritt.

In unserem Beispiel könnte diese Beziehung etwa lauten:

$$(\Delta x)^2 = (\Delta y)^2 = \frac{h}{\lambda} \tag{2.1.5}$$

mit einer (noch wählbaren) positiven Konstanten λ.

Zunächst sind die Näherungen u_n nur Gitterfunktionen, d.h. nur in den Gitterpunkten von $\mathcal{O}_J$ erklärte Funktionen. Zur Messung der Güte der erzielten Näherungen (Fehlerabschätzungen) sowie zur Behandlung der zentralen Frage, ob die Näherungen bei feiner werdenden Schritt weiten gegen die exakte Lösung der gegebenen Anfangswertaufgabe konvergieren, ist es später notwendig, exakte Lösung und Näherung

---

[1] Gemeint ist hier für den Fall nicht-äquidistanter Schritte in Richtung x_j das Maximum über alle in dieser Richtung auftretenden verschiedenen Schrittweiten.

in einer geeigneten Norm oder Metrik miteinander zu vergleichen.
Hierfür bieten sich prinzipiell zwei Möglichkeiten an:

a) Bei jeweils festem h wird im Raum der Gitterfunktionen, die auf
dem zu diesem h gehörenden Gitter definiert sind, eine Norm oder
Metrik eingeführt. In dieser Metrik (die z.B. durch eine Norm induziert sei) werden dann die Näherungen u_n mit den auf die Gitterpunkte restringierten Funktionen $u(t_n)$ $(n = 0,1,2,...)$ verglichen.

Für Fehlerabschätzungen in der numerischen Praxis, bei der nur mit
endlich vielen Schrittweiten gerechnet wird und die Näherungen somit in der Tat nur in diskreten Punkten bekannt sind, erscheint
dieses Vorgehen angemessen. Es wird deshalb von vielen Autoren
auch für asymptotische Aussagen (Konvergenzfragen für $h \to 0$) be-
vorzugt, wobei freilich darauf zu achten ist, daß die zu verschiedenen h gehörenden Metriken in gewisser Weise miteinander ver-
gleichbar bleiben und für $h \to 0$ in gewissem Sinne in diejenige
Metrik übergehen, die durch die Norm des Raumes, in der die (kon-
tinuierliche) Anfangswertaufgabe gestellt war, induziert wird.

An dieser Stelle sei auch auf das von Stummel und seinen Schülern
([110], [111]) eingeführte Prinzip der *diskreten Konvergenz* hingewiesen, in dem sich u.a. der auf Lax und Richtmyer für lineare Anfangswertaufgaben der hier betrachteten Art zurückgehende Äquivalenzsatz (vgl. Abschnitt 4.2) auf umfangreichere lineare Problemklassen der numerischen Mathematik verallgemeinern läßt.

Auch der in [4] bei der numerischen Behandlung von Anfangswertaufgaben übernommene Begriff der *stetigen Konvergenz* (vgl. Abschnitt
3.1) konnte von Stummel erfolgreich in das Konzept der diskreten
Konvergenz eingebaut werden.

b) Eine die Einführung der von h abhängenden Normen vermeidende
und direkt die Norm des zugrunde gelegten Raumes verwendende Methode besteht darin, statt einer Restringierung der exakten Lösung
auf die Gitterpunkte umgekehrt eine geeignete *Ausdehnung der Näherungen auf die Zwischengitterpunkte* im Bereich der Ortsvariablen
vorzunehmen. Diese ebenfalls häufig benutzte Methode soll hier
verwendet werden, zumal sie sich im Zusammenhang mit einer Reihe
verschiedenartiger Konvergenzbegriffe bei der Behandlung von (ins-

besondere auch nichtlinearen) Anfangswertaufgaben als sehr anpassungsfähig erweist, bei Bevorzugung der Methode a) keine im Zusammenhang mit Anfangswertaufgaben auf diese Methode zurückzuführenden stärkeren Aussagen bekannt geworden sind, bei reinen Anfangswertaufgaben die Untersuchung der Güte der Verfahren unabhängig von der Wahl des Ursprungs im $\mathbb{R}^d$ (und damit der Gitterpunkte) formuliert werden können und schließlich die Übersichtlichkeit der Darstellung im Falle der Methode b) besonders groß ist [1].

So stellt z.B. (2.1.3) bei Kenntnis der Funktionen u_n und u_{n+1} eine implizite Gleichung für $u_{n+2}(x,y)$ dar. Ist sie nach $u_{n+2}(x,y)$ auflösbar (auf die Auflösbarkeitsfrage wird noch einzugehen sein), so ergibt sich zwangslos eine Definition von $u_{n+2}(x,y)$ für alle (x,y), sofern $\mathcal{G} = \mathbb{R}^2$ ist, und es wäre eine unnötige, selbstauferlegte Einengung, sich nur auf gewisse Gitterpunkte (x,y), die bei Wahl des Ursprungs ausgezeichnet und der praktischen Rechnung zugrunde gelegt werden, beschränken zu wollen.

Bei beschränktem $\mathcal{G}$, also insbesondere bei Anfangsrandwertaufgaben, reicht allerdings eine durch die Differenzengleichung selbst nahegelegte Ausdehnung auf die Zwischengitterpunkte in der soeben skizzierten Weise in Randnähe in der Regel nicht aus, weil dann z.B. für $(x,y) \in \mathcal{G}$ der Punkt $(x-\Delta x, y)$ bereits außerhalb von $\mathcal{G}$ liegen kann, wo $u_{n+\nu}$ ($\nu = 0,\ldots,k-1$) (ausgehend vom Anfangsfeld) rekursiv nicht definiert wurde. Auf die Umgehung dieser kleinen Schwierigkeit werden wir alsbald noch eingehen.

Wir betrachten zunächst weiterhin die Aufgabe (2.1.1), die etwa in dem normierten (und vollständigen) Raum

$$\mathcal{M} = \left\{ u \mid u \in C^0_{2\pi}(\mathbb{R}^2), \ \|u\| = \max_{0 \leq x, y \leq 2\pi} |u(x,y)| \right\}$$

gestellt sei.

---

[1] Bei nichtzylindrischen Anfangswertaufgaben (vgl. die Fußnote im Anschluß an (1.1.10)) wird man allerdings nicht umhin kommen, zumindest für die Räume der auf den verschiedenen Schichten $t = t_n$ ($n = 0,1,2,\ldots$) definierten Funktionen $u(x)$ gesonderte Normen einzuführen; vgl. Kapitel 8.

Wir setzen im folgenden $\varphi(t,\cdot) \in C^O(\mathbb{R})$ für jedes feste $t \in [0,T]$ und $f(\cdot,\cdot,t,\cdot) \in C^O(\mathbb{R}^3)$ für jedes feste $t \in [0,T]$ sowie

$$f(\cdot,\cdot,t,u) \in \mathfrak{M} \text{ für jedes feste } t \in [0,T] \text{ und jedes feste } u \in \mathfrak{M}$$

voraus.

(2.1.1) läßt sich dann als quasilineare Aufgabe wieder in der Form

$$u_t = F(t,u)u + G(t)u, \quad O \leqq t \leqq T$$

$$u(O) = u_O$$

darstellen mit

$$[F(t,u)v](x,y) := \varphi(t,u(x,y))\{v_{xx}(x,y) + v_{yy}(x,y)\},$$

$$[G(t)u](x,y) := f(x,y,t,u(x,y)).$$

Die Differenzengleichung (2.1.3) kann durch

$$\sum_{\nu=O}^{k} A_\nu(t_{n+\nu},h)u_{n+\nu} + h \sum_{\nu=O}^{k} B_\nu \, G(t_{n+\nu})u_{n+\nu} = O$$

(O = Nullelement in $\mathfrak{M}$) beschrieben werden, wobei die Operatoren $A_\nu(t,h)$ und B_ν unter Anwendung von (2.1.5) folgendermaßen definiert sind:

$$[A_O(t,h)u](x,y) = -\alpha_O u(x,y) - \lambda\beta_O \varphi(t,u(x,y))\{\ldots\}$$

$$[A_\nu(t,h)u](x,y) = (\alpha_{\nu-1}-\alpha_\nu)u(x,y) - \lambda\beta_\nu \varphi(t,u(x,y))\{\ldots\} \quad (\nu=1,\ldots,k-1)$$

$$[A_k(t,h)u](x,y) = \alpha_{k-1}u(x,y) - \lambda\beta_k \varphi(t,u(x,y))\{\ldots\}$$

$$[B_\nu u](x,y) = -\beta_\nu u(x,y) \qquad\qquad (\nu=O,\ldots,k);$$

in die leere geschweifte Klammer ist einzutragen

$$u(x-\sqrt{\tfrac{h}{\lambda}},y) + u(x+\sqrt{\tfrac{h}{\lambda}},y) + u(x,y-\sqrt{\tfrac{h}{\lambda}}) + u(x,y+\sqrt{\tfrac{h}{\lambda}}) - 4u(x,y).$$

Bemerkung: *Infolge der Quasilinearität der approximierten Differentialgleichung sind auch die Operatoren A_i in folgendem Sinne quasilinear:*

A_i ist darstellbar in der Form

$$A_i(t,h)u = D_i(t,h,u)u,$$

wobei D_i für jedes feste $t \in [0,T]$, jedes feste $h \geq 0$ mit $t + h \in [0,T]$ und für jedes feste $u \in \mathfrak{M}$ ein linearer Operator von $\mathfrak{M}$ in sich ist. Beispielsweise ist

$$[D_0(t,h,u)v](x,y) = - \alpha_0 v(x,y) - \lambda \beta_0 \mathcal{G}(t,u(x,y))\{v(x-\sqrt{\tfrac{h}{\lambda}},y)+v(x+\sqrt{\tfrac{h}{\lambda}},y)$$
$$+ v(x,y-\sqrt{\tfrac{h}{\lambda}})+v(x,y+\sqrt{\tfrac{h}{\lambda}})$$
$$- 4v(x,y)\}.$$

Auch bei anderen Methoden zur Konstruktion von Differenzapproximationen quasilinearer Anfangswertaufgaben kommt man häufig auf folgende Form:

$$\sum_{\nu=0}^{k} A_\nu(t_{n+\nu},h)u_{n+\nu} + h \sum_{\nu=0}^{k} B_\nu(h)\, G(t_{n+\nu})u_{n+\nu} = 0 \qquad (2.1.6)$$

$$(n = 0,1,2,\ldots),$$

wobei stets $A_k(t,h) \neq \Theta$ vorausgesetzt wird sowie $A_0(t,h) \neq \Theta$ oder $B_0(h) \neq \Theta$.

Die Operatoren $B_\nu(h)$ [1] werden (wie im obigen Beispiel) als lineare und stetige Operatoren von $\mathfrak{M}$ in sich vorausgesetzt. Im quasilinearen Fall seien die durch $A_\nu(t,h)u = D_\nu(t,h,u)u$ gegebenen Operatoren $D_\nu(t,h,u)$ [2] für jedes feste $h \geq 0$, für jedes feste $t \in [0,T]$ und für jedes feste $u \in \mathfrak{M}$ stetige lineare Operatoren von $\mathfrak{M}$ in sich. Im allgemeinen Fall seien die $A_\nu(t,h)$ für jedes feste $h \geq 0$ und jedes feste $t \in [0,T]$ stetige (nicht notwendig lineare) Operatoren von $\mathfrak{M}$ oder einer geeigneten Teilmenge von $\mathfrak{M}$ in $\mathfrak{M}$.

Definition: (2.1.6) heißt im Falle $k = 1$ ein Einschrittverfahren, im Falle $k > 1$ ein Mehrschrittverfahren oder auch präziser ein k-Schrittverfahren. Sind die Operatoren $A_\nu(t,h)$ $(\nu = 0,1,\ldots,k)$ linear, so sprechen wir von linearen Mehrschrittverfahren.

---

[1] Beispiele mit von h abhängenden B_ν werden noch vorgestellt werden.

[2] Für allgemeinere Verfahren siehe Abschnitt 6.2.

<u>Definition:</u> Ist A_k die Identität und B_k die Null-Abbildung, so
nennt man das Verfahren (2.1.6) explizit, anderenfalls implizit.

Bemerkung: *Wir beschränken uns hier auf Verfahren der Form (2.1.6),
das heißt auf Verfahren, bei denen u_{n+k} allein unter Heranziehung
von Werten auf den k vorangehenden Schichten t_{n+k-1}, t_{n+k-2}, ..., t_n
berechnet wird. Gelegentlich werden in der Literatur auch solche
Verfahren betrachtet, die zur Berechnung von u_{n+k} eventuell alle
"früheren" Werte u_{n+k-1}, ...,u_o benutzen (vgl. z.B. [97]), doch
treten solche Verfahren in der Praxis nicht sehr häufig auf und
ihre theoretische Behandlung ähnelt weitgehend der Behandlung der
Verfahren vom Typ (2.1.6).*

Bemerkung (vgl. [10], S.20 ff.)**:** *Bei impliziten Verfahren der Form
(2.1.6) ist die Auflösbarkeit nach der zu berechnenden Funktion
u_{n+k} sicherzustellen (worauf früher bereits hingewiesen wurde),
beispielsweise durch Konvergenznachweis eines (dann auch praktisch
zu verwendenden) Iterationsverfahrens, etwa im quasilinearen Fall*

$$D_k(t_{n+k}, h, u_{n+k}^{[r]}) u_{n+k}^{[r+1]} + \sum_{\nu=0}^{k-1} D_\nu(t_{n+\nu}, h, u_{n+\nu}) u_{n+\nu} +$$

$$h \, B_k(h) \, G(t_{n+k}) u_{n+k}^{[r]} + h \sum_{\nu=0}^{k-1} B_\nu(h) \, G(t_{n+\nu}) u_{n+\nu} = 0$$

$$(r = 0, 1, 2, ...)$$

mit beliebigem $u_{n+k}^{[0]}$. Die Forderung der Konvergenz der Iteration bedeutet unter anderem im allgemeinen eine Einschränkung der Schrittweite, wie schon das einfache Beispiel

$$y' = g(t, y), \quad 0 \leq t \leq T,$$

$$y(0) = y_o$$

*einer gewöhnlichen Differentialgleichung lehrt:
Verwendet man zur Approximation das implizite Einschrittverfahren*

$$y_{n+1} = y_n + \frac{h}{2} \{ g(t_n, y_n) + g(t_{n+1}, y_{n+1}) \}$$

$$(n = 0, 1, 2, ...)$$

und dann zur Berechnung von y_{n+1} das Iterationsverfahren

$$\hat{y}_{n+1}^{[r+1]} = y_n + \frac{h}{2}\{g(t_n,y_n) + g(t_{n+1},y_{n+1}^{[r]})\}$$

$$(r = 0,1,2,\ldots),$$

ist überdies g bezüglich y für alle $t \in [0,T]$ global gleichgradig lipschitzbeschränkt, das heißt gibt es eine Konstante L mit

$$|g(t,\hat{y}) - g(t,y)| \leqq L|\hat{y}-y|, \quad \textit{für alle } \hat{y},y \in \mathbb{R} = \mathfrak{M},$$

$$\textit{für alle } t \in [0,T],$$

so konvergiert die Iteration unter der Bedingung

$$h < \frac{2}{L}.$$

Allgemein bedeutet die Voraussetzung der Auflösbarkeit impliziter Verfahren der Form (2.1.6) die Existenz von

$$R(t,h) := \left[A_k(t,h) + h\,B_k(h)\,G(t)\right]^{-1} \qquad (2.1.7)$$

auf $\mathfrak{M}$ für alle hinreichend kleinen h, etwa für alle $h \in [0,h_o]$ mit geeignetem $h_o > 0$.

Wir wenden uns jetzt der bereits aufgeworfenen Frage der Ausdehnung der Näherungen auf die Zwischengitterpunkte in Randnähe bei Vorliegen von Anfangs-Randwertaufgaben zu. Wir behandeln exemplarisch anhand eines Beispiels die Ausdehnung in Randnähe vermittels Interpolation:

Gegeben sei etwa im Raum $\mathfrak{M} = C^o[0,1]$ die Aufgabe

$$u_t = u_{xx} + f(x,t,u), \quad 0 \leqq t \leqq T$$

mit der Anfangsbedingung

$$u(x,0) = u_o(x)$$

und den linearen homogenen Randbedingungen

$$u(0,t) = 0, \; u(1,t) + \alpha\,u_x(1,t) = 0 \quad \text{für} \quad 0 \leqq t \leqq T$$

(für u_o sind wiederum zwecks Existenz klassischer Lösungen im Streifen [0,T] gewisse Zusatzbedingungen an den Ecken (0,0), (1,0) zu fordern und zwecks Formulierung der Aufgabe als reine Anfangswertaufgabe im Sinne von (1.1.11) ist der Definitionsbereich von $F = \frac{\partial^2}{\partial x^2}$ auf Funktionen einzuschränken, die sogleich die Randbedingungen erfüllen).

Zur Approximation verwenden wir das Einschritt-Verfahren

$$u_{n+1}(x) = u_n(x) + \frac{h}{(\Delta x)^2}\{u_n(x-\Delta x) - 2u_n(x) + u_n(x+\Delta x)\}$$
$$+ h\, f(x, t_n u_n(x)) \quad \text{für} \quad \Delta x \leqq x \leqq 1 - \Delta x. \tag{2.1.8}$$

Ist $u_n \in \mathcal{M}$, so ist das gemäß (2.1.8) zunächst nur auf $[\Delta x, 1-\Delta x]$ definierte u_{n+1} dort ebenfalls stetig, sofern etwa $f(\cdot, t, \cdot) \in C^0(\mathbb{R}^2)$. Um u_{n+1} ebenfalls zu einem Element von $\mathcal{M}$ unter Berücksichtigung der Randbedingungen zu machen, interpolieren wir zunächst am linken Rand unter Verwendung der durch die dortige Randbedingung nahegelegten Setzung $u_{n+1}(0) = 0$:

$$u_{n+1}(x) = u_{n+1}(0) + \frac{x}{\Delta x}\{u_{n+1}(\Delta x) - u_{n+1}(0)\} = \frac{x}{\Delta x}\, u_{n+1}(\Delta x).$$

Verwendung von (2.1.8) an der Stelle Δx liefert mit $u_n(0) = 0$:

$$u_{n+1}(x) = \frac{x}{\Delta x}\left\{u_n(\Delta x) + \frac{h}{(\Delta x)^2}\left[-2u_n(\Delta x) + u_n(2\Delta x)\right]\right. \tag{2.1.9}$$
$$\left. + h\, f(\Delta x, t_n, u_n(\Delta x))\right\} \quad \text{für} \quad 0 \leqq x \leqq \Delta x.$$

Interpolation am rechten Rand ergibt zunächst für $1-\Delta x \leqq x \leqq 1$:

$$u_{n+1}(x) = u_{n+1}(1) + \frac{x-1}{\Delta x}\{u_{n+1}(1) - u_{n+1}(1-\Delta x)\}$$
$$= (1 - \frac{1-x}{\Delta x})u_{n+1}(1) + \frac{1-x}{\Delta x}\, u_{n+1}(1-\Delta x). \tag{2.1.10}$$

Hier kann nun $u_{n+1}(1-\Delta x)$ wiederum vermittels (2.1.8) durch u_n ausgedrückt werden, während zur Approximation von $u_{n+1}(1)$ die Randbedingung $u(1,t) + \alpha\, u_x(1,t) = 0$ heranzuziehen ist, die etwa durch

$$u_{n+1}(1) + \frac{\alpha}{\Delta x}\{u_{n+1}(1) - u_{n+1}(1-\Delta x)\} = 0$$

diskretisiert werde. Auflösung dieser Diskretisierung nach $u_{n+1}(1)$ ergibt mit (2.1.10)

$$u_{n+1}(x) = \gamma(x)\, u_{n+1}(1-\Delta x) \quad \text{für} \quad 1 - \Delta x \leqq x \leqq 1,$$

wobei

$$\gamma(x) := (1 - \frac{1-x}{\Delta x}) \frac{\frac{\alpha}{\Delta x}}{1 + \frac{\alpha}{\Delta x}} + \frac{1-x}{\Delta x} .$$

Mit (2.1.8) folgt daher

$$u_{n+1}(x) = \gamma(x)\{u_n(1-\Delta x) + \frac{h}{(\Delta x)^2}[u_n(1-2\Delta x) - 2u_n(1-\Delta x) + u_n(1)]$$

$$+ h\ f(1-\Delta x, t_n, u_n(1-\Delta x))\} \qquad \text{für} \quad 1 - \Delta x \leqq x \leqq 1. \tag{2.1.11}$$

Durch (2.1.8), (2.1.9), (2.1.11) wird u_{n+1} nun ebenfalls zu einer auf dem gesamten Intervall $\mathcal{J} = [0,1]$ definierten stetigen Funktion; mithin folgt: $u_{n+1} \in \mathfrak{M}$ für $u_n \in \mathfrak{M}$.

(2.1.8), (2.1.9), (2.1.11) kann zusammenfassend wieder in der Form (2.1.6), das heißt in der Form

$$A_1(h)u_{n+1} + A_0(h)u_n + h\{B_1(h)\ G(t_{n+1})u_{n+1} + B_0(h)\ G(t_n)u_n\} = 0$$

$$(n = 0,1,2,\ldots),$$

geschrieben werden, wobei unter Verwendung der Festsetzung

$$(\Delta x)^2 = \frac{h}{\lambda}, \quad \lambda = \text{const} > 0,$$

gilt:

$$[A_1(h)u](x) = u(x) \quad (\text{das heißt } A_1(h) = I = \text{Identität}),$$

$$- [A_0(h)u](x) = \begin{cases} x\sqrt{\frac{\lambda}{h}}\{u(\sqrt{\frac{h}{\lambda}}) + \lambda[u(2\sqrt{\frac{h}{\lambda}}) - 2u(\sqrt{\frac{h}{\lambda}})]\} \\ \qquad\qquad \text{für} \quad 0 \leqq x \leqq \sqrt{\frac{h}{\lambda}}, \\[2ex] u(x) + \lambda\{u(x-\sqrt{\frac{h}{\lambda}}) - 2u(x) + u(x+\sqrt{\frac{h}{\lambda}})\} \\ \qquad\qquad \text{für} \quad \sqrt{\frac{h}{\lambda}} \leqq x \leqq 1 - \sqrt{\frac{h}{\lambda}}, \\[2ex] \gamma(x)\{u(1-\sqrt{\frac{h}{\lambda}}) + \lambda[u(1-2\sqrt{\frac{h}{\lambda}}) - 2u(1-\sqrt{\frac{h}{\lambda}}) + u(1)]\} \\ \qquad\qquad \text{für} \quad 1 - \sqrt{\frac{h}{\lambda}} \leqq x \leqq 1 \end{cases}$$

$[B_1(h)u](x) = 0 \qquad$ (das heißt $B_1(h) = \Theta$),

$$- [B_0(h)u](x) = \begin{cases} x\sqrt{\dfrac{\lambda}{h}}\, u\!\left(\sqrt{\dfrac{h}{\lambda}}\right) & \text{für } \quad 0 \leqq x \leqq \sqrt{\dfrac{h}{\lambda}} \\[2ex] u(x) & \text{für } \quad \sqrt{\dfrac{h}{\lambda}} \leqq x \leqq 1 - \sqrt{\dfrac{h}{\lambda}} \\[2ex] \gamma(x)\, u\!\left(1-\sqrt{\dfrac{h}{\lambda}}\right) & \text{für } \quad 1 - \sqrt{\dfrac{h}{\lambda}} \leqq x \leqq 1 \end{cases} .$$

Wegen $A_1(h) = I$, $B_1(h) = \Theta$ handelt es sich (einschließlich der Interpolationsvorschriften) um ein explizites Verfahren, wobei hier übrigens (im Gegensatz zum Beispiel (2.1.3)) die linearen stetigen Operatoren B_ν ($\mathfrak{M} \to \mathfrak{M}$) wirklich (wie im allgemeinen Fall (2.1.6) bereits zugelassen) von h abhängen.

Unter den oben angegebenen Voraussetzungen für die Auflösbarkeit impliziter Verfahren existiert bei impliziten Einschritt-Verfahren eine eineindeutige Zuordnung der Form

$$u_n = C(t_{n-1},h)u_{n-1} \qquad\qquad (2.1.12)$$

mit

$$C(t,h) = R(t+h,h)\left\{- A_0(t,h) - h\, B_0(h)\, G(t)\right\} \qquad (2.1.13)$$

(vgl. (2.1.7)). Bei expliziten Einschrittverfahren liegt eine solche Form ohnehin schon vor.

Von (2.1.12) gelangt man nun unmittelbar zu der Darstellung

$$u_n = \prod_{\nu=0}^{n-1} C(t_\nu,h)u_0 \qquad (n = 0,1,2,\ldots). \qquad (2.1.14)$$

Dabei ist auf die Reihenfolge der Faktoren zu achten, da die Operatoren $C(t_\nu,h)$ im allgemeinen Fall nicht miteinander vertauschbar sind. Hängen die *Differenzenoperatoren* C nicht von t ab, so sind die Faktoren (bei jeweils festem h) natürlich vertauschbar:

$$u_n = C^n(h)u_0. \qquad\qquad (2.1.15)$$

Die Operatoren $\prod_{\nu=0}^{n-1} C(t_\nu,h)$ nennen wir *iterierte Differenzenoperatoren*.

Die Differenzenoperatoren seien nach Ausdehnung der Näherungen auf die Zwischengitterpunkte im Bereich der Ortsvariablen Operatoren, die ihren Definitionsbereich $\mathfrak{M}_C \subset \mathfrak{M}$ in sich abbilden, wobei $\mathfrak{M}_C$ von t nicht abhänge. In der Regel werden wir $\mathfrak{M}_C = \mathfrak{M}$ voraussetzen. Anderenfalls hat man jedoch durch den Nachweis der Abbildung von $\mathfrak{M}_C$ in sich zu gewährleisten, daß das Verfahren nicht vorzeitig abbricht.

Diese, die hier benutzte Darstellungsweise vereinfachende Voraussetzung der Abbildung von $\mathfrak{M}_C$ in sich ist (wie auch die nachfolgenden Beispiele zeigen) nicht einschneidend, solange es sich (wie bei den behandelten Beispielen gewährleistet) um zylindrische Anfangswertaufgaben handelt [1].

<u>Beispiele</u> (vgl. [10], S.25 ff.):

1. Sei $\mathfrak{M} = \left\{ u \mid u \in C_{2\pi}^O(\mathbb{R}^d), \|u\| = \max\limits_{j=1,\ldots,d} \max\limits_{0 \leq x_j \leq 2\pi} |u(x_1,\ldots,x_d)| \right\}$.

Die auf die Zwischengitterpunkte ausgedehnte Differenzengleichung (2.1.12) schreiben wir vorübergehend in der Form

$$u_n(x) = H_h(t_{n-1};x;u_{n-1}(x^{(1)}(x)), \ldots, u_{n-1}(x^{(r_n)}(x)))$$

$$(x = (x_1,\ldots,x_d)) . \tag{2.1.16}$$

Dabei seien

$$x^{(r)}(x) = (x_1 + k_1^{(r)} \Delta x_1, \ldots, x_d + k_d^{(r)} \Delta x_d) \tag{2.1.17}$$

($k_j^{(r)}$ ganz und unabhängig von x; $j = 1,\ldots,d$; $r = 1,\ldots,r_n$) diejenigen Nachbarpunkte von x, in denen Funktionswerte u_{n-1} zur Berechnung von $u_n(x)$ genommen werden.

Hinreichend dafür, daß die durch (2.1.12) definierten Operatoren $C(t,h)$ den Raum $\mathfrak{M}$ in sich abbilden, ist offenbar die 2π-Periodizität (bezüglich x) sowie die Stetigkeit der Funktion $H_h(t,x,p_1, \ldots,p_{r_n})$ bezüglich aller Veränderlichen bei jeweils festem h und festem t ($p_r \in \mathbb{R}$; $r = 1,\ldots,r_n$) ($\mathfrak{M}_C = \mathfrak{M}$).

2. Sei $\mathfrak{M}_C = \left\{ u \mid u \in L^p(\mathcal{g}), \|u\| = \left(\int\limits_{\mathcal{g}} |u(x)|^p dx \right)^{1/p} \right\}$

mit geeigneter Teilmenge $\mathcal{g} \subset \mathbb{R}^d$.

---

[1] vergleiche die Fußnote auf Seite 21

Die Schrittweiten in Richtung der Ortsvariablen seien äquidistant.
Wird die auf der rechten Seite der Gleichung (2.1.16) auftretende Funktion $u_{n-1}(x)$ in einem Punkte x abgeändert, so ändert sich
offenbar wegen (2.1.17) auch u_n nur in endlich vielen Nachbarpunk-
ten $x_{(s)}$ von x, wobei die $x_{(s)}$ mit keinem der obigen $x^{(r)}$ zusammen-
zufallen brauchen. Durchläuft nun x eine Menge $\mathcal{k}$ und ist $\mathcal{k}_{(s)}$ die
Menge der zugehörigen $x_{(s)}$, so geht $\mathcal{k}_{(s)}$ aus $\mathcal{k}$ durch Translation
hervor. Ist dabei $\mathcal{k}$ eine Nullmenge, so trifft dies mithin auch für
jedes $\mathcal{k}_{(s)}$ und daher für die Vereinigung der endlich vielen $\mathcal{k}_{(s)}$ zu
(vergleiche z.B. [14], S.354 ff.). Es bleibt zu fordern, daß mit
$u_{n-1} \in L^p(\mathcal{g})$ auch $u_n \in L^p(\mathcal{g})$. Dies ist z.B. gewiß der Fall, wenn
wiederum H_h bezüglich aller Variablen stetig ist (bei jeweils
festem h und festem t_{n-1}) und zu u_{n-1} eine zur p-ten Potenz sum-
mierbare Funktion g derart existiert, daß

$$\left| H_h(t_{n-1}; x; u_{n-1}(x^{(1)}(x)), \ldots, u_{n-1}(x^{(r_n)}(x))) \right| \leqq g(x)$$

ausfällt (vergleiche [91], S.39).

Erwartet man auch von der auf ein konkretes Gitter restringierten
Lösung der Differenzengleichung (2.1.12), daß sie von Abänderungen
der Anfangsfunktion $u_o \in L^p$ auf einer Null-Menge (also z.B. den Gitterpunkten) nicht beeinflußt wird, so kann man als diskretisierte
Anfangswerte der Differenzengleichung Integralmittelwerte von u_o
über gewisse Umgebungen der benutzten Gitterpunkte verwenden (vergleiche [34]).

2.2 Formulierung von Mehrschrittverfahren als Einschrittverfahren auf Produkträumen

Naturgemäß schreiben sich im zugrundegelegten Raum $\mathfrak{M}$ viele Beziehungen für k = 1 einfacher als für k > 1. Es ist deshalb zweckmäßig,
die k-Schrittverfahren in $\mathfrak{M}$ als formale Einschrittverfahren im
cartesischen Produkt $\mathfrak{M}^k$ zu formulieren, wobei die lineare Struktur
von $\mathfrak{M}$ in natürlicher Weise auf $\mathfrak{M}^k$ übertragen werde.
Als Norm in $\mathfrak{M}^k$ verwenden wir etwa

$$\|\tilde{u}\|_{\mathfrak{M}^k} = \max\left\{\|u\|_{\mathfrak{M}}, \|v\|_{\mathfrak{M}}, \ldots\right\} \qquad (2.2.1)$$

$$\text{mit } \tilde{u} = \begin{pmatrix} u \\ v \\ \vdots \end{pmatrix} \in \mathfrak{M}^k; \quad u,v,\ldots \in \mathfrak{M}.$$

Die Elemente des Produktraumes $\mathfrak{M}^k$ werden wir im Gegensatz zu den Elementen von $\mathfrak{M}$ stets mit einer Tilde versehen. Die Normen in $\mathfrak{M}$ und $\mathfrak{M}^k$ werden nicht unterschiedlich bezeichnet, da Verwechselungen nicht zu befürchten sind.

Wir setzen [1]

$$\tilde{u}_n = \begin{pmatrix} u_{n+k-1} \\ u_{n+k-2} \\ \vdots \\ u_n \end{pmatrix}. \qquad (2.2.2)$$

Wegen

$$u_{n+k} = R(t_{n+k},h)\left[-\sum_{\nu=0}^{k-1}\left\{A_\nu(t_{n+\nu},h) + h\,B_\nu(h)\,G(t_{n+\nu})\right\}u_{n+\nu}\right]$$

folgt

$$\tilde{u}_{n+1} = \left(\begin{array}{cccc} R(t_{n+k},h) & & & \\ I & \Theta & & \\ & \ddots & & \\ \Theta & & \ddots & \\ & & & I \end{array}\right)\left\{\left(\begin{array}{cccc} -A_{k-1}(t_{n+k-1},h) & \ldots & -A_1(t_{n+1},h) & -A_o(t_n,h) \\ I & & \Theta & \Theta \\ & \Theta & \ddots & \vdots \\ \Theta & & \ddots & \vdots \\ & & I & \Theta \end{array}\right)\right.$$

____

[1] vergleiche [10], S.28 ff.

$$-h \begin{pmatrix} B_{k-1}(h) \ \ldots \ B_1(h) \ B_0(h) \\ \\ \ominus \end{pmatrix} \begin{pmatrix} G(t_{n+k-1}) & & & \ominus \\ & G(t_{n+k-2}) & & \\ & & \ddots & \\ \ominus & & & G(t_n) \end{pmatrix} \Big\} \tilde{u}_n$$

$$=: \ \tilde{C}(t_n,h)\,\tilde{u}_n. \tag{2.2.3}$$

Von (2.2.3) gelangt man wieder unmittelbar zu der Relation

$$\tilde{u}_n = \prod_{\nu=0}^{n-1} \tilde{C}(t_\nu,h)\,\tilde{u}_0 \qquad (n = 1,2,\ldots), \tag{2.2.4}$$

wobei $\tilde{u}_0$ das früher eingeführte Anfangsfeld darstellt.

Die Faktoren $\tilde{C}(t,h)$ (die wiederum in der Regel nicht vertauschbar sind), bzw. das Produkt

$$\prod_{\nu=0}^{n-1} \tilde{C}(t_\nu,h),$$

bezeichnen wir auch hier wieder als Differenzenoperatoren, bzw. als iterierte Differenzenoperatoren, und wir fordern (in Übereinstimmung mit der Forderung des Abschnitts 2.1), daß diese ihren Definitionsbereich in sich abbilden.

Für die soeben und im folgenden in Matrizenform geschriebenen Operatoren auf $\mathfrak{M}^k$ gelten formal die üblichen Regeln der Matrizenaddition und Matrizenmultiplikation mit folgenden Ausnahmen:

a) Das linksseitige distributive Gesetz

$$\tilde{A}(\tilde{B}+\tilde{C}) = \tilde{A}\tilde{B} + \tilde{A}\tilde{C}$$

ist nur richtig, wenn $\tilde{A}$ ein linearer Operator auf $\mathfrak{M}^k$ ist, seine Elemente also lineare Operatoren auf $\mathfrak{M}$ darstellen.

b) Das Assoziativgesetz der Multiplikation

$$(\tilde{A}\tilde{B})\tilde{C} = \tilde{A}(\tilde{B}\tilde{C})$$

ist nicht unbeschränkt gültig. Produkte der Form $\tilde{A} \cdot \tilde{B} \cdot \tilde{C}$ sind daher stets als $\tilde{A}(\tilde{B}\tilde{C})$ zu lesen; analog: $\tilde{A}\tilde{B}\tilde{u} = \tilde{A}(\tilde{B}\tilde{u})$.

Wir setzen ferner

$$\tilde{E}_o(t,h) := \begin{pmatrix} E_o(t+(k-1)h) & & & \\ & E_o(t+(k-2)h) & & \ominus \\ & & \ddots & \\ & \ominus & & \\ & & & E_o(t) \end{pmatrix},$$

$$\tilde{u}(t,h) = \begin{pmatrix} u(t+(k-1)h) \\ u(t+(k-2)h) \\ | \\ | \\ | \\ u(t) \end{pmatrix}, \qquad \tilde{u}_o^* = \begin{pmatrix} u_o \\ u_o \\ | \\ | \\ | \\ u_o \end{pmatrix}$$

und erhalten dann für $u_o \in \mathcal{O}$ die Lösung der gegebenen Anfangswertaufgabe, formuliert in $\mathfrak{M}^k$, in der Form

$$\tilde{u}(t,h) = \tilde{E}_o(t,h)\tilde{u}_o^* \,{}^{1)}. \tag{2.2.5}$$

Ist die Teilmenge $\mathcal{O} \subset \mathfrak{M}$ dicht in einer Teilmenge $\mathcal{U} \subset \mathfrak{M}$ und gibt es stetige Fortsetzungen $E(t)$ der Operatoren $E_o(t)$ von $\mathcal{O}$ auf $\mathcal{U}$, so werden entsprechend den Operatoren $\tilde{E}_o(t,h)$ $(\mathcal{O}^k \to \mathfrak{M}^k)$ auch Operatoren $\tilde{E}(t,h)$ $(\mathcal{U}^k \to \mathfrak{M}^k)$ definiert.

Bemerkung: *Der Definitionsbereich von $\tilde{E}_o(t,h)$, bzw. $\tilde{E}(t,h)$, ist also nicht nur $\mathcal{O}_o^k := \{\tilde{u}_o^* | u_o \in \mathcal{O}\}$, bzw. $\mathcal{U}_o^k := \{\tilde{u}_o^* | u_o \in \mathcal{U}\}$.*

---

[1] Die zweite Variable h in $\tilde{u}(t,h)$ werden wir zumeist der Übersichtlichkeit wegen weglassen.

Bemerkung: *Wie soeben bezeichnet auch im folgenden der untere Index O an einer Teilmenge des Raumes $\mathcal{M}^k$ stets eine Teilmenge, deren
Elemente aus Vektoren mit k einander gleichen Komponenten bestehen.*

2.3 Lokaler Fehler und Konsistenz

Stellt man der Anfangswertaufgabe

$$u_t = A(t)u, \quad O \leq t \leq T$$

$$u(O) = u_O$$

ein Differenzenverfahren

$$\tilde{u}_{n+1} = \tilde{C}(t_n,h)\tilde{u}_n \quad (n = O,1,2,\ldots)$$

gegenüber, so wird man in der Regel nur dann von der Lösung der
Differenzengleichung (d.h. von der Folge u_O, u_1, $\ldots$) erwarten
können, daß sie bei kleinen Schrittweiten die gesuchte Lösung der
gegebenen Aufgabe gut approximiert, wenn bereits die Differenzengleichung selbst in gewissem Sinn eine Approximation der Differentialgleichung darstellt (etwa vermöge Ersetzung der Differential-
quotienten durch Differenzenquotienten usw.).

Die Güte, mit der die Differenzen*gleichung* die Differential*gleichung* approximiert, soll durch den nachfolgend eingeführten *lokalen
Fehler* gemessen werden:

Hat man (ausgehend von $u_O \in \mathcal{Ol}$) statt der Näherungen u_n, u_{n+1}, $\ldots$,
u_{n+k-1} die exakten Werte $u(t_n)$, $u(t_{n+1})$, $\ldots$, $u(t_{n+k-1})$ zur Verfügung und setzt diese anstelle der entsprechenden Näherungen in die
Differenzengleichung ein, so wird sich der so gewonnene Wert

$$\tilde{C}(t_n,h)\tilde{u}(t_n)$$

im allgemeinen vom exakten Wert $\tilde{u}(t_{n+1})$ unterscheiden. Das Verbleiben einer in der Regel von null verschiedenen Differenz

$$\tilde{u}(t_{n+1}) - \tilde{C}(t_n)\tilde{u}(t_n)$$

wird durch die lokale Anwendung der Diskretisierung der gegebenen

Anfangswertaufgabe bedingt.

Definition: Den Ausdruck

$$\|\tilde{u}(t+h) - \tilde{C}(t,h)\tilde{u}(t)\| = \|\tilde{E}_o(t+h,h)\tilde{u}_o^* - \tilde{C}(t,h)\tilde{E}_o(t,h)\tilde{u}_o^*\|$$

$$= \|u(t+kh) - R(t+kh,h)\left[-\sum_{\nu=0}^{k-1}\{A_\nu(t+\nu h,h) + hB_\nu(h)\ G(t+\nu h)\}\ u(t+\nu h)\right\|$$

$$(2.3.1)$$

nennt man den *lokalen Fehler* des Verfahrens bei $t+(k-1)h$ für das betreffende $u_o \in \mathcal{O}$.

Definition: Sei $\mathcal{I}$ eine nichtleere Teilmenge von $\mathcal{O}$. Gibt es für alle $h \in [0,h_o]$ bei geeignetem $h_o > 0$ und für alle $t \in [0,T]$ mit $t+kh \in [0,T]$ und für alle $u_o \in \mathcal{I}$ ein von t unabhängiges Funktional $\eta_1(h,u_o)$ mit der Eigenschaft

$$\|\tilde{u}(t+h) - \tilde{C}(t,h)\tilde{u}(t)\| \leqq h\eta_1(h,u_o), \qquad (2.3.2)$$

und mit $\eta_1(h,u_o) = o(1)$ für $h \to 0$ bei jeweils festem $u_o \in \mathcal{I}$, so nennen wir das Differenzenverfahren auf $\mathcal{I}$ *konsistent* mit der gegebenen Anfangswertaufgabe.

Ist speziell $\eta_1(h,u_o) = O(h^\sigma)$ mit einem für alle $u_o \in \mathcal{I}$ einheitlichen $\sigma > 0$, so spricht man von einem Differenzenverfahren σ-ter Ordnung auf $\mathcal{I}$ [1].

Bemerkung: *Besteht $\mathcal{I}$ nur aus einem Element $u_o \in \mathcal{O}$, so werden wir statt konsistent "auf $\mathcal{I}$" gelegentlich auch konsistent "für u_o" (gegebenenfalls konsistent für u_o von der Ordnung σ) sagen.*

Bei impliziten Verfahren ist es gelegentlich umständlich, vor Feststellung der Konsistenz bereits die Auflösung nach dem gesuchten u_{n+k}, d.h. die Bestimmung von $R(t,h)$, vornehmen zu müssen.

Definiert man nun

$$\hat{u}(t+kh) := R(t+kh,h)\left[-\sum_{\nu=0}^{k-1}\{A_\nu(t+\nu h,h) + hB_\nu(h)\ G(t+\nu h)\}\ u(t+\nu h)\right],$$

$$(2.3.3)$$

so läßt sich (2.3.2) mit (2.3.1) auch in der Form

---

[1] Für andere oder auf abstraktere Problemklassen zugeschnittene Konsistenzdefinitionen vergleiche man z.B. [72], [110], [111].

49

$$\|u(t+kh) - \hat{u}(t+kh)\| \overset{\leq}{=} h\eta_1(h,u_o) \qquad (2.3.4)$$

darstellen. Zugleich gilt aber gemäß (2.3.3):

$$\{A_k(t+kh,h) + hB_k(h)\,G(t+kh)\}\,\hat{u}(t+kh) +$$

$$+ \sum_{\nu=0}^{k-1}\{A_\nu(t+\nu h) + hB_\nu(h)\,G(t+\nu h)\}\,u(t+\nu h) = 0,$$

so daß die Aussage

$$\left\|\sum_{\nu=0}^{k}\{A_\nu(t+\nu h,h) + hB_\nu(h)\,G(t+\nu h)\}\,u(t+\nu h)\right\|$$

$$\qquad (2.3.5)$$

$$= \left\|\{A_k(t+kh,h) + hB_k(h)\,G(t+kh)\}\,u(t+kh) - \{A_k(t+kh,h) + \right.$$

$$\left. + hB_k(h)\,G(t+kh)\}\,\hat{u}(t+kh)\right\|$$

folgt. Auf der linken Seite von (2.3.5) steht die Norm desjenigen
Ausdruckes, den man erhält, wenn man in der nicht aufgelösten Differenzengleichung (2.1.6) sämtliche $u_{n+\nu}$ (also auch u_{n+k}) durch
das entsprechende Lösungselement der gegebenen Anfangswertaufgabe
ersetzt.

Ist nun z.B. der Operator $A_k(t+kh,h) + hB_k\,G(t+kh)$ auf $\mathfrak{M}$ (oder sogar nur auf einer geeignet eingeschränkten Teilmenge von $\mathfrak{M}$) lip-
schitz-beschränkt mit einer für alle $h \in [O,h_o]$ und für alle $t \in [O,T]$
(mit $t+kh \in [O,T]$) einheitlichen Lipschitzkonstanten L^*, so liefert
(2.3.5) in Verbindung mit (2.3.4) die Beziehung

$$\left\|\sum_{\nu=0}^{k}\{A_\nu(t+\nu h,h) + hB_\nu(h)\,G(t+\nu h)\}\,u(t+\nu h)\right\| \overset{\leq}{=} h\eta_1^*(h,u_o), \qquad (2.3.6)$$

$$\eta_1^*(h,u_o) := L^*\eta_1(h,u_o).$$

Mit $\eta_1(h,u_o)$ ist auch $\eta_1^*(h,u_o)$ ein $o(1)$ für $h \to O$ (bzw. ein
$O(h^\sigma)$).

Existiert umgekehrt ein Funktional $\eta_1^*(h,u_o) = o(1)$, so daß (2.3.6)
gilt, und ist $R(t,h)$ lipschitzbeschränkt, so folgt auf gleiche Weise aus (2.3.6) die Gültigkeit von (2.3.4) und damit von (2.3.2).

Insbesondere bei Vorliegen der letztgenannten Situation wird deshalb gelegentlich das Erfülltsein der Konsistenzbedingung (2.3.2)
durch Nachweis von (2.3.6) erbracht werden (vergleiche auch das

erste der nachfolgenden Beispiele).

<u>Beispiele</u> ([10] , S.32 ff.):
1. In dem Banachraum $\mathfrak{M} = \mathbb{R}$ betrachten wir wieder die (gewöhnliche) Anfangswertaufgabe

$$\dot{u} = g(t,u), \quad 0 \leqq t \leqq T$$

$$u(0) = u_o.$$

Zur Approximation verwenden wir das implizite Einschrittverfahren

$$u_{n+1} = u_n + \frac{h}{2}\{g(t_n,u_n) + g(t_{n+1},u_{n+1})\}$$

$$(n = 0,1,2,\ldots).$$

g sei bezüglich u für alle $t \in [0,T]$ global gleichgradig lipschitz-stetig, d.h. es gebe eine Konstante L mit

$$|g(t,u) - g(t,v)| \leqq L|u-v|, \quad \text{für alle } u,v \in \mathbb{R}, \quad \text{für alle } t \in [0,T].$$

Dann ist das Verfahren auflösbar für alle h mit

$$0 \leqq h \leqq h_o < \frac{2}{L}, \text{ etwa für } h_o = \frac{1}{L}.$$

Wir fordern weiter, daß g zweimal stetig nach beiden Variablen dif-ferenzierbar sei. Dann hat die gegebene Anfangswertaufgabe für al-le $u_o \in \mathfrak{M}$ nach dem Picard-Lindelöf'schen Satz (vergleiche z.B. [55], S.74 ff.) eine eindeutig bestimmte Lösung. Diese Lösung ist sogar dreimal stetig differenzierbar, so daß $\max_{0 \leqq t \leqq T} |\ddot{u}(t)|$ existiert.

Mit der oben definierten Bedeutung von $\hat{u}$ gilt:

$$\hat{u}(t+h) = u(t) + \frac{h}{2}\{g(t,u(t)) + g(t+h,\hat{u}(t+h))\}.$$

Damit ist der lokale Fehler gemäß (2.3.4) gegeben durch

$$|u(t+h) - \hat{u}(t+h)| = |u(t+h) - u(t) - \frac{h}{2}\dot{u}(t) - \frac{h}{2}g(t+h,\hat{u}(t+h))|$$

$$= |u(t+h) - u(t) - \frac{h}{2}\dot{u}(t) - \frac{h}{2}\dot{u}(t+h) + \frac{h}{2}\dot{u}(t+h)$$

$$- \frac{h}{2}g(t+h,\hat{u}(t+h))|$$

$$\leqq |u(t+h) - u(t) - \frac{h}{2}\dot{u}(t) - \frac{h}{2}\dot{u}(t+h)| + \frac{h}{2}L|u(t+h) - \hat{u}(t+h)| \leqq$$

$$\leq |u(t+h) - u(t) - \frac{h}{2}\dot{u}(t) - \frac{h}{2}\dot{u}(t+h)| + \frac{1}{2}|u(t+h) - \hat{u}(t+h)|$$

und daher

$$|u(t+h) - \hat{u}(t+h)| \leq |2u(t+h) - 2u(t) - h\dot{u}(t) - h\dot{u}(t+h)|$$

$$\leq h^3 \max_{O \leq t \leq T} |\dddot{u}(t)| =: h\eta_1(h,u_O).$$

Es ist also $\eta_1(h,u_O) = h^2 \max\limits_{O \leq t \leq T} |(\dddot{E}_O(t)u_O)|$ für alle $u_O \in \mathbb{R}$, so daß

das Verfahren mit der gegebenen Aufgabe auf $\mathbb{R}$ konsistent von der

Ordnung 2 ist.

2. In dem Banachraum $\mathfrak{M} = C_{2\pi}^O$ (versehen mit der Maximum-Norm) be-

trachten wir die schon früher behandelte Aufgabe

$$u_t - u_x = 2u^2, \quad O \leq t \leq T$$

$$u(x,O) = u_O(x),$$

die eindeutige Lösungen in

$$\mathfrak{a} = \{u \mid u \in \mathfrak{M} \cap C^1(\mathbb{R}), \|u\| < \frac{1}{2T}\}$$

besaß.

Zur Approximation verwenden wir das explizite Dreischrittverfahren

$$u_{n+3}(x) = -9u_{n+2}(x) + 9u_{n+1}(x) + u_n(x) +$$

$$+ 12h\{u_{n+2}^2(x) + u_{n+1}^2(x)\} + 3\frac{h}{\Delta x}\{u_{n+2}(x+\Delta x) - u_{n+2}(x-\Delta x)$$

$$+ u_{n+1}(x+\Delta x) - u_{n+1}(x-\Delta x)\}.$$

Zur Realisierung von (2.1.4) wählen wir $\Delta x = h$. Zur Abschätzung des

lokalen Fehlers haben wir folgenden Ausdruck zu untersuchen:

$$|u(x,t+3h) - \hat{u}(x,t+3h)| =$$

$$|u(x,t+3h) + 9u(x,t+2h) - 9u(x,t+h) - u(x,t) - 12h\{u^2(x,t+2h)$$

$$+ u^2(x,t+h)\} - 3\{u(x+h,t+2h) - u(x-h,t+2h) + u(x+h,t+h) - u(x-h,t+h)\}|.$$

Taylorentwicklung auf der echten Seite um die Stelle (x,t) ergibt

als obere Schranke für den lokalen Fehler den Ausdruck:

$$\max_{0 \leq x \leq 2\pi} |12h\{u_t - u_x - 2u^2\} + 18h^2\{u_t - u_x - 2u^2\}_t + 15h^3\{u_t - u_x - 2u^2\}_{tt}$$

$$+ 2h^3 u_{xxx}| + O(h^4), \quad \text{sofern } u_o \epsilon \, \mathfrak{M} \cap C^4(\mathbb{R}),$$

bzw.

$$\max_{0 \leq x \leq 2\pi} |12h\{u_t - u_x - 2u^2\} + 18h^2\{u_t - u_x - 2u^2\}_t| + O(h^3),$$

$$\text{sofern } u_o \epsilon \, \mathfrak{M} \cap C^3(\mathbb{R}),$$

bzw.

$$\max_{0 \leq x \leq 2\pi} |12h\{u_t - u_x - 2u^2\}| + O(h^2), \quad \text{sofern } u_o \epsilon \, \mathfrak{M} \cap C^2(\mathbb{R}), \quad \text{bzw. } o(h),$$

$$\text{sofern } u_o \epsilon \, \mathfrak{M} \cap C^1(\mathbb{R}).$$

Unter Berücksichtigung der Differentialgleichung erhalten wir damit

$$\eta_1(h, u_o) = \begin{cases} O(h^2), & \text{für alle } u_o \epsilon \, \mathfrak{M} \cap C^m(\mathbb{R}), \quad \text{für alle } m \gtrsim 3 \\ O(h), & \text{für alle } u_o \epsilon \, \mathfrak{M} \cap C^2(\mathbb{R}) \\ o(h), & \text{für alle } u_o \epsilon \, \mathfrak{M} \cap C^1(\mathbb{R}). \end{cases}$$

Folglich ist das Verfahren mit der gegebenen Anfangswertaufgabe

auf $\mathfrak{M} \cap C^m$ konsistent von der Ordnung 2, für alle $m \gtrsim 3$,

auf $\mathfrak{M} \cap C^2$ konsistent von der Ordnung 1 und

auf $\mathfrak{M} \cap C^1$ konsistent.

Im Fall $\mathfrak{M} \cap C^1$ kann eine Ordnung ohne weitergehende Informationen über die Struktur von u_o nicht angegeben werden.

<u>Folgerung:</u> Um die Ordnung eines Verfahrens angeben zu können, werden häufig stärker strukturierte Anfangselemente benötigt als in dem zur Anfangswertaufgabe gehörenden Existenz.

3 Konvergenzbegriffe bei Differenzenverfahren

3.1 Begründung für die Entwicklung verschiedenartiger Konvergenzbegriffe

Von einem als numerisch brauchbar zu bezeichnenden Verfahren wird man als Mindesteigenschaft erwarten, daß bei Verkleinerung der Schrittweite die exakten Lösungselemente der Anfangswertaufgabe in geeignetem Sinne immer besser durch die Näherungen approximiert werden.

Definition: Unter dem *globalen Fehler* des Verfahrens zum Anfangsfeld u_o auf der Schicht $t = t_n$ versteht man den Ausdruck

$$\|\tilde{u}_n - \tilde{u}(t,h)\| = \|\tilde{Q}(nh,h)\tilde{u}_o - \tilde{E}(t_n,h)\tilde{u}_o^*\|.$$

Dabei wurde für den iterierten Differenzenoperator abkürzend gesetzt:

$$\tilde{Q}(nh,h) := \prod_{\nu=0}^{n-1} \tilde{C}(\nu h,h).$$

Wir betrachten zunächst Einschrittverfahren.

Die naheliegendste und in gewissem Sinne naivste Definition eines Konvergenzbegriffes, der (wie wir noch sehen werden) auch aus praktisch-numerischer Sicht her für gewisse Problemklassen tatsächlich ausreicht (vgl. Abschnitt 4.1), ist die folgende:

Konvergenzdefinition I:

Sei $\mathcal{W}$ nicht-leere Teilmenge des normierten Raumes $\mathcal{M}$. Für jedes $u_o \in \mathcal{W}$ existiere eine eindeutig bestimmte (eventuell verallgemeinerte) Lösung $u(t) = E(t)u_o$ der Anfangswertaufgabe

$$u_t = A(t)u, \quad 0 \leq t \leq T$$

$$u(0) = u_o.$$

Das Einschrittverfahren

$$u_n = C(t_{n-1},h)u_{n-1} \quad (n = 1,2,\ldots)$$

zur Approximation dieser Aufgabe heißt *auf $\mathcal{W}$ konvergent* (bzw. bei einelementigem $\mathcal{W}$: *für u_o konvergent*), wenn bei beliebigem $t \in [0,T]$

54

für jede Folge natürlicher Zahlen $\{n_j\} \to \infty$ und für jede Schritt-weitenfolge $\{h_j\} \to 0$ mit $\{n_j\, h_j\} \subset [0,T]$ und $\{n_j\, h_j\} \to t$ gilt:

$$\lim_{j \to \infty} Q_j\, u_0 = E(t)u_0, \quad \text{für alle } u_0 \epsilon \mathcal{W},$$

wobei

$$Q_j := Q(n_j h_j, h_j) = \prod_{\nu=0}^{n_j-1} C(\nu h_j, h_j)$$

(es handelt sich hier also um punktweise Konvergenz jeder dieser Folgen $\{Q_j\}$ gegen den Operator $E(t)$ auf $\mathcal{W}$).

Die Konvergenz im Sinne der Konvergenzdefinition I allein ist je-doch im allgemeinen noch kein ausreichendes Kriterium für die nume-rische Brauchbarkeit des Einschrittverfahrens [1] (vergleiche jedoch andererseits die in Abschnitt 4.1 angeführte Theorie von Lax und Richtmyer zu gewissen linearen Fällen). Es treten in der Praxis fast immer unvermeidbare Rechenstörungen (z.B. Rundungsfehler) auf. Begeht man etwa lediglich beim ersten Schritt einen solchen Fehler, startet also die Rechnung mit einer etwas verfälschten Anfangsfunk-tion $\hat{u}_0$ und vergleicht man die zu dieser gestörten Anfangsfunktion gehörende Lösung der Differenzengleichung mit der zur exakten An-fangsfunktion u_0 gehörenden Lösung der Differentialgleichung, so folgt

$$\|Q_j\, \hat{u}_0 - E(t)u_0\| \leqq \|Q_j\, \hat{u}_0 - E(t)\hat{u}_0\| + \|E(t)\hat{u}_0 - E(t)u_0\| \quad \text{für } \hat{u}_0 \epsilon \mathcal{W}.$$

Zu beliebigem $\varepsilon > 0$ gibt es wegen der Stetigkeit von $E(t)$ (siehe Abschnitt 1.2) ein $\delta(\varepsilon, t, u_0) > 0$ mit $\|E(t)\hat{u}_0 - E(t)u_0\| < \frac{\varepsilon}{2}$ für alle $\hat{u}_0 \epsilon \mathcal{W}$ mit $\|\hat{u}_0 - u_0\| < \delta$ und wegen der Konvergenz des Verfahrens ein $j_0(\varepsilon, t, \hat{u}_0)$ mit $\|Q_j\, \hat{u}_0 - E(t)\hat{u}_0\| < \frac{\varepsilon}{2}$ für alle $j > j_0$.

Zu beliebigem $\varepsilon > 0$ existiert also ein $\delta(\varepsilon, t, u_0) > 0$ und ein $j_0(\varepsilon, t, \hat{u}_0)$ mit der Eigenschaft

$$\|Q_j\, \hat{u}_0 - E(t)u_0\| < \varepsilon, \quad \text{für alle } \hat{u}_0 \epsilon \mathcal{W} \text{ mit } \|\hat{u}_0 - u_0\| < \delta$$

$$\text{und für alle } j > j_0(\varepsilon, t, \hat{u}_0).$$

Hierbei stört nun jedoch die Abhängigkeit des j_0 von $\hat{u}_0$: Wählt man

---

[1] [10], S.36 ff.

nämlich ein beliebiges festes $\hat{u}_o \in \mathcal{W}$ mit $\|\hat{u}_o - u_o\| < \delta$, so existiert zu diesem $\hat{u}_o$ möglicherweise eine weniger gestörte Anfangsfunktion $\check{u}_o \in \mathcal{W}$ mit $\|Q_j \check{u}_o - E(t)u_o\| > \varepsilon$ für ein $j > j_o(\varepsilon,t,\hat{u}_o)$. Mit einer weniger gestörten Anfangsfunktion erzielt man also gegebenenfalls eine schlechtere Approximation als mit einer stärker gestörten Anfangsfunktion. Völlige Unabhängigkeit des j_o von u_o, d.h. gleichmäßige Konvergenz der Folge $\{Q_j\}$ gegen $E(t)$, ist im allgemeinen nicht erreichbar, da in Konvergenznachweise zumeist das bei der Abschätzung des lokalen Fehlers auftretende Funktional $\eta_1(h,u_o)$ (vergleiche 2.3.2) eingeht, das in der Regel wirklich von u_o abhängt. Wünschenswert ist jedoch, daß man mit einem einheitlichen j_o für alle $\hat{u}_o$ einer gewissen Umgebung von u_o auskommt.

Wir fordern daher als weitere Eigenschaft eines als brauchbar anzusehenden Verfahrens, daß zu beliebigem $\varepsilon > 0$ ein $\delta(\varepsilon,t,u_o) > 0$ und ein $j_o(\varepsilon,t,u_o)$ mit der Eigenschaft

$$\|Q_j \hat{u}_o - E(t)u_o\| < \varepsilon , \quad \text{für alle } \hat{u}_o \text{ mit } \|\hat{u}_o - u_o\| < \delta \tag{3.1.1}$$

$$\text{und für alle } j > j_o(\varepsilon,t,u_o)$$

existiert.

Nun findet sich bei Rinow ([92], S.64 ff.) folgende

Definition: Seien $(\mathcal{W},\varphi)$ und $(\mathcal{W},\delta)$ metrische Räume und E ein Operator von $\mathcal{W}$ in $\mathcal{W}$. Dann heißt die Operatorenfolge $\{Q_j\}$ $(Q_j: \mathcal{W} \to \mathcal{W})$ *auf $\mathcal{W}$ stetig-konvergent* gegen E, wenn es zu beliebigem $\varepsilon > 0$ ein $\delta(\varepsilon,u_o) > 0$ und ein $j_o(\varepsilon,u_o)$ gibt, so daß

$$\delta(Q_j u, Eu_o) < \varepsilon , \quad \text{für alle } u \in \mathcal{W} \text{ mit } \varphi(u,u_o) < \delta , \text{ für alle } j > j_o(\varepsilon,u_o)$$

(Folgerung: $\{Q_j\}$ stetig-konvergent gegen E auf $\mathcal{W} \Rightarrow \{Q_j\}$ punktweise konvergent gegen E auf $\mathcal{W}$).

Bemerkung: *Der Begriff der stetigen Konvergenz wurde wohl erstmals von Bois-Reymond [15] geprägt, später von Courant (in einer Arbeit über konforme Abbildungen [24]) und von anderen wieder aufgenommen.*

Folgerung: Die Forderung (3.1.1) ist gleichbedeutend mit der stetigen Konvergenz jeder der Operatorenfolgen $\{Q_j\}$ gegen $E(t)$ auf $\mathcal{W}$.

Wir definieren deshalb:

<u>Konvergenzdefinition II:</u>

Sei $\mathcal{W}$ Teilmenge des normierten Raumes $\mathcal{M}$. Für jedes $u_o \in \mathcal{W}$ existiere eindeutig eine (eventuell verallgemeinerte) Lösung $u(t) = E(t)u_o$ der Anfangswertaufgabe

$$u_t = A(t)u_o, \quad O \leq t \leq T$$

$$u(O) = u_o.$$

Das Einschrittverfahren

$$u_n = C(t_{n-1},h)u_{n-1} \quad (n = 1,2,\ldots)$$

zur Approximation dieser Aufgabe heißt *auf $\mathcal{W}$ stetig-konvergent,* wenn bei beliebigem $t \in [O,T]$ für jede Folge natürlicher Zahlen $\{n_j\} \to \infty$ und jede Schrittweitenfolge $\{h_j\} \to O$ mit $\{n_j h_j\} \subset [O,T]$ und $\{n_j h_j\} \to t$ die Folge $\{Q_j\}$ auf $\mathcal{W}$ stetig gegen $E(t)$ konvergiert.

Bemerkung: *Für einelementige Mengen $\mathcal{W}$ fällt die Konvergenzdefinition II offenbar mit der Definition I zusammen.*

Bei Mehrschrittverfahren geht nicht nur u_o sondern auch das Anfangsfeld $\tilde{u}_o$ und damit auch die (hier nicht näher präzisierte Methode, mit der es gewonnen wurde ($\to$ $\tilde{u}_o = \tilde{u}_o(h)$), in die Rechnung ein.

Bei Konvergenzbetrachtungen wird man deshalb zu fordern haben, daß auch das Anfangsfeld für $h \to O$ geeignet konvergiert:

<u>Definition:</u> Sei α ein Verfahren, das bei geeignetem $h_o > O$ jedem $h \in [O,h_o]$ und jedem $u_o \in \mathcal{W}$ ein Anfangsfeld $\tilde{u}_o = \tilde{u}_o(h) \in \mathcal{M}^k$ zuordnet. Dann heißt das Verfahren α *zulässig auf $\mathcal{W}$,* wenn es ein Funktional $\eta_2(h,u_o) = o(1)$ (für $h \to O$) gibt, so daß

$$\|\tilde{u}_o(h) - \tilde{u}(O,h)\| \leq \eta_2(h,u_o) \tag{3.1.2}$$

ausfällt. Ist dabei $\eta_2(h,u_o) = O(h^\mu)$, so sprechen wir von einem Anfangsfeld μ-ter Ordnung auf $\mathcal{W}$.

Bemerkung: *Ist $\mathcal{W}$ einelementig, so ersetzen wir wiederum die Worte "auf $\mathcal{W}$" durch die Worte "für u_o"; $\mathcal{W} = \{u_o\}$.*

Bemerkung: *Es hat durchaus Sinn, in die nachfolgenden Betrachtungen den Fall k = 1 mit einzubeziehen. Unter $u_o(h)$ kann dann ein verfälschtes Anfangselement verstanden werden, und die Zulässigkeitsbedingung (3.1.2), die für k = 1 die Form*

$$\|u_o(h) - u_o\| \leqq \eta_2(h,u_o) = o(1)$$

annimmt, besagt dann, daß die Verfälschung mit $h \to 0$ verschwinden soll. Dies kann als asymptotische Formulierung der Forderung interpretiert werden, daß bei praktischen Rechnungen eine Verkleinerung der Schrittweite zwecks Verkleinerung des lokalen und globalen Verfahrensfehlers häufig mit einer Erhöhung der Rechengenauigkeit einhergehen muß, um einen Gewinn an Verfahrensgenauigkeit nicht durch unveränderte Rechenstörungen unwirksam zu machen. In diesem Sinne sollen auch für k > 1 die bei der Berechnung des Anfangsfeldes gegebenenfalls auftretenden Rechenstörungen sogleich in $\tilde{u}_o(h)$ enthalten gedacht werden.

Konvergenzdefinition III:

Sei $\mathcal{W}$ Teilmenge des normierten Raumes $\mathcal{M}$. Für jedes $u_o \in \mathcal{W}$ existiere eine eindeutig bestimmte (eventuell verallgemeinerte) Lösung $u(t) = E(t)u_o$ der Anfangswertaufgabe

$$u_t = A(t), \quad 0 \leqq t \leqq T$$

$$u(0) = u_o.$$

Das Mehrschrittverfahren

$$\tilde{u}_n = \tilde{C}(t_{n-1},h)\tilde{u}_{n-1} \quad (n = 1,2,\ldots)$$

zur Approximation dieser Aufgabe heißt *bezüglich des auf $\mathcal{W}$ zulässigen Verfahrens α auf $\mathcal{W}$ konvergent*, wenn bei beliebigem $t \in [0,T]$ für jede Folge natürlicher Zahlen $\{n_j\} \to \infty$ und für jede Schrittweitenfolge $\{h_j\} \to 0$ mit $\{(n_j+k-1)h_j\} \subset [0,T]$ und $\{n_j h_j\} \to t$ gilt

$$\lim_{j \to \infty} \tilde{Q}_j \tilde{u}_o(h_j) = \tilde{E}(t,0)\tilde{u}_o^*, \quad \text{für alle } u_o \in \mathcal{W},$$

wobei

$$\tilde{Q}_j = \tilde{Q}(n_j h_j, h_j).$$

Ein Mehrschrittverfahren kann bezüglich eines zulässigen α_1 konvergieren und bezüglich eines anderen zulässigen α_2 divergieren. Das zeigt bereits das folgende einfache Beispiel in $\mathbb{R}$: [1]

$$\dot{u} = 0, \quad 0 \le t \le T$$

$$u(0) = u_o \tag{3.1.3}$$

mit der eindeutigen Lösung $u(t) \equiv u_o$ (für alle $u_o \epsilon \mathbb{R}$).
Zur Approximation dieser gewöhnlichen linearen Anfangswertaufgabe verwenden wir das explizite Zweischrittverfahren

$$u_{n+2} = -4u_{n+1} + 5u_n. \tag{3.1.4}$$

Wegen

$$|u(t+2h) + 4u(t+h) - 5u(t)| =$$

$$|u(t) + 2\dot{u}(t+2\vartheta h) + 4u(t) + 4\dot{u}(t+\hat{\vartheta}h) - 5u(t)| \quad \text{mit } 0 < \vartheta, \hat{\vartheta} < 1$$

ist der lokale Fehler identisch Null ($u(t) \equiv u_o$, $\dot{u}(t) \equiv 0$). Das Verfahren ist also mit der gegebenen Aufgabe konsistent von beliebiger Ordnung.

Ordnen wir nun jedem $u_o \epsilon \mathbb{R}$ bei beliebigem $h \ge 0$ vermöge α_1 das Anfangsfeld

$$\tilde{u}_o(h) = \tilde{u}_o^* = \begin{vmatrix} u_o \\ u_o \end{vmatrix}$$

zu, so ist α_1 offenbar zulässig auf $\mathbb{R}$. Bezüglich dieses α_1 konvergiert das Verfahren. Es ist nämlich

$$u_n = u_o = u(t) \quad \text{für } n = 0,1,2,\dots .$$

Ordnet man jedoch jedem $u_o \epsilon \mathbb{R}$ und jedem $h \ge 0$ vermöge α_2 das Anfangsfeld m-ter Ordnung ($m > 0$, fest)

$$\tilde{u}_o(h) = \begin{vmatrix} u_o + h^m \\ u_o \end{vmatrix} \tag{3.1.5}$$

zu, so konvergiert das Verfahren bezüglich dieses α_2 nicht: Wählt man bei beliebigem $t \epsilon [0,T]$ nämlich $\{n_j\} = \{j\}$ und

---

[1] siehe [10], S.41 ff.

$\{h_j\} = \left\{\frac{t}{j+1}\right\}$, so ist zwar $\{n_j\} \to \infty$, $\{h_j\} \to 0$ mit $\{(n_j+1)h_j\} \subset [0,T]$ und $\{n_j h_j\} \to t$, doch gilt nicht

$$\lim_{j \to \infty} \tilde{Q}_j \, \tilde{u}_o(h_j) = \tilde{E}(t,0)\tilde{u}_o^* = \tilde{u}_o^*,$$

da $\tilde{Q}_j \, \tilde{u}_o(h_j) = \prod_{\nu=0}^{n_j-1} \tilde{C}(\nu h_j, h_j)\tilde{u}_o(h_j) = \begin{pmatrix} -4 & 5 \\ 1 & 0 \end{pmatrix}^j \begin{pmatrix} u_o + h_j^m \\ u_o \end{pmatrix} = \begin{pmatrix} u_{j+1} \\ u_j \end{pmatrix}$

mit

$$u_j = u_o + \frac{1}{6}\left(\frac{t}{j+1}\right)^m - \frac{(-5)^j}{6}\left(\frac{t}{j+1}\right)^m.$$

Bemerkung: *Der erste Lösungsast $u_o + \frac{1}{6}\left(\frac{t}{j+1}\right)^m$ approximiert (für $j \to \infty$) wirklich die Lösung $u(t) \equiv u_o$. Der zweite Lösungsast (eingeschleppt durch den Umstand, daß der Differentialgleichung erster Ordnung ein Zweischrittverfahren und damit eine Differenzengleichung zweiter Ordnung gegenübergestellt wurde)*

$$\frac{(-5)^j}{6}\left(\frac{t}{j+1}\right)^m$$

wächst seinem Betrage nach (bei alternierendem Vorzeichen) für $t > 0$ unbeschränkt an.

Bemerkung: *Faßt man bei festem $t = 0,2$ und festem $h_j = 0,01$ den Ausdruck h_j^m in (3.1.5) als kleinen Rundungsfehler auf, so ergeben sich mit $u_o = 1$ und $m - 4$ bei fortlaufender Rechnung folgende Werte u_ν als Näherung für $u(\nu h_j)$ $(\nu = 0,1,\ldots, 20 = n_j + 1)$:*

ν	u
0	1,000 000 00
1	1,000 000 01
2	0,999 999 96
10	0,983 723 96
11	1,081 380 21
12	0,59 $\cdots$
20	$-158944,\cdots$

Folgerung: Da im Normalfall weder die exakte Lösung der Differentialgleichung noch eine explizite Darstellung der Lösung der Diffe-

renzengleichung bekannt ist und somit Unsicherheit hinsichtlich des
zu wählenden Verfahrens α besteht, besagt die Konvergenz eines
Mehrschrittverfahrens bezüglich eines partikulären zulässigen α in
der Regel noch nichts über die numerische Brauchbarkeit des Verfahrens.

Damit wird nahegelegt, nach Möglichkeit die Konvergenz eines Verfahrens im Sinne der folgenden Definition sicherzustellen:

Konvergenzdefinition IV:
Ein Mehrschritverfahren ($k = 1$) heißt *L-konvergent auf* $\mathcal{W}$ (bzw. *für*
u_o), wenn es bezüglich *jedes* auf $\mathcal{W}$ zulässigen Verfahrens zur Bestimmung des Anfangsfeldes (kurz: jedes zulässigen Anfangsfeldes)
konvergent auf $\mathcal{W}$ ist.

Bemerkung: *Hierbei soll der Buchstabe L zum Ausdruck bringen, daß
1957 im Rahmen der Lax-Richtmyer-Theorie für lineare Mehrschrittverfahren eine äquivalente Konvergenzdefinition von Richtmyer angegeben wurde ([90], S.172).*

Zwischen der L-Konvergenz eines Verfahrens und der stetigen Konvergenz von Operatorenfolgen besteht ein enger Zusammenhang:

So ist die stetige Konvergenz einer Operatorenfolge $\{Q_j\}$ gegen E
auf $\mathcal{W}$ zunächst identisch mit der Eigenschaft, daß für jede gegen
ein $u_o \in \mathcal{W}$ konvergierende Folge $\{u^{(j)}\} \subset \mathcal{W}$ gilt:

$$\lim_{j \to \infty} Q_j u^{(j)} = Eu_o.$$

Damit unterscheidet sich für $k = 1$ die stetige Konvergenz gemäß Definition II von der L-Konvergenz gemäß Definition IV nur dadurch,
daß bei der stetigen Konvergenz lediglich verfälschte Anfangselemente $u_o(h) \in \mathcal{W}$ zugelassen sind, während bei der L-Konvergenz auch
$u_o(h) \in \mathfrak{M}$ gestattet ist. Für $k = 1$ und $\mathcal{W} = \mathfrak{M}$ fallen also beide Begriffe zusammen. Allgemeiner gilt folgender

Satz 3.1.1:
Ist ein Verfahren L-konvergent auf $\mathcal{W}$, so sind die Operatorenfolgen
$\{\tilde{Q}_j\}$ stetig-konvergent auf $\mathcal{W}_o^k$.

Beweis: Ist die Folge $\{\tilde{Q}_j\}$ nicht stetig-konvergent auf $\mathcal{v}_0^k =$

$$\left\{ \begin{pmatrix} u_0 \\ u_0 \\ \vdots \\ u_0 \end{pmatrix} \,\middle|\, u_0 \epsilon \mathcal{W} \right\}, \text{ so gibt es zu mindestens einem } \quad \epsilon > 0 \text{ und einem}$$

$u_0 \epsilon \mathcal{W}$ (d.h. einem $\tilde{u}_0^* \epsilon \mathcal{v}_0^k$) in jeder Umgebung

$$U_j(\tilde{u}_0^*) := \{\tilde{v} | \quad \tilde{v} \epsilon \mathcal{v}_0^k, \|\tilde{v} - \tilde{u}_0^*\| < \frac{1}{2^j}\}$$

ein $\tilde{v}_j$ mit der Eigenschaft $\|\tilde{Q}_j \tilde{v}_j - \tilde{E}(t,0)\tilde{u}_0^*\| > \epsilon$. Wir betrachten im folgenden nun ein festes ϵ und ein festes u_0 mit dieser Eigenschaft. Aus der Folge $\{h_j\}$ sondern wir eine monoton fallende Teilfolge $\{h_{j_r}\}$ aus und definieren ein Verfahren α zur Bestimmung des Anfangsfeldes vermöge

$$\tilde{u}_0(h) = \begin{cases} \tilde{v}_{j_r} & \text{für } h_{j_{r+1}} < h \leqq h_{j_r} \ (r = 1,2,\dots) \text{ für das ausgesonderte } u_0 \\[2ex] \tilde{u}_0^* & \text{für die übrigen } u_0 \epsilon \mathcal{W} \ . \end{cases}$$

Wegen $\lim\limits_{j \to \infty} \tilde{v}_j = \tilde{u}_0^*$ folgt $\lim\limits_{h \to 0} \tilde{u}_0(h) = \tilde{u}_0^*$, womit α zulässig ist. Da weiter $\|\tilde{Q}_{j_r} \tilde{u}_0(h_{j_r}) - \tilde{E}(t,0)\tilde{u}_0^*\| > \epsilon$ für alle $r \epsilon \mathbb{N}$, folgt

$$\lim\limits_{r \to \infty} \ddot{Q}_{j_r} \tilde{u}_0(h_{j_r}) \neq \tilde{E}(t,0)\tilde{u}_0^*.$$

Mithin ist das Verfahren bezüglich dieses zulässigen α nicht konvergent für das ausgesonderte $u_0 \epsilon \mathcal{W}$, also auch nicht L-konvergent auf $\mathcal{W}$ (im Widerspruch zur Voraussetzung). Somit ist $\{\tilde{Q}_j\}$ stetig-konvergent auf $\mathcal{v}_0^k$.

Bemerkung: Für $k > 1$ zieht L-Konvergenz auf $\mathcal{W}$ also die stetige Konvergenz der iterierten Differenzenoperatoren auf $\mathcal{v}_0^k$ nach sich, nicht jedoch die stetige Konvergenz der iterierten Differenzenoperatoren auf $\mathcal{v}^k$, da bei der L-Konvergenz nur verfälschte Anfangselemente $\tilde{u}_0(h)$ zugelassen werden, die für $h \to 0$ gegen Elemente der Bauart $\tilde{u}_0^* \epsilon \mathcal{v}_0^k$ streben. Dabei dürfen allerdings die $\tilde{u}_0(h)$ (im Gegensatz zur stetigen Konvergenz auf $\mathcal{v}^k$) sogar aus $\mathcal{m}^k$ stammen. Wie wir noch sehen werden, fällt nun jedoch der Nachweis der wünschenswerten L-Konvergenz gerade in manchen nichtlinearen Fäl-

len sehr schwer. Andererseits hat man sehr häufig Methoden zur Ver-
fügung, um Anfangsfelder einer positiven Ordnung μ zu erzeugen.

Daher ist (auch aus praktischer Sicht) für gewisse Problemklassen
der Nachweis der *stabilen Konvergenz* im Sinne der nachfolgenden Definition ausreichend:

<u>Konvergenzdefinition V:</u>
Ein Verfahren (k $\geqq$ 1) heißt *stabil-konvergent auf* $\mathcal{W}$ (bzw. *für* u_o),
wenn es ein $\gamma > 0$ gibt, so daß das Verfahren auf $\mathcal{W}$ bezüglich jedes
Anfangsfeldes konvergiert, das auf $\mathcal{W}$ von μ-ter Ordnung mit $\mu \geqq \gamma$
ist.

Bemerkung: *Der hier eingeführte Begriff der stabilen Konvergenz*
lehnt sich eng an einen gleichnamigen Begriff an, der von Dahlquist
[29] im Zusammenhang mit der numerischen Behandlung gewöhnlicher
Differentialgleichungen definiert und später sinngemäß auch auf
Differenzenapproximationen quasilinearer hyperbolischer Anfangs-
wertaufgaben übertragen wurde ([102],[120]).

Die Konvergenzdefinitionen II, IV, V dienten jeweils dem Ziel, in
den Konvergenzbegriff über die Konvergenz im Sinne von I, bzw. III,
hinaus sogleich noch weitere Eigenschaften einzubegreifen, die aus
der Sicht der numerischen Praxis als wünschenswert erscheinen.
Hierzu gehörte insbesondere die weitgehende Unabhängigkeit von Störungen der Anfangsfunktion, bzw. des Anfangsfeldes.
Nun treten freilich Störungen nicht nur bei der Berechnung des Anfangsfeldes auf, sondern ebenso bei der fortlaufenden Rechnung.
Sind die Differenzenoperatoren von t unabhängig, so gilt allerdings, daß die Auswirkungen von Störungen des Elementes $\tilde{u}_m$ auf das
Element $\tilde{u}_n$ (n > m) von gleicher Art sind wie die Einflüsse von Störungen des Elements $\tilde{u}_o$ auf das Element $\tilde{u}_{n-m}$. In diesen Fällen genügt es zum Studium des Enflusses lokaler Störungen mithin in der
Tat, Einflüsse der Störungen von $\tilde{u}_o$ zu studieren (k $\geqq$ 1).

Bemerkung: *Selbstverständlich ist insbesondere bei nichtlinearen*
Problemen das Studium der Einflüsse von Einzelstörungen durch die
Untersuchung der Akkumulation dieser lokalen Störungen zu ergänzen;
vgl. Abschnitt 6.1.

Sind die Differenzenoperatoren allerdings von t abhängig, so braucht die soeben geschilderte Gleichartigkeit der Einflüsse der Störungen von $\tilde{u}_o$ oder eines einzelnen $\tilde{u}_m$ nicht gewährleistet zu sein, so daß möglicherweise auch ein im Sinne der Definition IV L-konvergentes Verfahren für numerische Zwecke noch nicht voll befriedigend ist. Wir betrachten hierzu (vergleiche [46]) wiederum das folgende

Beispiel:

$$\mathfrak{M} = \mathbb{R}, \quad \dot{u} = 0, \quad 0 \leq t \leq T$$

$$u(0) = r,$$

das wir diesmal durch das explizite Zweitschrittverfahren

$$u_{n+2} = (1-t_{n+1})u_{n+1} + t_{n+1} u_n \quad (n = 0,1,2,\ldots) \tag{3.1.6}$$

approximieren.

Da in der gegebenen Aufgabe $A(t) \equiv \Theta$ gilt, A also von t unabhängig ist, ist hier die t-Abhängigkeit des Differenzenoperators ein wenig künstlich eingeschleppt, doch eignet sich dieses Beispiel mit der exakten Lösung $u(t) \equiv r$ sehr gut zur Demonstration:

Das Verfahren ist zunächst auf $\mathbb{R}$ mit der gegebenen Aufgabe konsistent von beliebiger Ordnung, denn wir erhalten unter Verwendung der Differentialgleichung

$$|u(t+2h) - (1-(t+h))u(t+h) - (t+h)u(t)|$$

$$= |u(t) + 2h\dot{u}(t+2\vartheta h) - (1-t-h)\{u(t) + h\dot{u}(t+\hat{\vartheta}h) - (t+h)u(t)|$$

$$= |u(t)\{1-1+t+h-t-h\}| \equiv 0.$$

In $\mathfrak{M}^2 = \mathbb{R}^2$ formuliert, lautet das Verfahren

$$\tilde{u}_{n+1} = \begin{pmatrix} u_{n+2} \\ u_{n+1} \end{pmatrix} = \begin{pmatrix} 1-t_{n+1} & t_{n+1} \\ 1 & 0 \end{pmatrix} \begin{pmatrix} u_{n+1} \\ u_n \end{pmatrix} =: \tilde{C}(t_n,h)\tilde{u}_n. \tag{3.1.7}$$

Vollständige Induktion liefert zunächst

$$u_{n+1} = u_1 + (u_1-u_o) \sum_{\nu=1}^{n} \nu! \, (-h)^{\nu} \quad (n = 1,2,\ldots),$$

woraus

$$|u_{n+1} - u(t_{n+1})| = |u_{n+1} - r| \leq |u_1 - u(0)| + |u_1 - u_0| \sum_{\nu=1}^{n} \nu! \, h^{\nu}$$

$$\leq |u_1 - r| + |u_1 - u_0| \sum_{\nu=1}^{n} e(\nu+1) \left(\frac{\nu}{e}\right)^{\nu} h^{\nu}$$

$$\leq |u_1 - r| + |u_1 - u_0| \sum_{\nu=1}^{n} e(\nu+1) \left(\frac{T}{e}\right)^{\nu}$$

$$\leq |u_1 - r| + |u_1 - u_0| \frac{e}{(1-\frac{T}{e})^2} \quad (\text{für } T < e)$$

folgt.

Ist das Anfangsfeld $\begin{pmatrix} u_1(h) \\ u_0(h) \end{pmatrix}$ mit einem zulässigem Verfahren bestimmt worden, gilt also

$$\lim_{h \to 0} \left\| \begin{pmatrix} u_1(h) \\ u_0(0) \end{pmatrix} - \begin{pmatrix} u(h) \\ u(0) \end{pmatrix} \right\| = \lim_{h \to 0} \left\| \begin{pmatrix} u_1(h) \\ u_0(h) \end{pmatrix} - \begin{pmatrix} r \\ r \end{pmatrix} \right\| = 0,$$

so folgt offenbar

$$\lim_{j \to \infty} |u_{n_j+1} - u(t)| = \lim_{j \to \infty} |u_{n_j+1} - r| = \lim_{j \to \infty} |u_{n_j+1} - u(t_{n_j+1})| = 0$$

für jede Folge $\{n_j\} \to \infty$, jede Folge $\{h_j\} \to 0$ mit $\{(n_j+1)h_j\} \subset [0,T]$ und $\{n_j h_j\} \to t$ (d.h. die L-Konvergenz des Verfahrens), solange $T < e$.

Stellt man sich aber vor, daß man bis $t_m = 1$ die exakte Lösung zur Verfügung hat und dann erst das Verfahren mit (verfälschten) Werten u_m, u_{m+1} anwendet (für den Bereich $1 \leq t < e$), so erhält man aus (3.1.7) für $n > m$

$$\tilde{u}_n = \begin{pmatrix} 1-t_n & t_n \\ 1 & 0 \end{pmatrix} \tilde{u}_{n-1}$$

$$= \tilde{C}(t_{n-1}, h)\tilde{u}_{n-1} = \prod_{\nu=m}^{n-1} \tilde{C}(t_\nu, h)\tilde{u}_m.$$

Vollständige Induktion nach n ergibt hier für alle $n > m$

$$\prod_{\nu=m}^{n-1} \tilde{C}(t_\nu,h) = \begin{pmatrix} 1 + a_{n+1-m}^m & - a_{n+1-m}^m \\ 1 + a_{n-m}^m & - a_{m-m}^m \end{pmatrix} \qquad (3.1.8)$$

mit $a_{p-m}^m := \displaystyle\sum_{\nu=m+1}^{p-1} \frac{\nu!}{m!} (-h)^{\nu-m}$, denn (3.1.8) ist mit der Definition

$$\sum_{\nu=m+1}^{q} (\ldots) = 0 \quad \text{für } q \leqq m \quad \text{(leere Summe)}$$

zunächst für $n = m + 1$ richtig; gilt aber (3.1.8) bereits bis $n - 1$, so folgt mit

$$\prod_{\nu=m}^{n} \tilde{C}(t_\nu,h) = \begin{pmatrix} 1-t_{n+1} & t_{n+1} \\ 1 & 0 \end{pmatrix} \begin{pmatrix} 1 + a_{n+1-m}^m & - a_{n+1-m}^m \\ 1 + a_{n-m}^m & - a_{n-m}^m \end{pmatrix}$$

$$=: \begin{pmatrix} 1 +\alpha & -\beta \\ 1 + \gamma & -\delta \end{pmatrix}$$

zunächst

$$\alpha = (1-t_{n+1}) a_{n+1-m}^m + t_{n+1} a_{n-m}^m = a_{n+1-m}^m - t_{n+1} (a_{n+1-m}^m - a_{n-m}^m)$$

$$= a_{n+1-m}^m - (n+1)h\frac{n!}{m!}(-h)^{n-m} = a_{n+1-m}^m + \frac{(n+1)!}{m!}(-h)^{n+1-m}$$

$$= a_{n+2-m}^m,$$

und analog folgt $\beta = - a_{n+2-m}^m, \quad \gamma = a_{n+1-m}^m, \quad \delta = - a_{n+1-m}^m.$

Damit ergibt sich für $n > m$

$$u_{n+1} = (1+a_{n+1-m}^m) u_{m+1} - a_{n+1-m}^m u_m.$$

Starten wir nun, wie vereinbart, das Verfahren erst bei $t_m = 1$ mit einem dort verfälschten Anfangsfeld

$$\begin{pmatrix} u_{m+1} \\ u_m \end{pmatrix} = \begin{pmatrix} u(1+h) + \wp \\ u(1) + \delta \end{pmatrix} = \begin{pmatrix} r + \wp \\ r + \delta \end{pmatrix} ,$$

so erhält man als Fehler bei t_{n+1}:

$$|u_{n+1} - u(t_{n+1})| = |u_{n+1} - r| = |(1+a^m_{n+1-m})\rho - a^m_{n+1-m}\delta|.$$

Die Forderung, daß $\left|\begin{matrix} u_{m+1} \\ u_m \end{matrix}\right|$ ein (ab der Schicht $t_m = 1$) zulässiges Anfangsfeld sein möge, bedeutet die Forderung

$$\begin{aligned} \rho &= o(1) \\ \delta &= o(1) \end{aligned} \qquad \text{(für } h \to 0). \tag{3.1.9}$$

Nun war

$$a^m_{n+1-m} = \sum_{\nu=m+1}^{n} \frac{\nu!}{m!}(-h)^{\nu-m} = \frac{1}{m!}\sum_{\nu=1}^{n-m}(\nu+m)!(-h)^{\nu} =: \sum_{\nu=1}^{n-m}\alpha_{\nu}.$$

Dabei ist aber

$$\frac{\alpha_{\nu+1}}{\alpha_{\nu}} = -(\nu+1+m)h = -1 - (\nu+1)h,$$

die Reihe also alternierend und die Glieder dem Betrage nach monoton wachsend. Außerdem folgt $\alpha_{\nu+1} + \alpha_{\nu} = -(\nu+1)h\alpha_{\nu}$, mithin

$$\alpha_1 + \alpha_2 + \ldots + \alpha_{n-m} = -h\left\{2\alpha_1+4\alpha_3+6\alpha_5 + \ldots + (n-m)\alpha_{n-m-1}\right\},$$

sofern $n - m$ gerade ist.

Für solche n,m folgt daher

$$a^m_{n+1-m} = 2h\sum_{\nu=1}^{\frac{n-m}{2}}\nu|\alpha_{2\nu-1}| = \frac{2h}{m!}\sum_{\nu=1}^{\frac{n-m}{2}}\nu(2\nu-1+m)!\,h^{2\nu-1}$$

$$> \frac{2}{m!}\,\frac{n-m}{2}(n-1)!\,h^{n-m} = (nh-1)\frac{(n-1)!}{m!}h^{n-1-m}.$$

Nun ist gemäß der Stirlingschen Formel etwa bei $h = \frac{T}{n+1}$ (also $t_{n+1} = T$):

$$\frac{(n-1)!}{m!}h^{n-1-m} > \sqrt{\frac{n-1}{m}}\left|\frac{n-1}{m}\right|^m\left|\frac{(n-1)h}{e}\right|^{n-1-m}e^{-\frac{1}{12m}}$$

$$= \sqrt{\frac{n-1}{m}}\left|\frac{n-1}{m}\right|^m\left|\frac{T}{e}\right|^{n-1-m}\left|\frac{n-1}{n+1}\right|^{n-1-m}e^{-\frac{1}{12m}}.$$

Setzt man $n = m + q + 1$ und $m = p\,q$ mit festem noch wählbaren $p \in \mathbb{N}$, so folgt

$$\frac{(n-1)!}{m!}\, h^{\,n-1-m} \;>\; \sqrt{\frac{p+1}{p}}\,\left(\frac{p+1}{p}\right)^{p\,q}\left(\frac{T}{e}\right)^{q}\left(\frac{n-1}{n+1}\right)^{q} e^{-\frac{1}{12m}}$$

$$>\;\left(\frac{p+1}{p}\right)^{p\,q}\left(\frac{T}{e}\right)^{q}\frac{1}{e}\left(\frac{n-1}{n+1}\right)^{q} \;=\; \frac{1}{e}\left[\left(\frac{p+1}{p}\right)^{p}\frac{T}{e}\right]^{q}\left(\frac{n-1}{n+1}\right)^{q}.$$

Daher gilt für ungerades q

$$a^{m}_{n+1-m} \;>\; \frac{T-h}{e}\left[\left(1+\frac{1}{p}\right)^{p}\frac{T}{e}\right]^{q}\left(\frac{n-1}{n+1}\right)^{q}.$$

Sei nun $1 + \varepsilon < T < e$ (das Verfahren also L-konvergent im Sinne der Definition IV, d.h. L-konvergent bei Start der Rechnung auf der Schicht $t_{o} = 0$) bei festem ε mit $0 < \varepsilon < e - 1$.

Es konvergiert $(1+\frac{1}{j})^{j}$ bei wachsendem j von unten monoton gegen e, so daß für ein hinreichend groß gewähltes festes p gewiß gilt:

$$1 \;>\; \left(1+\frac{1}{p}\right)^{p}\frac{1}{e} \;>\; \frac{1}{1+\varepsilon}.$$

Für ein derartiges p folgt

$$a^{m}_{n+1-m} \;>\; \frac{T-h}{e}\left(\frac{T}{1+\varepsilon}\right)^{q}\left(\frac{n-1}{n+1}\right)^{q}.$$

Wählt man nun zur Realisierung von (3.1.9) etwa

$$\varrho = 0,\; \delta = h^{\lambda}\ \text{ mit einem }\ \lambda > 0,$$

so folgt

$$|u_{n+1} - u(t_{n+1})| \;=\; |a_{n+1-m}||\delta|\ ,\ \text{ d.h. (für ungerades q):}$$

$$|u_{n+1} - u(t_{n+1})| \;>\; \frac{T-h}{e}\left(\frac{T}{1+\varepsilon}\right)^{q}\left(\frac{n-1}{n+1}\right)^{q}h^{\lambda}.$$

Nun ist $q = n - m - 1 = n - pq - 1$, d.h. $q(1+p) = n - 1 = \frac{T}{h} - 2$, also

$$|u_{n+1} - (t_{n+1})| \;>\; \frac{T-h}{e}\left(\frac{T}{1+\varepsilon}\right)^{\frac{\frac{T}{h}-2}{p+1}}h^{\lambda}\left(\frac{n-1}{n+1}\right)^{q} \;=\;$$

$$\frac{T-h}{e}\left(\frac{1+\varepsilon}{T}\right)^{\frac{2}{p+1}}\left[\left(\frac{T}{1+\varepsilon}\right)^{\frac{1}{p+1}}\right]^{\frac{T}{h}}\left(\frac{n-1}{n+1}\right)^{q}h^{\lambda} \;\geqq\; C_{1}\, C_{2}^{\frac{1}{h}}\, h^{\lambda}$$

mit einer Konstante $C_{1} > 0$ und

$$C_2 := \left(\frac{T}{1+\varepsilon}\right)^{\frac{T}{p+1}} = \text{const} > 1.$$

Bei beliebigem positiven λ wächst aber $C_2^{\frac{1}{h}} h^\lambda$ für $h \to 0$ über alle Grenzen. Folglich ist das Verfahren für $T > 1$ nicht mehr stabil-konvergent und damit nicht mehr L-konvergent, sofern man diese beiden Konvergenzbegriffe sinngemäß auf das bei $t = 1$ gestartete Verfahren mit dem Anfangswert $u(1) = r$ überträgt.

Bemerkung: *Dieses Verhalten unseres Beispiels findet natürlich auch in der numerischen Rechnung seinen Niederschlag. Man erhält z.B. für $r = 1$, $\lambda = 1$, $h = 0,02$ (also $u_m = 1+h$, $u_{m+1} = 1$) anstelle der exakten Lösung $u(t) =$ die Werteskala*

t_n	u_n	t_n	u_n
1	1.020000 ...	1.38	0.763035 ...
1.02	1.000000 ...	1.40	1.353008 ...
1.04	1.020400 ...		
1.06	0.999184 ...	1.50	-1.172615 ...
1.20	1.035413 ...	1.60	20.388727 ...
1.30	0.933071 ...	1.70	-234.089 ...
1.32	1.110791 ...		
1.34	0.876201 ...	1.80	3827.706 ...
1.36	1.190551 ...		

Bemerkung: *Bei fest gewählter positiver Schrittweite h können die von $t = 0$ aus mit dem Verfahren berechneten Werte u_m und u_{m+1} ($mh = 1$) als exakte Werte $u(t_m)$, $u(t_{m+1})$, versehen mit gewissen Störungen ρ, σ, interpretiert werden, so daß trotz der L-Konvergenz auch hier oberhalb $t = 1$ alsbald größere Schwankungen auftreten (vergleiche das in [46] gerechnete Beispiel).*

Bei t-abhängigen Differenzenoperatoren reichen also in der Tat die Nachweise der stetigen Konvergenz, bzw. der stabilen Konvergenz, eines Verfahrens im Sinne der Definition IV, bzw. V, d.h. bei Rechnung ab $t_0 = 0$, noch nicht aus, um die numerische Brauchbarkeit zu gewährleisten.

Wir verfeinern diese Definition deshalb nach dem Vorgang von Hass
[45] nochmals. Zu diesem Zweck bezeichnen wir den ab t_m in n-m
Schritten gerechneten Näherungswert für $\tilde{u}(t_n)$ (wobei wir uns im
Gedankenexperiment vorstellen, daß bis $t = t_m$ die exakte Lösung zur
Verfügung steht) mit $\tilde{u}_{n-m}^m$ und verwenden die frühere Bezeichnung
$\tilde{u}_n$ $(=: \tilde{u}_n^o)$ lediglich für die ab $t_o = 0$ gerechneten Werte.

Das für die ab t_m durchzuführende Rechnung benötigte Anfangsfeld
auf den Schichten t_m, t_{m+1}, ..., t_{m+k-1} ist folglich mit $\tilde{u}_o^m = \tilde{u}_o^m(h)$
zu bezeichnen.

<u>Definition:</u> Das Anfangsfeld $\tilde{u}_o^m \in \mathfrak{M}^k$ heiße *Anfangsfeld ab t_m*. Wir
nennen es zulässig auf $\mathcal{W}$, wenn gilt

$$\lim_{h \to 0} \| \tilde{u}_o^m(h) - \tilde{u}(t_m) \| = 0, \text{ für alle } u_o \in \mathcal{W} \qquad (3.1.10)$$

$$(\tilde{u}(t_m) = \tilde{E}(t_m,h)\tilde{u}_o^*).$$

<u>Konvergenzdefinition VI:</u>
Ein Verfahren $(k \gtrsim 1)$ heißt *auf $\mathcal{W}$ (bzw. für u_o) ab jeder Schicht L-
konvergent oder kurz auf $\mathcal{W}$ (bzw. für u_o) H-konvergent* [1], wenn bei
beliebigem $m \in \mathbb{N}_o$ $(\mathbb{N}_o = \mathbb{N} \cup \{0\})$ und beliebigem $t \in [0,T]$ für jedes
auf $\mathcal{W}$ ab t_m zulässige Anfangsfeld $\tilde{u}_o^m$, für das eine von m unabhängige Fehlerschranke $\eta_2(h,u_o)$ (die jedoch von den jeweiligen Verfahren, mit denen die $\tilde{u}_o^m$ bestimmt werden, abhängen darf) mit

$$\| \tilde{u}_o^m(h) - \tilde{u}(t_m) \| \leqq \eta_2(h,u_o) \text{ und } \lim_{h \to 0} \eta_2(h,u_o) = 0 \qquad (3.1.11)$$

existiert, bei beliebig vorgegebenen $\varepsilon > 0$ und beliebigen Folgen
$\{n_j\} \subset \mathbb{N}$ (mit $n_j \gtrsim m$, $\{n_j\} \to \infty$) und $\{h_j\} \to 0$ mit $\{(n_j+k-1)h_j\}$
$\subset [0,T]$, $\{n_j h_j\} \to t$, gilt:

$$\left\| \prod_{\nu=m}^{n_j-1} C(\nu h_j,h_j)\tilde{u}_o^m(h_j) - \tilde{E}(t,0)\tilde{u}_o^* \right\| < \varepsilon, \text{ für alle } j \gtrsim j_o$$
$$(3.1.12)$$

mit einem von ε, von der Auswahl der Folgen $\{n_j\}$, $\{h_j\}$ sowie von
η_2 abhängenden, jedoch für alle $m \leq n_j - 1$ einheitlichen j_o.

Die Definition der stabilen Konvergenz wird entsprechend übertragen:

---

[1] H stehe für den Namen *Hass*

<u>Konvergenzdefinition VII:</u>

Ein Verfahren $(k \geq 1)$ heißt auf $\mathcal{W}$ (bzw. für u_o) ab jeder Schicht stabil-konvergent, wenn es ein $\gamma > 0$ gibt, so daß die Konvergenz im Sinne der Definition VI wenigstens für alle auf $\mathcal{W}$ ab t_m zulässigen Anfangsfelder mit

$$\eta_2(h,u_o) = O(h^\mu), \quad \mu \geq 6$$

eintritt.

Auf Abwandlungen der hier eingeführten konvergenzbegriffe, die etwa bei der Behandlung spezieller Aufgabenklassen nahegelegt werden, soll später von Fall zu Fall eingegangen werden.

3.2 <u>Der Satz von Rinow; Existenz verallgemeinerter Lösungen</u>

Wenn eine Differenzengleichung die gegebene Differentialgleichung auf einer Menge ϑ approximiert (im Sinne der dort erfüllten Konsistenzbedingung), so approximieren nicht notwendig die Lösungen der Differenzengleichung auch die Lösungen der Differentialgleichung auf ϑ (im Sinne der in Abschnitt 3.1 eingeführten Konvergenzbegriffe). Beispiele hierfür hatten wir bereits kennengelernt (so war etwa das mit der Aufgabe (3.1.3) konsistente Verfahren (3.1.4) nicht L-konvergent und das mit der gleichen Aufgabe konsistente Verfahren (3.1.6) nicht H-konvergent).

Neben der Konsistenzbedingung müssen die Differenzenverfahren also weitere Bedingungen erfüllen, worauf bereits Courant, Friedrischs und Lewy 1928 [25] hingewiesen haben.

Es gilt deshalb, nunmehr für jeweils möglichst allgemeine Aufgabenklassen Kriterien zu finden, unter denen Konvergenz (möglichst L-Konvergenz, bzw. H-Konvergenz) eintritt. Diese Kriterien sollten nach Möglichkeit im konkreten Fall leicht überprüfbar sein. Weiterhin besteht ein Interesse an der Kenntnis notwendiger und hinreichender Konvergenzkriterien, um so (falls diese nicht selbst leicht überprüfbar sind) durch möglichst geringe Abwandlungen dieser Kriterien zu leichter überprüfbaren, aber dennoch möglichst breit anwendbaren hinreichenden Bedingungen zu gelangen.

Einen ersten Eindruck solcher Bedingungen vermittelt der folgende
Satz, der von Lax [69] für lineare Probleme formuliert wurde, aber
nahezu wörtlich auch für nichtlineare Probleme gilt:

Satz 3.2.1:
Sei $\mathcal{W}$ Teilmenge des normierten Raumes $\mathcal{M}$. Ferner gelte (punktweise)
auf $\mathcal{W}_o^k$

$$\lim_{j\to\infty} \tilde{Q}_j = \tilde{E}(t,0).$$

Weiter seien die Operatoren $\tilde{Q}(t,h)$ in folgendem Sinne bezüglich t
und h stetig: Zu jedem $\varepsilon > 0$ und jedem $\tilde{u}_o^* \in \mathcal{W}_o^k$ gebe es ein
$\delta = \delta(\varepsilon,n,h,u_o)$, so daß

$$\|\tilde{Q}(n\hat{h},\hat{h})\tilde{u}_o^* - \tilde{Q}(nh,h)\tilde{u}_o^*\| < \varepsilon \ , \text{ für alle } \hat{h} : |\hat{h}-h| < \delta \ .$$

Dann gibt es ein von n und h unabhängiges Funktional $\kappa(u_o)$ auf $\mathcal{W}$
mit

$$\|\tilde{Q}(nh,h)\tilde{u}_o^*\| \leq \kappa(u_o) \ , \text{ für alle } u_o \in \mathcal{W} \ , \text{ für alle } n \in \mathbb{N} \text{ und}$$

$$\text{für alle } h \geq 0 \text{ mit } (n+k-1)h \in [0,T] \ .$$

Beweis: Angenommen, es existiert kein derartiges Funktional. Dann
gibt es ein $u_o \in \mathcal{W}$ mit der Eigenschaft, daß zu jedem vorgegebenen
$\gamma_j > 0$ ein Paar (n_j,h_j) mit $(n_j+k-1)h_j \in [0,T]$ gefunden werden kann,
so daß

$$\|\tilde{Q}(n_jh_j,h_j)\tilde{u}_o^*\| > \gamma_j .$$

Wählt man nun eine Folge $\{\gamma_j\} \to \infty$ und dann die zugehörige Folge
von Paaren $\{(n_j,h_j)\}$, so folgt

$$\lim_{j\to\infty} \|\tilde{Q}(n_jh_j,h_j)\tilde{u}_o^*\| = \infty .$$

Wegen $(n_j+k-1)h_j \in [0,T]$ existiert eine unendliche Teilfolge
$\{(n_{j_r}+k-1)h_{j_r}\}$, die gegen ein $t \in [0,T]$ konvergiert.

a) Gilt dabei $\{n_{j_r}\} \to \infty$ $(\Rightarrow \{h_{j_r}\} \to 0)$, so ergibt sich aufgrund der
vorausgesetzten Konvergenz

$$\lim_{r\to\infty} \|\tilde{Q}(n_{j_r}h_{j_r},h_{j_r})\tilde{u}_o^*\| = \|\tilde{E}(t,0)\tilde{u}_o^*\| < \infty ,$$

was einen Widerspruch darstellt.

b) Bleiben die n_{j_r} beschränkt, so können sie nur endlich viele
verschiedene Werte annehmen. Ohne Einschränkung der Allgemeinheit
kann daher $n_{j_r} = N$ für alle r angenommen werden, so daß folgt:

$$\lim_{r\to\infty} h_{j_r} = \frac{t}{N+k-1}.$$

Mit

$$\|\tilde{Q}(n_{j_r}h_{j_r},h_{j_r})\tilde{u}_o^*\| = \|\tilde{Q}(Nh_{j_r},h_{j_r})\tilde{u}_o^*\|$$

$$\leq \|\tilde{Q}(Nh_{j_r},h_{j_r})\tilde{u}_o^* - \tilde{Q}(N\frac{t}{N+k-1},\frac{t}{N+k-1})\tilde{u}_o^*\|$$

$$+ \|\tilde{Q}(t,\frac{1}{N+k-1})\tilde{u}_o^*\|$$

liefert daher die oben vorausgesetzte Stetigkeit der $\tilde{Q}(t,h)$ bezüglich t und h:

$$\|\tilde{Q}(n_{j_r}h_{j_r},h_{j_r})\tilde{u}_o^*\| < \varepsilon + \|\tilde{Q}(t,\frac{t}{N+k-1})\tilde{u}_o^*\| < \infty$$

für alle hinreichend großen r. Damit ergibt sich auch in diesem
Fall ein Widerspruch.

Bemerkung: *Der soeben bewiesene Satz gibt zunächst nur eine notwendige Bedingung für punktweise Konvergenz der iterierten Differenzenoperatoren auf* $\mathcal{W}_o^k$, *mithin also auch eine notwendige Bedingung
für alle höheren Arten von Konvergenz.*

Eine insbesondere für Einschrittverfahren wichtige Aussage im Sinne einer notwendigen und hinreichenden Bedingung liefert der folgende, in dieser Formulierung auf Rinow ([92], S.78) zurückgehende
Satz:

<u>Satz 3.2.2:</u>
Seien $(\mathcal{W},\varrho)$ und $(\mathcal{W},\delta)$ metrische Räume und E ein stetiger Operator
von $\mathcal{W}$ in $\mathcal{W}$. $\{Q_j\}$ sei eine Folge stetiger Operatoren von $\mathcal{W}$ in $\mathcal{W}$.
Dann ist für die stetige Konvergenz der Folge $\{Q_j\}$ gegen E auf $\mathcal{W}$
das Erfülltsein der beiden folgenden Bedingungen notwendig und hinreichend:

(a) alle Q_j sind gleichgradig stetig auf $\mathcal{W}$;

(b) $\{Q_j\}$ konvergiert gegen E auf einer in $\mathcal{W}$ dichten Teilmenge $\mathcal{T}$.

<u>Beweis</u>: 1. Die Folge $\{Q_j\}$ sei stetig-konvergent gegen E auf $\mathcal{W}$. Dann gibt es zu beliebigem $\varepsilon > 0$ und jedem $u \in \mathcal{W}$ ein $\delta(\varepsilon,u) > 0$ sowie ein $j_0(\varepsilon,u) \in \mathbb{N}$ mit

$$\delta(Q_j v, Eu) < \varepsilon \quad , \text{ für alle } v \in \mathcal{W} \text{ mit } \rho(v,u) < \delta, \text{ für alle } j > j_0.$$

Folglich haben wir für derartige v und j:

$$\delta(Q_j v, Q_j u) \leq \delta(Q_j v, Eu) + \delta(Q_j u, Eu) < 2\varepsilon.$$

Da es für die Eigenschaft der gleichgradigen Stetigkeit auf die endlich vielen stetigen Operatoren $Q_1,\ldots,Q_{j_0}$ nicht ankommt, sind mithin alle Q_j gleichgradig stetig, so daß (a) erfüllt ist. (b) ist trivialerweise erfüllt.

2. Die Bedingungen (a) und (b) seien erfüllt. Dann gibt es zu beliebigem $\varepsilon > 0$ mit beliebigem $u \in \mathcal{W}$ ein $\delta_1(\varepsilon,u) > 0$, ein $\delta_2(\varepsilon,u) > 0$ sowie ein Funktional $j_0(\varepsilon,\cdot)$ mit den Eigenschaften

(i) $\qquad \delta(Ev,Eu) < \varepsilon$, für alle $v \in \mathcal{W}$ mit $\rho(u,v) < \delta_1$,

(ii) $\qquad \delta(Q_j v, Q_j u) < \varepsilon$, für alle $v \in \mathcal{W}$ mit $\rho(u,v) < \delta_2$, für alle $j \in \mathbb{N}$,

(iii) $\qquad \delta(Q_j v, Ev) < \varepsilon$, für ale $v \in \vartheta$, für alle $j > j_0(\varepsilon,v)$.

Da ϑ dicht in $\mathcal{W}$ ist, gibt es ein $\hat{u} \in \vartheta$ mit $\rho(\hat{u},u) < \delta_2$, wobei $\hat{u} = \hat{u}(u,\varepsilon)$. Setze $\delta(\varepsilon,u) := \min\{\delta_1(\varepsilon,u), \delta_2(\varepsilon,u)\}$. Folglich existiert zu beliebigem $\varepsilon > 0$ und $u \in \mathcal{W}$ ein $\delta(\varepsilon,u) > 0$ und ein $j_1(\varepsilon,u) := j_0(\varepsilon,\hat{u}) = j_0(\varepsilon,\hat{u}(u,\varepsilon))$, so daß für alle $j \geq j_1(\varepsilon,u)$ gilt:

$$\delta(Q_j v, Eu) \leq \delta(Q_j v, Q_j u) + \delta(Q_j u, Q_j \hat{u}) + \delta(Q_j \hat{u}, E\hat{u})$$
$$+ \delta(E\hat{u}, Eu) < 4\varepsilon, \text{ für alle } v \in \mathcal{W} \text{ mit } \rho(v,u) < \delta(\varepsilon,u).$$

Folglich ist $\{Q_j\}$ stetig-konvergent auf $\mathcal{W}$.

Bemerkung: *Die Stetigkeit von E wurde nur im zweiten Teil des Beweises benutzt.*

Bemerkung: *Ist $\mathcal{W} = \mathfrak{M} = \mathcal{W}$, so fallen für k = 1 (wie bereits festgestellt) stetige Konvergenz und L-Konvergenz zusammen, so daß der Rinowsche Satz hier ein notwendiges und hinreichendes Kriterium für L-Konvergenz liefert; ist $\mathcal{W}$ echte Teilmenge von $\mathfrak{M} = \mathcal{W}$, so gibt der*

*Rinowsche Satz bei k = 1 zunächst nur eine notwendige Bedingung für
L-Konvergenz.*

Bevor wir eine erste Anwendung des Rinowschen Satzes auf Differenzenverfahren behandeln, sei zunächst darauf hingewiesen, daß die
Aussage der zweiten Richtung des Satzes von Rinow bei Vollständigkeit des Bildraumes $\mathcal{W}$ in folgender Form erweitert werden kann:

<u>Satz 3.2.3:</u>
Sei $(\mathcal{V},\rho)$ ein metrischer und $(\mathcal{W},\delta)$ ein vollständiger metrischer
Raum. Es sei $\{Q_j\}$ eine Folge stetiger Operatoren von $\mathcal{V}$ in $\mathcal{W}$. Sind
dann die beiden Bedingungen

(a) alle Q_j sind gleichgradig stetig auf $\mathcal{V}$

(b) $\{Q_j\}$ konvergiert auf einer in $\mathcal{V}$ dichten Teilmenge $\mathcal{J}$ (wobei der
Grenzoperator etwa mit E_o bezeichnet werde)

erfüllt, so konvergiert $\{Q_j\}$ stetig auf $\mathcal{V}$ gegen einen stetigen Operator E, der $\mathcal{V}$ in $\mathcal{W}$ abbildet (die Existenz von E braucht also nicht
vorausgesetzt zu werden; überdies ist dann E offenbar eine stetige
Fortsetzung des Operators E_o von $\mathcal{J}$ auf $\mathcal{V}$).

<u>Beweis:</u> Zu beliebigem $\varepsilon > 0$ und $u \in \mathcal{V}$ gibt es ein $\delta_o(\varepsilon,u) > 0$ sowie
für jedes $v \in \mathcal{J}$ ein $j_o(\varepsilon,v) \in \mathbb{N}$ mit

(i) $\delta(Q_j v, Q_j u) < \varepsilon$, für alle $v \in \mathcal{V}$ mit $\rho(u,v) < \delta_o$, für alle $j \in \mathbb{N}$

(ii) $\delta(Q_{j+p} v, Q_j v) < \varepsilon$, für alle $v \in \mathcal{J}$, für alle $j > j_o(\varepsilon,v)$.

Da $\mathcal{J}$ dicht in $\mathcal{V}$ ist, gibt es ein $\hat{u} \in \mathcal{J}$ mit $\rho(\hat{u},u) < \delta_o(\varepsilon,u)$
($\Rightarrow \hat{u} = \hat{u}(u,\varepsilon)$). Mithin existiert bei beliebigem $\varepsilon > 0$ ein $j_1(\varepsilon,u)$
$:= j_o(\varepsilon, \hat{u}(u,\varepsilon))$ mit

$$\delta(Q_{j+p} u, Q_j u) \leq \delta(Q_{j+p} u, Q_{j+p} \hat{u}) + \delta(Q_{j+p} \hat{u}, Q_j \hat{u}) + \delta(Q_j \hat{u}, Q_j u) < 3\varepsilon ,$$

$$\text{für alle } j > j_1(\varepsilon,u), \text{ für alle } u \in \mathcal{V}.$$

Damit ist $\{Q_j u\}$ eine Cauchy-Folge in $\mathcal{W}$ für $u \in \mathcal{V}$. Wegen der vorausgesetzten Vollständigkeit von $\mathcal{W}$ existiert mithin

$$\lim_{j \to \infty} Q_j u =: Eu.$$

Der so definierte Operator E ist stetig, denn es gilt für beliebiges $u \in \mathcal{W}$:

$$\delta(Eu,Ev) \leq \delta(Eu,Q_j u) + \delta(Q_j u,Q_j v) + \delta(Q_j v,Ev) < 3\varepsilon,$$

für alle $j > \max\{j_o(\varepsilon,u), j_o(\varepsilon,v)\}$, für alle $v \in \mathcal{W}$: $\rho(u,v) < \delta_o(\varepsilon,u)$;

die linke Seite aber ist unabhängig von j. Nach Satz 3.2.2 ist die Konvergenz gegen E auf $\mathcal{W}$ dann sogar eine stetige Konvergenz, womit der Satz bewiesen ist.

Hieraus ergibt sich nun unmittelbar die bereits früher erwähnte Möglichkeit, die Existenz verallgemeinerter Lösungen einer gegebenen Anfangswertaufgabe eventuell direkt aus den Eigenschaften einer approximierenden Differenzengleichung ablesen zu können und dabei zugleich zu zeigen, daß auch diese verallgemeinerten Lösungen durch das Differenzenverfahren im Sinne einer gewissen Konvergenz erfaßt werden:

<u>Satz 3.2.4</u> (vergleiche [7] sowie [10], S.51 ff.):
Sei $\mathcal{A}$ Teilmenge des Banach-Raumes $\mathfrak{M}$. Für jedes $u_o \in \mathcal{A}$ existiere eine eindeutig bestimmte und von den Anfangselementen stetig abhängende Lösung $u(t) = E_o(t)u_o$ der Aufgabe

$$u_t = Au, \quad 0 \leq t \leq T$$

$$u(0) = u_o.$$

Das Differenzenverfahren

$$\tilde{u}_n = \tilde{Q}(nh,h)\tilde{u}_o \quad (n = 0,1,2,\ldots)$$

$(k \geq 1)$ sei L-konvergent auf einer Menge $\mathcal{J} \subset \mathcal{A}$ [1], die dicht in einer Teilmenge $\mathcal{U} \subset \mathfrak{M}$ sei.

Sind dann die Operatoren $\tilde{Q}(nh,h)$ für alle n und h mit $(n+k-1)h \in [0,T]$ gleichgradig stetig auf $\mathcal{U}_o^k$, so gibt es verallgemeinerte Lösungen $E(t)u_o$ für alle $u_o \in \mathcal{U}$. Diese werden beim Mehrschrittverfahren in folgendem Sinne erfaßt: Für jede Folge $\{n_j\}$ natürlicher Zahlen und jede Schrittweiten-Nullfolge $\{h_j\}$ mit $(n_j+k-1)h_j \in [0,T]$ und $\{n_j h_j\} \to t$ konvergiert die Folge $\{\tilde{Q}_j\}$ stetig gegen $\tilde{E}(t,0)$ auf $\mathcal{U}_o^k$.

____

[1] Statt der L-Konvergenz des Verfahrens auf $\mathcal{J}$ braucht man sogar nur die Konvergenz der Folge $\{\tilde{Q}_j\}$ auf $\mathcal{J}_o^k$ vorauszusetzen.

(<u>Folgerung</u>: Für $k = 1$ und $\mathcal{U} = \mathfrak{M}$ haben wir mithin L-Konvergenz des Verfahrens auf $\mathfrak{M}$).

<u>Beweis:</u> Unter den angegebenen Voraussetzungen ist (mit der durch die Norm auf $\mathcal{J}$ und $\mathcal{U}$, bzw. auf $\mathcal{J}_o^k, \mathcal{U}_o^k$, induzierten Metrik) nach Satz 3.2.3 jede der in Betracht kommenden Folgen $\{\tilde{Q}_j\}$ auf $\mathcal{U}_o^k$ stetig-konvergent gegen einen stetigen Operator $\tilde{P}(t)$, der $\mathcal{U}_o^k$ in $\mathfrak{M}^k$ abbildet (ist $\mathcal{J} \underset{dicht}{\subseteq} \mathcal{U}$, so ist auch $\mathcal{J}_o^k \underset{dicht}{\subseteq} \mathcal{U}_o^k$). Es ist sogar $\tilde{P}(t)$ ein Operator von $\mathcal{U}_o^k$ in $\mathfrak{M}_o^k$: Wegen der Eindeutigkeit der Grenzoperatoren ist $\tilde{P}(t) = \tilde{E}_o(t,0)$ auf $\mathcal{J}_o^k$. Setzt man vorübergehend

$$\tilde{P}(t)\tilde{u}_o^* = \begin{pmatrix} w_1(t) \\ \vdots \\ w_k(t) \end{pmatrix},$$

so folgt mit $v(t) := E_o(t)v_o$ für beliebiges $v_o \in \mathcal{J}$

$$\|\tilde{P}(t)\tilde{u}_o^* - \tilde{E}_o(t,0)\tilde{v}_o^*\| = \left\| \begin{pmatrix} w_1(t) - v(t) \\ \vdots \\ w_k(t) - v(t) \end{pmatrix} \right\| = \max_{\nu=1,\ldots,k} \|w_\nu(t) - v(t)\|.$$

Zu gegebenem $u_o \in \mathcal{U}$ wähle man nun ein hinreichend benachbartes $v_o \in \mathcal{J}$.

Da $\tilde{P}(t)$ auf $\mathcal{U}_o^k$ stetig ist und auf $\mathcal{J}_o^k$ mit $\tilde{E}_o(t,0)$ übereinstimmt, kann man bei beliebig gegebenen $\varepsilon > 0$ erreichen, daß

$$\|w_\nu(t) - v(t)\| < \varepsilon \quad (\nu = 1,\ldots,k)$$

und damit

$$\|w_\nu(t) - w_\mu(t)\| < 2\varepsilon,$$

d.h.

$$w_\nu(t) = w_\mu(t), \text{ für } \nu,\mu = 1,\ldots,k$$

ausfällt.

Folglich kann $\tilde{P}(t)$ auf $\mathcal{U}_o^k$ in der Form

$$\tilde{P}(t) = \begin{pmatrix} E(t) & & & \Theta \\ & E(t) & & \\ \Theta & & \ddots & \\ & & & E(t) \end{pmatrix}$$

dargestellt werden, wobei das so definierte $E(t)$ auf $\mathcal{U}$ stetig ist und auf ϑ wegen

$$\tilde{P}(t) = \begin{pmatrix} E_o(t) & & \Theta \\ & \ddots & \\ \Theta & & E_o(t) \end{pmatrix} \quad \text{auf } \vartheta_o^k$$

mit $E_o(t)$ übereinstimmt.

__Beispiel:__ In dem Banachraum $\mathfrak{M} = C_{2\pi}^o(\mathbb{R})$, versehen mit der Maximum-Norm, betrachten wir die schon früher behandelte halblineare Aufgabe

$$u_t - u_x = 2u^2, \quad O \leqq t \leqq T$$

$$u(x,O) = u_o(x)$$

mit den auf

$$\alpha := \{u \mid u \in \mathfrak{M} \cap C^1(\mathbb{R}), \ \|u\| \leqq \tfrac{1}{2T}\}$$

eindeutigen Lösungen

$$u(x,t) = \frac{u_o(x+t)}{1-2tu_o(x+t)} =: [E_o(t)u_o](x). \qquad (3.2.1)$$

Wir suchen stetige Erweiterungen der Lösungsoperatoren von

$$\vartheta := \{u \mid u \in \alpha \cap C^2(\mathbb{R}), \|u\| < \tfrac{1}{16T}\}$$

auf

$$\mathcal{U} := \{u \mid u \in \mathfrak{M}, \|u\| < \tfrac{1}{16T}\}.$$

Gemäß dem Weierstraßschen Approximationssatz ist $\vartheta \underset{dicht}{\subseteq} \mathcal{U}$, denn zunächst gibt es bei gegebenem $u \in \mathcal{U}$ zu jeden ε mit $O < \varepsilon < \tfrac{1}{16T} - \|u\|$ ein trigonometrisches Polynom v, so daß $\|v - u\| < \varepsilon$. Mithin folgt für dieses v

$$\|v\| < \|u\| + \varepsilon < \tfrac{1}{16T},$$

so daß $v \in \vartheta$.

Zum Nachweis der Existenz verallgemeinerter Lösungen auf $\mathcal{U}$ verwenden wir die auf ganz $\mathbb{R}$ erklärte Differenzengleichung (k = 1, explizit) [1]:

---

[1] Daß verallgemeinerte Lösungen auf $\mathcal{U}$ existieren, ist im vorliegenden exemplarischen Fall auch direkt ersichtlich, da (3.2.1) offenbar auch für $u_o \in \mathcal{U}$ definiert ist.

$$u_{n+1}(x) = u_n(x) + \lambda\{u_n(x+\Delta x) - u_n(x)\} + 2hu_n^2(x)$$

$$\text{mit} \quad \lambda := \frac{h}{\Delta x} = \text{const.}$$

Wir wählen $0 < \lambda \leqq 1$. Die Differenzenoperatoren $C(t,h)$ sind durch

$$[C(t,h)u](x) = [C(h)u](x) = u(x) + \lambda\{u(x+\tfrac{h}{\lambda}) - u(x)\} + 2hu^2(x)$$

definiert, also in diesem Fall unabhängig von t, so daß

$$Q(nh,h) = C^n(h).$$

Wir zeigen nun:

1. Die iterierten Differenzenoperatoren sind gleichgradig stetig auf $\mathcal{U}$ für alle $nh \in [0,T]$:

Zum Beweis setze man

$$C(h) = C_L(h) + 2hG \qquad\qquad (3.2.2)$$

mit

$$[C_L(h)u](x) := u(x) + \lambda\{u(x+\tfrac{h}{\lambda}) - u(x)\} ,$$

$$[Gu](x) := u^2(x).$$

Es folgt dann

$$\|C_L(h)u\| \leqq (1-\lambda)\|u\| + \lambda\|u\| = \|u\|, \text{ für alle } u \in \mathfrak{M},$$

d.h. $\|C_L(h)\| \leqq 1$. Es ist sogar $\|C_L(h)\| = 1$, wie man sofort mit $u(x) \equiv$ const. erkennt. Mithin gilt

$$\|C_L^n(h)\| \leqq \|C_L(h)\|^n = 1. \qquad\qquad (3.2.3)$$

Mittels vollständiger Induktion zeigt man nun unmittelbar

$$C^n(h) = C_L^n(h) + 2h \sum_{\mu=0}^{n-1} C_L^{n-1-\mu}(h) G C^{\mu}(h) \quad (n = 1,2,\ldots). (3.2.4)$$

(3.2.4) liefert mit (3.2.3)

$$\|C^n(h)u - C^n(h)v\| \leqq \|C_L^n(h)u - C_L^n(h)v\|$$

$$+ 2h \sum_{\mu=0}^{n-1} \|C_L^{n-1-\mu}(h)\| \; \|G C^{\mu}(h)u - G C^{\mu}(h)v\| \leqq \|C_L^n(h)\|\|u - v\| +$$

$$+ 2h \sum_{\mu=0}^{n-1} \| C_L^{n-1-\mu}(h) \| \; \| (C^\mu(h)u)^2 - (C^\mu(h)v)^2 \|$$

$$\leq \| u - v \| + 2h \sum_{\mu=0}^{n-1} \| C^\mu(h)u + C^\mu(h)v \| \; \| C^\mu(h)u - C^\mu(h)v \|.$$

Hierbei wurde rechts benutzt, daß in der benutzten Norm gilt: $\| w_1 \, w_2 \| \leq \| w_1 \| \, \| w_2 \|$. Weiterhin gilt

$$\| C^n(h)u \| < \frac{1}{8T}, \text{ für alle } u \in \mathfrak{U}, \text{ für alle } nh \in [0,T], \quad (3.2.5)$$

wie man unter Verwendung von (3.2.3) und (3.2.4) leicht durch vollständige Induktion schließt. Folglich ist

$$\| C^n(h)u - C^n(h)v \| \leq \| u - v \| + 2h \sum_{\mu=0}^{n-1} \frac{1}{4T} \| C^\mu(h)u - C^\mu(h)v \|.$$

Wiederum durch vollständige Induktion erhält man daraus

$$\| C^n(h)u - C^n(h)v \| \leq 2 \| u - v \|, \text{ für alle } u, v \in \mathfrak{U} \;\; (n = 1,2,\ldots). (3.2.6)$$

Es liegt also gleichgradige Lipschitzstetigkeit der iterierten Differenzenoperatoren auf $\mathfrak{U}$ vor, womit insbesondere die Bedingung (a) des Satzes 3.2.3 erfüllt ist.

2. Die iterierten Differenzenoperatoren $Q(nh,h) = C^n(h)$ konvergieren (punktweise) gegen E_0 auf ϑ (im Sinne der Konvergenzdefinition I des Abschnitts 3.1).

Beweis: Durch Taylor-Entwicklung erhält man unter Berücksichtigung der Differentialgleichung für den lokalen Fehler des Verfahrens auf ϑ die Beziehung

$$\| C(h)u(t) - u(t+h) \| \leq h \eta_1(h) \text{ mit einem } \eta_1(h) = O(h), (3.2.7)$$

so daß das Verfahren auf ϑ konsistent (von der Ordnung 1) ist. Nun gilt für $u_0 \in \vartheta$

$$\| u(t) \| < \frac{1}{14T} \qquad (3.2.8)$$

(was man sofort mittels (3.2.1) verifizieren kann).

Ist aber $u \in \mathfrak{M}$ und $\| u \| < \frac{1}{14T}$, so erhält man

$$\|C(h)u\| \leq \|C_L(h)u\| + 2h\|u^2\|$$

$$\leq \|u\| + 2h\|u\|^2 < \frac{1}{14T} + \frac{h}{98T^2} < \frac{1}{13T} \qquad (3.2.9)$$

für alle hinreichend kleinen h.

Auf $\mathcal{J} := \{u \mid u \in \mathfrak{M}, \|u\| < \frac{1}{13T}\}$ sind jedoch die $C^n(h)$ für alle $nh \in [0,T]$ ebenfalls gleichgradig lipschitzstetig (in Analogie zu (3.2.6)), denn man erhält zunächst

$$\|C^n(h)u\| \leq \frac{1}{13T}, \text{ für alle } u \in \mathcal{J} \qquad (3.2.10)$$

und damit

$$\|C^n(h)u - C^n(h)v\| \leq \frac{13}{5}\|u - v\|, \text{ für alle } u,v \in \mathcal{J}$$

(Beweis analog zu den Beweisen von (3.2.5) und (3.2.6)). Hiermit ergibt sich für $u(t) = E_o(t)u_o$ mit $u_o \in \mathcal{J}$:

$$\|u_n - u(t)\| = \|C^n(h)u_o - u(t)\|$$

$$\leq \|C^{n-1}(h)\, C(h)u_o - C^{n-1}(h)u(h)\| + \|C^{n-1}(h)u(h) - u(t)\|$$

$$\leq \frac{13}{5}\|C(h)u_o - u(h)\| + \|C^{n-1}(h)u(h) - u(t)\|$$

(denn $C(h)u_o$, $u(h) \in \mathcal{J}$ gemäß (3.2.9) und (3.2.8))

und deshalb wegen (3.2.7):

$$\|u_n - u(t)\| \leq \frac{13}{5}h\eta_1(h) + \|C^{n-1}(h)u(h) - u(t)\|.$$

Fortsetzung dieses Prozesses liefert mit $nh \in [0,T]$:

$$\|u_n - u(t)\| \leq 2\frac{13}{5}h\eta_1(h) + \|C^{n-2}(h)u(2h) - u(t)\|$$

$$\leq \cdots \leq n\frac{13}{5}h\eta_1(h) + \|u(nh) - u(t)\|$$

$$\leq \frac{13}{5}T\eta_1(h) + \|u(nh) - u(t)\|.$$

Für $\{n_j\} \to \infty$, $\{h_j\} \to 0$ mit $\{n_j h_j\} \subset [0,T]$ und $\{n_j h_j\} \to t$ folgt daher wegen $\lim_{j \to \infty} \eta_1(h_j) = 0$ und $\lim_{j \to \infty}\|u(n_j h_j) - u(t)\| = 0$ (beachte die letzte Bemerkung in Abschnitt 1.1) schließlich

$$\lim_{j \to \infty}\|u_{n_j} - u(t)\| = 0 \text{ für } u(t) = E_o(t)u_o \text{ mit } u_o \in \mathcal{J}.$$

Damit ist die Bedingung (b) des Satzes 3.2.2 ebenfalls erfüllt und
folglich die Existenz verallgemeinerter Lösungen auf $\mathcal{U}$ gemäß Satz
3.2.4 (unter Berücksichtigung der Fußnote von Seite 75) gezeigt.
Zugleich ist auch deren numerische Erfaßbarkeit im Sinne der Aussage des Satzes 3.2.4 bewiesen.

Die verallgemeinerten Lösungen werden im vorliegenden Fall jedoch
sogar im Sinne der L-Konvergenz erfaßt (so daß das Verfahren wegen
der Unabhängigkeit der Differenzenoperatoren von t auch bei der Erfassung verallgemeinerter Lösungen als numerisch brauchbar ange-
sehen werden kann), denn ist $u_o \in \mathcal{U}$ und $u_o(h) \in \mathcal{M}$ ein verfälschtes
Anfangselement, aus dem die Näherungen u_n hervorgehen, so liegt
auch $u_o(h)$ für alle hinreichend kleinen h in $\mathcal{U}$, da $\lim_{h \to 0} u_o(h) = u_o$
und da alle Elemente von $\mathcal{M}$, deren Abstand von $u_o \in \mathcal{U}$ der Norm nach
kleiner als $\frac{1}{16T} - \|u_o\|$ ist, zugleich auch in $\mathcal{U}$ liegen.

*Bemerkung: Man kann die Aussage des Satzes 3.2.4 auch folgendermaßen
interpretieren: Besitzt die gegebene Anfangswertaufgabe eindeutige
Lösungen für alle u_o einer Menge $\mathcal{V} \subset \mathcal{M}$, die man mit einem Differenzenverfahren approximieren möchte, und gibt es auf keiner Menge
$\mathcal{U} \subset \mathcal{M}$, die $\mathcal{V}$ als dichte Teilmenge enthält, verallgemeinerte Lösungen,
so gibt es auch kein auf $\mathcal{M}$ definiertes Differenzenverfahren, das
auf der die Menge $\mathcal{V}$ umfassende Menge $\mathcal{U}$ gleichgradig stetige iterierte Differenzenoperatoren besitzt und zugleich auf $\mathcal{V}$ (punktweise)
konvergiert.*

*Die gleichgradige Stetigkeit der iterierten Differenzenoperatoren
auch auf $\mathcal{V}$ umfassenden Mengen ist jedoch aus den schon bei der Begründung der Konvergenzdefinition IV angedeuteten Gründen mit Rück-
sicht auf $\tilde{u}_o(h) \in \mathcal{M}^k$ (nicht nur $\tilde{u}_o(h) \in \mathcal{V}^k$) sehr wünschenswert, da
sie garantiert, daß sich eine Anfangsstörung auf die Näherungen ei-
ner festen Schicht t bei Verkleinerung der Schrittweite (also Ver-
größerung der Schritt-Anzahl) nicht allzu wesentlich auswirkt. Man
wird in solchen Fällen nach Verfahren zu suchen haben, deren Eigenschaften der gleichgradigen Stetigkeit auf gewissen $\mathcal{V}^k$ umfassenden
Mengen möglichst nahe kommt. Sofern dabei auch auf $\mathcal{V}^k$ selbst die
gleichgradige Stetigkeit nicht mehr garantiert werden kann, wird
man (wie schon früher erwähnt) evtl. auch mit schwächeren Konver-
genzeigenschaften als L-Konvergenz, bzw. H-Konvergenz, zufrieden*

sein müssen (z.B. stabile Konvergenz).

Wir wenden uns nun der bereits erwähnten klassischen Lax-Richtmyer-Theorie für lineare Anfangswertaufgaben zu, wobei wir sogleich t-Abhängigkeit der Differentialoperatoren zulassen.

4 Lineare Anfangswertaufgaben

4.1 Gleichgradige Stetigkeit, gleichmäßige Beschränktheit, Stabilität

Die stetige Konvergenz der Folge der iterierten Differenzenoperatoren, die L-Konvergenz und H-Konvergenz der Verfahren stehen gemäß Satz 3.2.2 in engem Zusammenhang mit der gleichgradigen Stetigkeit der Operatoren jeder der Folgen $\{\tilde{Q}_j\}$ $(\tilde{Q}_j = \tilde{Q}(n_j h_j, h_j))$.

Der Begriff der gleichgradigen Stetigkeit soll deshalb zunächst für den in diesem Kapitel betrachteten Fall linearer Probleme näher untersucht werden.

Gegeben sei also auf einem normierten Raum $\mathfrak{M}$ die Anfangswertaufgabe

$$u_t = F(t)u, \quad O \leq t \leq T \tag{4.1.1}$$

$$u(O) = u_o$$

mit linearen Operatoren $F(t)$ $(O \leq t \leq T)$, die ihren gemeinsamen Definitionsbereich $\mathfrak{M}_F \subset \mathfrak{M}$ in $\mathfrak{M}$ abbilden (da die $F(t)$ als lineare Operatoren vorausgesetzt sind, ist $\mathfrak{M}_F$ ein linearer Teilraum von $\mathfrak{M}$).

Die approximierende Differenzengleichung (2.1.6) sei ebenfalls linear, laute also

$$\sum_{\nu=O}^{k} A_\nu(t_\nu, h) u_{n+\nu} = O, \tag{4.1.2}$$

mit linearen und stetigen Operatoren $A_\nu(t, h)$ von $\mathfrak{M}$ in $\mathfrak{M}$ $(\nu = 1, \ldots, k; \ t \in [O, T]; \ h \in [O, h_o]$ mit geeignetem $h_o > O)$.

Dabei bilde $A_k(t, h)$ für jedes $t \in [O, T]$ und für jedes $h \in [O, h_o]$ sogar $\mathfrak{M}$ umkehrbar eindeutig auf sich ab, so daß $A_k^{-1}(t, h)$ auf $\mathfrak{M}$ existiert. Überdies sei jedes dieser $A_k^{-1}(t,h)$ auf $\mathfrak{M}$ stetig.

Formale Rückführung von (4.1.2) auf ein explizites Einschrittverfahren in $\mathfrak{M}^k$ gemäß Abschnitt 2.2 ergibt

$$\tilde{u}_{n+1} = \begin{pmatrix} -A_k^{-1}(t_{n+k},h)\,A_{k-1}(t_{n+k-1}) \cdots -A_k^{-1}(t_{n+k},h)A_1(t_{n+1},h) & -A_k^{-1}(t_{n+k},h)A_0(t_n,h) \\ I & \cdots & \Theta & \Theta \\ & \cdot & \cdot & \\ & \cdot & \cdot & \\ & \cdot & \cdot & \\ \Theta & & I & \Theta \end{pmatrix} \tilde{u}_n$$

$$=: \tilde{C}(t_n,h)\,\tilde{u}_n . \qquad (4.1.3)$$

Die Differenzenoperatoren $\tilde{C}(t,h)$ sind lineare und stetige Operatoren von $\mathfrak{M}^k$ in $\mathfrak{M}^k$, mithin auch die Operatoren

$$\prod_{\nu=m}^{n-1} \tilde{C}(t_\nu,h) ,$$

die für $m = 0$ den iterierten Differenzenoperatoren $\tilde{Q}(nh,h)$ entsprechen, für $0 \le m \le n - 1$ *iterierte Differenzenoperatoren ab der
Schicht* t_m genannt werden können (vgl. Abschnitt 3.1) und mit
$\tilde{Q}^{(m)}(nh,h)$ bezeichnet werden sollen.

Im linearen Fall werden in der Regel auch die Teilmengen $\mathcal{W} \subset \mathfrak{M}$ (und
damit $\mathcal{W}_0^k, \mathcal{W}^k$), auf denen die Konvergenz des Verfahrens untersucht
werden soll, lineare Räume sein. Da die Differenzenoperatoren auf
$\mathfrak{M}$ stetig sein sollen, sind sie dann auf $\mathcal{W}^k$ auch beschränkt. Die
gleichgradige Stetigkeit, die gemäß dem Satz von Rinow eine wesent-
liche Voraussetzung für das Eintreten von L-Konvergenz (erst recht
also von H-Konvergenz) darstellt, hängt nun aufgrund des nachfolgenden Satzes engstens mit der gleichmäßigen Beschränktheit der
iterierten Differenzenoperatoren zusammen:

Satz 4.1.1:
Seien $\mathcal{W}$ und $\mathcal{U}$ normierte Räume über $\mathbb{R}$ und $\{C_j\}_{j \in J}$ (J eine beliebige
Indexmenge, etwa die Menge der Paare (nh,h) mit $h \in [0,h_0]$, $n \in \mathbb{N}$,
$(n+k-1)h \in [0,T]$) eine Menge linearer stetiger Operatoren von $\mathcal{W}$ in

$\mathcal{U}$. Dann sind die $C_j (j \in J)$ genau dann gleichgradig stetig auf $\mathcal{W}$, wenn sie dort gleichmäßig beschränkt sind, d.h. wenn eine Konstante $\varkappa_0$ mit

$$\|C_j\| \leq \varkappa_0, \text{ für alle } j \in J \tag{4.1.4}$$

existiert.

__Beweis:__ 1. Sind alle C_j gleichmäßig beschränkt, so folgt

$$\|C_j u - C_j v\| = \|C_j(u-v)\| \leq \|C_j\| \|u - v\| \leq \varkappa_0 \|u - v\|, \text{ für alle } u, v \in \mathcal{W},$$

so daß die C_j in der Tat gleichgradig stetig sind.

2. Angenommen, die C_j seien gleichgradig stetig, jedoch nicht gleichmäßig beschränkt.
Dann gäbe es eine Folge $\{j_\nu\} \subset J$ und eine Folge $\{u_\nu\} \subset \mathcal{W}$ mit $\|u_\nu\| = 1$, so daß

$$\|C_{j_\nu} u_\nu\| \xrightarrow[\nu \to \infty]{} \infty \ . \tag{4.1.5}$$

Definiert man dann eine Folge $\{v_\nu\} \subset \mathcal{W}$ vermöge

$$v_\nu := \frac{1}{\|C_{j_\nu} u_\nu\|^{\frac{1}{2}}} u_\nu,$$

so gilt $\lim\limits_{\nu \to \infty} \|v_\nu\| = 0$ und damit wegen der gleichgradigen Stetigkeit aller C_j auch $\lim\limits_{\nu \to \infty} \|C_{j_\nu} v_\nu\| = 0$. Im Widerspruch hierzu erhielte man jedoch aus (4.1.5):

$$\|C_{j_\nu} v_\nu\| = \|C_{j_\nu}(\frac{1}{\|C_{j_\nu} u_\nu\|^{\frac{1}{2}}} u_\nu)\| = \frac{\|C_{j_\nu} u_\nu\|}{\|C_{j_\nu} u_\nu\|^{\frac{1}{2}}}$$

$$= \|C_{j_\nu} u_\nu\|^{\frac{1}{2}} \to \infty \quad (\text{für } \nu \to \infty).$$

Allgemein bezeichnet man einen Vorgang, bei dem die erzeugten Größen stetig von den Ausgangsdaten abhängen, als stabil.

Von Lax und Richtmyer [69] wurde deshalb im t-unabhängigen linearen Fall das Verfahren (4.1.3) auf dem zugrundegelegten normierten Raum als stabil bezeichnet, wenn es eine Konstante $\varkappa_0$ gibt, so daß dort gilt:

$$\| \tilde{C}^n(h) \| \leq \varkappa_0, \quad \text{für alle } (n,h) \text{ mit } (n+k-1)h \in [0,T]. \qquad (4.1.6)$$

Im t-abhängigen Fall übernehmen beim Rechnen ab der Schicht t_m die Operatoren $\tilde{Q}^{(m)}(nh,h) = \prod_{\nu=m}^{n-1} C(t_\nu,h)$ die Rolle der iterierten Differenzenoperatoren $\tilde{Q}(nh,h)$. Es ist deshalb zu erwarten, daß die gleichmäßige Beschränktheit dieser Operatoren für die H-Konvergenz von gleicher Bedeutung sein wird wie (4.1.6) für die L-Konvergenz im t-unabhängigen Fall.

Wir definieren deshalb in Verallgemeinerung von (4.1.6):

<u>Definition</u>: Das Verfahren (4.1.3) heißt auf $\mathcal{W}$ L-stabil [1], wenn die Operatoren $\tilde{Q}^{(m)}(nh,h)$ auf dem normierten Raum $\mathcal{W}^k$ gleichmäßig beschränkt sind, d.h. wenn eine Konstante $\varkappa_0$ existiert, so daß gilt:

$$\left\| \prod_{\nu=m}^{n-1} \tilde{C}(\nu h,h) \right\| \leq \varkappa_0, \quad \text{für alle ganzen } m,n \text{ mit } 0 \leq m \leq n, \text{ für alle}$$

$$h \in [0,h_0] \text{ mit geeignetem } h_0 > 0 \text{ und mit } (n+k-1)h \in [0,T]. \qquad (4.1.7)$$

Bemerkung: Für $m = n$ verstehen wir unter dem leeren Produkt $\prod_{\nu=m}^{n-1}(..)$ stets die Identität, so daß für ein L-stabiles Verfahren zugleich

$$\varkappa_0 \geq 1 \qquad (4.1.8)$$

gefordert wird.

Bemerkung: In der Literatur existiert im Zusammenhang mit linearen und nichtlinearen Differenzenverfahren eine Vielzahl weiterer Stabilitätsbegriffe (vgl. z.B. [38], [60], [93], [103], [104], [106], [111]), auf die wir teilweise noch zurückkommen werden. Ein in Analogie zu (4.1.7) die Differenzenoperatoren ab der Schicht t_m (bei beliebigem m mit $0 \leq m \leq n$) berücksichtigender Stabilitätsbegriff tritt explizit erstmals bei Strang [108] auf. Der von Spijker [97] eingeführte Stabilitätsbegriff ist, angewandt auf lineare und halblineare Verfahren der hier betrachteten Art, identisch mit der L-Stabilität im Sinne von (4.1.7), wie von Hass [46] gezeigt wurde.

---

[1] Der Buchstabe L stehe wiederum für den Namen Lax.

*Generell hängen naturgemäß die Stabilitätsbegriffe oft eng mitein-
ander zusammen und entsprechen zumeist gewissen (ihrerseits benach-
barten) Konvergenzbegriffen (etwa in der Weise, wie sich gleichgradige Stetigkeit und stetige Konvergenz oder gemäß nachfolgenden Betrachtungen L-Stabilität und H-Konvergenz entsprechen). Einen Über-
blick über den Zusammenhang von Stabilitätsbegriffen gibt Glaser
[40], [41].*

Wie bereits angedeutet wurde und in den folgenden Abschnitten zu
beweisen sein wird, stellt die L-Stabilität im Sinne von (4.1.6)
(bzw. (4.1.7)) in linearen Fällen ein notwendiges und hinreichendes Kriterium für L-Konvergenz (bzw. für H-Konvergenz) dar. Unter
gewissen Voraussetzungen ist die L-Stabilität jedoch sogar schon
eine notwendige (und dann natürlich auch hinreichende) Bedingung
für punktweise Konvergenz, so daß in linearen Fällen, in denen diese Voraussetzungen erfüllt sind, punktweise Konvergenz und L-Konvergenz zusammenfallen; es gilt nämlich der weiter unten als Satz
4.1.3 formulierte Satz von Banach und Steinhaus, zu dessen Beweis
wir zunächst den folgenden, auf Banach zurückgehenden Satz benötigen:

<u>Satz 4.1.2</u> (Prinzip der gleichmäßigen Beschränktheit):
Sei $\mathscr{L}$ ein Banachraum, $\mathfrak{N}$ ein normierter Raum und $\{C_j\}$ ($j \in J$; J beliebige Indexmenge) eine Menge stetiger linearer Operatoren von $\mathscr{L}$
in $\mathfrak{N}$. Gibt es dann ein auf $\mathscr{L}$ definiertes Funktional $x_1(u)$ mit

$$\|C_j u\| \leqq x_1(u), \text{ für alle } j \in J, \text{ für alle } u \in \mathscr{L},$$

so sind alle C_j gleichmäßig beschränkt.

<u>Beweis:</u> Setze

$$\mathscr{L}_p = \left\{ u \mid u \in \mathscr{L}, \ \|C_j u\| \leqq p\|u\| \text{ für alle } j \in J \right\} \quad (p = 1,2,\ldots).$$

Kann man $\mathscr{L}_p = \mathscr{L}$ für ein $p \in \mathbb{N}$ zeigen, so ist der Satz offenbar bewiesen. Wir gehen in folgenden Teilabschnitten vor:

1. $\mathscr{L}_p \neq \emptyset$, für alle $p \in \mathbb{N}$

   Beweis: Es ist beispielsweise $0 \in \mathscr{L}_p$, für alle $p \in \mathbb{N}$.

2. $\mathscr{L} \subset \bigcup_{p \in \mathbb{N}} \mathscr{L}_p$

Beweis: Ist $u \in \mathcal{L}$ $(u \neq 0)$, so ist $u \in \mathcal{L}_p$ für alle

$$p \geq \frac{\varkappa_1(u)}{\|u\|} \, .$$

3. $\mathcal{L}_p$ ist vollständig für jedes $p \in \mathbb{N}$.

Beweis: Sei $\{u_\nu\}$ eine beliebige Cauchy-Folge aus $\mathcal{L}_p$. Aufgrund der Vollständigkeit von $\mathcal{L}$ besitzt die Folge ein Grenzelement u in $\mathcal{L}$.

Zu beliebigem $\varepsilon > 0$ existiert dann ein $\nu_0 \in \mathbb{N}$ mit

$$\|C_j u\| \leq \|C_j(u-u_\nu)\| + \|C_j u_\nu\| \leq \|C_j\| \, \|u-u_\nu\| + p \, \|u_\nu\|$$

$$\leq \|C_j\| \, \|u-u_\nu\| + p \|u-u_\nu\| + p \|u\|$$

$$\leq (\|C_j\| + p)\varepsilon + p \|u\|, \text{ für alle } \nu \geq \nu_0 \, .$$

Somit folgt

$\|C_j u\| \leq p \|u\|$, für alle $j \in J$. Mithin gilt auch $u \in \mathcal{L}_p$.

4. Mindestens ein $\mathcal{L}_p$ enthält eine abgeschlossene Kugel mit positivem Radius.

Beweis: Angenommen, die Aussage wäre falsch. Man betrachte dann für ein beliebiges festes $u_1 \in \mathcal{L}$ die Kugel

$$\mathcal{K}_1 := \left\{ u \mid u \in \mathcal{L}, \; \|u-u_1\| \leq d_1 \right\} \text{ mit } d_1 = 1.$$

Nach Annahme ist $\mathcal{K}_1 \not\subset \mathcal{L}_1$. Somit existiert ein $u_2 \in \mathcal{K}_1$ mit $u_2 \not\in \mathcal{L}_1$. Dabei kann $u_2 \in \overset{\circ}{\mathcal{K}}_1$ (Inneres von $\mathcal{K}_1$) gewählt werden, da es anderenfalls eine gegen u_2 konvergierende Folge $\{u_{2\nu}\} \subset \mathcal{L}_1$ gäbe, so daß gemäß Schritt 3 doch $u_2 \in \mathcal{L}_1$ wäre.

Also kann u_2 als gemeinsames Element von $\overset{\circ}{\mathcal{K}}_1$ und dem Komplement $\complement \mathcal{L}_1$ der nach Schritt 3 abgeschlossenen Menge $\mathcal{L}_1$ gewählt werden:
$u_2 \in \overset{\circ}{\mathcal{K}}_1 \cap \complement \mathcal{L}_1$. Nun ist $\overset{\circ}{\mathcal{K}}_1 \cap \complement \mathcal{L}_1$ offen; also existiert ein $r_1 > 0$ derart, daß

$$\left\{ u \mid u \in \mathcal{L}, \; \|u-u_2\| < r_1 \right\} \subset \overset{\circ}{\mathcal{K}}_1 \cap \complement \mathcal{L}_1 \, .$$

Man betrachte nun die Kugel

$$\mathring{k}_2 := \{u \mid u \in \mathcal{L}, \ \|u-u_2\| \le d_2\}$$

mit $d_2 = \frac{1}{2}\min(d_1,r_1)$.

Nach Konstruktion ist $\mathring{k}_2 \ne \emptyset$, $\mathring{k}_2 \subset \mathring{k}_1$, $\mathring{k}_2 \cap \mathcal{L}_1 = \emptyset$. Nach Annahme ist $\mathring{k}_2 \not\subset \mathcal{L}_2$. Folglich existiert wie vorher ein $u_3 \in \mathring{k}_2 \cap \complement \mathcal{L}_2$ und daher ein $r_2 > 0$, so daß

$$\{u \mid u \in \mathcal{L}, \ \|u-u_3\| < r_2\} \subset \mathring{k}_2 \cap \complement \mathcal{L}_2.$$

Man betrachte die Kugel

$$\mathring{k}_3 := \{u \mid u \in \mathcal{L}, \ \|u-u_3\| \le d_3\}$$

mit

$$d_3 := \frac{1}{2}\min(d_2,r_2).$$

Nach Konstruktion ist $\mathring{k}_3 \ne \emptyset$, $\mathring{k}_3 \subset \mathring{k}_2$, $\mathring{k}_3 \cap \mathcal{L}_2 = \emptyset$.

So fortfahrend konstruiert man Kugeln $\mathring{k}_\nu$ um die Mittelpunkte u_ν, wobei $\{u_\nu\}$ (wegen $\lim\limits_{\nu \to \infty} d_\nu = 0$) offenbar eine Cauchy-Folge in $\mathcal{L}$ mit der Eigenschaft

$$u_\nu \in \mathring{k}_\mu, \ \text{für alle } \nu \ge \mu \quad (\mu = 1,2,\ldots)$$

darstellt. Da alle $\mathring{k}_\mu$ abgeschlossen sind, erfüllt $u := \lim\limits_{\nu \to \infty} u_\nu$ offenbar die Bedingung $u \in \mathring{k}_\mu$ ($\mu = 1,2,\ldots$). Wäre nun $u \in \mathcal{L}_p$ für ein $p \in \mathbb{N}$, so wäre $\mathring{k}_{p+1} \cap \mathcal{L}_p \ne \emptyset$ entgegen der Konstruktion von $\mathring{k}_{p+1}$. Also ist $u \notin \bigcup\limits_{p \in \mathbb{N}} \mathcal{L}_p$. Dies ist aber ein Widerspruch zu Schritt 2.

5. Alle C_j sind gleichmäßig beschränkt.

Beweis: Gemäß Schritt 4 ist in einem $\mathcal{L}_p$ eine Kugel $\mathring{k}$ mit positivem Radius enthalten. Sei $\mathring{k} = \{u \mid u \in \mathcal{L}, \ \|u-u_\rho\| \le r\}$.

Für ein beliebiges $v \in \mathcal{L}$ mit $v \ne 0$ liegt dann $u := u_\rho + \frac{r}{\|v\|} v$ auf dem Rande von $\mathring{k}$. Offenbar ist

$$\|C_j v\| = \left\|C_j\left\{\frac{\|v\|}{r}(u-u_\rho)\right\}\right\| \le \frac{\|v\|}{r}(\|C_j u\| + \|C_j u_\rho\|)$$

$$\le \frac{\|v\|}{r}p(\|u\| + \|u_\rho\|) \le \frac{\|v\|}{r}p(\|u-u_\rho\| + 2\|u_\rho\|).$$

Mithin gilt

$$\| C_j v \| \leq p(1+\tfrac{2}{r} \| u_{\rho} \|) \, \| v \| =: c \, \| v \|$$

für alle $j \in J$ und für alle $v \in \mathcal{L}$ mit $v \neq 0$ (trivialerweise gilt $\| C_j v \| \leq c \| v \|$ natürlich auch für $v = 0$), d.h.

$$\| C_j \| \leq c, \text{ für alle } j \in J.$$

<u>Satz 4.1.3</u> (Satz von Banach und Steinhaus; vgl. z.B. [57], S.204ff.): Sei $\mathcal{L}$ ein Banachraum, $\mathcal{U}$ ein normierter Raum, E ein stetiger Operator von $\mathcal{L}$ in $\mathcal{U}$ und $\{Q_j\}$ eine Folge stetiger linearer Operatoren von $\mathcal{L}$ in $\mathcal{U}$. Dann ist für die punktweise Konvergenz der Folge $\{Q_j\}$ gegen E auf $\mathcal{L}$ das Erfülltsein der beiden folgenden Bedingungen notwendig und hinreichend:

(a) alle Q_j sind gleichmäßig beschränkt auf $\mathcal{L}$;

(b) $\{Q_j\}$ konvergiert gegen E auf einer in $\mathcal{L}$ dichten Teilmenge $\mathcal{\vartheta}$.

<u>Beweis:</u> 1. Die Folge $\{Q_j\}$ sei konvergent gegen E auf $\mathcal{L}$. Dann existiert ein Funktional $x_1(u)$ auf $\mathcal{L}$ mit

$$\| Q_j u \| \leq x_1(u), \text{ für alle } j \in \mathbb{N}, \text{ für alle } u \in \mathcal{L}.$$

Gäbe es nämlich kein solches Funktional, so wäre für mindestens ein $u \in \mathcal{L}$ die Folge $\{Q_j u\}$ nicht konvergent (da die Konvergenz auch $\{\|Q_j u\|\} \to \|Eu\| < \infty$ nach sich zieht) im Widerspruch zur Voraussetzung. Folglich sind die Q_j nach Satz 4.1.2 gleichmäßig beschränkt auf $\mathcal{L}$.

2. Die Bedingungen (a) und (b) seien erfüllt. Dann sind offenbar die Bedingungen (a) und (b) des Satzes von Rinow (Satz 3.2.2) erfüllt, wenn man dort $\mathcal{W} = \mathcal{L}$, $\mathcal{W} = \mathcal{U}$ setzt und die durch die Normen in $\mathcal{L}$, bzw. $\mathcal{U}$, induzierten Metriken ρ, bzw. δ, benutzt. Mithin ist die Folge $\{Q_j\}$ auf $\mathcal{L}$ stetig-konvergent gegen E, also insbesondere auch punktweise konvergent.

Bemerkung: *Die Vollständigkeit von $\mathcal{L}$ wurde im 2. Teil von Satz 4.1.3 nicht benötigt.*
Daß allerdings bei Fortfall der Vollständigkeit von $\mathcal{L}$ auch im linearen Fall die punktweise Konvergenz nicht mehr die stetige Konvergenz nach sich zu ziehen braucht, zeigt das folgende bekannte Bei-

spiel aus der Theorie der Fourierreihen:

Sei $\mathcal{L} = C^1_{2\pi}$ (versehen mit der Tschebyscheff-Norm) und Q_j definiert durch

$$[Q_j u](x) := \frac{1}{2\pi} \int_0^{2\pi} u(\tau)\, \frac{\sin\left(\frac{1}{2}(2j+1)(\tau-x)\right)}{\sin\left(\frac{1}{2}(\tau-x)\right)}\, d\tau \quad \text{(Dirichlet-Integrale)}$$

$(u \in \mathcal{L}; \ j = 1,2,\dots)$. Hier ist $\mathcal{N} = \mathcal{L}$, die Operatoren Q_j sind linear und stetig, in der gegebenen Norm gilt $\{Q_j\} \to I$ (Identität) auf $\mathcal{L}$, jedoch resultiert $\|Q_j\| \geq \frac{1}{8\pi} \ln j \to \infty$ (da dies bekanntlich für die Normen der Q_j auf dem mit der Tschebyscheff-Norm versehenen Raum $C^0_{2\pi}$ gilt, mithin gemäß (1.2.4) auch für die Normen auf dem in $C^0_{2\pi}$ dichten, jedoch nicht vollständigen Raum $\mathcal{L}$).

4.2 Äquivalenzsätze

Wir betrachten zunächst folgenden Fall:

Der normierte Raum $\mathcal{M}$, in dem die lineare Anfangswertaufgabe (4.1.1) gegeben ist, sei vollständig, also ein Banachraum (vgl. die Beispiele in Abschnitt 1.1). Sei (4.1.1) auf dem linearen Raum $\mathcal{A} \subset \mathcal{M}$ sachgemäß gestellt, besitze also eindeutige Lösungen $u(t) = E_o(t)u_o$ für alle $u_o \in \mathcal{A}$, wobei diese Lösungen von den Anfangselementen stetig abhängen.

Es sei $\mathcal{A}$ dicht in $\mathcal{M}$.

Die Stetigkeit der linearen Lösungsoperatoren $E_o(t)$ $(0 \leq t \leq T)$ ergibt deren (individuelle) Beschränktheit auf $\mathcal{A}$ und damit auch die (individuelle) Lipschitzbeschränktheit. Die Existenz verallgemeinerter Lösungen $u(t) = E(t)u_o$ für alle $u_o \in \mathcal{M}$ kann daher sofort, d.h. ohne Benutzung des Satzes 3.2.4), aus Satz 1.2.2 gefolgert werden.

Das zur Approximation benutzte Verfahren (4.1.2) sei auf einer Menge $\mathcal{J} \underset{dicht}{\subset} \mathcal{A}$ (also auch $\mathcal{J} \underset{dicht}{\subset} \mathcal{M}$) mit der gegebenen Aufgabe konsistent im Sinne der Definition (2.3.2).

Weiterhin seien die Differenzenoperatoren $\tilde{C}(\nu h, h)$ individuell stetig bezüglich h auf $[0, h_o]$, d.h.: zu vorgegebenem $\varepsilon > 0$ existiere ein $\delta(\varepsilon,\nu,h,\tilde{u}) > 0$ derart, daß

$$\|\tilde{C}(\nu\hat{h},\hat{h})\tilde{u} - \tilde{C}(\nu h,h)\tilde{u}\| < \varepsilon \ , \ \text{für alle } \hat{h} : |\hat{h}-h| < \delta(\varepsilon,\nu,h,\tilde{u})$$
$$(\hat{h},h \in [0,h_o]) .$$

Schließlich seinen die $\tilde{C}(\nu h,h)$ bei jeweils festem ν für alle $h \in [0,h_o]$ gleichmäßig beschränkt, d.h. es existiere eine (beliebig große) Schranke M_ν, so daß

$$\|\tilde{C}(\nu h,h)\| \leqq M_\nu \ \text{für alle } h \in [0,h_o], \ (\nu = 1,2,\ldots)$$

gelte (hierfür reicht nach Satz 4.1.2 z.B. aus, daß es zu jedem ν ein von $h \in [0,h_o]$ unabhängiges Funktional $\wp_\nu(\tilde{u})$ auf $\mathfrak{M}^k$ gibt, so daß gilt: $\|\tilde{C}(\nu h,h)\tilde{u}\| \leqq \wp_\nu(u)$, für alle $\tilde{u} \in \mathfrak{M}^k$; dies wiederum ist z.B. erfüllt, wenn $\|\tilde{C}(\nu h,h)\tilde{u}\|$ eine auf $[0,h_o]$ stetige Funktion von h ist).

Dann gilt folgender Satz über die Äquivalenz zwischen der L-Stabilität des Verfahrens auf $\mathfrak{M}$ und dessen H-Konvergenz auf $\mathfrak{M}$ (also einschließlich der Erfassung der verallgemeinerten Lösungen):

Satz 4.2.1:
Unter den angegebenen Voraussetzungen ist die L-Stabilität auf $\mathfrak{M}$ für die H-Konvergenz notwendig und hinreichend.

Beweis: 1. Das Verfahren sei H-konvergent auf $\mathfrak{M}$ im Sinne der Konvergenzdefinition VI des Abschnitts 3.1.

Dann existiert (in einer für den linearen Fall zutreffenden Verallgemeinerung des Satzes 3.2.1) ein auf $\mathfrak{M}^k$ definiertes Funktional $\varkappa(u)$ mit der Eigenschaft

$$\|\tilde{Q}^{(m)}(nh,h)\tilde{u}\| \leqq \varkappa(u), \ \text{für alle } \tilde{u} \in \mathfrak{M}^k, \ \text{für alle } n \in \mathbb{N},$$
$$(4.2.1)$$
$$\text{für alle } h \in [0,h_o] \ \text{mit } (n+k-1)h \in [0,T] .$$

Würde nämlich ein solches Funktional nicht existieren, so gäbe es zu mindestens einem $\tilde{u} \in \mathfrak{M}^k$ eine Folge $\{n_j\} \subset \mathbb{N}$, eine Folge $\{h_j\} \subset [0,h_o]$ mit $\{(n_j+k-1)h_j\} \subset [0,T]$ und eine Folge $\{m_j\} \subset \mathbb{N}_o$ $(\mathbb{N}_o := \mathbb{N} \cup \{0\})$ mit $m_j \leqq n_j - 1$ $(j = 1,2,\ldots)$, so daß

$$\lim_{j \to \infty} \| \prod_{\nu=m_j}^{n_j-1} \tilde{C}(\nu h_j,h_j)\tilde{u} \| = \infty . \tag{4.2.2}$$

Aufgrund der Kompaktheit des Intervalls $[0,T]$ existiert dann eine gegen irgendein $t \in [0,T]$ konvergierende Teilfolge $\{n_{j_r} h_{j_r}\}$. Mit der zu der Index-Folge $\{j_r\}$ $(r = 1,2,\ldots)$ gehörenden Folge $\{m_{j_r}\}$ und der Abkürzung

$$\tilde{Q}_{(r)} := \tilde{Q}^{(m_{j_r})}(n_{j_r} h_{j_r}, h_{j_r}) = \prod_{\nu = m_{j_r}}^{n_{j_r} - 1} \tilde{C}(\nu h_{j_r}, h_{j_r})$$

bilde man

$$\tilde{v}_r := \frac{1}{\|\tilde{Q}_{(r)} u\|^{\frac{1}{2}}} \tilde{u} \in \mathfrak{M}^k ;$$

offenbar gilt wegen (4.2.2)

$$\lim_{r \to \infty} \tilde{v}_r = 0 \quad (\text{Nullelement in } \mathfrak{M}^k)$$

sowie

$$\lim_{r \to \infty} \|\tilde{Q}_{(r)} v_r\| = \lim_{r \to \infty} \|\tilde{Q}_{(r)} u\|^{\frac{1}{2}} = \infty . \qquad (4.2.3)$$

α) Sei zunächst $\{n_{j_r}\}$ nicht beschränkt. Dann folgt $\{h_{j_r}\} \to 0$, wobei ohne Einschränkung der Allgemeinheit angenommen werden kann, daß die Folge $\{h_{j_r}\}$ monoton fällt (denn anderenfalls sondere man aus $\{j_r\}$ eine Indexfolge $\{j_s\}$ aus, für die $\{h_{j_s}\}$ monoton fällt).

Für das durch

$$\tilde{v}^{(m)}(h) := \begin{cases} \tilde{u}(t_m) & \text{für } u_0 \neq 0, \text{ für alle } h \in [0,h_0] \\[2mm] \tilde{v}_r & \text{für } u_0 = 0 \ (\Rightarrow E(t)u_0 \equiv 0), \text{ für alle } h \in [0,h_0] \\[2mm] & \text{mit } h_{j_{r+1}} < h \leq h_{j_r}, \ (r = 1,2,\ldots) \end{cases}$$

ab t_m definierte Anfangsfeld gilt (sowohl für $u_0 \neq 0$ wie für $u_0 = 0$) bei beliebigem $m \in \mathbb{N}_0$:

$$\| \tilde{v}^{(m)}(h) - \tilde{u}(t_m) \| \leq \|\tilde{v}_r\| =: \eta_2(h,u_0) \equiv \eta_2(h,0) . \qquad (4.2.4)$$

Die rechte Seite ist unabhängig von m und verschwindet für $h \to 0$.

Aufgrund der vorausgesetzten H-Konvergenz folgt daher bei beliebigem $m \leq n_{j_r} - 1$ (wegen $\tilde{E}(t,0)\tilde{Q} = \tilde{Q}$):

$$\left\| \prod_{\nu=m}^{n_{j_r}-1} \tilde{C}(\nu h_{j_r},h_{j_r})\tilde{v}_r - \tilde{E}(t,0)\tilde{o} \right\| = \left\| \prod_{\nu=m}^{n_{j_r}-1} \tilde{C}(\nu h_{j_r},h_{j_r})v_r \right\|$$

für alle hinreichend großen r bei beliebigem $m \leqq n_{j_r} - 1$, also insbesondere für $m = m_{j_r}$.

Dies aber ist ein Widerspruch zu (4.2.3).

β) $\{n_{j_r}\}$ bleibe beschränkt, so daß die n_{j_r} nur endlich viele verschiedene Werte annehmen. Ohne Einschränkung der Allgemeinheit kann deshalb angenommen werden, daß alle n_{j_r} den gleichen Wert N besitzen (anderenfalls sondere man aus $\{j_r\}$ eine Folge $\{j_s\}$ aus, für die dieses der Fall ist). Dann können auch die $\{m_{j_r}\}$ nur endlich viele verschiedene Werte annehmen, so daß (wiederum ohne Einschränkung der Allgemeinheit) angenommen werden kann, daß alle m_{j_r} einen einheitlichen Wert m besitzen.

Nun folgt aus der Stetigkeit der $\tilde{C}(\nu h,h)$ bezüglich h ($\nu = 1,2,\ldots$) auch die Stetigkeit der Funktionen

$$f_{\nu,\tilde{u}}(h) := \| \tilde{C}(\nu h,h)\tilde{u} \|$$

bezüglich h auf dem abgeschlossenen Intervall $[0,h_0]$. $f_{\nu,\tilde{u}}(h)$ ist dort mithin beschränkt durch eine Konstante $\wp_\nu(\tilde{u})$, also gilt

$$\| \tilde{C}(\nu h,h)\tilde{u} \| \leqq \wp_\nu(\tilde{u}), \text{ für alle } \tilde{u} \in \mathfrak{m}^k, \text{ für alle } h \in [0,h_0] \text{ [1]}.$$

Nach Satz 4.1.2 sind damit die $\tilde{C}(\nu h,h)$ (bei jeweils festem ν) gleichmäßig beschränkt (denn mit $\mathfrak{m}$ ist auch $\mathfrak{m}^k$ vollständig):

$$\| \tilde{C}(\nu h,h) \| \leqq M_\nu, \text{ für alle } h \in [0,h_0], \; (\nu = 0,1,2,\ldots).$$

Daher folgt

$$\| \tilde{Q}_{(r)}\tilde{u} \| = \left\| \prod_{\nu=m}^{N-1} \tilde{C}(\nu h_{j_r},h_{j_r})\tilde{u} \right\| \leqq \prod_{\nu=m}^{N-1} M_\nu\|\tilde{u}\| = \text{const} < \infty \;, \text{ für alle } r$$

im Widerspruch zu (4.2.2).

---

[1] Es genügt also, statt der Stetigkeit der $\tilde{C}(\nu h,h)$ (bezüglich h) die Existenz der $\wp_\nu(\tilde{u})$ zu fordern.

94

Also existiert in der Tat ein Funktional $\varkappa(\tilde{u})$ mit der Eigenschaft
(4.2.1). Daher sind auch alle $\tilde{Q}^m(nh,h)$ mit $(n+k-1)h \in [0,T]$ $(m \leq n-1)$
aufgrund des Prinzips der gleichmäßigen Beschränktheit (Satz 4.1.2)
auf $\mathfrak{M}^k$ gleichmäßig beschränkt, d.h. es existiert eine Konstante $\varkappa_o$
mit der Eigenschaft (4.1.7). Das Verfahren ist mithin L-stabil auf
$\mathfrak{M}$.

2. Das Verfahren sei L-stabil auf $\mathfrak{M}$.
Sei zunächst $u_o \in \vartheta$. Weiter seien $\{n_j\} \to \infty$, $\{h_j\} \to$ 0 mit
$(n_j+k-1)h_j \in [0,T]$ und $\{n_j h_j\} \to$ t Folgen der schon mehrfach genannten Art.

Es ist dann zunächst

$$\left\| \prod_{\nu=m}^{n_j-1} \tilde{C}(\nu h_j,h_j)\tilde{u}(t_m) - \tilde{E}_o(t,0)\tilde{u}_o^* \right\| = \left\| \prod_{\nu=m}^{n_j-1} \tilde{C}(\nu h_j,h_j)\tilde{u}(t_m) - \tilde{u}(t) \right\|$$

$$\leq \left\| \prod_{\nu=m}^{n_j-1} \tilde{C}(\nu h_j,h_j)\tilde{u}(t_m) - \prod_{\nu=m+1}^{n_j-1} \tilde{C}(\nu h_j,h_j)\tilde{u}(t_{m+1}) \right\|$$

$$+ \left\| \prod_{\nu=m+1}^{n_j-1} \tilde{C}(\nu h_j,h_j)\tilde{u}(t_{m+1}) - \tilde{u}(t) \right\|$$

$$\leq \left\| \prod_{\nu=m+1}^{n_j-1} \tilde{C}(\nu h_j,h_j) \right\| \left\| \tilde{C}(mh_j,h_j)\tilde{u}(t_m) - \tilde{u}(t_{m+1}) \right\|$$

$$+ \left\| \prod_{\nu=m+1}^{n_j-1} \tilde{C}(\nu h_j,h_j)\tilde{u}(t_{m+1}) - \tilde{u}(t) \right\|$$

$$\leq \varkappa_o\, h_j\, \eta_1(h_j,u_o) + \left\| \prod_{\nu=m+1}^{n_j-1} \tilde{C}(\nu h_j,h_j)\tilde{u}(t_{m+1}) - \tilde{u}(t) \right\|$$

(gemäß (4.1.7) und (2.3.2)).

Analog wird nunmehr das zweite Glied der rechten Seite abgeschätzt.
So fortfahrend gelangt man zu folgender Aussage:

$$\left\| \prod_{\nu=m}^{n_j-1} \tilde{C}(\nu h_j,h_j)\tilde{u}(t_m) - \tilde{E}_o(t,0)\tilde{u}_o^* \right\| \leq (n_j-m-1)\varkappa_o\, h_j\, \eta_1(h_j,u_o)$$

$$+ \left\| \tilde{C}((n_j-1)h_j,h_j)\tilde{u}(t_{n_j-1}) - \tilde{u}(t) \right\| \leq$$

$$\leq (n_j - m - 1) h_j \, \varkappa_o \, \eta_1(h_j, u_o) + \| \tilde{C}((n_j - 1)h_j, h_j) \tilde{u}(t_{n_j - 1}) - \tilde{u}(t_{n_j}) \|$$

$$+ \| \tilde{u}(t_{n_j}) - \tilde{u}(t) \|$$

$$\leq (n_j - m) h_j \, \varkappa_o \, \eta_1(h_j, u_o) + \| \tilde{u}(t_{n_j}) - \tilde{u}(t) \| \, .$$

Ist nun $\tilde{u}_o^m(h)$ ein ab der Schicht t_m für $u_o \in \vartheta$ zulässiges Anfangsfeld, so folgt

$$\left\| \prod_{\nu=m}^{n_j - 1} \tilde{C}(\nu h_j, h_j) \tilde{u}_o^m(h_j) - \tilde{E}_o(t, 0) \tilde{u}_o^* \right\|$$

$$\leq \left\| \prod_{\nu=m}^{n_j - 1} \tilde{C}(\nu h_j, h_j) \{ \tilde{u}_o^m(h_j) - \tilde{u}(t_m) \} \right\|$$

$$\tag{4.2.5}$$

$$+ \left\| \prod_{\nu=m}^{n_j - 1} \tilde{C}(\nu h_j, h_j) \tilde{u}(t_m) - \tilde{E}(t, 0) \tilde{u}_o^* \right\|$$

$$\leq \varkappa_o \, \| \tilde{u}_o^m(h_j) - \tilde{u}(t_m) \| + (n_j - m) h_j \, \varkappa_o \, \eta_1(h_j, u_o) + \| \tilde{u}(t_{n_j}) - \tilde{u}(t) \| \, .$$

Rechterhand verschwindet für $j \to \infty$ (also $h_j \to 0$) das erste Glied wegen der Zulässigkeit des Anfangsfeldes, das zweite Glied wegen $0 \leq (n_j - m) h_j \leq T$ und wegen $\eta_1(h, u_o) = o(1)$ (für $h \to 0$); das dritte Glied aber strebt für $j \to \infty$ wegen $t_{n_j} - n_j h_j \to t$ und wegen der auf $\vartheta \subset \mathfrak{A}$ geltenden Beziehung (1.1.12) ebenfalls gegen Null.

Mithin ist unser Verfahren zunächst H-konvergent auf ϑ, denn rechts kann in (4.2.5) das zweite Glied durch den für $j \to \infty$ immer noch verschwinden, jedoch von m unabhängigen Ausdruck $\varkappa_o T \eta_1(h_j, u_o)$ nach oben abgeschätz werden; das dritte Glied ist ohnehin von m unabhängig, so daß die linke Seite in der Tat für alle hinreichend großen $j \geq j_o$ unter einer vorgegebenen Schranke $\varepsilon > 0$ bleibt, wobei man mit einem von m unabhängigen j_o für diejenigen Anfangsfelder auskommt, für die eine von m unabhängige Fehlerschranke $\eta_2(h, u_o)$ gemäß (3.1.11) existiert.

Speziell für $m = 0$ und für das ab der Schicht $t_o = 0$ gewiß zulässige Anfangsfeld $\tilde{u}_o^*$ ergibt sich die punktweise Konvergenz der Operatoren

$$\prod_{\nu=0}^{n_j-1} \tilde{C}(\nu h_j, h_j)$$

gegen $\tilde{E}_0(t,0)$ auf ϑ_0^k. Hieraus aber folgt mit der Stabilitätsbedingung (4.1.7) unmittelbar

$$\|\tilde{E}_0(t,0)\|_{\vartheta_0^k} = \|E_0(t)\| \leqq \varkappa_0,$$

woraus sich mit (1.2.3)

$$\|E(t)\| \leqq \varkappa_0 \text{ auf } \mathfrak{M}, \text{ für alle } t \in [0,T] \tag{4.2.6}$$

ergibt. (4.2.6) liefert aber auf $\mathfrak{M}^k$:

$$\|\tilde{E}(t,h)\| = \sup_{\substack{\|\tilde{u}\|=1 \\ \tilde{u}\in\mathfrak{M}^k}} \|\tilde{E}(t,h)\tilde{u}\| = \sup_{\substack{\|\tilde{u}\|=1 \\ \tilde{u}\in\mathfrak{M}^k}} \max_{\mu=1,\ldots,k} \|E(t+(\mu-1)h)u^{(\mu)}\|,$$

wobei wir vorübergehend $\tilde{u} = (u^{(k)}, u^{(k-1)}, \ldots, u^{(1)})^T$ gesetzt haben.

Wir erhalten daher

$$\|\tilde{E}(t,h)\| \leqq \varkappa_0 \sup_{\substack{\|\tilde{u}\|=1 \\ \tilde{u}\in\mathfrak{M}^k}} \max_{\mu=1,\ldots,k} \|u^{(\mu)}\| = \varkappa_0 \sup_{\substack{\|\tilde{u}\|=1 \\ \tilde{u}\in\mathfrak{M}^k}} \|\tilde{u}\| = \varkappa_0, \tag{4.2.7}$$

d.h. die gleichmäßige Beschränktheit der Operatoren $\tilde{E}(t,h)$ auf $\mathfrak{M}^k$ mit der durch die Stabilitätskonstante $\varkappa_0$ gegebenen Schranke.

Wir haben nun noch von der H-Konvergenz auf ϑ auf die H-Konvergenz auf $\mathfrak{W}$ zu schließen. Sei also $u_0 \in \mathfrak{M}$ mit der zugehörigen (verallgemeinerten) Lösung $\tilde{u}(t)$ und einem ab t_m zulässigen Anfangsfeld $\tilde{u}_0^m$. Sei v_0 ein noch wählbares Anfangselement aus ϑ mit der Lösung $\{v(t)\}$. Dann erhalten wir mit (4.2.7):

$$\left\| \prod_{\nu=m}^{n_j-1} \tilde{C}(\nu h_j, h_j)\tilde{u}_0^m(h_j) - \tilde{E}(t,0)\tilde{u}_0^* \right\|$$

$$\leqq \left\| \prod_{\nu=m}^{n_j-1} \tilde{C}(\nu h_j, h_j) \right\| \left\| \tilde{u}_0^m(h_j) - \tilde{u}(t_m) \right\|$$

$$+ \left\| \prod_{\nu=m}^{n_j-1} \tilde{C}(\nu h_j, h_j) \right\| \left\| \tilde{u}(t_m) - \tilde{v}(t_m) \right\| +$$

$$+ \left\| \prod_{\nu=m}^{n_j-1} \tilde{C}(\nu h_j, h_j)\tilde{v}(t_m) - \tilde{E}_0(t,0)\tilde{v}_0^* \right\|$$

$$+ \| \tilde{E}(t,0)\| \; \|\tilde{v}_0^* - \tilde{u}_0^*\|$$

$$\leq \varkappa_0 \left\{ \|\tilde{u}_0^m(h_j) - \tilde{u}(t_m)\| + \|\tilde{u}(t_m) - \tilde{v}(t_m)\| + \|\tilde{v}_0^* - \tilde{u}_0^*\| \right\}$$

$$+ \left\| \prod_{\nu=m}^{n_j-1} \tilde{C}(\nu h_j, h_j)\tilde{v}(t_m) - \tilde{E}_0(t,0)\tilde{v}_0^* \right\|.$$

Dabei ist (wiederum mit (4.2.7))

$$\| \tilde{u}(t_m) - \tilde{v}(t_m)\| = \|\tilde{E}(t_m,0)\{\tilde{u}_0^* - \tilde{v}_0^*\}\| \leq \varkappa_0 \|\tilde{u}_0^* - \tilde{v}_0^*\|,$$

d.h.

$$\left\| \prod_{\nu=m}^{n_j-1} \tilde{C}(\nu h_j, h_j)\tilde{u}_0^m(h_j) - \tilde{E}(t,0)\tilde{u}_0^* \right\|$$

$$\leq \varkappa_0 \|\tilde{u}_0^m(h_j) - \tilde{u}(t_m)\| + \varkappa_0(1+\varkappa_0)\|\tilde{v}_0^* - \tilde{u}_0^*\|$$

$$+ \left\| \prod_{\nu=m}^{n_j-1} \tilde{C}(\nu h_j, h_j)\tilde{v}(t_m) - \tilde{E}_0(t,0)\tilde{v}_0^* \right\|.$$

Der letzte Term der rechten Seite wird mit (4.2.5), angewandt auf
die Lösung v(t) (und unter Beachtung von $\tilde{v}_0^m = \tilde{v}(t_m)$), abgeschätzt,
so daß

$$\left\| \prod_{\nu=m}^{n_j-1} \tilde{C}(\nu h_j, h_j)\tilde{u}_0^m - \tilde{E}(t,0)\tilde{u}_0^* \right\| \leq \varkappa_0\|\tilde{u}_0^m(h_j) - \tilde{u}(t_m)\|$$

$$+ \varkappa_0(1+\varkappa_0)\|\tilde{v}_0^* - \tilde{u}_0^*\| \qquad (4.2.8)$$

$$+ \varkappa_0 \, T \, \eta_1(h_j, v_0) + \|\tilde{v}(t_{n_j}) - \tilde{v}(t)\|$$

resultiert. Bei vorgegebenem $\varepsilon > 0$ wählen wir nun $v_0 \in \vartheta$ so nahe bei
u_0, daß $\|\tilde{v}_0^* - \tilde{u}_0^*\| = \|v_0 - u_0\| < \dfrac{\varepsilon}{\varkappa_0(1+\varkappa_0)}$ ausfällt (was möglich ist,
da ϑ dicht in $\mathfrak{M}$ ist). Ein solches $v_0 = v_0(\varepsilon, u_0)$ halten wir fest, so
daß für alle $j \geq j_0$ mit einem hinreichend großen $j_0 = j_0(\varepsilon, v_0(\varepsilon, u_0))$
$=: \hat{j}_0(\varepsilon, u_0)$ auch der dritte und vierte Ausdruck der rechten Seite
unter ε gedrückt werden können. Ist dann $\tilde{u}_0^m$ ein Anfangsfeld mit einer von m unabhängigen (und für $h \to 0$ verschwindenden) Fehler-
schranke $\eta_2(h, u_0)$ und wählt man $\hat{j}_0$ zugleich so groß, daß

$$\eta_2(h,u_o) < \frac{\varepsilon}{\varkappa_o} \text{ ausfällt, so folgt}$$

$$\left\| \prod_{\nu=m}^{n_j-1} \tilde{C}(\nu h_j, h_j)\tilde{u}_o^m - \tilde{E}(t,0)\tilde{u}_o^* \right\| < 4\varepsilon, \text{ für alle } j \geq \hat{j}_o(\varepsilon, u_o),$$

d.h. die H-Konvergenz auf $\mathfrak{M}$.

Bemerkungen: *1) Die Konsistenzbedingung wurde beim Beweis der er-sten Richtung des Satzes (Notwendigkeit der Stabilität) nicht be-nötigt (vgl. auch Abschnitt 4.3)* [1]*.*

2) Zum Beweis der Notwendigkeit der Stabilität wurde anstelle der H-Konvergenz auf $\mathfrak{M}$ nur die H-Konvergenz für $u_o = 0$ benutzt (vgl. die Konstruktion von $\{v_r\}$ und (4.2.3)), so daß zusammen mit der Aussage der zweiten Richtung des Satzes aus der H-Konvergenz für $u_o = 0$ bereits die H-Konvergenz auf $\mathfrak{M}$ folgt.

3) Die Vollständigkeit des zugrunde gelegten Raumes $\mathfrak{M}$ wurde beim Beweis der (für die Praxis wichtigeren) zweiten Richtung des Satzes nicht benötigt, sofern die Existenz verallgemeinerter Lösungen an-derweitig gesichert ist oder nur der Konvergenznachweis auf ϑ ge-führt werden soll.

4) Ist $\mathfrak{a}$ und damit ϑ nicht dicht in $\mathfrak{M}$, so folgt bei Vollständigkeit von $\mathfrak{M}$ zunächst die Stabilität wegen 2) bereits aus der H-Konvergenz auf ϑ, da trivialerweise $u_o = 0 \in \mathfrak{a} \cap \vartheta$ (dabei braucht auch ϑ nicht dicht in $\mathfrak{a}$ zu sein).

Ist umgekehrt das Verfahren L-stabil und auf der in $\mathfrak{M}$ nicht notwen-dig dichten Teilmenge ϑ konsistent, so folgt die H-Konvergenz auf ϑ wörtlich wie im Beweis der 2. Richtung des Satzes sowie die H-Konvergenz auf jedem linearen Teilraum $\mathfrak{U} \subset \mathfrak{M}$, der ϑ als dichte Teil-menge enthält und auf dem verallgemeinerte Lösungen existieren (da-bei braucht $\mathfrak{M}$ nicht vollständig zu sein).

Der soeben bewiesene Äquivalenzsatz ist als zentrale Aussage der Theorie linearer Differenzenapproximation linearer Anfangswertauf-

---

[1] Die z.B. in [72] definierte Konsistenz ist für die Konvergenz allerdings auch notwendig.

gaben anzusehen.

Bemerkung: *Für den Fall k = 1 mit ungestörtem Anfangselement und bei Beschränkung auf den Fall m = 0 (was allerdings, wie im Abschnitt 3.1 ausgeführt, nur für t-unabhängige Differenzenoperatoren sinnvoll ist) wurde im Beweis der ersten Richtung des Satzes in Wahrheit nur punktweise Konvergenz auf $\mathfrak{M}$ benutzt, und die Stabilitätseigenschaft (4.1.7) ist äquivalent mit der Bedingung a) des Satzes von Banach und Steinhaus (Satz 4.1.3) für jede der in Betracht kommenden Folgen $\{Q_j\}$. Hier ist die Stabilität (ab m = 0) also nicht nur für die H-Konvergenz, sondern bereits für die punktweise Konvergenz auf $\mathfrak{M}$ notwendig und hinreichend.*

Tatsächlich wurde ein dem Satz 4.2.1 entsprechender Äquivalenzsatz zuerst von Lax und Richtmyer 1956 [69] für den t-unabhängigen Fall mit k = 1, m = 0 und ungestörtem Anfangsfeld bei punktweiser Konvergenz unter Verwendung von Satz 4.1.2 bewiesen, weshalb wir den Inhalt dieses Äquivalenzsatzes und seiner Folgerungen einschließlich späterer Verallgemeinerungen auf t-abhängige und auf nichtlineare Fälle als *Lax-Richtmyer-Theorie* bezeichnen wollen. Hervorstechend ist in dieser Theorie insbesondere, daß hier notwendige und hinreichende Konvergenzbedingungen angegeben werden, die weitgehend unabhängig vom Typ der approximierten Anfangswertaufgabe (System oder Eindezldifferentialgleichung, hyperbolisch, parabolisch usw.) formuliert werden können. In [90] wird mitgeteilt, daß Lax bereits vor Veröffentlichung der Arbeit [69] in einem Vortrag auch den t-abhängigen Fall behandelt habe. Weiterhin wurde in der ersten Auflage von [90] durch Richtmyer erstmals die Verallgemeinerung des in [69] gegebenen Äquivalenzsatzes auf den Fall k > 1 untersucht (allerdings wird Satz 4.2.1 auch dort nur für den t-unabhängigen Fall und für m = 0 bewiesen, jedoch schon L-Konvergenz zugrunde gelegt).

Daß im t-abhängigen Fall die L-Konvergenz nicht notwendig die (für die Beschränkung von Rechenstörungen wichtige) L-Stabilität nach sich zieht (nicht einmal speziell für m = 0) zeigt das in Abschnitt 3.1 vorgestellte Beispiel (3.1.6), (3.1.7). Dort war das Verfahren für T < e L-konvergent, jedoch nur für T < 1 H-konvergent; würde L-Konvergenz bereits L-Stabilität nach sich ziehen, so wäre mithin das Verfahren für T < e L-stabil und daher nach Satz 4.2.1 dort

auch H-konvergent, d.h. auch für $1 \leq T < e$ (vgl. [46]). Der oben für
$k > 1$ zitierte Satz von Richtmyer wird also falsch, wenn man im t-
abhängigen Fall nicht zugleich von L-Konvergenz zur H-Konvergenz
übergeht.

Die in der Konvergenzdefinition VI beschriebene H-Konvergenz stellt
eine leichte Abänderung der in der Originalarbeit [46] von Hass angegebenen Konvergenzdefinition dar, die (mit lediglich redaktionel-
ler Änderung) folgendermaßen lautet:

<u>Konvergenzdefinition VIII:</u>
Ein (nicht notwendig lineares) Verfahren (2.2.4) ($k \geq 1$) zur Approximation einer Anfangswertaufgabe (1.1.10) werde von uns *für u_o H_1-
konvergent genannt*, wenn zu gegebenem $\varepsilon > 0$ ein $h_o(\varepsilon) > 0$ und ein
$\delta(\varepsilon) > 0$ existieren, so daß

$$\left\| \prod_{\nu=m}^{n-1} \tilde{C}(\nu h, h)\, \tilde{u}_o^m - \tilde{u}(t_n) \right\| < \varepsilon \qquad (4.2.9)$$

ausfällt für alle $h \leq h_1(\varepsilon)$, für alle $n \in \mathbb{N}$ mit $(n+k-1)h \in [0,T]$ sowie
für alle Anfangsfelder $\tilde{u}_o^m$, die für alle $h \in [0, h_1(\varepsilon)]$ von der Bauart

$$\tilde{u}_o^m(h) = \tilde{u}(mh) + \tilde{w} \qquad (4.2.10)$$

mit beliebigem

$$\tilde{w} \in \mathfrak{M}^k, \quad \|\tilde{w}\| \leq \delta(\varepsilon)$$

sind.

<u>Definition:</u> Der Ausdruck

$$\left\| \prod_{\nu=m}^{n-1} \tilde{C}(\nu h, h)\, \tilde{u}_o^m - \tilde{u}(t_n) \right\|$$

heißt *globaler Fehler des Verfahrens (2.2.4) auf der Schicht $t = t_n$
bei Rechnung ab t_m*. Fehlt der Zusatz *bei Rechnung ab t_m*, so ist
stets der globale Fehler bei Rechnung ab $t_o = 0$ gemeint.

Bemerkung: *Die H_1-Konvergenz unterscheidet sich von der H-Konvergenz in folgenden Punkten:*

*1) Die H_1-Konvergenz wird jeweils nur für ein festes u_o definiert.
Ist das Verfahren jedoch für jedes u_o einer Menge $\mathcal{W}$ H_1-konvergent,
so kann man in Analogie zur Konvergenzdefinition VI in Abschnitt
3.1 wiederum von H_1-Konvergenz auf $\mathcal{W}$ sprechen.*

2) Während in (3.1.12) linkerhand die Näherungen mit dem Wert $u(t)$
bei jeweils festem t (das nicht selbst ein Rasterpunkt t_ν zu sein
braucht) verglichen werden, wird in (4.2.9) die Näherung

$$\tilde{u}^m_{n-m} = \prod_{\nu=m}^{n-1} \tilde{C}(\nu h, h)\tilde{u}^m_o = \tilde{Q}^{(m)}(nh,h)\tilde{u}^m_o$$

direkt mit dem zugehörigen exakten Wert $\tilde{u}(t_n)$ verglichen; es soll
also der bei der Rechnung (abgesehen von den Rechenstörungen bei
t_μ; $\mu = m + 1, \ldots, n$) auftretende und für die Praxis besonders in-
teressante globale Fehler (bei Rechnung ab t_m) unter jede Schranke
gedrückt werden können. Auch dieser Unterschied ist jedoch nicht
erheblich, denn ist t_n hinreichend nahe bei t, so kann auch $\|\tilde{u}(t_n)$
$- \tilde{u}(t)\|$ wegen (1.1.12) unter jede Schranke gedrückt werden.

3) Ist (4.2.9) für alle $h \leqq h_1(\varepsilon)$ erfüllt, so offenbar (unter Berücksichtigung von Punkt 2)) auch (3.1.12) für die dort genannten
Folgen $\{n_j\}$, $\{h_j\}$, so daß erwartet werden kann, daß man bei vorausgesetzter H_1-Konvergenz für ein u_o (etwa für $u_o = 0$) zum Nachweis
der L-Stabilität (gemäß der ersten Richtung des Äquivalenzsatzes
4.2.1) mit schwächeren sonstigen Voraussetzungen auskommen kann.

4) Während in (1.3.11) nur zulässige Anfangsfelder berücksichtigt
werden, also Anfangsfelder mit der Eigenschaft

$$\lim_{h \to 0} \|\tilde{u}^m_o(h) - \tilde{u}(mh)\| - 0,$$

soll bei der H_1-Konvergenz die Bedingung (4.2.9) auch für alle Anfangsfelder $\tilde{u}^m_o(h)$ gelten, die für sämtliche $h \in [0, h_1]$ lediglich der
Bedingung

$$\| \tilde{u}^m_o(h) - \tilde{u}(mh)\| \leqq \delta(\varepsilon)$$

genügen, also nicht notwendig zugleich die Bedingung (3.1.11) erfüllen:
Während für sämtlich Anfangsfelder, die der Forderung (3.1.11) un-
terworfen sind, die Aussage

$$\lim_{h \to 0} \tilde{u}^m_o(h) = \lim_{h \to 0} \tilde{u}(mh) = \tilde{u}^*_o$$

gilt, gehört bei gegebenem $\varepsilon > 0$ zu der Menge der in Konvergenzdefinition VIII zugelassenen Anfangsfelder z.B. auch das Anfangsfeld

$$\tilde{u}_o^m(h) = \tilde{u}(t_m) + \delta(\varepsilon)\tilde{v}$$

mit einem beliebig festen $\tilde{v} \in \mathfrak{M}^k$ mit $\|\tilde{v}\| = 1$, das offenbar für $\delta(\varepsilon)$
$\neq 0$ die Eigenschaft

$$\lim_{h \to 0} \tilde{u}_o^m(h) = \tilde{u}_o^* + \delta(\varepsilon)\tilde{v} \neq \tilde{u}_o^*$$

besitzt.

Insoweit erscheint zunächst auch hier die Forderung der H_1-Konver-
genz stärker als die der H-Konvergenz. Andererseits werden bei der
H_1-Konvergenz nur solche Anfangsfelder zugelassen, deren Fehler
$\|\tilde{u}_o^m - \tilde{u}(t_m)\|$ unter einer von dem Verfahren zur Bestimmung von $\tilde{u}_o^m$
unabhängigen Schranke $\delta(\varepsilon)$ liegen, während die Anfangsfehlerschran-
ken η_2 in der Konvergenzdefinition VI vom Verfahren abhängen und
mithin bei gegebenem $\varepsilon > 0$ noch relativ groß sein dürfen.

Genaueren Aufschluß über den Zusammenhang zwischen H- und H_1-
Konvergenz im linearen Fall werden wir aus dem nachfolgenden Äqui-
valenzsatz von Hass [46] gewinnen können:

<u>Satz 4.2.2:</u>

In dem normierten Raum $\mathfrak{M}$ besitze die dort gegebene lineare Aufgabe
(4.1.1) für ein $u_o \in \mathfrak{M}$ eine eindeutig bestimmte Lösung, zu deren
Approximation ein gemäß (2.3.2) auf $\{u_o\}$ mit der Anfangswertaufgabe konsistentes Verfahren (4.1.2) verwendet werde.

Dann ist die L-Stabilität für die H_1-Konvergenz (für u_o) notwendig
und hinreichend.

<u>Beweis:</u> 1) Das Verfahren sei für u_o H_1-konvergent.
Bei Vorgabe eines im folgenden festgehaltenen $\varepsilon > 0$ existiert mithin ein $\delta(\frac{\varepsilon}{2}) > 0$ sowie ein $h_1(\frac{\varepsilon}{2}) > 0$, so daß

$$\|\tilde{u}_{n-m}^m - \tilde{u}(t_n)\| \leqq \frac{\varepsilon}{2} \quad \text{für alle } \tilde{u}_o^m \in \mathfrak{M}^k \text{ mit } \|\tilde{u}_o^m - \tilde{u}(t_m)\| \leqq \delta(\tfrac{\varepsilon}{2}),$$

$$\text{für alle } h \in [0, h_1(\tfrac{\varepsilon}{2})].$$

Mit diesen festen ε, δ folgt bei beliebigem $\tilde{q} \in \mathfrak{M}^k$ mit $\|\tilde{q}\| = 1$ und
den speziellen, der Bedingung (4.2.10) genügenden Anfangsfeldern

$$\tilde{u}_o^m = \tilde{u}(t_m) + \delta\tilde{q} \quad \text{und} \quad \tilde{v}_o^m = \tilde{u}(t_m):$$

$$\left\| \prod_{\nu=m}^{n-1} \tilde{C}(\nu h,h)\{\tilde{u}_o^m - \tilde{v}_o^m\} \right\| = \delta \left\| \prod_{\nu=m}^{n-1} \tilde{C}(\nu h,h)\tilde{q} \right\|$$

$$\leq \left\| \prod_{\nu=m}^{n-1} \tilde{C}(\nu h,h)\tilde{u}_o^m - \tilde{u}(t_n) \right\| + \left\| \prod_{\nu=m}^{n-1} \tilde{C}(\nu h,h)\tilde{v}_o^m - \tilde{u}(t_n) \right\| \leq \varepsilon .$$

Mithin erhält man

$$\left\| \prod_{\nu=m}^{n-1} \tilde{C}(\nu h,h)\tilde{q} \right\| \leq \frac{\varepsilon}{\delta} =: \varkappa_o, \text{ für alle } h \in [0,h_1]$$

mit $(n+k-1)h \in [0,T]$, für alle $\tilde{q} \in \mathfrak{M}^k$ mit $\|\tilde{q}\| = 1$, für alle $m \leq n-1$,

d.h.

$$\left\| \prod_{\nu=m}^{n-1} \tilde{C}(\nu h,h) \right\| \leq \varkappa_o .$$

Das Verfahren ist also L-stabil auf $\mathfrak{M}$.

2) Das Verfahren sei auf $\mathfrak{M}$ L-stabil, es sei also

$$\left\| \prod_{\nu=m}^{n-1} \tilde{C}(\nu h,h) \right\| \leq \varkappa_o, \text{ für alle } h \in [0,h_1]$$

mit einem $h_1 > 0$.
Dann gilt in Analogie zu (4.2.5)(wenn man dort $n_j = n$, $t = t_n$
setzt) bei gleichem Beweis die Relation

$$\| \tilde{u}_{n-m}^m - \tilde{u}(t_n) \| \leq \varkappa_o \| \tilde{u}_o^m - \tilde{u}(t_m) \| + \varkappa_o(n-m)h\eta_1(h,u_o)$$

$$\leq \varkappa_o\|\tilde{u}_o^m - u(t_m)\| + \varkappa_o T \eta_1(h,u_o) . \tag{4.2.11}$$

Bei gegebenem ε ist daher in der Tat

$\| \tilde{u}_{n-m}^m - \tilde{u}(t_n) \| < \varepsilon$ für alle Anfangsfelder $\tilde{u}_o^m(h)$, die der Bedingung

$$\| \tilde{u}_o^m(h) - \tilde{u}(mh) \| \leq \frac{\varepsilon}{2\varkappa_o} =: \delta(\varepsilon) \text{ für alle } h \leq h_1(\varepsilon)$$

genügen, wobei $h_1(\varepsilon)$ so gewählt sei, daß $\eta_1(h,u_o) < \frac{\varepsilon}{2\varkappa_o T}$ für alle
$h \in [0,h_1(\varepsilon)]$. Das Verfahren ist also H_1-konvergent.

Bemerkungen: *1) Für die erste Richtung des Beweises des Äquivalenzsatzes 4.2.2 wird die Vollständigkeit von $\mathfrak{M}$ im Gegensatz zu Satz
4.2.1 ebensowenig benötigt wie die stetige Abhängigkeit der Operatoren $\tilde{C}(\nu h,h)$ von h. Überdies folgt die Stabilität aus der H_1-
Konvergenz für irgendein u_o, während im Beweis der ersten Richtung*

des Satzes 4.2.1 $u_o = 0$ zu sein hatte.

2) Ist ein Verfahren für alle $u_o \in \mathcal{J}$ konsistent, so folgt offenbar aus der Stabilität die H_1-Konvergenz auf $\mathcal{J}$, wobei nun freilich bei gegebenem $\varepsilon > 0$ die Zahlen δ und h_1 von u_o abhängen:

$$\delta = \delta(\varepsilon, u_o), \quad h_1 = h_1(\varepsilon, u_o).$$

Ist $\mathcal{J}$ dicht in $\mathcal{U} \subset \mathcal{M}$ und existieren verallgemeinerte Lösungen auf $\mathcal{U}$, so folgt in Analogie zum Beweis des zweiten Teils des Satzes 4.2.1 unter Verwendung von (4.2.6) mit einem $v_o \in \mathcal{J}$:

$$\left\| \prod_{\nu=m}^{n-1} \tilde{C}(\nu h, h) \tilde{u}_o^m(h) - \tilde{u}(t_n) \right\| = \varkappa_o \left\| \tilde{u}_o^m(h) - \tilde{u}(t_m) \right\|$$

$$+ \varkappa_o (1+\varkappa_o) \left\| \tilde{v}_o^* - \tilde{u}_o^* \right\|$$

$$+ \left\| \prod_{\nu=m}^{n-1} \tilde{C}(\nu h, h) \tilde{v}(t_m) - \tilde{v}(t_n) \right\|.$$

Zu vorgegebenem $\varepsilon > 0$ und $u_o \in \mathcal{U}$ wähle man nun zunächst ein festes $v_o \in \mathcal{J}$ so, daß $\| \tilde{v}_o^* - \tilde{u}_o^* \| = \| v_o - u_o \| < \dfrac{\varepsilon}{3\varkappa_o(1+\varkappa_o)}$ (möglich, da $\mathcal{J} \underset{dicht}{\subset} \mathcal{U}$).

Somit gilt für dieses v_o: $v_o = v_o(\varepsilon, u_o)$. Alsdann wähle man $h \in [0, h_1(\frac{\varepsilon}{3}, v_o(\varepsilon, u_o))]$.

Dann folgt

$$\left\| \prod_{\nu=m}^{n-1} \tilde{C}(\nu h, h) \tilde{u}_o^m(h) - \tilde{u}(t_n) \right\| = \varkappa_o \| \tilde{u}_o^m(h) - \tilde{u}(t_m) \| + \frac{2}{3}\varepsilon.$$

Wählt man nun $\delta(\varepsilon, u_o) := \dfrac{\varepsilon}{3\varkappa_o}$, so wird in der Tat für alle Anfangsfelder der Form

$$\tilde{u}_o^m = \tilde{u}(t_m) + \delta(\varepsilon, u_o) \tilde{p}$$

mit beliebigem $\tilde{p} \in \mathcal{M}^k$, $\| \tilde{p} \| = 1$:

$$\left\| \prod_{\nu=m}^{n-1} \tilde{C}(\nu h, h) \tilde{u}_o^m(h) - \tilde{u}(t_n) \right\| < \varepsilon,$$

d.h.: Das Verfahren ist dann auch auf H_1-konvergent.

3) Gelten die Voraussetzungen des Satzes 4.2.2, so ergibt sich folgende Aussage über den Vergleich der H-Konvergenz mit der H_1-Konvergenz:

Verfahren ist H_1-konvergent auf $\mathfrak{W} \subset \mathfrak{M} \Rightarrow$ Verfahren ist L-stabil auf $\mathfrak{M}$ (erste Richtung von Satz 4.2.2) $\Rightarrow$ Verfahren ist H-konvergent auf $\mathfrak{W}$ (zweite Richtung von Satz 4.2.1).

Hier zieht (bei linearen Problemen) die H_1-Konvergenz die H-Konvergenz nach sich und ist in diesem Sinne (wie nach den Vorbemerkungen zum Vergleich von H- und H_1-Konvergenz zu erwarten war) eine stärkere Forderung an das Konvergenzverhalten eines Verfahrens als die H-Konvergenz.

Ist $\mathfrak{M}$ überdies vollständig, sind die Operatoren $\tilde{C}(\nu h, h)$ auch bezüglich h stetig und ist $0 \in \mathfrak{W}$, so folgt:

Verfahren ist H-konvergent auf $\mathfrak{W} \Rightarrow$ Verfahren ist L-stabil auf $\mathfrak{M}$ (erste Richtung von Satz 4.2.1) $\Rightarrow$ Verfahren ist H_1-konvergent auf $\mathfrak{W}$ (zweite Richtung von Satz 4.2.1).

In diesem Fall sind mithin H-Konvergenz und H_1-Konvergenz (bei linearen Aufgaben) äquivalent.

Dabei wurde jedesmal unterstellt, daß $\mathfrak{J} \cap \mathfrak{W} \underset{\text{dicht}}{\subset\!=\!=} \mathfrak{W}$.

Der Begriff der H-Konvergenz (spezialisiert auf den t-unabhängigen Fall und auf m = O, d.h. der Begriff der L-Konvergenz) ist im Rahmen der Lax-Richtmyer-Theorie der historisch ältere Begriff. Aufgrund der letzten Bemerkungen werden wir uns bei linearen Problemen jedoch nur noch mit der H_1-Konvergenz befassen. Ähnliche Bemerkungen gelten auch bei halblinearen Problemen, so daß wir später auch dort unser Augenmerk vornehmlich auf die H_1-Konvergenz richten werden.

Bemerkung: Den bereits früher erwähnten zahlreichen Stabilitätsbegriffen, die oft nur geringfügig voneinander abweichen [1], sowie

---

[1] Nicht eingeschlossen sind hierbei die hier nicht behandelten, insbesondere für gewöhnliche Differentialgleichungen (aber auch für gewisse parabolische Probleme) im Zusammenhang mit *steifen Systemen* geprägten Begriffe wie A-Stabilität, A(α)-Stabilität usw., die weniger auf asymptotische Aussagen (für $h \to O$) abzielen als vielmehr auf qualitativ richtige Wiedergabe von Abklingeigenschaften der Lösungskomponenten durch das Differenzenverfahren bei großen Schrittweiten und großer Schritt-Anzahl (vergleiche z.B. [66] und die dort angegebene Literatur).

*den teilweise verschiedenartigen Terminologien und Methoden ent-
sprechen auch zahlreiche, dann ebenfalls nur geringfügig voneinander abweichende Formulierungen von Äquivalenzsätzen wie wir dies
soeben anhand der Sätze 4.2.1 und 4.2.2 exemplarisch gesehen haben.
Neben den im Zusammenhang mit halblinearen und quasilinearen Problemen noch zu nennenden Äquivalenzsätzen verschiedener Autoren sei
etwa eine Untersuchung von Wendroff [128] genannt sowie die Arbeiten von Stummel (insbesondere [110]) und die Untersuchung von Mäkelä, O. Nevanlinna und Sipilä [72].*

*Eine Verallgemeinerung des Lax-Richtmyerschen Satzes (d.h. des
Satzes 4.2.1 für t-Unabhängigkeit und m = 0) auf umfangreichere
Klassen linearer Anfangs-Randwertaufgaben als gemäß Abschnitt 1.1
in der Klasse der hier betrachteten Anfangswertaufgaben enthalten
sind, gab Hersh [50].*

*Ein abstraktes Analogon des Lax-Richtmyerschen Satzes für lokalkon-
vexe topologische Vektorräume bewies Schultz [95].*

*Ein Äquivalenzsatz unter Einbeziehung von Sungularitäten der Koef-
fizienten der Differentialgleichung wurde von Eisen [34] aufge-
stellt.*

Kennt man den Fehler des Anfangsfeldes und besitzt man eine Abschätzung des lokalen Fehlers, so liefert (4.2.11) eine Abschätzung
des globalen Fehlers bei Rechnung ab t_m (für die Praxis insbesondere wichtig: m = 0) bei der Approximation von Lösungen $u(t) = E(t)u_o$
mit $u_o \epsilon \vartheta$. Hingegen ergeben die Äquivalenzsätze 4.2.1 und 4.2.2 auf
umfassenderen Mengen   (ja sogar auf $\mathcal{U} \setminus \vartheta$) gegebenenfalls nur Konvergenzaussagen. Auf die Frage, von welcher Ordnung ein auf $\mathcal{U}$ (mit
$\vartheta \underset{dicht}{\subset\!\subset} \mathcal{U}$) konvergentes Verfahren die (verallgemeinerten) Lösungen
mit schwächer strukturierten Ausgangsdaten $u_o \epsilon \mathcal{U} \setminus \vartheta$ approximiert [1],
werden wir in Abschnitt 4.4 zurückkommen. Hier sei jetzt darauf hin-
gewiesen, daß kürzlich von Butzer und Weis [21] ein Äquivalenzsatz
unter Einbeziehung von Konvergenzordnungen angegeben wurde.

---

[1] Dabei nennen wir (auch im nichtlinearen Falle) ein Verfahren auf
einer Menge $\mathcal{W}$ konvergent von der Ordnung $\alpha > 0$, wenn $\|\tilde{u}_n - \tilde{u}(t_n)\|$
$= O(h^\alpha)$ für alle $u_o \epsilon \mathcal{W}$. Bei einelementigem $\mathcal{W}$ nennen wir das Verfahren für u_o konvergent von der Ordnung α .

In der gleichen Arbeit machen Butzer und Weis (wie vor ihnen z.B. schon Chartres-Stepleman [22] und Marinescu [73]) erneut darauf aufmerksam, daß der Äquivalenzsatz von Lax im wesentlichen bereits der die Zusammenhänge zwischen Funktionalanalysis und Numerischer Mathematik aufdeckenden berühmten Arbeit von Kantorowitsch [56] entnommen werden kann.

4.3 Beispiele:

1. In dem Banachraum $\mathfrak{M} = \mathbb{R}$ betrachten wir erneut die Aufgabe (3.1.3), d.h.

$$\dot{u} = 0, \quad 0 \leq t \leq T$$

$$u(0) = u_0$$

mit der Lösung $u(t) \equiv u_0$, für alle $u_0 \in \mathbb{R}$.

Zur Approximation benutzen wir wiederum das explizite 2-Schritt-Verfahren (3.1.4), d.h.

$$u_{n+2} = -4u_{n+1} + 5u_n,$$

das sich auf dem genannten Raum $\mathfrak{M}$ als konsistent erwiesen hatte.

In $\mathfrak{M}^k = \mathbb{R}^2$ hat das Verfahren die Form

$$\tilde{u}_{n+1} = \begin{pmatrix} u_{n+2} \\ u_{n+1} \end{pmatrix} = \begin{pmatrix} -4 & 5 \\ 1 & 0 \end{pmatrix} \begin{pmatrix} u_{n+1} \\ u_n \end{pmatrix} = \tilde{C}\,\tilde{u}_n.$$

Der Differenzenoperator $\tilde{C} = \begin{pmatrix} -4 & 5 \\ 1 & 0 \end{pmatrix}$ ist t-unabhängig sowie unab-

hängig von h, so daß die (nur für die erste Richtung von Satz 4.2.1, nicht aber für Satz 4.2.2 erforderliche) stetige Abhängigkeit von h trivialerweise erfüllt ist. Auch sind die Operatoren $\tilde{C}(\nu h,h) = \tilde{C}$ offenbar stetige Operatoren auf $\mathfrak{M}^2$. Die der Norm $\|\binom{u}{v}\| = \max(|u|, |v|)$ entsprechende Operatornorm ist die maximale Zeilenbetragssumme. Da $\tilde{C}$ den Eigenwert -5 besitzt, bleiben die Elemente von $\tilde{C}^n$ und damit auch die Norm von $\tilde{C}^n$ mit wachsendem n nicht beschränkt. Das Verfahren ist damit auf $\mathfrak{M}$ nicht L-stabil und folglich auch nicht L- oder H_1-konvergent (wie gemäß den früheren Ausführungen zu diesem Beispiel bereits zu erwarten war).

2. In dem Banachraum $\mathfrak{M} = C_{2\pi}^o$ (versehen mit der Tschebyscheff-Norm) betrachten wir die lineare Anfangswertaufgabe (Wärmeleitungsgleichung)

$$u_t = u_{xx}, \quad O \leqq t \leqq T$$

$$u(x,O) = u_o(x).$$

Zur Approximation benutzen wir das explizite Einschritt-Verfahren

$$u_{n+1}(x) = u_n(x) + \lambda\left\{u_n(x-\sqrt{\tfrac{h}{\lambda}}) - 2u_n(x) + u_n(x+\sqrt{\tfrac{h}{\lambda}})\right\}$$

$$\text{mit } \lambda = \frac{h}{(\Delta x)^2} = \text{const} > O.$$

Mithin sind die (t-unabhängigen) linearen Differenzenoperatoren C(h) definiert durch

$$[C(h)u](x) = u(x) + \lambda\left\{u(x-\sqrt{\tfrac{h}{\lambda}}) - 2u(x) + u(x+\sqrt{\tfrac{h}{\lambda}})\right\}$$

und stetig auf $\mathfrak{M}$.

Es ist

$$\|C(\hat{h})u - C(h)u\| = \lambda \max_{O \leqq x \leqq 2\pi} \left| u(x-\sqrt{\tfrac{\hat{h}}{\lambda}}) - u(x-\sqrt{\tfrac{h}{\lambda}}) + u(x+\sqrt{\tfrac{\hat{h}}{\lambda}}) - u(x+\sqrt{\tfrac{h}{\lambda}}) \right|.$$

Da u eine auf $[O,2\pi]$ stetige Funktion ist, ist offenbar die in Satz 4.2.1 genannte stetige Abhängigkeit der Differenzenoperatoren von h gegeben.

Taylorentwicklung des Ausdrucks

$$[u(t+h) - C(t,h)u(t)](x) = u(x,t+h) - u(x,t) - \lambda\left\{u(x-\sqrt{\tfrac{h}{\lambda}},t)\right.$$

$$\left. - 2u(x,t) + u(x+\sqrt{\tfrac{h}{\lambda}},t)\right\}$$

um die Stelle (x,t) liefert als obere Schranke für den lokalen Fehler

$$\max_{O \leqq x \leqq 2\pi} h|u_t - u_{xx}| + O(h^2), \text{ sofern } u_o \in \mathfrak{M} \cap C^4(\mathbf{R}) \ \text{[1]}$$

und damit unter Berücksichtigung der Differentialgleichung:

---

[1] Nach dem Satz von Tychonoff ist im Falle $O < t \leqq T$ z.B. schon $u_o \in \mathfrak{M}$ ausreichend; vgl. etwa [48], S.47.

$\eta_1(h,u_o) = O(h)$ (Verfahren erster Ordnung auf $\vartheta := \mathfrak{M} \cap C^4(\mathbb{R})$) bei beliebigem $\lambda > 0$, wobei $\vartheta \underset{dicht}{\subset\!=\!=} \mathfrak{M}$.

a) Sei $\lambda \leqq \frac{1}{2}$. Dann folgt

$$|[C(h)u](x)| = |(1-2\lambda)u(x) + \lambda\{u(x- \sqrt{\tfrac{h}{\lambda}}) + u(x+ \sqrt{\tfrac{h}{\lambda}})\}|$$

$$\leqq (1-2\lambda)|u(x)| + \lambda\{|u(x- \sqrt{\tfrac{h}{\lambda}}) + u(x+ \sqrt{\tfrac{h}{\lambda}})|\}$$

$$\leqq (1-2\lambda)\|u\| + 2\lambda\|u\| = \|u\|, \text{ d.h.}$$

$$\|C(h)\| \leqq 1 \text{ und daher } \|C^n(h)\| \leqq \|C(h)\|^n \leqq 1 =: \varkappa_o.$$

Das Verfahren ist also L-stabil auf $\mathfrak{M}$.

Bemerkung: *Die Aussage, daß bei linearen Aufgaben mit konstanten Koeffizienten Konvergenz eintritt, sofern die Summe der Beträge der Koeffizienten der mit der Anfangswertaufgabe konsistenten Differenzengleichung den Wert 1 nicht übersteigt, heißt "Indexkriterium" (Collatz; [23], S.300).*

b) Sei $\lambda > \frac{1}{2}$.

Das Verfahren ist in diesem Fall nicht L-stabil auf $\mathfrak{M}$. Um dies zu zeigen, wähle man spezielle Schrittweiten

$$\Delta x = \frac{\pi}{r} \text{ mit } r\epsilon\mathbb{N}.$$

Gibt man die Anfangsfunktion

$$u_o(x) = (-1)^{r+1}\{1-\tfrac{2}{\Delta x}(x-r\Delta x)\} \text{ für } r\Delta x \leqq x < (r+1)\Delta x \quad (r = 0,\pm 1,\pm 2,\ldots)$$

vor, so ist offensichtlich $u_o \epsilon \mathfrak{M}$, und es gilt

$$u_1(x) = u_o(x) + \lambda\{u_o(x- \sqrt{\tfrac{h}{\lambda}}) - 2u_o(x) + u_o(x+ \sqrt{\tfrac{h}{\lambda}})$$

$$= u_o(x) + \lambda\{u_o(x-\Delta x) - 2u_o(x) + u_o(x+\Delta x)\}$$

$$= u_o(x) - 4\lambda u_o(x) = (1-4\lambda)u_o(x).$$

So fortfahrend ergibt sich wegen der Linearität von C(h) mittels vollständiger Induktion

$$u_n(x) = (1-4\lambda)^n u_o(x).$$

Folglich ist (wegen $\|u_0\| = 1$)

$$\|C^n(h)\| \geq \|C^n(h)u_0\| = |1-4\lambda|^n \|u_0\| = (4\lambda-1)^n.$$

Man gebe sich nun eine beliebig große Zahl $\varkappa_0 > 0$ fest vor und wähle dann n so groß, daß $(4\lambda-1)^n > \varkappa_0$. Anschließend wähle man bei beliebig kleinem, fest vorgegebenem $h_0 > 0$ ein so kleines positives $h = \lambda(\Delta x)^2 = \lambda \frac{\pi^2}{r^2}$, d.h. ein so großes r, daß sowohl $h \in (0,h_0]$ als auch $nh \in [0,T]$. Dann ist $\|C^n(h)\| > \varkappa_0$ für diese gewählten n und h.

Folgerung: Die Forderung der Stabilität betrifft häufig den Zusammenhang zwischen den Schrittweiten in Richtung der Ortsvariablen und der Zeitschrittweite.

Definition: Ein Verfahren, das auch bei voneinander unabhängiger Wahl der Schrittweiten, d.h. ohne Bestehen einer Relation (2.1.4), für alle hinreichend kleinen Schrittweiten stabil ist, heißt *unbedingt stabil*.

Bemerkung: *Überträgt man die Ergebnisse des letzten Beispiels auf den (bezüglich der Ortskoordinaten) höherdimensionalen Fall*

$$u_t = \sum_{j=1}^{d} u_{x_j x_j}, \qquad 0 \leq t \leq T \qquad\qquad (4.3.1)$$

$$u(x_1, x_2, \ldots, x_d; 0) = u_0(x_1, \ldots, x_d)$$

im Raum $\mathcal{M} = C^o_{2\pi}(\mathbb{R}^d)$, *so liefert das Verfahren*

$$u_{n+1}(x) = u_n(x) + \sum_{j=1}^{d} \{ u_n(x_1, \ldots, x_{j-1}, x_j - \Delta x_j, x_{j+1}, \ldots, x_d),$$
$$\qquad\qquad\qquad\qquad\qquad\qquad\qquad\qquad (4.3.2)$$
$$- 2u_n(x) + u_n(x_1, \ldots, x_{n-1}, x_j + \Delta x_j, x_{n+1}, \ldots, x_d) \},$$

$$\lambda = \frac{h}{(\Delta x_j)^2} = const \ (j = 1, \ldots, d), \ L\text{-}Stabilität\ genau\ für\ \lambda \leq \frac{1}{2d}.$$

Folgerung: Die durch die Stabilitätsforderung gegebenenfalls bedingte Einschränkung der Schrittweite h (bei gegebenen Δx_j) macht sich häufig mit wachsender Dimension d immer ungünstiger bemerkbar.

Diese ungünstige Abhängigkeit von der Dimension bei stabilen, aber nicht unbedingt stabilen Verfahren kann auf verschiedene Weise verbessert werden. Eine mögliche Verbesserung liefern die *Zwischen-*

schrittverfahren oder *Verfahren der alternierenden Richtungen*.
Wir zeigen dies im folgenden Beispiel für d = 2 anhand des Verfahrens von Peaceman, Racheford, Douglas ([32], [80]):

3) Wie gehen aus von (4.3.1) für d = 2 und unterteilen die Inter-
valle $[t_n, t_{n+1}]$ in jeweils zwei Teilintervalle $[t_n, t_{n+\frac{1}{2}}]$ und $[t_{n+\frac{1}{2}}, t_{n+1}]$. Zur Approximation verwenden wir das Verfahren

$$u_{n+\frac{1}{2}}(x,y) = u_n(x,y) + \frac{\lambda}{2}\{u_{n+\frac{1}{2}}(x-\Delta x,y) - 2u_{n+\frac{1}{2}}(x,y) + u_{n+\frac{1}{2}}(x+\Delta x,y)$$

$$+ u_n(x,y-\Delta y) - 2u_n(x,y) + u_n(x,y+\Delta y)\},$$

$$(4.3.3)$$

$$u_{n+1}(x,y) = u_{n+\frac{1}{2}}(x,y) + \frac{\lambda}{2}\{u_{n+\frac{1}{2}}(x-\Delta x,y) - 2u_{n+\frac{1}{2}}(x,y) + u_{n+\frac{1}{2}}(x+\Delta x,y)$$

$$+ u_{n+1}(x,y-\Delta y) - 2u_{n+1}(x,y) + u_{n+1}(x,y+\Delta y)\}$$

mit $\lambda = \dfrac{h}{(\Delta x)^2} = \dfrac{h}{(\Delta y)^2} = \text{const} > 0.$

Verfahren dieser Art werden häufig *halbimplizit* genannt. Es ist
z.B. bei $\mathfrak{M} = C^o_{2\pi}(\mathbb{R})$ für beliebige $\lambda > 0$ eindeutig nach der zu berechnenden Funktion u_{n+1} auflösbar und kann daher wieder in der
Form

$$u_{n+1} = C(h)u_n$$

geschrieben werden.
Wir setzen

$$v(x,y) = u(x,y) + \frac{\lambda}{2}\{v(x-\Delta x,y) - 2v(x,y) + v(x+\Delta x,y)$$

$$+ u(x,y-\Delta y) - 2u(x,y) + u(x,y+\Delta y)\},$$

$$w(x,y) = v(x,y) + \frac{\lambda}{2}\{v(x-\Delta x,y) - 2v(x,y) + v(x+\Delta x,y)$$

$$+ w(x,y-\Delta y) - 2w(x,y) + w(x,y+\Delta y)\}.$$

Für $\lambda \leq 1$ erhält man unmittelbar

$$(1+\lambda)\|v\| \leq (1-\lambda)\|u\| + \lambda\|v\| + \lambda\|u\|, \text{ d.h. } \|v\| \leq \|u\|,$$

$$(1+\lambda)\,\|w\| \leqq (1-\lambda)\|v\| + \lambda\|v\| + \lambda\|w\|, \quad \text{d.h. } \|w\| \leqq \|v\|,$$

mithin $\|w\| \leqq \|u\|$, d.h. $\|C(h)u\| = \|w\| \leqq \|u\|$.

Also ist $\|C(h)\| \leqq 1$ und daher $\|C^n(h)\| \leqq 1 =: \varkappa_0$ für alle $nh \in [0,T]$, das Verfahren also L-stabil auf $\mathfrak{M}$ für $\lambda \leqq 1$.

Bei gleichem $\Delta x = \Delta y$ wie in (4.3.2) kann hier also in t-Richtung mit vierfacher Schrittweite vorgegangen werden, wobei sich allerdings durch den Zwischenschritt auch der Rechenaufwand erhöht. Jedoch steht der Vervierfachung der Schrittweite nur etwa eine Verdoppelung des Rechenaufwandes gegenüber, sofern man bei der Auflösung der in (4.3.3) auftretenden impliziten Gleichungen jeweils mit nur einem Iterationsschritt auskommt. Sind mehrere Iterationen erforderlich, so ist zunächst keine Rechenersparnis erkennbar, doch werden wir in Abschnitt 4.4 sehen, daß das Verfahren (4.3.3) im Raume der quadratisch integrierbaren Funktionen (versehen mit der L_2-Norm) im Gegensatz zum Verfahren (4.3.2) sogar unbedingt stabil ist.

Die vorstehenden Beispiele sollten lediglich einen ersten Einblick in die Anwendungen der Äquivalenzsätze vermitteln. Es ist unmöglich, im Rahmen dieser der Struktur von Differenzenverfahren für Anfangswertaufgaben gewidmeten Monographie auf die Vielfalt der für die verschiedensten Aufgaben existierenden speziellen Verfahren einzugehen (vgl. jedoch noch Abschnitt 4.4). Hierzu muß auf die verstreute Spezialliteratur verwiesen werden (vgl. u.a. [90]).

Im Sinne dieser strukturellen Überlegungen betrachten wir in diesem Abschnitt noch das nachfolgende Beispiel von Spijker [98]: Wir hatten festgestellt, daß der Äquivalenzsatz 4.2.1 im t-unabhängigen Fall für $k = 1$ bei ausschließlicher Betrachtung von $m = 0$ und ungestörtem Anfangsfeld in den Äquivalenzsatz von Lax übergeht. In diesem Satz ist also die Stabilität bereits für die punktweise Konvergenz auf $\mathfrak{M}$ ($\mathfrak{M}$: Banachraum) eines auf einer in $\mathfrak{M}$ dichten Teilmenge $\mathfrak{J}$ konsistenten Verfahrens notwendig und hinreichend. Dabei wurde die Konsistenz beim Beweis der ersten Richtung des Satzes nicht benötigt. Das Beispiel von Spijker zeigt nun, daß für die (punktweise) Konvergenz auf $\mathfrak{M}$ in der Tat die Konsistenz auf einer in $\mathfrak{M}$ dichten Menge $\mathfrak{J}$ nicht notwendig ist:

4) In dem Banachraum

$$\mathfrak{M} = \{u \mid u \in C^o(\mathbb{R}), \quad \lim_{|x| \to \infty} u(x) = 0, \quad \|u\| = \max_{x \in \mathbb{R}} |u(x)|\}$$

betrachte man die lineare Anfangswertaufgabe

$$u_t = u_x, \quad 0 \le t \le T$$

$$u(x,0) = u_o(x).$$

Der Teilraum $\mathfrak{a} = \mathfrak{M} \cap C^1(\mathbb{R})$ ist dicht in $\mathfrak{M}$. Die gegebene Aufgabe besitzt für jedes $u_o \in \mathfrak{a}$ auch in diesem Raum $\mathfrak{M}$ eine eindeutige Lösung

$$[E_o(t)u_o](x) = u_o(x+t) = u(x,t)$$

(vgl. Beispiel 1 im Abschnitt 1.1).
Die Existenz verallgemeinerter Lösungen auf $\mathfrak{M}$ ist trivial:

$$[E(t)u_o](x) = u_o(x+t), \quad \text{für alle } u_o \in \mathfrak{M}.$$

Zur Approximation dieser Anfangswertaufgabe verwende man das Verfahren

$$u_{n+1}(x) = \begin{cases} u_n(2x+2h), & \text{für alle } x \in (-h,0] \\ u_n(2h), & \text{für alle } x \in (0,h) \\ u_n(x+h) & \text{sonst} \end{cases}.$$

Die durch dieses Verfahren definierten Differenzenoperatoren $C(h)$ sind damit linear und stetig auf $\mathfrak{M}$ ($\|C(h)\| \le 1$) sowie stetig bezüglich h.
Vollständige Induktion ergibt unmittelbar:

$$u_n(x) = \begin{cases} u_o(2(x+nh)), & \text{für alle } x \in (-nh,-(n-1)h] \\[2mm] u_o((r+1)h), & \text{für alle } x \in (-(n-r)h, -(n-r-\tfrac{1}{2})h], \\ & \hspace{3cm} (r = 1,\ldots,n-1) \\[2mm] u_o(2(x+nh)-rh), & \text{für alle } x \in (-(n-r-\tfrac{1}{2})h, -(n-r-1)h], \\ & \hspace{3cm} (r = 1,\ldots,n-1) \\[2mm] u_o((n+1)h), & \text{für alle } x \in (0,h) \\[2mm] u_o(x+nh) & \text{sonst} \end{cases}$$

Man betrachte nun ein abgeschlossenes und beschränktes Intervall $I \subset \mathbb{R}$. Da I kompakt und u_0 stetig auf I ist, existiert zu beliebigem $\varepsilon > 0$ ein $\delta(\varepsilon) > 0$ mit

$$|u_0(\xi) - u_0(\eta)| < \tfrac{\varepsilon}{2}, \text{ für alle } \xi, \eta \in I \text{ mit } |\xi - \eta| < \delta(\varepsilon).$$

Wegen $\lim_{|x| \to \infty} u_0(x) = 0$ gibt es ein $s(\varepsilon) > 0$ derart, daß

$$|u_0(\xi) - u_0(\eta)| < \tfrac{\varepsilon}{2}, \text{ für alle } \xi, \eta \in \mathbb{R} \text{ mit } |\xi|, |\eta| \geq s(\varepsilon).$$

Folglich gilt für beliebige $\xi, \eta \in \mathbb{R}$ mit $|\xi - \eta| < \delta(\varepsilon)$:

$$|u_0(\xi) - u_0(\eta)| < \varepsilon.$$

Zu beliebig gewähltem festen $t \in [0,T]$ gebe man sich dann eine Folge $\{n_j\} \to \infty$ und eine Folge $\{h_j\} \to 0$ mit $\{n_j h_j\} \to t$ vor. Anschließend wähle man j_0 so groß, daß

$$|h_j| < \tfrac{1}{2}\,\delta(\varepsilon), \quad |n_j h_j - t| < \tfrac{1}{2}\,\delta(\varepsilon) \text{ für alle } j \geq j_0.$$

Der einfacheren Schreibweise wegen lassen wir den Index j fort und erhalten dann:

a) $|u_n(x) - u_0(x+t)| = |u_0(2(x+nh)) - u_0(x+t)| < \varepsilon$,

$$\text{für alle } x \in (-nh, \, -(n-1)h],$$

$$\text{denn } |2(x+nh) - (x+t)| \leq |nh - t| + h < \delta(\varepsilon);$$

b) $|u_n(x) - u_0(x+t)| = |u_0((r+1)h) - u_0(x+t)|$,

$$\text{für alle } x \in (-(n-r)h, -(n-r-\tfrac{1}{2})h] \ (r = 1, 2, \ldots, n-1),$$

$$\text{denn } |(r+1)h - (x+t)| \leq |nh - t| + h < \delta(\varepsilon);$$

analog ergibt sich auch für alle weiteren Fälle die Aussage $|u_n(x) - u_0(x+t)| < \varepsilon$, und mithin folgt

$$|u_{n_j}(x) - u(x,t)| < \varepsilon, \text{ für alle } x \in \mathbb{R}, \text{ für alle } j \geq j_0, \text{ d.h.}$$

$$\| u_{n_j} - u(t) \| < \varepsilon, \text{ für alle } j \geq j_0.$$

Das Verfahren ist also konvergent auf $\mathfrak{M}$.

Das Verfahren ist aber auf keiner in $\mathfrak{M}$ dichten Menge $\mathfrak{J}$ mit der gegebenen Aufgabe konsistent. Gäbe es nämlich eine solche in $\mathfrak{M}$ dichte Menge $\mathfrak{J}$, so wäre für $u_o \in \mathfrak{J}$

$$|[C(h)u(t)](0) - [u(t+h)](0)| = |u_o(t+2h) - u_o(t+h)| \leqq h\eta_1(h,u_o)$$

mit $\eta_1(h,u_o) = o(1)$ (für $h \to 0$). Folglich wäre $u_o(x)$ in dem Punkt $x = t$ differenzierbar, mithin $u_o'(x) = 0$ für $x \in [0,T]$, d.h. u_o konstant auf $[0,T]$. Das ist aber ein Widerspruch, da die Menge der auf $[0,T]$ konstanten Funktionen sicher nicht dicht in $\mathfrak{M}$ ist.

4.4 Differentialgleichungen mit konstanten Keffizienten im L_2 (vergleiche [90])

Im folgenden sei $\mathcal{L}$ der Banachraum

$$\{w | w \in L_2[0,2\pi]^d, \|w\| = (\int_0^{2\pi} \cdots \int_0^{2\pi} w^2(x_1,x_2,\ldots,x_d) dx_1 \, dx_2 \, \ldots \, dx_d)^{\frac{1}{2}}\}.$$

In dem Banachraum $\mathfrak{M} = \mathcal{L}^p$ (p = Anzahl der Gleichungen des gegebenen Systems von Differentialgleichungen) suchen wir dann eine einparametrige Schar $\{u(t)\}$, die der linearen Anfangswertaufgabe

$$u_t = Fu, \quad 0 \leq t \leq T$$

$$u(0) = u_o$$

genügt. Wir setzen voraus, daß die Koeffizienten dieser Anfangswertaufgabe Konstanten sind, d.h. mit $u^T = (u^{(1)}, u^{(2)}, \ldots, u^{(p)})$ sei

$$u_t^{[j]} = \sum_{\nu_1+\nu_2+\ldots+\nu_d = 0}^{m_{1j}} a_1^{[j]}{}_{\nu_1\ldots\nu_d} \frac{\partial^{\nu_1+\nu_2+\ldots+\nu_d} u^{[1]}}{\partial x_1^{\nu_1} x_2^{\nu_2} \ldots x_d^{\nu_d}} + \ldots$$

$$+ \sum_{\nu_1+\nu_2+\ldots+\nu_d = 0}^{m_{pj}} a_p^{[j]}{}_{\nu_1\ldots\nu_d} \frac{\partial^{\nu_1+\nu_2+\ldots+\nu_d} u^{[p]}}{\partial x_1^{\nu_1} x_2^{\nu_2} \ldots x_d^{\nu_d}}$$

$$(j = 1,\ldots,p)$$

und damit F eine pxp-Matrix, deren Elemente Polynome in $\frac{\partial}{\partial x_1}$, $\frac{\partial}{\partial x_2}$, ..., $\frac{\partial}{\partial x_d}$ sind.

Die Funktionen $(2\pi)^{-\frac{d}{2}} e^{i(l,x)}$ bilden für $l \in \mathbf{Z}^d$ ($\mathbf{Z}$:Menge der ganzen Zahlen) bekanntlich ein vollständiges Orthonormalsystem in $\mathcal{L}$ $((l,x) = l_1x_1 + l_2x_2 + \ldots + l_dx_d)$. Also ist u nach dem Satz von Riesz und Fischer eineindeutig darstellbar als

$$u^{[j]}(x) = (2\pi)^{-\frac{d}{2}} \sum_{l \in \mathbf{Z}^d} \alpha^{[j]}_{l_1 \ldots l_d} e^{i(l,x)} \qquad (j = 1, \ldots, p). \qquad (4.4.1)$$

Setzt man nun neben

$$l = \begin{pmatrix} l_1 \\ \vdots \\ l_d \end{pmatrix} \quad \text{und} \quad x = \begin{pmatrix} x_1 \\ \vdots \\ x_d \end{pmatrix} \quad \text{noch} \quad v(l) = \begin{pmatrix} \alpha^{[1]}_{l_1 \ldots l_d} \\ \alpha^{[2]}_{l_1 \ldots l_d} \\ \\ \alpha^{[p]}_{l_1 \ldots l_d} \end{pmatrix},$$

so kann (4.4.1) zusammenfassend in der Form

$$u(x) = (2\pi)^{-\frac{d}{2}} \sum_{l \in \mathbf{Z}^d} v(l) \, e^{i(l,x)}$$

geschrieben werden.

Wegen der Vollständigkeit des Orthonormalsystems gilt die Parseval-sche Gleichung

$$\|u\|^2_{\mathfrak{M}} := \int_0^{2\pi} \cdots \int_0^{2\pi} (u(x),u(x)) dx_1 \ldots dx_d = \sum_{l \in \mathbf{Z}^d} (v(l),v(l)) = : \|u\|^2_{\mathcal{W}}, \qquad (4.4.2)$$

wobei unter dem Integral und unter der Summe wiederum die üblichen inneren Produkte des $\mathbf{Z}^d$ stehen und wobei

$$\mathcal{W} := \left\{ \{v(l)\} \, | \, l \in \mathbf{Z}^d, \sum_{l \in \mathbf{Z}^d} \|v(l)\|^2_2 \text{ konvergiert} \right\}.$$

Folglich ist die Zuordnung zwischen der Funktion u und ihren Fourierkoeffizienten umkehrbar-eindeutig und norminvariant. Es gibt also eine umkehrbar-eindeutige normtreue Abbildung von $\mathfrak{M}$ auf $\mathcal{W}$. Der linearen Differenzengleichung

$$u_{n+1} = C(h) u_n$$

in $\mathfrak{M}$ ist daher umkehrbar-eindeutig eine Differenzengleichung in $\mathfrak{W}$ zugeordnet. Da nun die aus der Differentialgleichung in die Differenzengleichung übernommenen Koeffizienten konstant sind und die Anfangswertaufgabe linear ist, kann ein Koeffizientenvergleich der rechten mit der linken Seite der in $\mathfrak{W}$ entstandenen Differenzengleichung durchgeführt werden. Mithin gibt es eine Beziehung der Form

$$v_{n+1}(1) = G(h,1) \, v_n(1)$$

mit einer pxp-Matrix G(h,1).

Definition: Die Matrix G(h,1) heißt *Amplifikations-Matrix*, bzw. im Falle einer Einzeldifferentialgleichung (p = 1) *Ampflifikations-Faktor*.

Lax und Richtmyer [69] bewiesen nun den folgenden

Satz 4.4.1:

Die gleichmäßige Beschränktheit der Operatoren $C^n(h)$ für alle $nh \in [O,T]$ mit hinreichend kleinen h auf $\mathfrak{M}$ ist hinreichend und notwendig für die gleichmäßige Beschränktheit der Operatoren $G^n(h,1)$ auf $\mathbb{R}^p$ für die gleichen n und h sowie für alle $1 \in \mathbf{z}^d$.

Beweis: Aus

$$[C(h)u](x) = \sum_{1 \in \mathbf{z}^d} G(h,1) \, v(1) \, e^{i(1,x)}$$

folgt

$$[C^n(h)u](x) = \sum_{1 \in \mathbf{z}^d} G^n(h,1) \, v(1) \, e^{i(1,x)} \, .$$

1. Man wähle ein $1 \in \mathbf{z}^d$ beliebig fest. Zu jedem Paar (n,h) existiert dann ein $v(1) \in \mathbf{R}^p$ mit $\| v(1) \|_2 = 1$ und

$$\| G^n(h,1) \|_2 = \| G^n(h,1) \, v(1) \|_2$$

(im $\mathbb{R}^p$ ist jede beschränkte und abgeschlossene Menge kompakt, so daß $\max\limits_{\substack{v\in R^p \\ \|v\|_2=1}} \|G^n v\|_2$ für ein v angenommen wird).

Wähle dann $u(x) := v(l)\ e^{i(l,x)}$. Offenbar gilt $\|u\|_m = 1$, da sich (4.4.2) hier auf

$$\|u\|_m^2 = (v(l),v(l)) = \|v(l)\|_2^2$$

reduziert.

Daher folgt für dieses spezielle u:

$$\|G^n(h,l)\|_2 = \|G^n(h,l)\ v(l)\|_2 = \|C^n(h)u\|_m \leqq \|C^n(h)\|_m.$$

Mithin gilt auch

$$\sup_{l\in Z^d} \|G^n(h,l)\|_2 \leqq \|C^n(h)\|_m, \text{ für alle } nh\in[0,T].$$

2. Man wähle ein $u\in\mathfrak{M}$ mit $\|u\|_m = 1$ beliebig fest. Sind dann $\{v(l)\mid l\in Z^d$ die Fourierkoeffizienten dieses u, so ist

$$\sum_{l\in Z^d} \|v(l)\|_2^2 = \|u\|_m^2 = 1 \quad (\text{gemäß } (4.4.2))$$

und damit

$$\|C^n(h)u\|_m^2 = \sum_{l\in Z^d} \|G^n(h,l)\ v(l)\|_2^2 \leqq \sum_{l\in Z^d} \|G^n(h,l)\|_2^2\ \|v(l)\|_2^2$$

$$\leqq \sum_{l\in Z^d} \|G^n(h,l)\|_2^2 \sum_{l\in Z^d} \|v(l)\|_2^2 = \sup_{l\in Z^d} \|G^n(h,l)\|_2^2.$$

Dies gilt für jedes $u\in\mathfrak{M}$ mit $\|u\|_m = 1$, mithin

$$\|C^n(h)\|_m \leqq \sup_{l\in Z^d} \|G^n(h,l)\|_2.$$

Insgesamt erhält man aus 1. und 2.:

$$\|C^n(h)\|_m = \sup_{l\in Z^d} \|G^n(h,l)\|_2,$$

$$\text{für alle } nh\in[0,T].$$

Hieraus folgt aber die Aussage des Satzes in Verbindung mit der Äquivalenz aller Normen im $\mathbb{R}^p$.

Bemerkung: *Der Vorteil bei dieser Methode besteht in der Möglichkeit, die Untersuchung der Stabilität auf die Frage der Beschränktheit von Matrizen zurückzuführen, deren Ordnung nicht von n und h abhängt, sondern mit der festen Zahl p der Gleichungen in dem gegebenen System von Differentialgleichungen übereinstimmt.*

Bemerkung: *Verallgemeinerungen auf den Fall k > 1 wurden z.B. von Engelke [35] unter Heranziehung der von Miller [77] gegebenen Sätze über die Lage der Nullstellen gewisser Polynome dargestellt. Vergleiche überdies die Untersuchungen von Miller [76] zum Fall hyperbolischer Aufgaben.*

<u>Beispiele:</u>

1. In $\mathcal{L}$ (p = 1) behandeln wir nochmals die Lösung der Aufgabe (4.3.1) mittels des Verfahrens (4.3.2).

Wir erhalten in $\mathcal{L}$ aus (4.3.2):

$$\sum_{l \in \mathbb{Z}^d} v_{n+1}(l) \, e^{i(l,x)} = (1-2d\lambda) \sum_{l \in \mathbb{Z}^d} v_n(l) \, e^{i(l,x)}$$

$$+ \lambda \sum_{j=1}^{d} \left\{ \sum_{l \in \mathbb{Z}^d} v_n(l) \left[e^{i(l,x) - i\, l_j \Delta x_j} + e^{i(l,x) + i l_j \Delta x_j} \right] \right\}$$

$$= \sum_{l \in \mathbb{Z}^d} v_n(l) \, e^{i(l,x)} \left\{ 1-2d\lambda + \lambda \sum_{j=1}^{d} \left[e^{i l_j \Delta x_j} + e^{-i l_j \Delta x_j} \right] \right\}$$

$$= \sum_{l \in \mathbb{Z}^d} v_n(l) \, e^{i(l,x)} \left\{ 1-2d\lambda + 2\lambda \sum_{j=1}^{d} \cos(l_j \Delta x_j) \right\} .$$

Koeffizientenvergleich liefert bei beliebigem $l \in \mathbb{Z}^d$:

$$v_{n+1}(l) = \left\{ 1-2d\lambda + 2\lambda \sum_{j=1}^{d} \cos(l_j \Delta x_j) \right\} v_n(l) .$$

a. Sei $\lambda \leqq \dfrac{1}{2d}$. Dann gilt

$$\|G(h,l)\|_2 = |G(h,l)| \leqq 1 - 2\,d\lambda + 2\lambda \sum_{j=1} |\cos(l_j \Delta x_j)| \leqq 1,$$

mithin

$$\|G^n(h,l)\|_2 \leqq 1, \quad \text{d.h. L-Stabilität auf } \mathcal{L}.$$

b. Sei $\lambda > \dfrac{1}{2d}$.

Das Verfahren ist in diesem Fall nicht L-stabil auf $\mathcal{L}$, da sich dann durch geeignete Wahl gewisser u_o (vergleiche Beispiel 2 in Abschnitt 4.3) offenbar

$$1 - 2d\lambda + 2\lambda \sum_{j=1}^{d} \cos(l_j \Delta x_j) = \text{const} < -1$$

erreichen läßt.

Auch hier macht sich also wie in $C_{2\pi}^o$ die durch die Stabilitätsforderung bedingte Schrittweiteneinschränkung mit wachsendem d immer ungünstiger bemerkbar.

2. Das Verfahren der alternierenden Richtungen (4.3.3) kann in der hier benutzten Norm (wie bereits angedeutet) diese Einschränkung sogar vollständig beheben. Wir zeigen dies wieder am Fall d = 2:

(4.3.3) ergibt in $\mathcal{L}$:

$$v_{n+\frac{1}{2}}(1) = G_1(h,l)\, v_n(1)$$

$$v_{n+1}(1) = G_2(h,l)\, v_{n+\frac{1}{2}}(1)$$

und damit

$$v_{n+1}(1) = G(h,l)\, v_n(1) \quad \text{mit } G(h,l) = G_2(h,l)\, G_1(h,l). \quad (4.4.3)$$

$G_1(h,l)$ und $G_2(h,l)$ findet man folgendermaßen:

$$v_{n+\frac{1}{2}}(1) = v_n(1) + \frac{\lambda}{2}\{v_{n+\frac{1}{2}}(1)\, e^{-il_1 \Delta x} - 2v_{n+\frac{1}{2}}(1) + v_{n+\frac{1}{2}}(1)\, e^{il_1 \Delta x}$$

$$+ v_n(1)\, e^{-il_2 \Delta y} - 2v_n(1) + v_n(1)\, e^{il_2 \Delta y}\},$$

$$v_{n+1}(1) = v_{n+\frac{1}{2}}(1) + \frac{\lambda}{2}\{v_{n+\frac{1}{2}}(1)\,e^{-il_1\Delta x} - 2v_{n+\frac{1}{2}}(1) + v_{n+\frac{1}{2}}(1)\,e^{il_1\Delta x}$$

$$+ v_{n+1}(1)\,e^{-il_2\Delta y} - 2v_{n+1}(1) + v_{n+1}(1)\,e^{il_2\Delta y}\}$$

und daher

$$v_{n+\frac{1}{2}}(1) = \frac{1 - \lambda + \lambda\cos(l_2\Delta y)}{1 + \lambda - \lambda\cos(l_1\Delta x)}\, v_n(1),$$

$$v_{n+1}(1) = \frac{1 - \lambda + \lambda\cos(l_1\Delta x)}{1 + \lambda - \lambda\cos(l_2\Delta y)}\, v_{n+\frac{1}{2}}(1),$$

d.h.

$$G(h,1) = \frac{1 - \lambda + \lambda\cos(l_1\Delta x)}{1 + \lambda - \lambda\cos(l_1\Delta x)}\ \frac{1 - \lambda + \lambda\cos(l_2\Delta y)}{1 + \lambda - \lambda\cos(l_2\Delta y)}.$$

Hieraus schließt man nun sofort $\|G(h,1)\|_2 = |G(h,1)| \leqq 1$, d.h.

$$\|G^n(h,1)\|_2 \leqq 1, \text{ für alle } l \in \mathbb{Z}^d, \text{ für alle } \lambda > 0.$$

Das Verfahren ist also unbedingt L-stabil auf $\mathcal{L}$ [1].

Bemerkung: *Auf die gleiche Weise findet man, daß für die Wärmelei-tungsgleichung*

$$u_t = u_{xx} \quad (p = 1)$$

in $\mathcal{L}$ das Verfahren ([90], S.189)

$$u_{n+1}(x) = u_n(x) + \lambda\{\Theta[u_{n+1}(x-\Delta x) - 2u_{n+1}(x) + u_{n+1}(x+\Delta x)]$$

$$+ (1-\theta)[u_n(x-\Delta x) - 2u_n(x) + u_n(x+\Delta x)]\}$$

bei beliebigen $\Theta = const$ mit $0 \leqq \Theta \leqq 1$ L-stabil ist, und zwar für $\lambda \leqq \frac{1}{2-4\Theta}$, sofern $0 \leqq \Theta < \frac{1}{2}$ und unbedingt L-stabil für $\frac{1}{2} \leqq \Theta \leqq 1$.

Für $\Theta = \frac{1}{2}$ erhält man speziell das Verfahren von Crank-Nicholson

---

[1] Eine ausführliche Darstellung der Zwischenschrittmethoden findet sich bei Janenko [51].

[27], für $\Theta = 1$ das Verfahren von Laasonen [65], für $\Theta = 0$ das Verfahren (4.3.2).

Bemerkung: *Ist $R(h,l)$ der Spektralradius der Matrix $G(h,l)$, so ist bekanntlich*

$$R(h,l) \leqq \|G(h,l)\| \qquad (4.4.4)$$

(gilt für jede einer Vektornorm im $\mathbb{R}^p$ zugeordnete Matrixnorm), denn ist $R = |\lambda|$ der Betrag des betragsgrößten Eigenwertes λ und ist w mit $\|w\| = 1$ ein zu λ gehörender Eigenvektor, so folgt wegen $Gw = \lambda w$:

$$\|Gw\| = |\lambda|\,\|w\| = |\lambda| = R, \quad d.h.$$

$$\|G\| = \sup_{\|w\|=1} \|Gw\| \geqq R.$$

Ist weiterhin R Spektralradius von G, so ist R^n Spektralradius von G^n.
Mithin gilt

$$R^n(h,l) \leqq \|G^n(h,l)\| \leqq \|G(h,l)\|^n. \qquad (4.4.5)$$

Notwendig für die L-Stabilität auf $\mathcal{L}$ im Falle konstanter Koeffizienten ist daher, daß eine Konstante $\varkappa_o$ existiert, so daß

$$R^n(h,l) \leqq \varkappa_o, \quad \text{für alle } h \in [0,h_o] \text{ mit geeignetem } h_o > 0,$$

$$\text{für alle } n \in \mathbb{N} \text{ mit } nh \in [0,T],$$

$$\text{für alle } l \in \mathbb{Z}^d,$$

wobei ohne Einschränkung der Allgemeinheit wieder $\varkappa_Q \geqq 1$ angenommen werde.

Hieraus folgt speziell für $n = \left[\frac{T}{h}\right]$, $h \in [0,h_o]$ und $0 < h_o < T$:

$$R(h,l) = \varkappa_o^{\frac{h}{T-h_o}} .$$

Nun ist $\varkappa_o^{\frac{h}{T-h_o}}$ für $\varkappa_o \geqq 1$ im Intervall $0 \leqq h \leqq T$ nach oben beschränkt durch einen Ausdruck der Form $1 + O(h)$.

Mithin ist

$$R(h,l) \leqq 1 + O(h) \qquad\qquad (4.4.6)$$

(mit einem von l unabhängigen $O(h)$) eine notwendige Bedingung für die L-Stabilität der hier betrachteten Verfahren auf $\mathcal{L}$ (von Neumann'sche notwendige Stabilitätsbedingung).

Bemerkung: *Ist $G(h,l)$ für alle betrachteten h und l eine normale Matrix, d.h. gilt $G\,\bar{G}^T = \bar{G}^T G$, so gilt in (4.4.5) bei Benutzung der euklidischen Norm überall das Gleichheitszeichen; denn normale Matrizen und nur normale Matrizen besitzen ein vollständiges System $w_1,\dots,w_p$ orthonormaler Eigenvektoren; ist dann w mit $\|w\|_2 = 1$ ein Vektor, für den $\|G\|_2 = \|Gw\|_2$ ist, und besitzt w die Darstellung*

$$w = \sum_{\mu=1}^{p} a_\mu w_\mu,$$

so folgt

$$Gw = \sum_{\mu=1}^{p} a_\mu \lambda_\mu w_\mu$$

und daher

$$\|Gw\|_2^2 = (Gw, Gw) = \sum_{\mu=1}^{p} |a_\mu|^2 \, |\lambda_\mu|^2 \leqq R^2 \sum_{\mu=1}^{p} |a_\mu|^2 = R^2 \|w\|_2^2 = R^2,$$

d.h. $\|G\|_2 \leqq R$, also auch $\|G\|_2^n \leqq R^n$ (woraus mit (4.4.5) die Behauptung folgt).

Mithin ist (4.4.6) im Falle normaler Matrizen G ein sowohl notwendiges wie hinreichendes Kriterium für die L-Stabilität auf $\mathcal{L}$ der hier betrachteten Aufgaben, denn auch bei beliebigen Matrizen $G(h,l)$ gilt:

Für die L-Stabilität der hier betrachteten Verfahren ist

$$\|G(h,l)\| \leqq 1 + O(h)$$

hinreichend.

Beweis:

$$\|G^n(h,l)\| \leqq \|G(h,l)\|^n \leqq (1+Mh)^n = \left(1+M\tfrac{nh}{n}\right)^n$$

$$\leqq \left(1+\tfrac{MT}{n}\right)^n \leqq e^{MT} =: \varkappa_o \,.$$

124

Bemerkung: *Allgemein ist die Forderung $\|C^n(h)\| \leqq \varkappa_o$ (mit der in $\mathfrak{M}$ gegebenen Norm) erfüllt, wenn*

$$\|C(h)\| = 1 + O(h), \tag{4.4.7}$$

denn auch hier gilt entsprechend:

$$\|C^n(h)\| \leqq \|C(h)\|^n \leqq e^{MT} =: \varkappa_o.$$

Bemerkung: *Insbesondere ist G trivialerweise normal für p = 1.*

Bemerkung: *An die in diesem Abschnitt behandelte Theorie schließen sich zahlreiche Untersuchungen an, insbesondere solche zur Konstruktion stabiler Verfahren für spezielle Aufgabenklassen, zur Gewinnung leicht nachprüfbarer Bedingungen zur Feststellung der L-Stabilität auf $\mathscr{L}$ sowie Ausdehnungen auf den Fall variabler (d.h. von x abhängender, nicht aber von t abhängender) Koeffizienten (z.B. Kreiß [24], Lax und Wendroff [70], Strang [107], [109], Miller and Strang [75], Buchanan [18], Morton und Schechter [78], Konoval'tsev [59], Zwas [133] u.a.).*

Insbesondere untersuchte Kreiß [61] Differenzapproximationen für Anfangswertaufgaben bei Systemen hyperbolischer Gleichungen

$$u_t = \sum_{j=1}^{d} A_j(x)\frac{\partial u}{\partial x_j},$$

deren Koeffizientenmatritzen A_j von den Ortsvariablen abhängen und die ebenso wie die in

$$u_{n+1}(x) = [C(h)u_n](x) = \sum_{(\beta)} c^\beta(x,h)u(x+\beta h)$$

($\Delta x_j = h$; $j = 1,\ldots,d$) auftretenden Matrizen c^β hermitesch, gleichmäßig beschränkt und bezüglich x gleichmäßig lipschitzstetig seien. Definiert man dann für die jeweils betrachtete Stelle x (in Analogie zum Fall konstanter Koeffizienten) die Amplifikationsmatrix vermittels

$$G(x,h,l) = \sum_{(\beta)} c^\beta(x,h)\, e^{i(\beta,\xi)}$$

mit $\xi = hl$, erfüllen die Eigenwerte λ_ν der Amplifikationsmatrix für alle $l \in \mathbf{Z}^d$ und für alle $h \in [0,h_o]$ mit $\max\limits_{j=1,\ldots,d} |\xi_j| \leqq \pi$ die Bedingung

$$|\lambda_{\vartheta}(x,h,l)| \leqq 1 - \delta \|\xi\|_2^{2r} \quad {}^{1)}$$

mit einem $\delta > 0$ und einem $r \in \mathbb{N}$ und ist das Verfahren konsistent mit der gegebenen Aufgabe von der Ordnung $2r - 1$, so ist es auch stabil.

4.5 Konvergenzordnungen bei linearen Anfangswertaufgaben mit schwach strukturierten Anfangswerten

Ist ein (lineares) Verfahren, das mit einer linearen Anfangswertaufgabe auf einer Menge $\vartheta \subset \mathfrak{M}$ konsistent ist, auf $\mathfrak{M}$ L-stabil mit der Stabilitätskonstanten $\varkappa_o$ (und damit H_1-konvergent), so gilt für alle $u_o \in \vartheta$ die globale Fehlerabschätzung (4.2.10), d.h.

$$\|\tilde{u}_{n-m}^m - \tilde{u}(t_n)\| \leqq \varkappa_o \|\tilde{u}_o^m - \tilde{u}(t_m)\| + \varkappa_o \, T\eta_1(h,u_o),$$

die für praktische Rechnungen jedoch nur im Falle $m = 0$ interessiert:

$$\|\tilde{u}_n - \tilde{u}(t_n)\| \leqq \varkappa_o \|\tilde{u}_o(h) - \tilde{u}(0)\| + \varkappa_o \, T\eta_1(h,u_o). \qquad (4.5.1)$$

(4.5.1) berücksichtigt also den Fehler des Anfangsfeldes sowie den lokalen Fehler, nicht allerdings Rechenstörungen im Verlaufe der fortlaufenden Rechnung. Auf letztere werden wir später zurückkommen (vergleiche Abschnitt 6.1).

Ist also das Verfahren auf ϑ von der Ordnung $\sigma > 0$ und wählt man ein Verfahren zur Bestimmung des Anfangsfeldes, dessen globaler Fehler $\|\tilde{u}_o(h) - \tilde{u}(0)\|$ ebenfalls ein $O(h^\sigma)$ ist, so ergibt (4.5.1):

$$\|\tilde{u}_n - \tilde{u}(t_n)\| = O(h^\sigma)$$

für $u(t) = E_o(t)u_o$ mit $u_o \in \vartheta$.

Die Voraussetzung über den Fehler des Anfangsfeldes ist bei Ver

---

[1] Verfahren, die dieser Bedingung genügen, werden *dissipativ von der Ordnung $2r$* genannt.

nachlässigung von Rechenstörungen (also auch von Störungen bei
t = O) z.B. trivialerweise im Falle k = 1 gewährleistet.

Die h-Potenz in der Schranke des globalen Fehlers ist unter den genannten Voraussetzungen also um 1 kleiner als in der Schranke des
lokalen Fehlers.

Bemerkung: *Ist*

$$\|\tilde{u}_o(h) - \tilde{u}(0)\| = O(h^\varrho) \; mit \; \varrho \geq \sigma \geq 0,$$

so tritt Konvergenz im Sinne der Aussage

$$\lim_{\substack{h \to 0 \\ (n+k-1)h \, \epsilon \, [0,T]}} \max_n \|\tilde{u}_n - \tilde{u}(t_n)\| = 0$$

*auf $\mathcal{J}$ offenbar auch dann noch ein, wenn x_o keine Konstante sondern
eine Funktion von h ist mit*

$$x_o = x_o(h) = O(h^{-\mu}), \; 0 \leq \mu < \sigma \; .$$

*Forsythe und Wasow [38] nennen deshalb ein Verfahren σ-ter Ordnung
dann noch stabil, wenn*

$$\prod_{\nu=0}^{n-1} \tilde{C}(\nu h, h) = const \; h^{-\mu} \; mit \; 0 \leq \mu < \sigma, \; für \; alle \; (n+k-1)h \, \epsilon \, [0,T].$$

*Ähnliche Definition und Konvergenzaussagen finden sich z.B. bei
Spijker [97] (p-Stabilität, p-Konsistenz, p-Konvergenz, $p = \sigma > 1$,
$\mu = p - 1$) (dort sogleich für gewisse nichtlineare Fälle).*

Die Fehlerabschätzung (4.5.1) auf $\mathcal{J}$ ergab sich unmittelbar aus dem
Beweis der Äquivalenzsätze des Abschnitts 4.2 [1]. Ist jedoch
$\mathcal{J} \underset{dicht}{\rightleftharpoons} \mathcal{U} \subset \mathcal{M}$ und existieren auf $\mathcal{U}$ verallgemeinerte Lösungen, die
dann nach dem Äquivalenzsätzen ebenfalls im Sinne der H- oder H_1-
Konvergenz erfaßt werden, so liefern diese Äquivalenzsätze zunächst

---

[1] Für Anfangsrandwertaufgaben bei inhomogenen Systemen linearer
Differentialgleichungen wurde die Frage der Konvergenzordnung
von Gustafsson [43] auf der Grundlage der von Gustafsson, Kreiß
und Sundström [42] vorgelegten Stabilitätstheorie zugehöriger
Differenzenapproximationen untersucht.

noch keine Fehlerabschätzungen auf $\mathfrak{A}$ (ja nicht einmal auf $\mathfrak{A} - \mathfrak{I}$).

Derartige Fehlerabschätzungen wurden für lineare Anfangswertaufgaben unter Benutzung interpolationstheoretischer Methoden erstmals 1967 von Peetre un Thomée [81] angegeben (nachdem zuvor mit elementaren Methoden ähnliche Fragen im Zusammenhang mit der numerischen Behandlung gewisser konkreter linearer Randwertaufgaben bereits von Wasow [126] sowie von Walsh und Young [123], [124] untersucht worden waren; auch Thomée erweiterte mit der von ihm benutzten Methode seine Untersuchungen in Zusammerarbeit mit Bramble und Hubbard auf Dirichlet-Probleme [16]).

In [11] wurde die von Peetre und Thomée für lineare Anfangswertaufgaben behandelte Frage erneut aufgegriffen, wobei diesmal Hilfsmittel aus der (der Interpolationstheorie verwandten) Approximationstheorie benutzt wurden, die in gewissen konkreten Fällen nicht nur zur Angabe von Konvergenzordnungen sondern auch zur Angebbarkeit der in die Fehlerabschätzung eingehenden Konstanten befähigten.

Der Approximationstheoretische Ansatz wurde in [13] in der Weise verallgemeinert, daß nunmehr auch gewisse halblineare Anfangswertaufgaben sowie die genannten Dirichlet-Probleme (und Fehlerabschätzungen für Quadraturformeln) einbezogen werden konnten (vergleiche Abschnitt 5.4).

Wir benutzen für die hier zu betrachtenden linearen Aufgaben diesen allgemeineren Ansatz, um so zugleich die Methode für die spätere Behandlung entsprechender Fehlerabschätzungen bei halblinearen Problemen bereitzustellen. Dabei gehen wir davon aus, daß für stark strukturierte Ausgangsdaten (z.B. hinreichend glatte Anfangswerte einer Anfangswertaufgabe, hinreichend glatte Randwerte einer gegebenen Randwertaufgabe usw.) eine Fehlerabschätzung bekannt sei, und es wird zunächst versucht, die Fehlerabschätzung für schwächer strukturierte Daten (z.B. weniger glatte Anfangswerte) auf eine solche für stärker strukturierte Daten zurückführen.

Gegeben sei also eine Abbildung E des metrischen Raumes $(\mathfrak{A}, \delta)$ in den metrischen Raum $(\mathfrak{K}, \varphi)$.

Gegeben sei weiter eine Indexmenge $\mathcal{Y}$ sowie eine Schar von Abbildungen $\{Q_h\}$ $(h \in \mathcal{Y})$, die $\mathcal{U}$ in $\mathcal{A}$ abbilden.

Bemerkung: *Etwa ist Eu_o $(u_o \in \mathcal{U})$ die (eventuell verallgemeinerte) Lösung einer Anfangs- oder Randwertaufgabe mit den Anfangs- oder Randwerten u_o. Eu_o kann aber auch den Wert eines Integrals mit einem von u_o abhängenden Integranden darstellen oder die Lösung einer Integralgleichung sein usw.*

Q_h sei eine Näherung für E mit einem das Näherungsverfahren beschreibenden Parameter h (etwa einer Schrittweite).

R_o^+ sei die Menge der nichtnegativen reellen Zahlen.

Es gebe ein auf $\mathcal{Y} \times \mathcal{U} \times R_o^+$ definiertes (nichtnegatives) Funktional $\gamma = \gamma(h, u_o, x)$, das bezüglich $x \in R_o^+$ monoton-nicht-fallend sei, mit der Eigenschaft

$$\varrho(Q_h u_o, Q_h v_o) \leqq \gamma(h, u_o, \delta(u_o, v_o)), \text{ für alle } u_o \in \mathcal{U}, \text{ für alle } v_o \in \mathcal{J} \subset \mathcal{U},$$
$$(4.5.2)$$

wobei für alle $v_o \in \mathcal{J}$ eine Fehlerabschätzung existiere. Ferner sei eine auf R_o^+ definierte monoton-nicht-fallende Funktion γ^* mit der Eigenschaft

$$\varrho(Eu_o, Ev_o) \leqq \gamma^*(\delta(u_o, v_o)), \text{ für alle } u_o \in \mathcal{U}, \text{ für alle } v_o \in \mathcal{J}$$
$$(4.5.3)$$

gegeben.

Die für alle hinreichend stark strukturierten Elemente $v \in \mathcal{U}$, d.h. für alle $v \in \mathcal{J}$, existierende Fehlerabschätzung besagt, daß es ein auf $\mathcal{Y} \times \mathcal{J}$ definiertes und explizit angebbares Funktional φ mit der Eigenschaft

$$\varrho(Q_h v, Ev) \leqq \varphi(h, v), \text{ für alle } v \in \mathcal{J}, \text{ für alle } h \in \mathcal{Y} \qquad (4.5.4)$$

gibt.

Wir fragen nun nach einer Fehlerabschätzung für $u_o \in \mathcal{U} - \mathcal{J}$.

Sei nun $\mathcal{R}$ eine weitere Indexmenge und

$$\tilde{\mathcal{J}} := \{\, \mathcal{J}_r \mid r \in \mathcal{R}, \ \mathcal{J}_r \subset \mathcal{J} \}$$

ein Mengensystem.

Seien $v_r \in \vartheta_r$ gute Approximationen für $u_o \in \mathcal{U} - \vartheta$ bezüglich ϑ_r (d.h.: $\delta(u_o, v_r)$ soll nach Möglichkeit klein sein), die nach einem gewissen Prinzip bestimmt werden (etwa: v_r Minimallösung im Sinne der Approximationstheorie für u_o bezüglich ϑ_r, falls solche Minimallösungen existieren); infolge des gewählten Prinzips wird $v_r = v_r(u_o)$.

Die Dreiecksungleichung ergibt

$$\rho(Q_h u_o, E u_o) \leqq \rho(Q_h u_o, Q_h v_r) + \rho(E v_r, E u_o) + \rho(Q_h v_r, E v_r), \text{ so daß mit}$$

(4.5.2), (4.5.3) und (4.5.4) folgt:

$$\rho(Q_h u_o, E u_o) \leqq \gamma(h, u_o, \delta(u_o, v_r)) + \gamma^*(\delta(u_o, v_r)) + \vartheta(h, v_r). \qquad (4.5.5)$$

Die explizite Bestimmung der v_r wird in der Regel schwierig sein und eventuell mehr Arbeit erfordern als die gesamte näherungsweise Lösung der gegebenen Aufgabe. Wir setzen deshalb voraus, daß hinsichtlich des Prinzips, gemäß dem die Elemente aus $\mathcal{U} - \vartheta$ bezüglich der Elemente des Systems $\widetilde{\vartheta}$ approximiert werden, *Jackson-Sätze* bekannt seien. Dies soll zunächst nur bedeuten, daß für jedes $r \in \mathcal{R}$ ein auf $\mathcal{U} - \vartheta$ definiertes Funktional $\delta_r^*(u_o)$ explizit angegeben werden kann mit der Eigenschaft

$$\delta(u_o, v_r(u_o)) \leqq \delta_r^*(u_o), \text{ für alle } r \in \mathcal{R}, \text{ für alle } u_o \in \mathcal{U} - \vartheta.$$
$$(4.5.6)$$

Ferner mögen auf $\mathcal{U} - \vartheta$ bezüglich $\widetilde{\vartheta}$ *methodenunabhängige Bernstein-Zamansky-Ungleichungen* gelten. Damit soll zunächst nur ausgedrückt werden, daß das durch die Fehlerabschätzung (4.5.4) (und damit durch die Methode zur Bestimmung der Näherungsoperatoren Q_h) sowie durch das verwendete Approximationsprinzip definierte $\vartheta(h, v_r(u_o))$ für $u_o \in \mathcal{U} - \vartheta$ durch explizit angebbare Funktionale $\chi_r(h, u_o)$ abgeschätzt werden kann:

$$\vartheta(h, v_r(u_o)) \leqq \chi_r(h, u_o), \text{ für alle } r \in \mathcal{R}, \text{ für alle } u_o \in \mathcal{U} - \vartheta. \qquad (4.5.7)$$

Aufgrund der vorausgesetzten Monotonieeigenschaften von γ und γ^* geht (4.5.5) mit (4.5.6) und (4.5.7) über in Fehlerabschätzungen

$$\rho(Q_h u_o, E u_o) \leqq \gamma(h, u_o, \delta_r^*(u_o)) + \gamma^*(\delta_r^*(u_o)) + \chi_r(h, u_o)$$
$$(4.5.8)$$
$$=: F(r, h, u_o) \quad (r = 1, 2, \ldots),$$

die wegen der Existenz von $F^*(h,u_o) := \inf\limits_{r\in\mathcal{R}} F(r,h,u_o)$ (bei jeweils festem $h\in\mathcal{Y}$ und jeweils festem $u_o\in\mathcal{U}-\vartheta$) zu

$$\wp(Q_h u_o, Eu_o) \leqq F^*(h,u_o) \qquad\qquad (4.5.9)$$

verbessert werden können (evtl. wird man hier anstelle von F^* eine explizit angebbare obere Schranke $F^{**}(h,u_o)$ für $F^*(h,u_o)$, etwa ein hinreichend kleines $F(r,h,u_o)$ bei geeignetem $r\in\mathcal{R}$, verwenden).

Die Güte der so gewonnenen Abschätzung (4.5.9) für die schwach strukturierten $u_o\in\mathcal{U}-\vartheta$ im Vergleich zu der auf ϑ gültigen Abschätzung (4.5.4) (von der wir ausgingen) wird abhängen von der Reichhaltigkeit des Systems ϑ, von der Güte des verwendeten Approximationsprinzips (bestmöglich wäre die Wahl von v_r als Minimallösung für u_o bezüglich ϑ_r, sofern solche existieren) sowie insbesondere von der Güte der Abschätzungen (4.5.6) und (4.5.7).

Wir spezialisieren uns nun auf den bei unserer Ausgangsfrage vorliegenden Fall

$$\vartheta \subset \mathcal{U} \subset \mathfrak{M}$$

mit einem normierten Raum $\mathfrak{M}$ und mit $\mathcal{R}=\mathfrak{M}$. Die Metriken $\wp,\sigma$ seien die durch die auf $\mathfrak{M}$ gegebene Norm induzierten Metriken.

Auf der linearen Hülle ϑ^* von ϑ [1] seien darüber hinaus subadditive Funktionale (z.B. Halbnormen) $\alpha_{\vartheta^*}^{(\mu)}$ ($\mu = 1,\dots,m$) definiert, wobei für das in (4.5.4) auftretende Funktional $\wp$ eine Abschätzung der Form

$$\forall\, v\in\vartheta:\ \wp(h,v) \leqq \wp^*(h,\alpha_{\vartheta^*}^{(1)}(v),\ \alpha_{\vartheta^*}^{(2)}(v),\dots,\alpha_{\vartheta^*}^{(m)}(v)) \quad (4.5.10)$$

mit einer in allen Variablen (evtl. mit Ausnahmen der ersten) monoton-nicht-fallenden Funktion $\wp^*$ existiere.

Es sei $\mathcal{R}=\mathbb{N}$ oder auch nur $\mathcal{R}=\{1,2,\dots,r^*\}\subset\mathbb{N}$. Es gebe eine Kette linearer Teilräume $\vartheta_r^*\subset\vartheta^*$ ($\vartheta_1^*\subset\vartheta_2^*\subset\dots\subset\vartheta^*$) mit

$$\vartheta_r := \vartheta_r^*\cap\vartheta \neq \varnothing,\ \text{für alle } r\in\mathcal{R},$$

---

[1] Ist ϑ (wie bei unseren linearen Aufgaben) selbst ein linearer Raum, so kann die Hüllenbildung entfallen ($\vartheta^*=\vartheta$).

wobei ϑ_r die früher angegebene Bedeutung habe. Offensichtlich bildet damit auch ϑ eine Kette:

$$\vartheta_1 \subset \vartheta_2 \subset \ldots \subset \vartheta \quad [1].$$

Es gebe Folgen $\{k_1, k_2, \ldots, k_m\} \subset \mathbb{R}_o^+$ und $\{c_1, c_2, \ldots, c_m\} \subset \mathbb{R}_o^+$ mit der Eigenschaft

$$\forall\ v \in \vartheta_r^* : \alpha_{\vartheta^*}^{(\mu)}(v) \leqq c_\mu\ r^{k_\mu} \|v\| \quad (r = 1,2,\ldots), \quad (\mu = 1,\ldots,m);$$
$$(4.5.11)$$

auf den Räum ϑ_r^* wird also die Gültigkeit solcher *Bernstein-Ungleichungen* (4.5.11) vorausgesetzt.

Das früher genannte Approximationsproblem bestehe in der Lösung der Aufgabe, ein $v_r \in \vartheta_r$ so zu finden, daß $\|u_o - v_r\|$ dem Wert

$$E_r(u_o) := \inf_{v \in \vartheta_r} \|u_o - v\| \quad (r = 1,2,\ldots), \quad u_o \in \mathcal{U} - \vartheta \quad (4.5.12)$$

möglichst nahekommt.

Nunmehr existiere ein $\Theta > 0$ derart, daß

$$\forall\ u_o \in \mathcal{U} : \sup_{r \in \mathcal{R}} r^\Theta\, E_r(u_o) < \infty.$$

Somit gibt es eine Folge $\{v_r\}$ mit $v_r = v_r(u_o) \in \vartheta_r$ $(r = 1,2,\ldots)$ und ein auf $\mathcal{U}$ definiertes Funktional $\omega_{\mathcal{U}}$, so daß ein *Jackson-Satz*

$$\forall\ u_o \in \mathcal{U} : \|u_o - v_r(u_o)\| \leqq \frac{\omega_{\mathcal{U}}(u_o)}{r^\Theta} \quad (r = 1,2,\ldots). (4.5.13)$$

Bemerkung: *Besitzt (4.5.12) eine Lösung (d.h.: $\exists\ v_r \in \vartheta_r : \|u_o - v_r\| = E_r(u_o)$), so wähle man als $v_r(u_o)$ diese Minimallösung. Als Funktional $\omega_{\mathcal{U}}(\cdot)$ ist dann jede (explizit angebbare) Majorante des Funktionals $\sup_{r \in \mathcal{R}} r^\Theta E_r(\cdot)$ verwendbar. Existieren Minimallösungen nicht für alle $u_o \in \mathcal{U}$, so gibt es bei beliebig fest vorgegebenem $\varepsilon > 0$ gewiß ein $v_r \in \vartheta_r$ mit*

$$\|u_o - v_r\| \leqq E_r(u_o) + \frac{\varepsilon}{r^\Theta}.$$

---

[1] Ist ϑ ein linearer Raum, so folgt unmittelbar $\vartheta_r = \vartheta_r^*$, so daß auch die Mengen ϑ_r lineare Räume sind.

Als $\omega_{\mathcal{U}}(\cdot)$ ist dann jede Majorante des Funktionals $\sup\limits_{r\in\mathcal{R}} r^{\theta} E_r(\cdot) + \epsilon$ wählbar [1].

Bemerkung: *Es mag zunächst unrealistitsch erscheinen, einen Jackson-Satz (4.5.13) für ein im allgemeinen nichtlineares Approximations-problem (4.5.12) als erfüllt anzusehen (die ϑ_r sind in nichtline-aren Beispielen häufig keine linearen Räume). Wie diese Schwierig-keit z.B. bei halblinearen Anfangswertaufgaben zu umgehen ist, wer-den wir später untersuchen (vgl. Abschnitt 5.4).*

Die Abschätzung (4.5.6) realisieren wir nun gemäß (4.5.13) durch

$$\forall\ u_o \in \mathcal{U} :\ \delta_r^*(u_o) := \frac{\omega_{\mathcal{U}}(u_o)}{r^{\theta}} \quad (r = 1,2,\ldots). \quad (4.5.14)$$

Weiterhin gilt das auf Zamansky [131] zurückgehende

<u>Lemma:</u>
Die Approximierenden $v_r = v_r(u_o)$ genügen für jedes $u_o \in \mathcal{U}$ der Un-gleichung

$$\alpha_{\vartheta^*}^{(\mu)}(v_r) = f_\mu(r,u_o) \quad (\mu = 1,\ldots,m)\ (r = 1,2,\ldots) \quad (4.5.15)$$

mit

$$f_\mu(r,u_o) := \begin{cases} \gamma_\mu r^{k_\mu - \theta}\ \widetilde{\omega}_{\mathcal{U}}(u_o) & \text{für } k_\mu > \theta \\[2ex] \gamma_\mu^* \left[2 + \dfrac{\log r}{\log 2} \right] \widetilde{\omega}_{\mathcal{U}}(u_o) & \text{für } k_\mu = \theta \\[2ex] \gamma_\mu^{**}\ \widetilde{\omega}_{\mathcal{U}}(u_o) & \text{für } k_\mu < \theta \end{cases} \quad (4.5.16)$$

bei gewissen angebbaren Konstanten $\gamma_\mu,\ \gamma_\mu^*,\ \gamma_\mu^{**}$ ($\mu = 1,\ldots,m$) und mit

---

[1] Ist $\mathcal{M}$ ein Banachraum, sind $\mathcal{U}$ und ϑ lineare Teilräume von $\mathcal{M}$ und wählt man $\omega_{\mathcal{U}}(u_o) := \|u_o\| + \sup\limits_{r\in\mathcal{R}} r^{\theta} E_r(u_o)$, so ist $\omega_{\mathcal{U}}$ eine Norm auf $\mathcal{U}$, in der $\mathcal{U}$ zu einem Banachraum, sogar hinsichtlich $\widetilde{\vartheta}$ zu ei-nem Approximationsraum der Klasse $D_\theta(\mathcal{M})$ (vgl. [20], S.60) wird, denn neben (4.5.13) gilt dann auch eine Bernsteinungleichung

$$\omega_{\mathcal{U}}(v) \leq 2r^{\theta}\|v\| \text{ für alle } v\in\vartheta_r\ (r = 1,2,\ldots).$$

$$\tilde{\omega}_{\mathcal{U}}(u_o) = \max\{\omega_{\mathcal{U}}(u_o), \|u_o\|\}\ ^{1)}.$$

Beweis: Sei $p \in \mathbb{N}$ so bestimmt, daß

$$2^p \leqq r < 2^{p+1}. \qquad\qquad (4.5.17)$$

Wegen der Subadditivität der $\alpha_{\vartheta^*}^{(\mu)}$ folgt

$$\alpha_{\vartheta^*}^{(\mu)}(v_r) \leqq \alpha_{\vartheta^*}^{(\mu)}(v_1) + \sum_{\tau=1}^{p} \alpha_{\vartheta^*}^{(\mu)}(v_{2^\tau} - v_{2^{\tau}-1}) + \alpha_{\vartheta^*}^{(\mu)}(v_r - v_{2^p}). \qquad (4.5.18)$$

Da die ϑ_r^* eine Kette bilden und lineare Räume sind, gilt

$$v_{2^\tau} - v_{2^{\tau}-1} \in \vartheta_{2^\tau}, \text{ so daß für } u_o \in \mathcal{U}$$

mit (4.5.11) und anschließend mit (4.5.13) die Ungleichung

$$\alpha_{\vartheta^*}^{(\mu)}(v_{2^\tau} - v_{2^{\tau}-1}) \leqq c_\mu (2^\tau)^{k_\mu} \| v_{2^\tau} - v_{2^{\tau}-1}\|$$

$$\leqq c_\mu\, 2^{\tau k_\mu}\{\|u_o - v_{2^\tau}\| + \|u_o - v_{2^{\tau}-1}\|\}$$

$$\leqq c_\mu\, 2^{\tau k_\mu}\left\{\frac{\omega_{\mathcal{U}}(u_o)}{(2^\tau)^\Theta} + \frac{\omega_{\mathcal{U}}(u_o)}{(2^{\tau-1})^\Theta}\right\}$$

$$\leqq c_\mu\, 2^{\tau k_\mu}\, \frac{2}{2^{\Theta(\tau-1)}}\,\omega_{\mathcal{U}}(u_o)$$

$$\leqq c_\mu\, 2^{1+\Theta}\, 2^{\tau(k_\mu-\Theta)}\,\omega_{\mathcal{U}}(u_o)$$

resultiert.

Damit liefert (4.5.18)

$$\alpha_{\vartheta^*}^{(\mu)}(v_r) \leqq \alpha_{\vartheta^*}^{(\mu)}(v_1) + c_\mu\, 2^{1+\Theta} \sum_{\tau=1}^{p+1} 2^{\tau(k_\mu-\Theta)}\,\omega_{\mathcal{U}}(u_o).$$

---

[1] In praktischen Fällen gilt gelegentlich sogar $f_\mu(r,u_o) = \gamma_\mu r^{k_\mu-\Theta}$ $\cdot\omega_{\mathcal{U}}(u_o)$ für $k_\mu \geqq \Theta$ (vergleiche z.B. [11]), so daß $\log r$ gar nicht auftritt. Dieser Fall liegt z.B. vor, wenn $\mathcal{U}$ und $\vartheta^* = \vartheta$ lineare Räume darstellen, $\omega_{\mathcal{U}}$ gemäß der Fußnote auf S.132 gewählt und jeweils mittels

$$\alpha_{\vartheta^*}^{(\mu)}(\cdot) := \|\cdot\| + \sup_{r \in \mathbb{R}} r^{k_\mu} E_r(\cdot) \quad (\mu = 1,\ldots,m) \text{ normiert wird.}$$

134

Berücksichtigt man mit (4.5.11) noch

$$\alpha_{\vartheta^*}^{(\mu)}(v_1) \leqq c_\mu \|v_1\| \leqq c_\mu \{\|u_o - v_1\| + \|u_o\|\} \leqq c_\mu \{\omega_{\mathcal{U}}(u_o) + \|u_o\|\}$$

$$\leqq 2c_\mu \tilde{\omega}_{\mathcal{U}}(u_o) \leqq 2^{1+\theta} c_\mu \tilde{\omega}_{\mathcal{U}}(u_o),$$

so erhält man

$$\alpha_{\vartheta^*}^{(\mu)}(v_r) \leqq c_\mu 2^{1+\theta} \sum_{\tau=0}^{p+1} 2^{\tau(k_\mu-\theta)} \tilde{\omega}_{\mathcal{U}}(u_o)$$

$$= c_\mu\, 2^{1+\theta} \tilde{\omega}_{\mathcal{U}}(u_o) \begin{cases} (p+2) & \text{für } k_\mu = \Theta \\[2ex] \dfrac{2^{(p+2)(k_\mu-\theta)}-1}{2^{k_\mu-\theta}-1} & \text{für } k_\mu \neq \Theta \end{cases}$$

woraus mit der Einschließung (4.5.17) unmittelbar die Behauptung
folgt.

Mithin ergibt sich für die in (4.5.10) auftretende Funktion φ^* aufgrund der vorausgesetzten Monotonieeigenschaften mit (4.5.15) die
Aussage

$$\varphi(h, v_r(u_o)) \leqq \varphi^*(h, f_1(r,u_o),\ f_2(r,u_o),\ \ldots,\ f_m(r,u_o)) =: \chi_r(h,u_o),$$

(4.5.19)

womit (4.5.7) eine Realisierung erfahren hätte.

Um die zur Abschätzung (4.5.9) führende Minimierung (über r) der
rechten Seite der aus (4.5.8) mit (4.5.14) und (4.5.19) hervorgehenden Abschätzung

$$\|Q_h u_o - Eu_o\| \leqq \gamma(h,u_o, \frac{\omega_{\mathcal{U}}(u_o)}{r^\Theta}) + \gamma^*(\frac{\omega_{\mathcal{U}}(u_o)}{r^\Theta})$$

$$+ \varphi^*(h, f_1(r,u_o),\ f_2(r,u_o),\ldots,f_m(r,u_o))$$

$$=: F(r,h,u_o)$$

vornehmen zu können, bedarf es weiterer Konkretisierungen.

Wir wenden uns deshalb wieder unserer linearen Anfangswertaufgabe
in dem zugrundegelegten Raum $\mathcal{M}$ zu, das mit einem auf $\mathcal{I} \sqsubset \mathcal{U} \subset \mathcal{M}$

konsistenten Verfahren näherungsweise gelöst werde, das auf $\mathcal{M}$ L-stabil sei. Es mögen verallgemeinerte Lösungen $u(t) = E(t)u_o$ auf $\mathcal{U}$ existieren.

Wir identifizieren die Mengen $\vartheta, \mathcal{U}, \mathcal{M}$ mit den entsprechend bezeichneten Mengen unserer allgemeinen Betrachtungen, wobei ϑ und $\mathcal{U}$ wegen der Linearität der Anfangswertaufgabe lineare Teilräume des normierten Raumes $\mathcal{M}$ sind (mithin: $\vartheta^* = \vartheta$). Für jeweils festes $t \in [0,T]$ identifizieren wir $E(t)$ mit obigem Operator E.

Für $v_o \in \vartheta$ galt dann mit (4.5.1) und dem speziellen Anfangsfeld $\tilde{v}_o(h) = \tilde{v}(0)$:

$$\|\tilde{v}_n - \tilde{v}(t_n)\| \leqq \varkappa_o \, T \eta_1(h,v_o).$$

Für $u_o \in \mathcal{U} - \vartheta$ folgt daher

$$\|\tilde{u}_n - \tilde{u}(t_n)\| \leqq \|\tilde{u}_n - \tilde{v}_n\| + \|\tilde{v}_n - \tilde{v}(t_n)\| + \|\tilde{v}(t_n) - \tilde{u}(t_n)\|$$

$$\leqq \|\prod_{\nu=0}^{n-1} \tilde{C}(\nu h,h)\{\tilde{u}_o - \tilde{v}_o\}\| + \varkappa_o T \eta_1(h,v_o) + \|\tilde{E}(t_n,0)\{v_o - u_o\}\| ,$$

woraus mit (4.1.7) und (4.2.7) [1] folgt:

$$\|\tilde{u}_n - \tilde{u}(t_n)\| \leqq \varkappa_o \|\tilde{u}_o - \tilde{v}_o\| + \varkappa_o \|\tilde{u}_o^* - \tilde{v}_o^*\| + \varkappa_o \, T \eta_1(h,v_o)$$

$$\leqq \varkappa_o \|\tilde{u}_o - \tilde{u}(0)\| + \varkappa_o \|\tilde{u}(0) - \tilde{v}(0)\| + \varkappa_o \|\tilde{u}_o^* - \tilde{v}_o^*\|$$

$$+ \varkappa_o \, T \eta_1(h,v_o).$$

Hieraus ergibt sich für Anfangsfelder, für deren Berechnung ein Verfahren mit bekannter Fehlerabschätzung (4.2.4) verwendet wurde,

$$\|\tilde{u}_n - \tilde{u}(t_n)\| \leqq \varkappa_o \eta_2(h,u_o) + \varkappa_o \|\tilde{E}(0,h)\{\tilde{u}_o^* - \tilde{v}_o^*\}\|$$

$$+ \varkappa_o \|\tilde{u}_o^* - \tilde{v}_o^*\| + \varkappa_o \, T \eta_1(h,v_o)$$

$$\leqq \varkappa_o(1+\varkappa_o)\|\tilde{u}_o^* - \tilde{v}_o^*\| + \varkappa_o \, T \eta_1(h,v_o) + \varkappa_o \eta_2(h,u_o).$$

Speziell für die k-te Komponente des Vektors $\tilde{u}_n - \tilde{u}(t_n)$ folgt

---

[1] Bei vorausgesetzter Existenz verallgemeinerter Lösungen folgt (4.2.7) aus der L-Stabilität auch ohne die Voraussetzung der Vollständigkeit von $\mathcal{M}$.

$$\| u_n - u(t_n) \| \leqq \varkappa_o (1+\varkappa_o) \| u_o - v_o \| + \varkappa_o \, T \eta_1 (h,v_o) + \varkappa_o \eta_2 (h,u_o) .$$

$$(4.5.21)$$

Bei konkret festgelegtem Verfahren zur Bestimmung der Anfangsfelder $\tilde{u}_o(h)$ mit $u_o \in \mathfrak{U} - \vartheta$ und der Vorschrift, daß die Anfangsfelder $\tilde{v}_o(h)$ mit $v_o \in \vartheta$ durch $\tilde{v}_o(h) = \tilde{v}(0)$ festgelegt seien, ist u_n bei beliebigem, aber festgehaltenem $n \in \mathbb{N}_o$ mit $(n+k-1)h \in [0,T]$ nur von h und von u_o abhängig, so daß mit einem gewissem Operator $Q_h (\, \mathfrak{U} \to \mathfrak{M} \,)$ geschrieben werden kann:

$$u_n = Q_h u_o, \quad \text{für alle } u_o \in \mathfrak{U} .$$

Speziell für $u_o \in \mathfrak{U}$, $v_o \in \vartheta$ folgt dann wegen

$$\| \tilde{Q}(nh,h) \tilde{u}_o - \tilde{Q}(nh,h) \tilde{v}_o \| \leqq \varkappa_o \| \tilde{u}_o - \tilde{v}_o \|$$

$$\leqq \varkappa_o \| \tilde{u}_o - \tilde{u}(0) \| + \varkappa_o \| \tilde{E}(0,h) \tilde{u}_o^* - \tilde{E}(0,h) \tilde{v}_o^* \|$$

$$\leqq \varkappa_o \eta_2 (h,u_o) + \varkappa_o^2 \| \tilde{u}_o^* - \tilde{v}_o^* \|$$

für die k-te Komponente von $\tilde{u}_n - \tilde{v}_n$ als Realisierung von (4.5.2):

$$\| Q_h u_o - Q_h v_o \| \leqq \varkappa_o^2 \| u_o - v_o \| + \varkappa_o \eta_2 (h,u_o)$$

$$=: \, \psi (h,u_o, \| u_o - v_o \|) .$$

$$\| E(t)u_o - E(t)v_o \| \leqq \varkappa_o \| u_o - v_o \| =: \psi^* (\| u_o - v_o \|)$$

liefert die Realisierung von (4.5.3), während

$$\| Q_h v_o - E(t)v_o \| \leqq \varkappa_o \, T \eta_1 (h,v_o), \quad \text{für alle } v_o \in \vartheta$$

(mit $\tilde{v}_o(h) = \tilde{v}(0)$) die Realisierung von (4.5.4) darstellt.

Demgemäß ist (4.5.21), angeschrieben für ein $v_o := v_r \in \vartheta_r$ [1] (mit noch zu beschreibenden ϑ_r), nichts anderes als die Konkreti-

---

sierung von (4.5.5).

Wir haben nun (im Hinblick auf die Konkretisierung von (4.5.19))
neben der noch vorzunehmenden näheren Beschreibung der Mengen
$\mathfrak{M}$, $\mathfrak{U}$, $\mathfrak{I}$, $\mathfrak{I}_r$ usw. zunächst die Struktur von $\eta_1(h,v)$ für $v \in \mathfrak{I}$ zu
untersuchen.

Dazu setzen wir voraus, daß die vorgelegte lineare Aufgabe

$$u_t = F(t)u, \quad 0 \leq t \leq T$$

$$u(0) = u_0$$

die Form

$$u_t(x,t) = \sum_{|\nu|=0}^{p} a_\nu(x,t) D^\nu u(x,t) \qquad (4.5.22)$$

mit $x = (x_1, \ldots, x_d)$, $\nu = (\nu_1, \ldots, \nu_d)$, $|\nu| = \sum_{i=1}^{d} \nu_i$, $\nu_i \in \mathbb{N}_0$, $p \in \mathbb{N}$,

$$D^\nu = \frac{\partial^{|\nu|}}{\partial x_1^{\nu_1} \ldots \partial x_d^{\nu_d}},$$

besitze.

Dabei sei $x \in B \subset \mathbb{R}^d$ und $a_\nu \in C^0(B \times [0,T])$. Die a_ν mögen überdies die
nachfolgend benötigten Differenzierbarkeitseigenschaften besitzen,
wobei die auftretenden Ableitungen auf $B \times [0,T]$ beschränkt seien.

Die Operatoren $A_j(t,h)$ $(j = 0, \ldots, k)$ im Verfahren (4.1.2), d.h. in

$$\sum_{j=0}^{k} A_j(t_j,h) u_{n+j} = 0,$$

mögen die in Abschnitt 4.1 genannten Bedingungen erfüllen; zugleich
seien die $A_k^{-1}(t,h)$ für alle $t \in [0,T]$ und alle $h \in [0,h_0]$ gleichmäßig
beschränkt auf $\mathfrak{M}$ mit einer Konstante L^{**}.

Die Konsistenzbedingung benutzen wir jetzt in der Form (2.3.6),
d.h.

$$\left\| \sum_{j=0}^{k} A_j(t,h) \, v(t+jh) \right\| \leq h \eta_1^*(h,v_0),$$

so daß

$$\eta_1(h,v_0) = L^{**} \eta_1^*(h,v_0) \qquad (4.5.23)$$

gesetzt werden kann.

h $\eta_1^*(h,v_o)$ erhält man nun (wie bereits in früheren Beispielen er-
läutert) in der Regel aus einer Taylorentwicklung des Ausdrucks

$$\left[\sum_{j=0}^{k} A_j(t,h)\, v(t+jh)\right](x)$$

um die Stelle (x,t), so daß man

$$\eta_1(h,v_o) = \frac{1}{L^{**}} \sum_{\mu=1}^{q} \left\{ h^{\sigma_\mu} \sum_{\substack{\lambda,\varkappa \\ 1 \le |\lambda|+p\varkappa \le \varrho_\mu}} b_{\lambda,\varkappa}^{(\mu)} \sup_{0 \le t \le T} \left\| D^\lambda \frac{\partial^\varkappa}{\partial t^\varkappa}(E_o(t)v_o \right\| \right\} \tag{4.5.24}$$

setzen kann, wobei für die Zahlen $\varrho_\mu \in \mathbb{N}$, σ_μ gilt (wir setzen noch
$\sigma := \sigma_1$, $\varrho := \varrho_1$, $\varrho^* := \max_{1 \le \mu \le q} \varrho_\mu$):

$$0 < \sigma < \sigma_2 < \ldots < \sigma_q, \quad \varrho_\mu \le \frac{\sigma_\mu}{\sigma} \varrho \quad (\mu = 2,\ldots,q) \tag{4.5.25}$$

($\varkappa \in \mathbb{N}_o$, $\lambda = (\lambda_1,\ldots,\lambda_d) \in \mathbb{N}_o^d$). Die $b_{\lambda,\varkappa}^{(\mu)}$ sind nichtnegative reelle
Zahlen, die im wesentlichen aus den Entwicklungskoeffizienten der
Taylorreihe und den Koeffizienten der Differenzengleichung entste-
hen. Die Rolle von σ ergibt sich aus

$$\eta_1(h,v_o) = O(h^\sigma) \quad (\text{für } v_o \in \vartheta, \ h \to 0).$$

Übrigens gelte für $v_o \in \vartheta$:

$$E_o(t)v_o \in C^{\omega'} \text{ mit einem } \omega' \ge \varrho^* \text{ sowie } E_o(t)v_o \in \mathcal{U}. \tag{4.5.26}$$

Bemerkung: *Die in den Operatoren $A_j(h)$ auftretenden Schrittweiten*
Δx hängen (im Sinne der Realisierung von (2.1.4)) zumeist vermöge
$(\Delta x)^p = \text{const} \cdot h$ von h ab. Häufig ist $q = 1$, $\varrho = (\sigma+1)p$ und die
zweite Summe in (4.5.24) erstreckt sich über alle $\lambda,\varkappa$ mit $|\lambda| +$
$p\varkappa = \varrho$. Jedoch kann es bei komplizierten Differenzenverfahren,
z.B. für gewisse Anfangsrandwertaufgaben, erforderlich sein, mit
dem allgemeineren Ansatz zu arbeiten.

Weiterhin setzen wir voraus, daß auf $C^{\omega'}$ die Vertauschbarkeitsbeziehung

$$D^\lambda F^\varkappa(t)\, E_o(t) = E(t)\, D^\lambda F^\varkappa(t) \tag{4.5.27}$$

$$(|\lambda| + p\varkappa = 1,2,\ldots,\varrho; \ 0 \le t \le T)$$

erfüllt ist, was z.B. bei konstanten Koeffizienten a und geeignetem $\omega'(\cong \wp^* + p)$ der Fall ist.

Bemerkung: *Ohne die nachfolgenden Betrachtungen wesentlich zu ver-
ändern, darf statt (4.5.27) auch*

$$D^\lambda \; F^\varkappa(t) \; E_o(t) \; = \; E(t)[D^\lambda \; F^\varkappa(t) \; + \; S(t)]$$

*vorausgesetzt werden, wo S(t) eine Linearkombination von Operatoren
der Form $D^\pi \, F^\beta(t)$ mit $1 \cong |\pi| + \beta \, p < |\lambda| + \varkappa p$ ist.*

Mit (4.5.27) läßt sich nun $\eta_1(h,v_o)$ gemäß (4.5.24) (und mit $\varkappa_o \geq 1$)
abschätzen durch

$$\eta_1(h,v_o) \; \leqq \; \frac{\varkappa_o}{L^{**}} \; \sum_{\mu=1}^{q} \; \Big\{ h^{\sigma_\mu} \; \sum_{\substack{\lambda,\varkappa \\ 1 \cong |\lambda|+p\varkappa \leqq \wp_\mu}} \; b_{\lambda,\varkappa}^{(\mu)} \; \sup_{0 \leqq t \leqq T} \; \|D^\lambda \; F^\varkappa(t)v_o\| \Big\}. \quad (4.5.28)$$

Sind die Koeffizienten a_ν der Differentialgleichungen hinreichend
oft nach x und t differenzierbar, so ist offenbar $D^\lambda \, F^\varkappa(t)v_o$ eine
Linearkombination von Ausdrücken der Form $D^j v_o \, (|j| = 0,\ldots, |\lambda|+p\varkappa)$,
deren Koeffizienten von x und t abhängen können. Setzt man weiter-
hin voraus, daß diese Koeffizienten für die in Betracht kommenden
(x,t) in der gegebenen Norm beschränkt bleiben, so läßt sich
(4.5.28) abschätzen durch einen Ausdruck der Form

$$\eta_1(h,v_o) \; = \; \sum_{\mu=1}^{q} \; h^{\sigma_\mu} \sum_{|j|=1}^{\wp_\mu} \; \hat{c}_j \|D^j v_o\| \quad\quad (4.5.29)$$

mit in der Regel angebbaren $\hat{c}_j \cong 0$.

Offenbar ist $\|D^j v_o\|$ ein subadditives Funktional auf ϑ, denn

$$\|D^j(v_o+w_o)\| \; \leqq \; \|D^j v_o\| \; + \; \|D^j w_o\|, \; \text{für alle } v_o,w_o \in \vartheta \, .$$

Wir setzen also

$$\|D^j v_o\| \; = \; \alpha_\vartheta^{(j)}(v_o) \quad (j = 1,2,\ldots,m; \; m = \wp^*)$$

und erhalten mit (4.5.29) und mit

$$\wp^*(h,\alpha_\vartheta^{(1)}(v_o),\ldots,\alpha_\vartheta^{(m)}(v_o)) \; := \; \sum_{\mu=1}^{q} \; h^{\sigma_\mu} \sum_{|j|=1}^{\wp_\mu} \; \hat{c}_j \; \|D^j v_o\|$$

$$(4.5.30)$$

eine Realisierung von (4.5.10), wobei $\wp^{*}$ in der Tat monoton wachsend in allen Variablen ist.

Um die Voraussetzungen der Gültigkeit einer Bernstein-Ungleichung (4.5.7) und eines Jackson-Satzes (4.5.6) erfüllen zu können, haben wir nunmehr schließlich die Mengen $\mathfrak{M}, \mathfrak{U}, \mathfrak{I}, \mathfrak{I}_r$ $(r = 1,2,\ldots)$ zu konkretisieren.

Wir betrachten exemplarisch den Fall einer Ortsvariablen (d=1) (womit $D^j v_o = v_o^{(j)}$ wird) und $\mathfrak{M} = C_{2\pi}^o$, versehen mit der Tschebyscheff-Norm [1].

Es sei $\mathfrak{I} = C_{2\pi}^{\omega'}$, mit hinreichend großem $\omega' \in \mathbb{N}$, so daß (4.5.26) erfüllt ist. Auch (4.5.27) und (4.5.28) sei mit diesem ω' erfüllt und es sei $\mathfrak{I} \subset \mathfrak{U}$.

Weiterhin sei $\mathfrak{U} = C^{\beta,\alpha} \cap C_{2\pi}^o$. Dabei ist für einen Bereich $B \subset \mathbb{R}$

$$C^{\beta,\alpha}(B) = \left\{ u \mid u \in C^\beta(B),\ \sup_{x,\tilde{x} \in B} \frac{|u^{(\beta)}(x) - u^{(\beta)}(\tilde{x})|}{|x - \tilde{x}|^\alpha} < \infty \right\}$$

$$(\beta = 0,1,2,\ldots;\ 0 < \alpha \leq 1).$$

In unserem Fall ist $B = \mathbb{R}$, und es sei $\beta + 1 < \wp^{*} = m \leq \omega'$ (schwächere Strukturierung der $u_o \in \mathfrak{U}$ als der $u_o \in \mathfrak{I}$; beachte: der lokale Fehler ist $h \eta_1(h,u_o)$).

Offenbar gilt

$$\mathfrak{I} \underset{dicht}{\subseteq} \mathfrak{U} \underset{dicht}{\subseteq} \mathfrak{M},$$

da wiederum die in $\mathfrak{I}$ enthaltenen trigonometrischen Polynome in $\mathfrak{M}$ dicht liegen.

Der Raum $\mathfrak{I}_r$ $(r = 1,2,\ldots)$ sei die Menge der trigonometrischen Polynome der Höchstordnung r, so daß in der Tat die $\mathfrak{I}_r$ eine in $\mathfrak{I}$ liegende Kette bilden.

---

[1] *Die Ausdehnung auf den Fall stetiger Funktionen mehrerer Orts-variablen, die in jeder dieser Variablen periodisch sind, bereitet keine wesentlichen Schwierigkeiten (vgl. etwa [53]).*

Approximiert man nun ein $u_o \in \mathcal{U}$ bezüglich ϑ_r, so handelt es sich um eine (eindeutig lösbare) lineare Approximationsaufgabe. Ist $v_r = v_r(u_o)$ die zu u_o gehörende Minimallösung, so gilt in der Tat der Jackson-Satz

$$\| u_o - v_r(u_o) \| \leq c \frac{N(u_o)}{r^{\beta + \alpha}} \qquad (4.5.31)$$

mit der Lipschitzkonstante $N(u_o) = \sup_{x, \tilde{x} \, \mathbb{R}} \frac{|u^{(\beta)}(x) - u^{(\beta)}(\tilde{x})|}{|x - \tilde{x}|^\alpha}$ und mit $c < 1 + \frac{\pi^2}{2}$ (vergleiche z.B. [74], S.53).

Der Vergleich von (4.5.31) mit (4.5.13) ergibt

$$\omega_{\mathcal{U}}(u_o) := cN(u_o), \; \Theta = \beta + \alpha .$$

Überdies erfüllen trigonometrische Polynome die Bernstein-Ungleichung:

$$v \in \vartheta_r \Rightarrow \| v^{(j)} \| = \alpha_\vartheta^{(j)}(v) \leq r^j \| v \| \quad (j = 1, 2, \ldots) \qquad (4.5.32)$$

(vergleiche z.B. [74], S.56). Der Vergleich von (4.5.32) mit (4.5.11) ergibt

$$c_\mu = 1, \; k_\mu = \mu \; (\mu = 1, \ldots, m) .$$

Mithin gilt auch das Lemma (4.5.16) von Zamansky, so daß wir mit den dortigen $f_\mu(r, u_o)$ und dem $\wp^*$ aus (4.5.30) erhalten:

$$\chi_r(u_o) := \sum_{\mu=1}^{q} h^{\delta \mu} \sum_{j=1}^{\wp_\mu} \hat{c}_j \, f_j(r, u_o) .$$

Hieraus ergibt sich schließlich mit (4.5.21) (angeschrieben für v_r statt für v_o):

$$\| u_n - u(t_n) \| \leq \varkappa_o(1 + \varkappa_o) \| u_o - v_r \| + \varkappa_o T \chi_r(u_o) + \varkappa_o \eta_2(h, u_o) . \qquad (4.5.33)$$

Wir betrachten nun, wiederum exemplarisch, den schon angedeuteten, häufig auftretenden Fall $q = 1$, $\wp = (\delta + 1)p$. Mithin tritt nur ein Wert von $\wp$ auf, d.h. $\wp = \wp^*$, und wegen $\beta + 1 < \wp^*$ folgt dann auch

$$\beta + \alpha < (\delta + 1)p . \qquad (4.5.34)$$

Mit (4.5.31) gilt daher:

$$\| u_n - u(t_n) \| \leq \varkappa_o(1 + \varkappa_o) \, c \frac{N(u_o)}{r^{\beta + \alpha}} + \varkappa_o T h^\delta \sum_{\mu=1}^{(\delta+1)p} \hat{c}_\mu f_\mu(r, u_o) + \varkappa_o \eta_2(h, u_o) , \qquad (4.5.35)$$

142

wobei

$$
f_\mu(r,u_o) = \begin{cases}
\gamma_\mu\, r^{\mu-(\beta+\alpha)}\,\tilde\omega_{\alpha}(u_o) & \text{für}\quad \mu > \beta+\alpha \\[2mm]
\gamma_\mu^{*}\left[2+\dfrac{\log r}{\log 2}\right](u_o) & \text{für}\quad \mu = \beta+\alpha \\[2mm]
\gamma_\mu^{**}\,\tilde\omega_{\alpha}(u_o) & \text{für}\quad \mu < \beta+\alpha
\end{cases}
$$

Dabei kann der Fall $\mu = \beta+\alpha$ wegen $\mu-\beta \in \mathbb{N}$ offenbar für $0 < \alpha < 1$ gar nicht eintreten.

Für $\alpha = 1$ aber (und damit im Falle $\mu = \beta+\alpha = \beta + 1$) gilt im hier betrachteten Fall ebenfalls nur

$$
\|v_r^{(\mu)}\| = \|v_r^{(\beta+1)}\| \le \tilde c(u_o) \tag{4.5.36}
$$

mit einem gewissen angebbaren Funktional $\tilde c(u_o)$ (dies ist insoweit eine Verallgemeinerung des Satzes von Zamansky; vergleiche [11]). Wir beweisen (4.5.36) hier nur für den Fall $\beta = 0$:

Bildet man für ein noch wählbares festes $\xi > 0$

$$
\varphi(\xi) := v_r(x+\tfrac{\xi}{2}) - v_r(x-\tfrac{\xi}{2}) =: [\Delta^1 v_r](x),
$$

so folgt

$$
\varphi(\xi) = \varphi(0) + \xi\varphi'(0) + \frac{\xi^2}{2}\varphi''(0) + \frac{\xi^3}{6}\varphi'''(\hat\vartheta\xi) \quad (0 < \hat\vartheta < 1).
$$

Wegen $\varphi(0) = \varphi''(0) = 0$ folgt hieraus

$$
v_r(x+\tfrac{\xi}{2}) - v_r(x-\tfrac{\xi}{2}) = v_r'(x) + \frac{\xi^3}{6}\left[\tfrac{1}{8}v_r''(x+\tfrac{\hat\vartheta\xi}{2}) + \tfrac{1}{8}v_r''(x-\tfrac{\hat\vartheta\xi}{2})\right] \text{ und daher}
$$

$$
\xi\, v_r'(x) = [v_r(x+\tfrac{\xi}{2}) - u_o(x+\tfrac{\xi}{2})]
$$

$$
- [v_r(x-\tfrac{\xi}{2}) - u_o(x-\tfrac{\xi}{2})]
$$

$$
+ [u_o(x+\tfrac{\xi}{2}) - u_o(x-\tfrac{\xi}{2})]
$$

$$
- \frac{\xi^3}{48}[v_r''(x+\tfrac{\hat\vartheta\xi}{2}) + v_r(x-\tfrac{\hat\vartheta\xi}{2})].
$$

Unter Ausnutzung der Lipschitzbeschränktheit von u_o ($\beta = 0, \alpha = 1$) folgt

$$
\xi\,|v_r'(x)| \le 2\|v_r - u_o\| + \xi N(u_o)\,\frac{\xi^3}{48}\,2\|v_r''\|.
$$

Division durch ξ , Anwendung der Bernsteinschen Ungleichung auf v_r' ($\|v_r'''\| \leqq r^2 \|v_r'\|$) sowie Anwendung des Jackson-Satzes ergibt

$$\|v_r'\| \leqq \frac{2}{\xi} \frac{cN(u_0)}{r} + N(u_0) + \frac{\xi^2 r^2}{24}\|v_r'\|.$$

Wählt man nun $\xi = \frac{1}{r}$, so erhält man

$$\|v_r'\| \leqq \frac{24}{23}(2c+1)\, N(u_0) =: \tilde{c}(u_0).$$

Bemerkung: *Für $\beta > 0$ arbeitet man in völlig analoger Weise unter Heranziehung der höheren Differenzen Δ^n, die rekursiv durch*

$$[\Delta^n f](x) = [\Delta^{n-1} f](x+\tfrac{\xi}{2}) - [\Delta^{n-1} f](x-\tfrac{\xi}{2})$$

definiert werden (vergleiche [11]).

(4.5.34) ergibt daher mit (4.5.35)

$$\|u_n - u(t_n)\| \leqq x_0(1+x_0)\, c\frac{N(u_0)}{r^{\beta+\alpha}} + x_0 Th \sum_{\mu=1}^{6} \frac{(6+1)p}{}\, \hat{\hat{c}}_\mu(u_0)\, r^{\mu-(\beta+\alpha)} + x_0\eta_2(h,u_0), \qquad (4.5.37)$$

wobei in der rechts stehenden Summe negativ Exponenten als 0 zu lesen sind und mit gewissen angebbaren Funktionalen $\hat{\hat{c}}_\mu(u_0)$.

Wir vergröbern die rechte Seite noch, indem wir (unter Berücksichtigung von $r \geqq 1$) die in der Summe auftretenden Potenzen von r durch die höchste Potenz $r^{(6+1)p-(\beta+\alpha)}$ ersetzen.

Wir gelangen dann zu einer Abschätzung der Form

$$\|u_n - u(t_n)\| \leqq \frac{d_1(u_0)}{r^{\beta+\alpha}} + h^6\, r^{(6+1)p-(\alpha+\beta)}\, d_2(u_0) + x_0\eta_2(h,u_0)$$
$$=: F(r,h,u_0)$$

mit angebbaren Funktionalen $d_i(u_0)$ (i = 1,2).

Um $F(r,h,u_0)$ in Abhängigkeit von $r \in \mathbb{N}$ klein zu machen, betrachten wir vorübergehend r als eine auf $\mathbb{R}$ variierende reelle Variable und bestimmen vermöge $F_r(r,h,u_0) = 0$ ein $r_0 = r_0(h,u_0)$, für das F über $\mathbb{R}$ minimal wird. Anschließend wählen wir dasjenige $r_1 = r_1(h,u_0) \in \mathbb{N}$, das der Zahl r_0 am dichtesten benachbart ist.

$F_r(r,h,u_0) = 0$ führt zu der Gleichung

$$-(\beta+\alpha)\,\frac{d_1(u_o)}{r^{\beta+\alpha+1}} + [(\delta+1)p - (\beta+\alpha)]\,d_2(u_o)h^{\delta}\,r^{(\delta+1)p-(\beta+\alpha)-1} = 0$$

und damit zu

$$r^{(\delta+1)p} = \frac{(\beta+\alpha)d_1(u_o)}{[(\delta+1)p - (\beta+\alpha)]d_2(u_o)}\,h^{-\delta} > 0$$

(beachte (4.5.34)), d.h. zu

$$r_o(h,u_o) = d_3(u_o)h^{-\frac{\delta}{(\delta+1)p}}$$

mit angebbarem Funktional $d_3(u_o)$, wobei man leicht nachweist, daß r_o in der Tat die Stelle des absoluten Minimums von $F(r,h,u_o)$ über $r\in\mathbb{R}$ ist.

Für $r_1(h,u_o)\in\mathbb{N}$ gilt offenbar

$$r_o - \frac{1}{2} \leq r_1 \leq r_o + \frac{1}{2},$$

d.h.

$$\left[d_3(u_o) - \tfrac{1}{2}h^{(\delta+1)p}\right]h^{-\frac{\delta}{(\delta+1)p}} \leq r_1 \leq \left[d_3(u_o) + \tfrac{1}{2}h^{\frac{\delta}{(\delta+1)p}}\right]h^{-\frac{\delta}{(\delta+1)p}}.$$

Einsetzen dieses r_1 in $F(r,h,u_o)$ ergibt schließlich für $h \leq h_o$, wenn man sogleich h_o so klein wählt, daß

$$0 < h_o < [2d_3(u_o)]^{\frac{(\delta+1)p}{\delta}},$$

$$\|u_n - u(t_n)\| \leq \frac{d_1(u_o)}{\left[d_3(u_o) - \tfrac{1}{2}h_o^{\frac{\delta}{(\delta+1)p}}\right]^{\beta+\alpha}}\,h^{\delta\,\frac{\beta+\alpha}{(\delta+1)p}}$$

$$+ h^{\delta}d_2(u_o)\left[d_3(u_o) + \tfrac{1}{2}h_o^{\frac{\delta}{(\delta+1)p}}\right]^{(\delta+1)p-(\beta+\alpha)}h^{-\frac{\delta}{(\delta+1)p}\,(\delta+1)p-(\beta+\alpha)}$$

$$+ \eta_2(h,u_o).$$

Wegen $h^{\delta}\,h^{-\frac{\delta}{(\delta+1)p}[(\delta+1)p-(\beta+\alpha)]} = h^{\delta\frac{\beta+\alpha}{(\delta+1)p}}$ folgt

145

$$\|u_n - u(t_n)\| \leqq d_4(u_o)\ h^{\;6\,\frac{\beta+\alpha}{(6+1)p}} \tag{4.5.38}$$

mit angebbarem $d_4(u_o)$, sofern ein Verfahren zur Bestimmung des Anfangsfeldes benutzt wird, dessen Fehler ebenfalls mindestens ein
$O(h^{\;6\,\frac{\beta+\alpha}{(6+1)p}})$ ist.

Im hier exemplarisch betrachteten Fall war $(6+1)p = \wp$. Auch ohne
diese Spezialisierung wären wir auf gleichem Wege zu dem Resultat

$$\|u_n - u(t_n)\| = O(h^{\;6\,\frac{\beta+\alpha}{\wp}}) \tag{4.5.39}$$

gelangt, das dem eigangs dieses Abschnitts genannten Ergebnis von
Peetre und Thomée [64] entspricht. Für $u_o \in \vartheta$ gilt $\beta + \alpha = \wp$, so daß
(4.5.38) für $\frac{\beta+\alpha}{\wp} \to 1$ sogar in die ursprüngliche Konvergenzordnung
übergeht.

Die hier mit approximationstheoretischen Hilfsmittel erzielte Kon-
vergenzordnung $6\,\frac{\beta+\alpha}{\wp}$ ist wegen $\beta+\alpha < \wp$ für die schwächer strukturierten $u_o \in \mathfrak{U} - \vartheta$ kleiner als die Konvergenzordnung 6, die gemäß
$\eta_1(h,u_o) = O(h^6)$ auf ϑ vorausgesetzt war. Dieses Ergebnis war zu
erwarten, doch ist noch die Frage offen, ob die gewonnene Konvergenzordnung (etwa durch Benutzung anderer Methoden) ohne Hinzunahme
weiterer spezialisierender Voraussetzungen über die Struktur der
gegebenen Anfangswertaufgabe, des benutzten Differenzenverfahrens
usw. noch verbessert werden kann.

Daß die erhaltene Ordnung in Einzelfällen wirklich angenommen wird,
zeigt das folgende Beispiel.

<u>Beispiel:</u>
Wir betrachten in $\mathfrak{M} = C^o_{2\pi}$ (versehen mit der Tschebyscheff-Norm)
wiederum die Aufgabe

$$u_t = u_x, \quad 0 \leqq t \leqq T$$

$$u(0) = u_o$$

mit der (verallgemeinerten) Lösung

$$[u(t)] (x) = u(x,t) = [E(t)u_o] (x) = u_o(x+t), \text{ für alle } u_o \epsilon \mathfrak{M}.$$

Mithin ist $p = 1$.

Das explizite Einschrittverfahren $(\rightarrow L^{**} = 1)$

$$u_{n+1}(x) = u_n(x) + \hat{\lambda}[u_n(x+\tfrac{h}{\hat{\lambda}}) - u_n(x)]$$

erwies sich auf $\mathfrak{M}$ als L-stabil für $0 < \hat{\lambda} = \frac{h}{\Delta x} = \text{const} \leqslant 1$.

Wir wählen $\hat{\lambda} = \frac{1}{2}$, so daß das Verfahren lautet

$$u_{n+1}(x) = \tfrac{1}{2}[u_n(x+2h) + u_n(x)] . \qquad (4.5.40)$$

Die Bestimmung eines Anfangsfeldes entfällt, d.h. $\eta_2(h,u_o) = 0$, so daß die Voraussetzung

$$\eta_2(h,u_o) = O(h^{6\frac{\beta+\alpha}{\rho}})$$

trivialerweise erfüllt ist.

Den lokalen Fehler erhalten wir aus der Taylorentwicklung

$$u(x,t+h) - \tfrac{1}{2}[u(x+2h,t) + u(x,t)] = u(x,t) + hu_t(x,t) + \frac{h^2}{2}u_{tt}(x,t+\vartheta h)$$

$$- \tfrac{1}{2}[u(x,t) + 2hu_x(x,t) + 2h^2 u_{xx}(x+2\tilde{\vartheta}h,t)] - \tfrac{1}{2}u(x,t) =$$

$$= \frac{h^2}{2} u_{tt}(x,t+\vartheta h) - h^2 u_{xx}(x+2\tilde{\vartheta}h,t), \quad \text{d.h.}$$

$$\eta_1(h,u_o) = h\{\tfrac{1}{2} \sup_{0 \leqslant t \leqslant T} \| \frac{\partial^2}{\partial t^2} E_o(t)u_o \| + \sup_{0 \leqslant t \leqslant T} \| D^2 E_o(t)u_o \|\} \quad \text{für}$$

$$u_o \epsilon C_{2\pi}^2 \quad (\Rightarrow \omega' = 2).$$

Der Vergleich mit (4.5.24) lehrt $q = 1$, $6 = 1$, $\rho = \rho^* = 2 = \omega'$,

$$b_{o,o}^{(1)} = b_{o,1}^{(1)} = b_{1,o}^{(1)} = b_{1,1}^{(1)} = 0, \quad b_{2,o}^{(1)} = 1, \quad b_{o,2}^{(1)} = \tfrac{1}{2}.$$

In der Tat ist hier also $(6+1)p = 2 = \rho$.

Die Vertauschbarkeitsbeziehung (4.2.27) ist erfüllt auf C^2:

$$[D^\lambda \; F^\varkappa \; E_o(t)v_o](x) \; = \Big[\frac{\partial^\lambda}{\partial x^\lambda} \; \frac{\partial^\varkappa}{\partial x^\varkappa} \; E_o(t)v_o\Big](x) \; = \frac{\partial^{\lambda+\varkappa}}{\partial x^{\lambda+\varkappa}} \; v_o(x+t)$$

$$= v_o^{(\lambda+\varkappa)}(x+t) \; = \; [E(t)v_o^{(\lambda+\varkappa)}]\,(x) \; = \; [E(t)\frac{\partial^\lambda}{\partial x^\lambda}\frac{\partial^\varkappa}{\partial x^\varkappa} \; v_o]\,(x) \; =$$

$$= \; [E(t)\;D^\lambda\;F^\varkappa\;E(t)v_o](x) \quad \text{für } v_o\in C^2,\; 0 \leqq \lambda+\varkappa \leqq 2 \qquad {}^{1)}.$$

Wir betrachten nun die verallgemeinerten Lösungen mit

$$u_o \in \mathfrak{U} := \{\, u\,|\,u\in C_{2\pi}^o,\; |u(\tilde{x}) - u(x)| \; \leqq \; N(u_o)\,|\tilde{x} - x|\,\},$$

d.h. $\mathfrak{U} = C_{2\pi}^o \cap \text{Lip }1$.

Mithin ist $\beta = 0$, $\alpha = 1$, so daß insbesondere $\beta + 1 < \varrho^*$ erfüllt ist.

Für $u_o \in \mathfrak{U} - \vartheta$ liefert (4.5.37) daher in diesem Beispiel

$$\|u_n - u(t_n)\| \; = \; 0(h^{\frac{1}{2}}),$$

d.h. die Mindest-Konvergenzordnung $\frac{1}{2}$.

Daß diese Konvergenzordnung auch wirklich angenommen werden kann, erweist sich z.B. für

$$u_o(x) \; = \; \begin{cases} \pi + x & \text{für } \; -\pi \leqq x \leqq 0 \\[2mm] \pi - x & \text{für } \; 0 \leqq x \leqq \pi \end{cases} \; = \; u_o(x+2\pi).$$

Offenbar gilt

$$u_o\in\mathfrak{U},\; u_o\notin C_{2\pi}^1.$$

Für dieses u_o läßt sich der Verfahrensfehler direkt abschätzen:

Zunächst kann man die Lösung der Differenzengleichung (4.5.38) explizit darstellen:

$$u_n(x) \; = \frac{1}{2^n} \sum_{\nu=0}^{n} \; \binom{n}{\nu} \; u_o(x+2\nu h)$$

${}^{1)}$ Analog beweist man die Gültigkeit der Vertauschbarkeitsbeziehung allgemein bei Differentialgleichungen mit konstanten Koeffizienten.

(vollständige Induktion).

Es sei $T \geq \pi$, und wir betrachten speziell den Fehler auf der Schicht $t = \pi$, d.h. für $h \in (0, h_0]$ mit $nh = \pi$ ($n = 1, 2, \ldots$):

$$\|u_n - u(t)\|_{t=\pi} \geq \left| u_n(x) - u_0(x+t) \right|_{\substack{x=0 \\ t=\pi}}$$

$$= \left| u_n(0) - u_0(\pi) \right| = \left| u_n(0) \right|$$

$$= \frac{1}{2^n} \left| \sum_{\nu=0}^{n} \binom{n}{\nu} u_0(2\nu h) \right| .$$

Nach Definition von $u_0(x)$ und wegen $nh = \pi$ ist

$$u_0(2\nu h) = \begin{cases} \pi - 2\nu h & \text{für } \nu \leq \frac{n}{2} \\[2mm] -\pi + 2\nu h & \text{für } \frac{n}{2} < \nu \leq n. \end{cases}$$

Mithin gilt, wenn man zunächst ungerade n betrachtet,

$$\sum_{\nu=0}^{n} \binom{n}{\nu} u_0(2\nu h) = \sum_{\nu=0}^{\frac{n-1}{2}} \binom{n}{\nu} (\pi - 2\nu h) + \sum_{\nu=\frac{n+1}{2}}^{n} \binom{n}{\nu} (-\pi + 2\nu h) .$$

Die Symmetrie der Binomialkoeffizienten und $\nu\binom{n}{\nu} = n\binom{n-1}{\nu-1}$ liefern

$$\|u_n - u(t)\|_{t=\pi} \geq \frac{nh}{2^{n-1}} \left| - \sum_{\nu=1}^{\frac{n-1}{2}} \binom{n-1}{\nu-1} + \sum_{\nu=\frac{n+1}{2}}^{n} \binom{n-1}{\nu-1} \right| =$$

$$= \frac{nh}{2^{n-1}} \left| \binom{n-1}{\frac{n-1}{2}} - \sum_{\nu=0}^{\frac{n-3}{2}} \binom{n-1}{\nu} + \sum_{\nu=\frac{n+1}{2}}^{n-1} \binom{n-1}{\nu} \right| .$$

Wiederum unter Ausnutzung der Symmetrie der Binomialkoeffizienten erhält man

$$\|u_n - u(t)\|_{t=\pi} \geq \frac{nh}{2^{n-1}} \binom{n-1}{\frac{n-1}{2}} \quad \text{und daher mit der Stirlingschen Formel}$$

$$\|u_n - u(t)\|_{t=\pi} \geq \frac{nh}{2^{n-1}} \frac{(n-1)!}{\left[\left(\frac{n-1}{2}\right)!\right]^2} \geq \frac{nh}{2^{n-1}} \frac{(n-1)^{n-1} \, e^{-(n-1)} \, \sqrt{2\pi(n-1)}}{\left[\left(\frac{n-1}{2}\right)^{\frac{n-1}{2}} e^{-\frac{n-1}{2}} \sqrt{2\pi\frac{n-1}{2}} \, e^{\frac{2}{12(n-1)}}\right]^2} .$$

Mithin folgt

$$\|u_n - u(t_n)\| \geqq \sqrt{2h}\ \sqrt{\frac{n}{n-1}}\ e^{-\frac{1}{3(n-1)}}$$

$$= \sqrt{2h}\,(1+O(\tfrac{1}{n}))\qquad (\text{für } n\to\infty\ ),\ \text{d.h.}$$

$$\|u_n - u(t)\|_{t=\pi} \geqq \sqrt{2h}\,(1+O(h))\qquad (\text{für } h\to 0).$$

Die Konvergenzordnung ist hier also höchstens gleich $\frac{1}{2}$, mithin genau gleich $\frac{1}{2}$.

Bemerkung: *In diesem Abschnitt wurden exemplarisch als Mengen, in denen ein Jackson-Satz und eine Bernstein-Ungleichung erfüllt sind, Räume periodischer stetiger Funktionen als Grundmengen, Räume von periodischen Funktionen mit lipschitzbeschränkten Ableitungen als Mengen $\mathfrak{M}$, Räume trigonometrischer Polynome als Mengen ϑ_r gewählt.*

Für andere Mengen, in denen ebenfalls Jackson-Sätze und Bernstein-Ungleichungen gelten, vergleiche [20] und [11].

Bei konkreten Aufgabenstellungen in Anwendungsgebieten begegnet man vielfach der Notwendigkeit, heuristisch konstruierte Näherungsverfahren anzuwenden noch ehe gesicherte Aussagen über Konvergenz, Fehlerschranken, Konvergenzordnungen usw. zur Verfügung stehen. Insbesondere bei Anwendung von Differenzenverfahren wird dabei eine oft sehr optimistische Auffassung an den Tag gelegt, wobei dieser Optimismus durch den Vergleich der Näherungswerte mit Meßwerten häufig seine Rechtfertigung findet.

Ziel dieses Abschnitts war es, diese Art der Erwartungen wenigstens für den hier behandelten Teilaspekt auf eine solidere Grundlage zu stellen.

5 Halblineare Anfangswertaufgaben

5.1 Äquivalenzsätze

Nachdem für lineare Anfangswertaufgaben durch den Äquivalenzsatz
von Lax und Richtmyer und seine Ergänzungen und Abwandlungen eine
nahezu vollständige Aufklärung über die Struktur des Konvergenzverhaltens approximierender Differenzenverfahren erzielt worden war,
richteten sich alsbald die Bemühungen darauf, diesen Äquivalenzsatz
auf umfangreichere Problemklassen zu verallgemeinern.

Naturgemäß standen dabei anfänglich halblineare Probleme der Form

$$u_t = F(t)u + G(t)u, \quad O \leqq t \leqq T$$

$$u(O) = u_O \tag{5.1.1}$$

mit linearem Differentialoperator $F(t)$ (bezüglich der Ortsvariablen) und nichtlinearen Operatoren $G(t)$ im Vordergrund.

Zunächst wurde der Äquivalenzsatz von Lax und Richtmyer durch
Stetter [101] auf den t-unabhängigen Fall einer inhomogenen linearen Anfangswertaufgabe

$$u_t = Fu + g$$

$$u(O) = u_O$$

mit $g \in \mathfrak{M}$ übertragen.

Für den Fall, daß man ein Verfahren zur Approximation der halblinearen Anfangswertaufgabe nur dann konvergent nennt, wenn es für jede global gleichgradig lipschitzstetige Schar $\{G(t)\}$ $(O \leqq t \leqq T)$ L-
konvergent ist [1], wurde im t-unabhängigen Fall (d.h. F ist nicht
von t abhängig) 1967 in [6] ein Äquivalenzsatz angegeben, nachdem
ein solcher speziell für Einschrittverfahren auch bei Beschränkung
auf die Forderung der Konvergenz bei gegebener Schar $\{G(t)\}$ 1966
in [5] bereits bewiesen werden konnte. In dem von Spijker für etwas
allgemeinere Verfahrensklassen bei etwas abgewandeltem Konvergenz-

---

[1] In Analogie zu entsprechenden Konvergenzbegriffen bei der numerischen Behandlung gewöhnlicher Differentialgleichungen.

begriff angegebenen Äquivalenzsatz [99] konnte die Richtung *Konvergenz* $\Rightarrow$ *Stabilität* ebenfalls bei Beschränkung auf eine gegebene Schar $\{G(t)\}$ bewiesen werden.

Für den t-abhängigen Fall wurde die Richtung *Stabilität* $\wedge$ *Konsistenz* $\Rightarrow$ *L-Konvergenz* in [10], S. 107, gezeigt.

Dabei werden wir den Stabilitätsbegriff bei halblinearen Problemen noch zu präzisieren haben.

Ein vollständiger Äquivalenzsatz für den t-abhängigen Fall bei gleichzeitigem Verzicht auf die globale Lipschitzbeschränktheit der Operatoren $G(t)$ ($0 \leq t \leq T$) zugunsten einer nur lokalen gleichgradigen Lipschitzbeschränktheit lieferte Hass [45] unter Benutzung des Begriffs der H_1-Konvergenz (vgl. Konvergenzdefinition VIII in Abschnitt 4.2) für ein vorgelegtes u_o. Es handelt sich dabei um den Satz, dessen Spezialisierung auf den linearen Fall wir bereits als Satz 4.2.2 kennengelernt hatten.

Wir werden uns hier auf die Wiedergabe des Satzes von Hass beschränken, da sich im linearen Fall die H_1-Konvergenz und die H-Konvergenz (bzw. die L-Konvergenz im t-unabhängigen Fall) als weitgehend äquivalent erwiesen hatten und auch im halblinearen Fall die entsprechenden Konvergenzaussagen eng benachbart sind, wie allein bereits aus dem Umstand hervorgeht, daß der für diese Konvergenzaussagen benutzte Stabilitätsbegriff in allen Fällen der gleiche ist (die Unterschiede liegen, wie bereits dargestellt, im wesentlichen in der jeweils zugelassenen Menge von Anfangsfeldern).

Bevor wir uns dem Äquivalenzsatz zuwenden, formulieren wir zunächst einige Voraussetzungen sowie den Stabilitätsbegriff.

Gegeben sei in dem normierten Raum $\mathfrak{M}$ die halblineare Anfangswertaufgabe (5.1.1).

Die Operatoren $F(t)$ ($0 \leq t \leq T$) seien mithin lineare Operatoren, die ihren gemeinsamen, nicht-leeren Definitionsbereich $\mathfrak{M}_F \subset \mathfrak{M}$ in $\mathfrak{M}$ abbilden mögen ($\mathfrak{M}_F$ ist somit ein linearer Teilraum von $\mathfrak{M}$).

Die Operatoren $G(t)$ ($0 \leq t \leq T$) mögen $\mathfrak{M}$ in $\mathfrak{M}$ abbilden und auf $\mathfrak{M}$ lokal gleichgradig lipschitzstetig sein, d.h.:

Zu jeder beschränkten Teilmenge $\mathfrak{U} \subset \mathfrak{M}$ gebe es eine von t unabhängige Konstante L , so daß

$$\|G(t)u - G(t)v\| \leqq L_{\alpha}\|u - v\|, \quad \text{für alle } u,v \in \mathfrak{U} . \tag{5.1.2}$$

Die Anfangswertaufgabe soll numerisch durch ein Differenzenverfahren der Form (2.1.6), d.h. mittels

$$\sum_{\nu=0}^{k} A_\nu(t_{n+\nu},h)u_{n+\nu} + h \sum_{\nu=0}^{k} B_\nu(h)\, G(t_{n+\nu})u_{n+\nu} = 0$$

$$(n = 0,1,2,\ldots),$$

gelöst werden. Dieses Verfahren erfülle bei geeignetem $h_o > 0$ folgende Voraussetzungen:

(V1) $A_\nu(t,h)$ und $B_\nu(h)$ seien für jedes feste $t \in [0,T]$ und für jedes feste $h \in [0,h_o]$ lineare Operatoren von $\mathfrak{M}$ in sich.

(V2) $A_k^{-1}(t,h)$ und $R(t,h) := \left[A_k(t,h) + hB_k(h)G(t)\right]^{-1}$ mögen für jedes feste $t \in [0,T]$ und jedes feste $h \in [0,h_o]$ auf $\mathfrak{M}$ existieren, d.h.: Sowohl das zu der *zugehörigen linearen Anfangswertaufgabe* $u_t = F(t)u$ gehörende lineare Verfahren

$$\sum_{\nu=0}^{k} A_\nu(t_{n+\nu},h)u_{n+\nu} = 0 \text{ als auch das Verfahren (5.1.1) seien}$$

auflösbar (vergleiche (2.1.7)).

(V3) $A_k^{-1}(t,h)$ und $B_\nu(h)$ seien für jedes feste $t \in [0,T]$ und für jedes feste $h \in [0,h_o]$ gleichmäßig beschränkte Operatoren von $\mathfrak{M}$ in sich; es gebe also reelle Konstanten a und b_ν mit

$$\|A_k^{-1}(t,h)\| \leqq a \text{ und } \|B_\nu(h)\| \leqq b_\nu \;(\nu = 0,\ldots,k) \tag{5.1.3}$$

für alle $t \in [0,T]$ und für alle $h \in [0,h_o]$ [1].

Die im folgenden auftretende Konstante b sei definiert durch

---

[1] Bei vollständigem Raum $\mathfrak{M}$ kann (V3) abgeschwächt werden, indem für die Scharen $\{A_k^{-1}(t,h)\}$ und $\{B_\nu(h)\}$ $(\nu = 0,\ldots,k)$ jeweils nur die Gültigkeit der Voraussetzungen des Prinzips der gleichmäßigen Beschränktheit (vergleiche Satz 4.1.2) gefordert wird.

$$b := \sum_{\nu=0}^{k} b_\nu. \qquad (5.1.4)$$

Nunmehr können wir das Verfahren nach dem Vorgang des Abschnitts 2.2 als formales Einschrittverfahren auf $\mathfrak{M}^k$ schreiben:

$$\tilde{u}_{n+1} = \tilde{C}(t_n,h)\,\tilde{u}_n \qquad (5.1.5)$$

mit dem $\tilde{C}(t,h)$ aus (2.2.23).

Da sowohl A_k^{-1} als auch R existieren, läßt sich $\tilde{C}(t,h)$ auch in der Form

$$\tilde{C}(t,h) = \tilde{R}(t,h)\left\{ \tilde{A}(t,h) + h\,\tilde{B}_1(t,h)\right\} \qquad (5.1.6)$$

schreiben mit

$$\tilde{R}(t,h) := \begin{pmatrix} [I+hA_k^{-1}(t+kh,h)\,B_k(h)\,G(t+kh)]^{-1} & & & & \Theta \\ & I & & & \\ & & \ddots & & \\ & \Theta & & \ddots & \\ & & & & I \end{pmatrix}$$

$$\tilde{B}_1(t,h) := \begin{pmatrix} -A_k^{-1}(t+kh,h)\,B_{k-1}(h)\,G(t+(k-1)h)\cdots -A_k^{-1}(t+kh,h)\,B_0(h)\,G(t) \\ \\ \Theta \end{pmatrix}$$

$$\tilde{A}(t,h) := \begin{pmatrix} -A_k^{-1}(t+kh,h)\,A_{k-1}(t+(k-1)h,h) \cdots -A_k^{-1}(t+kh,h)\,A_0(t,h) \\ I & & \Theta \\ & \ddots & \\ \Theta & & \ddots \\ & & I & \Theta \end{pmatrix}$$

$\tilde{A}(t,h)$ stimmt naturgemäß mit dem Operator $\tilde{C}(t,h)$ des zugehörigen linearen Falls überein (vergleiche (4.1.3)).

Mit

$$\tilde{B}_o(t,h) := \begin{pmatrix} -A_k^{-1}(t+kh,h)B_k(h)G(t+kh) & \Theta & \cdots & \Theta \\ & & \ominus & \end{pmatrix}$$

läßt sich (5.1.5) umformen zu der Darstellung

$$\tilde{u}_{n+1} = \tilde{A}(t_n,h)u_n + h\tilde{B}_o(t_n,h)\tilde{u}_{n+1} + h\tilde{B}_1(t_n,h)\tilde{u}_n, \qquad (5.1.7)$$

die wir später ebenfalls benötigen.

<u>Definition:</u> Wir nennen das Verfahren (5.1.5) L-stabil auf $\mathfrak{M}$, wenn das zugehörige lineare Verfahren auf $\mathfrak{M}$ L-stabil im Sinne von (4.1.7) ist, d.h. wenn es ein $\varkappa_o \in \mathbb{R}$ gibt, so daß

$$\left\| \prod_{\nu=m}^{n-1} \tilde{A}(t_\nu,h) \right\| \leq \varkappa_o, \text{ für alle } m,n \in \mathbb{N}_o \text{ mit } 0 \leq m \leq n,$$

$$\text{für alle } h \in [0,h_o] \text{ mit geeignetem } h_o > 0 \quad (5.1.8)$$

$$\text{und mit } (n+k-1)h \in [0,T]$$

(dabei ist wiederum (4.1.8) gültig, d.h. $\varkappa_o \geq 1$).

Dann gilt folgender Äquivalenzsatz:

<u>Satz 5.1.1</u> (Hass; vergleiche [45]):
Das Verfahren (5.1.5) sei auf $\{u_o\}$ (bei gegebenem $u_o \in \mathcal{a}$) mit der aufgabe (5.1.1) konsistent im Sinne von (2.3.2). Es mögen die Voraussetzungen (V1), (V2), (V3) gelten. Überdies sei $\mathfrak{M}$ vollständig. Für die aus dem betrachteten u_o hervorgehende Lösung $\{u(t)\}$ (deren Existenz und Eindeutigkeit gegeben sei, d.h. $\mathcal{a}$ sei nicht leer) gelte $\sup_{0 \leq t \leq T} \|u(t)\| \leq r$ (die Existenz eines solchen r folgt aus (1.1.12)), und (5.1.2) sei erfüllt.

Dann ist das Verfahren (5.1.5) genau dann H_1-konvergent für u_o, wenn es auf $\mathfrak{M}$ L-stabil ist.

Beweis: (Bemerkung: *Bereits aus dem Studium des linearen Falls folgt, daß unter den benutzten Konvergenzforderungen der hier auftretende Stabilitätsbegriff kaum abschwächbar sein dürfte. Im Gegensatz zum Beweis des Satzes 4.2.1 stellen wir deshalb nun den Beweis der für die Praxis wichtigeren Richtung – Folgerung der Konvergenz aus der Stabilität – voran).*

1. Das Verfahren sei L-stabil auf $\mathfrak{M}$ und konsistent für u_o.

Es sei $\mathfrak{A} \subset \mathfrak{M}$ eine abgeschlossene Kugel um das Nullelement mit einem Radius $s > r$ und $L = L_{\mathfrak{A}}$ die Lipschitzkonstante der Operatoren $G(t)$ $(0 \le t \le T)$ gemäß (5.1.2).

$h_o > 0$ sei von vornherein so klein gewählt, daß für alle $h \in [0, h_o]$ sowohl die Voraussetzungen (V1), (V2), (V3) als auch die Konsistenzbedingung und die Stabilitätsforderung (5.1.8) erfüllt sind.

Überdies sei sogleich $h_o \le \frac{1}{2} \frac{s-r}{s+r} \frac{1}{ab_k L}$ [1], und wir setzen abkürzend

$$\alpha := h_o \, ab_k \, L \left(\le \frac{1}{2} \frac{s-r}{s+r} < \frac{1}{2} \right). \qquad (5.1.9)$$

Schließlich schränken wir h_o noch so ein, daß $h_o \le 1$ und

$$\eta_1(h, u_o) \le \frac{s-r}{2\varkappa_o(1+T+\alpha T)M}, \quad \text{für alle } h \in [0, h_o] \text{ [2]} \qquad (5.1.10)$$

mit

$$M := \frac{\varkappa_o}{1-\alpha} \exp\left(\frac{ab\varkappa_o LT}{1-\alpha}\right). \qquad (5.1.11)$$

Unter Benutzung der ab t_m gerechneten Anfangsfelder gilt dann zunächst gemäß (5.1.7):

---

[1] Ist $b_k = 0$, so bedarf das h_o an dieser Stelle keiner weiteren Einschränkung.

[2] Zwar hängt die rechte Seite von (5.1.10) über α und M selbst von h_o ab, jedoch in monoton fallender Weise, so daß $h_o > 0$ geeignet bestimmbar ist.

156

$$\tilde{u}^m_{n-m} = \tilde{A}(t_{n-1},h)\tilde{u}^m_{n-1-m} + h\,\tilde{B}_o(t_{n-1},h)\tilde{u}^m_{n-m} + h\,\tilde{B}_1(t_{n-1},h)\tilde{u}^m_{n-1-m}.$$

Hieraus erhält man mittels vollständiger Induktion (bezüglich n, beginnend mit n = m + 1):

$$\tilde{u}^m_{n-m} = \prod_{\nu=m}^{n-1}\tilde{A}(t_\nu,h)\tilde{u}^m_o + h\sum_{\nu=m}^{n-1}\prod_{\mu=\nu+1}^{n-1}A(\tilde{t}_\mu,h)\,\tilde{B}_1(t_\nu,h)\tilde{u}^m_{\nu-m}$$

$$+\, h\sum_{\nu=m}^{n-1}\prod_{\mu=\nu+1}^{n-1}\tilde{A}(t_\mu,h)\,\tilde{B}_o(t_\nu,h)\tilde{u}^m_{\nu+1-m} \tag{5.1.12}$$

sowie

$$\tilde{u}^m_{n-m} - \tilde{u}(t_n) = \prod_{\nu=m}^{n-1}\tilde{A}(t_\nu,h)\{\tilde{u}^m_o - \tilde{u}(t_m)\}$$

$$+\, h\sum_{\nu=m}^{n-1}\prod_{\mu=\nu+1}^{n-1}\tilde{A}(t_\mu,h)\{\tilde{B}_1(t_\nu,h)\tilde{u}^m_{\nu-m} - \tilde{B}_1(t_\nu,h)\tilde{u}(t_\nu)\}$$

$$+\, h\sum_{\nu=m}^{n-1}\prod_{\mu=\nu+1}^{n-1}\tilde{A}(t_\mu,h)\{\tilde{B}_o(t_\nu,h)\tilde{u}^m_{\nu+1-m} - \tilde{B}_o(t_\nu,h)\tilde{C}(t_\nu,h)\tilde{u}(t_\nu)\}$$

$$+\sum_{\nu=m}^{n-1}\prod_{\mu=\nu+1}^{n-1}\tilde{A}(t_\mu,h)\{\tilde{C}(t_\nu,h)\tilde{u}(t_\nu) - \tilde{u}(t_{\nu+1})\},$$

wobei für den Nachweis der Gültigkeit von (5.1.13) zu berücksichtigen ist, daß mit (5.1.7) die Identität

$$\tilde{C}(t_\nu,h)\tilde{u}(t_\nu) = \tilde{A}(t_\nu,h)\tilde{u}(t_\nu) + h\tilde{B}_o(t_\nu,h)\,\tilde{C}(t_\nu,h)\tilde{u}(t_\nu) + h\tilde{B}_1(t_\nu,h)\tilde{u}(t_\nu)$$

besteht.

Aufgrund der auf $\mathfrak{M}$ vorausgesetzten L-Stabilität liefert (5.1.13) für die Anfangsfelder

$$\tilde{u}^m_o = \tilde{u}(t_m) + \tilde{w} :$$

$$\|\tilde{u}^m_{n-m} - \tilde{u}(t_n)\| \leq \varkappa_o\|\tilde{w}\|$$

$$+\, h\varkappa_o\sum_{\nu=m}^{n-1}\|\tilde{B}_1(t_\nu,h)\tilde{u}^m_{\nu-m} - \tilde{B}_1(t_\nu,h)\tilde{u}(t_\nu)\|$$

$$+\, h\varkappa_o\sum_{\nu=m}^{n-2}\|\tilde{B}_o(t_\nu,h)\tilde{u}^m_{\nu+1-m} - \tilde{B}_o(t_\nu,h)\tilde{C}(t_\nu,h)\tilde{u}(t_\nu)\| +$$

157

$$+ h\|\tilde{B}_o(t_{n-1},h)\tilde{u}^m_{n-m} - \tilde{B}_o(t_{n-1},h)\tilde{u}(t_n)\| \qquad (5.1.14)$$

$$+ h\|\tilde{B}_o(t_{n-1},h)\tilde{u}(t_n) - \tilde{B}_o(t_{n-1},h)\,\tilde{C}(t_{n-1},h)\tilde{u}(t_{n-1})\|$$

$$+ \varkappa_o \sum_{\nu=m}^{n-1} \|\tilde{C}(t_\nu,h)\tilde{u}(t_\nu) - \tilde{u}(t_{\nu+1})\|\,.$$

Wir wollen nun die Lipschitzbeschränktheit der Operatoren $G(t)$ auf $\mathcal{G}$ (dort mit der einheitlichen Konstanten L) ausnutzen: Trivialerweise liegen die Lösungselemente $\tilde{u}(t_\nu)$ in $\mathcal{G}^k$; damit liegen aber die Elemente $\tilde{C}(t_\nu,h)\tilde{u}(t_\nu)$ in $\mathcal{G}^k$, denn wir haben mit (5.1.10)

$$\|\tilde{C}(t_\nu,h)\tilde{u}(t_\nu)\| \leqq \|\tilde{C}(t_\nu,h)\tilde{u}(t_\nu) - \tilde{u}(t_{\nu+1})\| + \|\tilde{u}(t_{\nu+1})\|$$

$$\leqq h\eta_1(h,u_o) + r \leqq \frac{h_o(s-r)}{2\varkappa_o(1+T+\alpha T)M} + r < s$$

(da $h_o \leqq 1$, $\varkappa_o \geqq 1$, $M \geqq 1$); es bleibt daher zur Ausnutzung der Lipschitzbeschränktheit noch sicherzustellen, daß für hinreichend kleine $\|\tilde{w}\|$ auch die Elemente $\tilde{u}^m_{n-m}$ in $\mathcal{G}^k$ liegen.

Wir zeigen nun mit (5.1.14) durch vollständige Induktion simultan die Gültigkeit sowohl von

$$\|\tilde{u}^m_{n-m} - \tilde{u}(t_n)\| \leqq \frac{\varkappa_o}{1-\alpha}\left\{1 + \frac{habL\varkappa_o}{1-\alpha}\right\}^{n-m}\left\{(1+\alpha)(n-m)h\eta_1(h,u_o) + \|\tilde{w}\|\right\}$$
$$(5.1.15)$$

als auch von

$$\|\tilde{u}^m_{n-m}\| \leqq s. \qquad (5.1.16)$$

Zunächst sind nämlich die Ungleichungen (5.1.15) und (5.1.16) für $p = n - m = 0$ wegen $\varkappa_o \geqq 1$ und $\alpha < 1$ trivialerweise richtig, sofern $\|\tilde{w}\| \leqq s - r$.

Sie seien schon richtig bis $p - 1 = n - m - 1$ mit beliebigem $p \in \mathbb{N}$. Dann gilt wegen

$$\|\tilde{B}_1(t,h)\tilde{v} - \tilde{B}_1(t,h)\tilde{z}\| \leqq \sum_{i=0}^{k-1} ab_i L \|\tilde{v} - \tilde{z}\| \text{ und}$$
$$(5.1.17)$$
$$\|\tilde{B}_o(t,h)\tilde{v} - \tilde{B}_o(t,h)\tilde{z}\| \leqq ab_k L\|\tilde{v} - \tilde{z}\|, \text{ für alle } \tilde{v},\tilde{z} \in \mathcal{G}^k$$

mit (5.1.14)

$$\|\tilde{u}^m_{n-m} - \tilde{u}(t_n)\| \leq x_o \|\tilde{w}\|$$

$$+ hx_o \sum_{i=0}^{k-1} ab_i L \sum_{\nu=m}^{n-1} \|\tilde{u}^m_{\nu-m} - \tilde{u}(t_\nu)\|$$

$$+ hx_o \, ab_k L \sum_{\nu=m}^{n-2} \|\tilde{u}^m_{\nu+1-m} - \tilde{C}(t_\nu,h)\tilde{u}(t_\nu)\|$$

$$+ h\|\tilde{B}_o(t_{n-1},h)\tilde{u}^m_{n-m} - \tilde{B}_o(t_{n-1},h)\tilde{u}(t_n)\|$$

$$+ h \, ab_k L \|\tilde{C}(t_{n-1},h)\tilde{u}(t_{n-1}) - \tilde{u}(t_n)\|$$

$$+ x_o \sum_{\nu=m}^{n-1} \|\tilde{C}(t_\nu,h)\tilde{u}(t_\nu) - \tilde{u}(t_{\nu+1})\|$$

und deshalb aufgrund der Induktionsvoraussetzung (bezüglich (5.1.15)) und wegen der Konsistenzbedingung sowie mit (5.1.4):

$$\|\tilde{u}^m_{n-m} - \tilde{u}(t_n)\| \leq x_o \|\tilde{w}\|$$

$$+ hx_o \sum_{i=0}^{k-1} ab_i L \sum_{\nu=m}^{n-1} \|\tilde{u}^m_{\nu-m} - \tilde{u}(t_\nu)\|$$

$$+ h \, x_o \, ab_k L \sum_{\nu=m}^{n-1} \|\tilde{u}^m_{\nu-m} - \tilde{u}(t_\nu)\|$$

$$+ hx_o \, ab_k L \sum_{\nu=m}^{n-2} \|\tilde{u}(t_{\nu+1}) - \tilde{C}(t_\nu,h)\tilde{u}(t_\nu)\|$$

$$+ hab_k L \|\tilde{C}(t_{n-1},h)\tilde{u}(t_{n-1}) - \tilde{u}(t_n)\|$$

$$+ x_o \sum_{\nu=m}^{n-1} \|\tilde{C}(t_\nu,h)\tilde{u}(t_\nu) - \tilde{u}(t_{\nu+1})\|$$

$$+ h\|\tilde{B}_o(t_{n-1},h)\tilde{u}^m_{n-m} - \tilde{B}_o(t_{n-1},h)\tilde{u}(t_n)\|$$

$$\leq x_o \|\tilde{w}\| + hx_o \, abL \sum_{\nu=m}^{n-1} \frac{x_o}{1-\alpha}\left\{1+\frac{habLx_o}{1-\alpha}\right\}^{\nu-m} \left\{(1+\alpha)(n-m)h\eta_1(h,u_o)+\|\tilde{w}\|\right\}$$

$$+ hx_o \, ab_k L(n-m-1)h\eta_1(h,u_o) + hab_k Lh\eta_1(h,u_o)$$

$$+ hx_o(n-m)\eta_1(h,u_o) +$$

$$+ h\|\tilde{B}_o(t_{n-1},h)\tilde{u}^m_{n-m} - \tilde{B}_o(t_{n-1},h)\tilde{u}(t_n)\|$$

$$\leq \varkappa_o\|\tilde{w}\| + \varkappa_o\left\{(1+\frac{habL\varkappa_o}{1-\alpha})^{n-m} -1\right\}\left\{(1+\alpha)(n-m)h\eta_1(h,u_o) + \|\tilde{w}\|\right\}$$

$$+ \varkappa_o\, h_o ab_k L(n-m-1)h\eta_1(h,u_o) + \varkappa_o h(n-m)\eta_1(h,u_o)$$

$$+ h\|\tilde{B}_o(t_{n-1},h)\tilde{u}^m_{n-m} - \tilde{B}_o(t_{n-1},h)\tilde{u}(t_n)\|$$

$$\leq \varkappa_o\|\tilde{w}\| + \varkappa_o\left\{(1+\frac{habL\varkappa_o}{1-\alpha})^{n-m} -1\right\}\left\{(1+\alpha)(n-m)h\eta_1(h,u_o) + \|\tilde{w}\|\right\}$$

$$+ \varkappa_o(1+\alpha)(n-m)h\eta_1(h,u_o)$$

$$+ h\|\tilde{B}_o(t_{n-1},h)\tilde{u}^m_{n-m} - \tilde{B}_o(t_{n-1},h)\tilde{u}(t_n)\|$$

$$= \varkappa_o(1+\frac{habL\varkappa_o}{1-\alpha})^{n-m}\left\{(1+\alpha)(n-m)h\eta_1(h,u_o) + \|\tilde{w}\|\right\}$$

$$+ h\|\tilde{B}_o(t_{n-1},h)\tilde{u}^m_{n-m} - \tilde{B}_o(t_{n-1},h)\tilde{u}(t_n)\| .$$

Wäre nun auch schon (5.1.16) für $p = n - m$ bewiesen, so würde mit (5.1.17) die Ungleichung

$$\|\tilde{u}^m_{n-m} - \tilde{u}(t_n)\| \leq \varkappa_o(1+\frac{habL\varkappa_o}{1-\alpha})^{n-m}\left\{(1+\alpha)(n-m)h\eta_1(h,u_o) + \|\tilde{w}\|\right\}$$

$$+ h_o ab_k L\|\tilde{u}^m_{n-m} - \tilde{u}(t_n)\| ,$$

d.h. die Gültigkeit von (5.1.15) auch für $p = n - m$, folgen.

Es bleibt also noch (5.1.16) für $p = n - m$ aus der Induktionsvoraussetzung zu beweisen, um den Induktionsbeweis für (5.1.15), (5.1.16) abzuschließen.
Hierzu bilde man, beginnend mit $\tilde{v}_o := \tilde{u}^m_{n-1-m}$, eine Folge $\{\tilde{v}_i\}$ vermöge

$$\tilde{v}_i := \tilde{P}\tilde{v}_{i-1} := \tilde{A}(t_{n-1},h)\tilde{v}_o + h\tilde{B}_1(t_{n-1},h)\tilde{v}_o + h\tilde{B}_o(t_{n-1},h)\tilde{v}_{i-1}$$

$$(5.1.18)$$

$$(i = 1,2,3,\ldots).$$

Offenbar besitzt der so definierte Operator $\tilde{P}$ aufgrund der Definition von $\tilde{v}_o$, aufgrund der Auflösbarkeitsvoraussetzung (V2) sowie wegen (5.1.7) den eindeutigen Fixpunkt $\tilde{u}^m_{n-m}$.

Es ist zu zeigen, daß aus der Induktionsvoraussetzung $\tilde{v}_o \in \mathcal{G}^k$ folgt, daß auch dieser Fixpunkt in $\mathcal{G}^k$ liegt.

Nun ist $\tilde{P}$ auf $\mathcal{G}^k$ kontrahierend, denn für $\tilde{u}, \tilde{w} \in \mathcal{G}^k$ folgt

$$\|\tilde{P}u - \tilde{P}w\| \leqq \alpha \|\tilde{u} - \tilde{w}\| \text{ mit dem oben definierten } \alpha < 1.$$

Weiterhin gilt $\tilde{0} \in \mathcal{G}^k$, und die Induktionsvoraussetzung liefert

$$\|\tilde{P}\,\tilde{0}\| = \|\tilde{A}(t_{n-1},h)\tilde{v}_o - h\tilde{B}_1(t_{n-1},h)\tilde{v}_o + h\tilde{B}_o(t_{n-1},h)\tilde{0}\|$$

$$\leqq \|\tilde{A}(t_{n-1},h)\tilde{v}_o - \tilde{A}(t_{n-1},h)\tilde{u}(t_{n-1})\|$$

$$+ \|\tilde{C}(t_{n-1},h)\tilde{u}(t_{n-1}) - \tilde{u}(t_n)\|$$

$$+ \|h\tilde{B}_1(t_{n-1},h)\tilde{v}_o - h\tilde{B}_1(t_{n-1},h)\tilde{u}(t_{n-1})\|$$

$$+ \|h\tilde{B}_o(t_{n-1},h)0 - h\tilde{B}_o(t_{n-1},h)\tilde{u}(t_n)\|$$

$$+ \|h\tilde{B}_o(t_{n-1},h)\tilde{u}(t_n) - h\tilde{B}_o(t_{n-1},h)\,\tilde{C}(t_{n-1},h)\tilde{u}(t_{n-1})\|$$

$$+ \|\tilde{u}(t_n)\|$$

$$\leqq \varkappa_o \|\tilde{v}_o - \tilde{u}(t_{n-1})\| + h\eta_1(h,u_o)$$

$$+ habL\|\tilde{v}_o - \tilde{u}(t_{n-1})\| + hab_k L\|\tilde{u}(t_n)\|$$

$$+ hab_k L\|\tilde{u}(t_n) - \tilde{C}(t_{n-1},h)\tilde{u}(t_{n-1})\| + \|\tilde{u}(t_n)\|$$

$$\leqq (\varkappa_o + habL)\,\frac{\varkappa_o}{1-\alpha}\,\left(1+\frac{hab\varkappa_o L}{1-\alpha}\right)^{n-m-1} \{(1+\alpha)(n-m-1)h\eta_1(h,u_o) + \|\tilde{w}\|\}$$

$$+ (1+hab_k L)h\eta_1(h,u_o) + (1+hab_k L)r \leqq$$

$$\leqq \varkappa_O (1+habL)\, \frac{\varkappa_O}{1-\alpha}\, (1+\frac{hab\varkappa_O L}{1-\alpha})^{n-m-1} \quad \{(1+\alpha)(n-m-1)h\eta_1(h,u_O) + \|\tilde{w}\|\}$$

$$+ (1+\alpha)h\eta_1(h,u_O) + (1+\alpha)r$$

$$\leqq \varkappa_O \frac{\varkappa_O}{1-\alpha}(1+\frac{hab\varkappa_O L}{1-\alpha})^{n-m} \quad \{(1+\alpha)(n-m)h\eta_1(h,u_O) + \|\tilde{w}\|\} + (1+\alpha)r$$

$$\leqq \varkappa_O M\{(1+\alpha)T\eta_1(h,u_O) + \|\tilde{w}\|\} + (1+\alpha)r \quad (\text{vergleiche } (5.1.11)).$$

Wir hatten bereits $\|\tilde{w}\| \leqq s - r$ verfügt; fordern wir sogar

$$\|\tilde{w}\| \leqq \frac{s-r}{2\varkappa_O(1+T+\alpha T)M} ,$$

so folgt mit (5.1.10)

$$\|\tilde{P}\,\tilde{u}\| \leqq \varkappa_O M\{(1+\alpha)T + 1\}\, \frac{s-r}{2\varkappa_O(1+T+\alpha T)M} + (1+\alpha)r$$

$$= \frac{1}{2}(s-r) + (1+\alpha)r = \frac{1}{2}(s+r) + \alpha r = \frac{1}{2}(s+r) + \alpha(s+r) - \alpha s$$

und daher mit (5.1.9)

$$\|\tilde{P}\,\tilde{u}\| \leqq \frac{1}{2}(s+r) + \frac{1}{2}(s-r) - \alpha s = (1-\alpha)s.$$

Nach dem Fixpunktsatz für kontrahierende Abbildungen (vgl. z.B. [129], S.75) besitzt $\tilde{P}$ wegen der vorausgesetzten Vollständigkeit von $\mathfrak{M}$ in $\mathcal{G}^k$ einen Fixpunkt, der wegen der im gesamten Raum $\mathfrak{M}$ gegebenen Eindeutigkeit des Fixpunktes $\tilde{u}^m_{n-m}$ mit diesem übereinstimmen muß. Also liegt $\tilde{u}^m_{n-m}$ in $\mathcal{G}^k$.

(5.1.15) ist damit bewiesen und liefert für $m = 0$ insbesondere eine Fehlerabschätzung zur näherungsweisen Berechnung der zu u_O gehörenden Lösung $\{u(t)\}$ der gegebenen Anfangswertaufgabe [1]. Vergröberung von (5.1.15) ergibt mit (5.1.11)

---

[1] Beachte jedoch, daß es sich auch hier zunächst nur um eine Fehlerabschätzung für hinreichend stark strukturierte Anfangselemente u_O handelt, d.h. für solche, bei denen die Konsistenzbedingung erfüllt ist.

$$\|\tilde{u}^m_{n-m} - \tilde{u}(t_n)\| \leqq M\{(1+\alpha)T\eta_1(h,u_o) + \|\tilde{w}\|\}. \qquad (5.1.19)$$

Bei gegebenem $\varepsilon > 0$ ist mithin

$$\|\tilde{u}^m_{n-m} - \tilde{u}(t_n)\| < \varepsilon$$

für alle $\tilde{w} \in \mathfrak{M}^k$ mit

$$\|\tilde{w}\| \leqq \min\left\{\frac{\varepsilon}{2M},\ \frac{s-r}{2\varkappa_o(1+T+\alpha T)M}\right\} =: \delta(\varepsilon)$$

und für alle $h \in [0,h_1(\varepsilon)]$, wobei $h_1(\varepsilon) \in (0,h_o]$ [1] so gewählt sei, daß

$$\eta_1(h,u_o) < \frac{1}{2M(1+\alpha)T\varepsilon},\ \text{für alle } h \in [0,h_1(\varepsilon)].$$

Damit ist die H_1-Konvergenz für u_o und damit die erste Richtung des Satzes 5.1.1 bewiesen.

2) Das Verfahren sei H_1-konvergent für das betrachtete u_o. Aufgrund der vorausgesetzten H_1-Konvergenz ist zunächst

$$\|\tilde{v}^m_{n-m} - \tilde{u}(t_n)\| \leqq s - r \qquad (5.1.20)$$

für alle Anfangsfelder $\tilde{v}^m_o \in \mathfrak{M}^k$ mit $\|\tilde{v}^m_o - \tilde{u}(t_m)\| \leqq \delta$ (mit geeignetem $\delta > 0$, wobei wir zugleich $\delta < s - r$ wählen) sowie für alle $n,m \in \mathbb{N}_o$ mit $0 \leqq m \leqq n$ und für alle $h \in [0,h_2]$ mit geeignetem $h_2 \in (0,h_o]$ und mit $(n+k-1)h \in [0,T]$.

Wegen $\|\tilde{u}(t)\| \leqq r$ folgt für derartige Anfangsfelder:

$$\|\tilde{v}^m_{n-m}\| \leqq \|\tilde{v}^m_{n-m} - \tilde{u}(t_n)\| + \|\tilde{u}(t_n)\| \leqq s - r + r = s,$$

d.h. $\tilde{v}^m_{n-m} \in \mathcal{O}^k$.

(5.1.12), angeschrieben für das spezielle Anfangsfeld (ab t_m) $\tilde{u}^m_o = \tilde{u}(t_m)$ sowie für $\tilde{v}^m_o = \tilde{u}(t_m) + \tilde{w}$, ergibt daher:

$$\left\|\prod_{\nu=m}^{n-1} \tilde{A}(t_\nu,h)\tilde{w}\right\| \leqq \|\tilde{u}^m_{n-m} - \tilde{v}^m_{n-m}\| +$$

---

[1] Genauer ist $h_1 = h_1(\varepsilon,u_o)$ und $\delta(\varepsilon) = \delta(\varepsilon,u_o)$.

$$+ h \sum_{\nu=m}^{n-1} \left\| \prod_{\mu=\nu+1}^{n-1} \tilde{A}(t_\mu,h) \right\| \left\| \tilde{B}_1(t_\nu,h)\tilde{u}_{\nu-m}^m - \tilde{B}_1(t_\nu,h)\tilde{v}_{\nu-m}^m \right\|$$

$$\text{(5.1.21)}$$

$$+ h \sum_{\nu=m}^{n-1} \left\| \prod_{\mu=\nu+1}^{n-1} \tilde{A}(t_\mu,h) \right\| \left\| \tilde{B}_0(t_\nu,h)\tilde{u}_{\nu+1-m}^m - \tilde{B}_0(t_\nu,h)\tilde{v}_{\nu+1-m}^m \right\|.$$

Durch vollständige Induktion gewinnt man hieraus bei beliebigen $n \in \mathbb{N}$, $m \in \mathbb{N}_0 (m \leq n)$

$$\left\| \prod_{\nu=m}^{n-1} \tilde{A}(t_\nu,h) \right\| \leq \gamma(1+habL)^{n-m} \qquad \text{(5.1.22)}$$

mit $\gamma := 2\frac{s-r}{\delta}$, denn offenbar ist diese Beziehung zunächst trivialer-weise richtig für $p = n - m = 0$. Gilt sie bereits bis $p - 1 = n - m - 1$, so erhält man mit (5.1.21) und (5.1.17)

$$\left\| \prod_{\nu=m}^{n-1} \tilde{A}(t_\nu,h)\tilde{w} \right\| \leq \left\| \tilde{u}_{n-m}^m - \tilde{v}_{n-m}^m \right\|$$

$$+ h \sum_{\nu=m}^{n-1} \gamma(1+habL)^{n-\nu-1} \sum_{i=0}^{k-1} ab_i L \left\| \tilde{u}_{\nu-m}^m - \tilde{v}_{\nu-m}^m \right\|$$

$$+ h \sum_{\nu=m}^{n-1} \gamma(1+habL)^{n-\nu-1} ab_k L \left\| \tilde{u}_{\nu+1-m}^m - \tilde{v}_{\nu+1-m}^m \right\|,$$

und daher mit (5.1.20)

$$\left\| \prod_{\nu=m}^{n-1} \tilde{A}(t_\nu,h)\tilde{w} \right\| \leq 2(s-r) + \gamma habL\, 2(s-r) \sum_{\nu=m}^{n-1} (1+habL\gamma)^{n-\nu-1}$$

$$= 2(s-r)\left\{ 1 + habL\frac{(1+habL\gamma)^{n-m}-1}{habL\gamma} \right\} = 2(s-r)(1+habL\gamma)^{n-m}.$$

Wählt man bei im übrigen beliebigen $\tilde{w} \in \mathfrak{M}^k$ speziell $\tilde{w}$ so, daß $\|\tilde{w}\| = \delta$, so ist (5.1.20) wegen $\delta < s - r$ erfüllt und man gewinnt

$$\left\| \prod_{\nu=m}^{n-1} \tilde{A}(t_\nu,h) \right\| = \sup_{\substack{\tilde{w} \in \mathfrak{M}^k \\ \|\tilde{w}\|=\delta}} \frac{1}{\delta} \left\| \prod_{\nu=m}^{n-1} \tilde{A}(t_\nu,h)\tilde{w} \right\|$$

$$\leq \gamma(1+habL\gamma)^{n-m},$$

womit (5.1.22) bewiesen ist.

Aus (5.1.22) aber folgt

$$\left\|\prod_{\nu=m}^{n-1} \tilde{A}(t_\nu,h)\right\| \leqq \gamma \exp(abL_\gamma T) =: \varkappa_o,$$

d.h. die L-Stabilität auf $\mathfrak{M}$.

Bemerkungen:

1. Wie im linearen Fall wurde auch hier die Konsistenz beim Nachweis der Notwendigkeit der Stabilität nicht benötigt.

2. Auch die Vollständigkeit von $\mathfrak{M}$ war für den Nachweis der Notwendigkeit der Stabilität nicht erforderlich (in Analogie zu Satz 4.2.2).

3. Hingegen wurde diesmal (im Gegensatz zu den Äquivalenzsätzen des Abschnitts 4.2) die Vollständigkeit beim Beweis der Aussage benutzt, daß aus Stabilität und Konsistenz die Konvergenz folgt, allerdings lediglich zur Gewährleistung der Eigenschaft (5.1.16).

Auch hier kann deshalb auf die Vollständigkeit von $\mathfrak{M}$ verzichtet werden, wenn $\mathfrak{G} = \mathfrak{M}$ wählbar ist, d.h. wenn die Operatoren $G(t)$ $(0 \leqq t \leqq T)$ global (und nicht nur lokal) gleichgradig lipschitzstetig sind (was im linearen Fall trivialerweise erfüllt ist).

4. Ist $\mathfrak{M}$ vollständig, so kann offenbar das Iterationsverfahren (5.1.18) (angeschrieben für $m = 0$) zur Berechnung von $\tilde{u}_n$ (bei Kenntnis von $\tilde{u}_{n-1}$) benutzt werden.

5. Ist ein Verfahren der Form (5.1.5) mit der gegebenen Aufgabe konsistent (für u_o), so ist es gemäß (5.1.8) für den Fall (lokal gleichgradig) lipschitzbeschränkter $G(t)$ $(0 \leqq t \leqq T)$ offenbar genau dann (H_1-)konvergent, wenn das zugehörige lineare Verfahren für die zugehörige lineare Anfangswertaufgabe konvergiert (wie ein Vergleich der Sätze 5.1.1 und 4.2.2 lehrt). Die lipschitzbeschränkte Nichtlinearität beeinflußt mithin das Eintreten der Konvergenz nicht [1].

---

[1] Daß die Stabilität und Konsistenz des linearen Verfahrens die Konvergenz des halblinearen Verfahrens nach sich zieht, wurde für den Fall der Wärmeleitungsgleichung relativ früh von Ames [2] (dort ohne Angabe eines Beweises) vermerkt.

In Abschnitt 5.3 wird gezeigt werden, daß dies auch bei der Erfassung verallgemeinerter Lösungen der halblinearen Aufgabe gilt. Sind das Verfahren (5.1.5) und das zugehörige lineare Verfahren (in bezug auf den lokalen Fehler) von gleicher Ordnung, so wird auch die Ordnung des globalen Fehlers des halblinearen Falles mit der des zugehörigen linearen Falles bei Erfassung einer echten Lösung identisch, d.h. von der Nichtlinearität nicht beeinflußt, sofern auch die Fehler der Anfangsfeldbestimmungen in beiden Fällen von gleicher Ordnung sind (vergleiche (5.1.19) mit (4.5.1)). Mithin liegt die Vermutung nahe, daß die noch zu berechnende Ordnung des globalen Fehlers bei der Erfassung verallgemeinerter Lösungen ebenfalls von der Nichtlinearität weitgehend unbeeinflußt bleibt. Diese Vermutung wird sich durch einen Vergleich der Ergebnisse der Abschnitte 4.5 und 5.4 bestätigen.

6. Die in den Anwendungen auftretenden nichtlinearen Terme $G(t)$ können von sehr komplizierter Bauart sein. So sind in der hier betrachteten Aufgabenklasse u.a. gewisse Integro-Differentialgleichungen vom Boltzmann-Typ enthalten (vergleiche z.B. [19]), bei denen die Operatoren $G(t)$ durch nichtlineare Integraloperatoren realisiert sind. Im Rahmen der hier beschriebenen Theorie lassen sich diese (für Transportvorgänge in Gasen wichtigen) Gleichungen besonders vorteilhaft durch Aufspaltungsmethoden (LOD-methods) numerisch behandeln, wie sie für lineare Gleichungen von Janenko [51] beschrieben und von Kreth [64] auf halblineare Aufgaben (mit Anwendung auf die genannten Transportvorgänge) verallgemeinert wurden.

7. Die in einem normierten Raum $\mathfrak{M}$ behandelte halblineare Aufgabe

$$u_t = F(t)u + G(t)u, \quad 0 \leq t \leq T$$

$$u(0) = u_o$$

mit linearen Operatoren $F(t)$ von $\mathfrak{M}_F \subset \mathfrak{M}$ in $\mathfrak{M}$ und nicht notwendig linearen Operatoren $G(t)$ von $\mathfrak{M}$ in sich ist noch nicht die allgemeinste halblineare Differentialgleichung erster Ordnung (in t). Beispielsweise fällt der Differentialgleichung $u_t = u_{xx} + f(t,x,u,u_x)$ im Banachraum $\mathfrak{M}$ der auf $(-\infty, \infty)$ stetigen Funktionen mit $\lim\limits_{|x| \to \infty} u(x) = 0$ nicht unter das behandelte Problem, da die Operatoren $G(t)$ in

diesem Falle nicht auf ganz $\mathfrak{M}$ erklärt sind. Benötigt man die Voll-
ständigkeit nicht, so kann man evtl. durch Einschränkung des Rau-
mes (in obigem Beispiel etwa auf $\mathfrak{M} \cap C^1$) Abhilfe schaffen. Ande-
renfalls kann man sich unter Umständen auch durch Übergang zu ei-
nem System von Differentialgleichungen helfen, sofern man nicht
vorzieht, die Aufgabe direkt als voll nichtlineares Problem (d.h.
weder als halblineares noch als quasilineares) zu behandeln (ver-
gleiche hierzu Kapitel 7).

8. Beim Beweis der ersten Richtung des Satzes 5.1.1 beinhaltet die
Forderung $\alpha \leqq \frac{1}{2} \frac{s-r}{s+r}$ (vergleiche (5.1.9)) sowie die Forderung (5.1.10)
im allgemeinen eine Abhängigkeit der zulässigen Schrittweiten-Maxi-
malgröße h_o von der gegebenen Lösung $\{u(t)\}$, d.h. von dem in der
Anfangswertaufgabe vorgegebenen u_o.

In vielen Fällen läßt sich jedoch h_o unabhängig von u_o wählen. So
entfallen die genannten Forderungen z.B. bei globaler gleichgradi-
ger Lipschitzbeschränktheit der Operatoren $G(t)$ $(0 \leqq t \leqq T)$, da dann
$s = \infty$ gesetzt werden kann. Ist $s < \infty$, aber $B_k(h) = \Theta$, d.h. $b_k = 0$,
so entfällt die Forderung bezüglich α, und das Iterationsverfahren
(5.1.18) wird überflüssig. (5.1.10) wird dann nur noch zum Nachweis
der Eigenschaft $\tilde{C}(t,h)\tilde{u}(t) \in \mathfrak{O}_J^k$ benötigt. Dieser Nachweis kann je-
doch häufig auch ohne Verwendung der Konsistenzbedingung geführt
werden:
Betrachtet man exemplarisch den Differenzenoperator $C(h)$ des zu
Satz 3.2.4 angegebenen Beispiels, untersucht man $\|C(h)u(t)\|$ für al-
le Lösungen $u(t) = E_o(t)u_o$ mit $u_o \in \vartheta$, wo ϑ eine beschränkte Teil-
menge des zugrundegelegten Raumes $\mathfrak{M}$ ist und ist $\rho := \sup_{u_o \in \vartheta} \max_{0 \leqq t \leqq T} \|u(t)\|$,
also $\rho < \infty$, so ist in Satz 5.1.1 $r = \rho$ wählbar, und gemäß (3.2.9)
folgt $\|C(h)u(t)\| \leqq (1+2hr)r$, mithin $\|C(h)u(t)\| \leqq s\,(s > r)$ für $h_o \leqq$
$\frac{s-r}{r}$, d.h. mit einem für alle $u_o \in \vartheta$ einheitlichen h_o. Allgemeiner:

Wird die Stabilität durch die Forderung

$$\|\tilde{A}(t,h)\| \leqq 1 + \gamma h, \text{ für alle } t \in [0,T] \text{ mit } t + (k-1)h \in [0,T]$$

gewährleistet (vergleiche (4.4.7)), so hat man bei Verfahren mit
$B_k(h) = \Theta$ offenbar

$$\tilde{C}(t,h) = \tilde{A}(t,h) + h\tilde{B}_1(t,h)$$

(vergleiche (5.1.6)), mithin für alle $\tilde{u}$, die der Bedingung $\|\tilde{u}\| \leqq r$ genügen,

$$\|\tilde{C}(t,h)\tilde{u}\| \leqq (1+\gamma h)\|\tilde{u}\| + h\|\tilde{B}_1(t,h)\tilde{u}\|$$

$$\leqq (1+\gamma h)\, r + hab \sup_{\substack{0 \leqq t \leqq T \\ \|u\| \leqq r}} \|G(t)u\|.$$

Ist $\displaystyle\sup_{\substack{0 \leqq t \leqq T \\ \|u\| \leqq r}} \|G(t)u\| =: f(r) < \infty$*, so gilt für alle* $u_0 \in \vartheta$ *:*

$$\|\tilde{C}(t,h)\tilde{u}(t)\| = \|\tilde{C}(t,h)\,\tilde{E}_0(t,h)\tilde{u}_0^*\| \leqq s \quad (s > r),$$

sofern $h_0 \leqq \dfrac{s-r}{\gamma + abf(r)}$ *gewählt wird.*

$f(r) < \infty$ *aber ist z.B. erfüllt, wenn die Abbildung*

$$[0,T] \xrightarrow[\;G(t)u\;]{} \mathfrak{M}$$

für jedes fest $u \in \vartheta$ *stetig ist, denn dann folgt*

$$\|G(t)u\| \leqq \|G(t)u - G(t)0\| + \|G(t)0\|$$

$$\leqq L\|u\| + \|G(t)0\| \leqq Lr + \|G(t)0\|.$$

$\|G(t)0\|$ aber ist auf dem kompakten Intervall $[0,T]$ stetig, also beschränkt durch eine Konstante c_1, so daß $f(r) \leqq Lr + c_1$.

<u>Beispiel</u> (vergleiche [45]):

Im Raum $\mathfrak{M} = C_{2\pi}^0\ (\mathbb{R})$, versehen mit der Tschebyscheff-Norm, werde die halblineare Anfangswertaufgabe

$$u_t = 2tu_x + u^2, \quad 0 \leqq t \leqq T$$

$$u(0) = u_0$$

betrachtet, für die mithin gilt:

$$F(t) := 2t\frac{\partial}{\partial x}$$

(die zugehörige lineare Aufgabe ist also t-abhängig im Gegensatz zu dem Beispiel $u_t = u_x + u^2$ in den Abschnitten 1.1 und 3.1),

$$G(t)u := Gu = u^2.$$

G ist daher lokal lipschitzbeschränkt:

$$\|u\| \leqq \|v\| \leqq s \ (d.h. \ u,v \in \mathcal{G}) \ \Rightarrow \ \|Gu - Gv\| \leqq 2s \ \|u - v\|.$$

Für $u_O \in \mathcal{O}\!\ell := \{u|u \in C^1_{2\pi} \ , \ \|u\| < \frac{1}{T}\}$ läßt sich die eindeutige Lösung im vorliegenden Fall explizit angeben:

$$u(x,t) = [u(t)] \ (x) = \frac{u_O(x+t^2)}{1-t \ u_O(x+t^2)}.$$

Würde man die Aufgabe numerich mittels des expliziten Einschrittverfahrens

$$u_{n+1}(x) = (1-2t_n\lambda)u_n(x) + 2t_n\lambda u_n(x+\tfrac{h}{\lambda}) + hu_n^2(x)$$

mit $0 < \lambda := \frac{h}{\Delta x} = $ const lösen, so wäre

$$[A_O(t,h)u] \ (x) = (1-2t\lambda)u(x) + 2t\lambda u(x+\tfrac{h}{\lambda})$$

$$A_1(t,h) = - I, \quad B_O(h) = I, \quad B_1(h) = \Theta \ .$$

Das Verfahren erfüllt mithin trivialerweise die Voraussetzungen (V1), (V2) und (V3) mit den Konstanten $a = 1$, $b_1 = 0$, $b_O = 1$.

Das Verfahren ist L-stabil auf $\mathcal{M}$ mit der Konstanten $\varkappa_O = 1$ für jedes $\lambda \in (0,\frac{1}{2T}]$, denn für solche λ gilt

$$\|\tilde{A}(t,h)u\| = \|A_O(t,h)u\| \leqq \|u\| \ \text{und damit} \ \|\tilde{A}(t,h)\| \leqq 1,$$

woraus unmittelbar

$$\left\| \prod_{\nu=m}^{n-1} \tilde{A}(t_\nu,h) \right\| \leqq 1$$

für alle $n,m \in \mathbb{N}_O$ mit $0 \leqq m \leqq n$ und für alle $h \in [0,T]$ mit $nh \in [0,T]$ folgt.

Durch Taylor-Entwicklung erhält man auch die Konsistenz für jedes $u_O \in \mathcal{O}\!\ell \cap C^2_{2\pi}(\mathbb{R})$.

Bemerkung: *Um (5.1.19) als Fehlerabschätzung verwenden zu können,* ist die Abschätzbarkeit von M und α notwendig, die ihrerseits wieder von h_o und L und damit von r und s abhängen. Kennt man r, so kann man $s > r$ weitgehend willkürlich wählen.

r jedoch ist zunächst in der Regel a priori nicht bekannt.

Im vorliegenden Beispiel kann man aus der Kenntnis der Lösung schließen, daß $\|u(t)\| \leqq r$ ist, sofern $u_o \in \alpha \cap C^2_{2\pi}(\mathbb{R})$ sogar der Bedingung

$$\|u_o\| \leqq \frac{r}{1+rT}$$

genügt. Bei gegebenem u_o hat man also (es war $\|u_o\| < \frac{1}{T}$)

$$r \geqq \frac{\|u_o\|}{1-T\|u_o\|}\;.$$

Normalerweise ist jedoch die Lösung nicht bekannt, wenngleich die Existenz von r gesichert ist:

$$\sup_{0 \leqq t \leqq T} \|u(t)\| = \sup_{0 \leqq t \leqq T-(k-1)h} \|\tilde{E}_o(t,h)\tilde{u}(0)\| \leqq r.$$

Die Konvergenzaussage liefert aber (angeschrieben für $m = 0$ und für $\tilde{w} = \tilde{u}(0) - \tilde{u}_o^*$) bei hinreichend kleinen h:

$$\|\tilde{E}_o(t,h)\tilde{u}_o^*\| \leqq \|\tilde{E}_o(t,h)\tilde{u}_o^* - \prod_{\nu=0}^{n-1} \tilde{C}(\nu h,h)\tilde{u}_o^*\| + \|\prod_{\nu=0}^{n-1} \tilde{C}(\nu h,h)\tilde{u}_o^*\|$$

$$< \varepsilon + \|\prod_{\nu=0}^{n-1} \tilde{C}(\nu h,h)\tilde{u}_o^*\|.$$

Existiert also ein r derart, daß für alle $h \leqq h_o$ gilt

$$\|\prod_{\nu=0}^{n-1} \tilde{C}(\nu h,h)\tilde{u}_o^*\| \leqq r, \qquad\qquad (5.1.23)$$

so kann dieses r als Schranke der $\|u(t)\|$ gewählt werden.

In unserem Beispiel kann ein die Beziehung (5.1.23) gewährleistendes r auch ohne Kenntnis der Lösung der gegebenen Anfangswertaufgabe wie folgt ermittelt werden (vergleiche [45]):

Es ist

$$\|u_{n+1}\| = \|A_o(t_n,h)u_n + hB_o(h)\,G(t_n)u_n\| \leqq$$

$$\leq \|A_o(t_n,h)u_n\| + h\|G(t_n)u_n\|$$

$$\leq \|u_n\| + h\|u_n\|^2 = (1+h\|u_n\|)\|u_n\|.$$

Ist $\|u_o\| \leq r\,e^{-rT}$, so folgt mittels vollständiger Induktion

$$\|u_n\| \leq (1+rh)^n\|u_o\| < e^{rT}\|u_o\| \leq r,$$

denn dies ist offenbar für $n = 0$ richtig; gilt es bereits für n, so folgt

$$\|u_{n+1}\| \leq (1+hr)\|u_n\| \leq (1+hr)^{n+1}\|u_o\| < e^{rT}\|u_o\| \leq r.$$

Mithin folgt wegen $k = 1$

$$\left\|\prod_{\nu=0}^{n-1} \tilde{C}(\nu h,h)\tilde{u}_o^*\right\| = \left\|\prod_{\nu=0}^{n-1} C(\nu h,h)u_o\right\| = \|u_n\| \leq r,$$

wenn man bei gegebenem $u_o \in \mathfrak{A} \cap C_{2\pi}^2$ $(\mathbb{R})$ $T \leq \dfrac{1}{e\|u_o\|}$ und dann $r = \dfrac{1}{T}$ wählt.

5.2 Spezialisierung auf den Fall gewöhnlicher nichtlinearer Differentialgleichungen

Wie bereits früher erwähnt, enthält die halblineare Anfangswertaufgabe

$$u_t = F(t)u + G(t)u, \quad 0 \leq t \leq T$$

$$u(0) = u_o$$

für $\mathfrak{M} = \mathbb{R}$, $F(t) \equiv \Theta$, $G(t)u =: g(t,u)$ den Fall der gewönlichen nichtlinearen Differentialgleichungen erster Ordnung:

$$\dot{u} = g(t,u), \quad 0 \leq t \leq T \qquad\qquad (5.2.1)$$

$$u(0) = u_o.$$

Im vorliegenden Fall hängt trivialerweise F nicht von t ab, so daß auch eine Abhängigkeit der Operatoren A_ν von t künstlich eingeschleppt wäre. Auch die Abhängigkeit dieser Operatoren sowie der B_ν von h entsteht in der Regel auf dem Wege über die Beziehung (2.1.4), die bei gewöhnlichen Anfangswertaufgaben offenbar ihren Sinn verliert.

Mithin wollen wir uns auf den Fall linearer und konstanter Operatoren von $\mathbb{R}$ in sich beschränken, d.h. auf reelle Faktoren a_ν, b_ν ($\nu = 0,\dots,k$):

$$\sum_{\nu=0}^{k} a_\nu u_{n+\nu} + h \sum_{\nu=0}^{k} b_\nu g(t_{n+\nu}, u_{n+\nu}) = 0. \qquad (5.2.2)$$

Wir betrachten also die insbesondere von Dahlquist [29] untersuchten Differenzenverfahren zur Approximation der Aufgabe (5.2.1).

Wir setzen mit Dahlquist voraus, daß die Aufgabe (5.2.1) die Bedingungen des Picard-Lindelöfschen Existenzsatzes erfüllt, so daß insbesondere die zur Gültigkeit des Satzes 5.1.1 geforderte Eigenschaft der lokalen gleichgradigen Lipschitzbeschränktheit der Operatoren G(t) gegeben ist.

Die Auflösbarkeitsforderungen verlangen zunächst

$$a_k \neq 0, \qquad (5.2.3)$$

so daß wegen $a_k \in \mathbb{R}$ sinnvollerweise nur dann von einem impliziten Verfahren gesprochen werden kann, wenn $b_k \neq 0$ ist.

Im impliziten Fall ist dann mit (5.2.3) die Auflösbarkeit für

$$0 \leq h \leq h_0 = \left|\frac{a_k}{b_k}\right| \frac{1}{L} \qquad (5.2.4)$$

(L = Lipschitzkonstante von g bezüglich u) gewährleistet.

Damit es sich bei (5.2.2) tatsächlich um ein k-Schritt-Verfahren handelt, verlangen wir noch

$$|a_0| + |b_0| > 0. \qquad (5.2.5)$$

Wir setzen

$$\varphi(\lambda) = \sum_{\nu=0}^{k} a_\nu \lambda^\nu, \quad \sigma(\lambda) = \sum_{\nu=0}^{k} b_\nu \lambda^\nu. \qquad (5.2.6)$$

Die Konsistenzforderung (2.3.6) bedingt die Untersuchung des Ausdrucks

$$\sum_{\nu=0}^{k} a_{\nu} u(t+\nu h) + h \sum_{\nu=0}^{k} b_{\nu}\, g(t+\nu h, u(t+\nu h)) =: \gamma(t,h),$$

der bei Taylor-Entwicklung um die Stelle t die Beziehung

$$\gamma(t,h) = \sum_{\nu=0}^{k} a_{\nu}\{u(t) + \nu h \acute{u}(t)\}$$

$$+ h \sum_{\nu=0}^{k} b_{\nu}\, g(t,u(t)) + o(h) \qquad \text{(für } h \to 0\text{)},$$

d.h.

$$\gamma(t,h) = u(t) \sum_{\nu=0}^{k} a_{\nu} + hg(t,u(t)) \sum_{\nu=0}^{k} (\nu a_{\nu}+b_{\nu}) + o(h),$$

ergibt.

Die Konsistenzbedingung $\|\gamma(t,h)\| \le h\eta_{1}(h) = o(h)$ ist mithin bei beliebigem u_{o} und beliebigem lipschitzbeschränktem g erfüllt, wenn von dem Verfahren das Erfülltsein der Bedingungen

$$\sum_{\nu=0}^{k} a_{\nu} = 0 \text{ und } \sum_{\nu=0}^{k} (\nu a_{\nu}+b_{\nu}) = 0, \text{ d.h.}$$

$$\wp(1) = 1, \quad \wp'(1) + \delta(1) = 0, \tag{5.2.7}$$

verlangt wird.

Die Stabilitätsbedingung (4.1.7) erfordert hier die Existenz einer Konstanten $x_{o} \ge 1$, so daß

$$\left\| \begin{pmatrix} -\dfrac{a_{k-1}}{a_k} & -\dfrac{a_{k-2}}{a_k} & \cdots & -\dfrac{a_1}{a_k} & -\dfrac{a_o}{a_k} \\ 1 & 0 & \cdots & 0 & 0 \\ 0 & 1 & \cdots & 0 & 0 \\ \vdots & & & & \\ 0 & 0 & \cdots & 1 & 0 \end{pmatrix}^{n} \right\| \le x_{o} \tag{5.2.8}$$

für alle $n \in \mathbb{N}$ erfüllt ist, wobei gemäß (2.2.1) als Matrix-Norm die Zeilensummennorm zu wählen ist.

Bekanntlich bleiben die Potenzen einer konstanten $(k \times k)$-Matrix genau dann beschränkt, wenn die Potenzen der zugehörigen Jordanschen Normalform beschränkt bleiben, d.h. wenn alle Eigenwerte der betreffenden Matrix dem Betrage nach nicht größer als eins sind und die Eigenwerte vom Betrag eins nur einelementige Jordankästchen besitzen (was zunächst nicht ausschließt, daß diese Eigenwerte vom Betrag eins auch mehrfache Eigenwerte sein dürfen). Bei Matrizen von der Bauart einer Begleitmatrix (wie sie hier vorliegt) ist die Einelementigkeit der Jordankästchen äquivalent mit der Einfachheit der betreffenden Eigenwerte (vergleiche z.B. [132]; S.187 ff.).

Das charakteristische Polynom der hier auftretenden Matrix ist jedoch $(-1)^k \frac{1}{a_k} \wp(\lambda)$, so daß die Stabilitätsbedingung lautet:

Die Wurzeln des Polynoms $\wp(\lambda)$ dürfen nicht außerhalb des Einheitskreises (um 0 in der komplexen Ebene) liegen; und die auf dem Einheitskreis liegenden Wurzeln müssen einfach sein.

Daß diese Stabilitätsforderung für die Konvergenz eines im Sinne von (5.2.7) konsistenten Verfahrens notwendig und hinreichend ist, ist die Aussage des für Differenzenverfahren zur Approximation gewöhnlicher Differentialgleichungen 1956 gegebenen Konvergenzsatzes von Dahlquist [1]) [29] (vgl. auch die Untersuchungen von Henrici [49], S.217 - 246 und von Urabe [122]), der sich somit als Spezialfall des Satzes 5.1.1 erweist.

Bemerkung: *Gemäß (5.2.7) hat $\lambda_1 = 1$ eine Wurzel des Polynoms $\wp(\lambda)$ zu sein. Darüber hinaus sind nach dem Konvergenzsatz von Dahlquist jedoch auch weitere (einfache) Wurzeln auf dem Einheitskreis zugelassen. Dabei zeigen allerdings Verfahren mit weiteren Wurzeln (neben $\lambda_1 = 1$) auf dem Einheitskreis noch eine Reihe unerwünschter numerischer Effekte. Zur theoretischen Begründung solcher Erscheinungen sei auf das Buch von Stetter [105] verwiesen.*

---

[1]) Da Dahlquist ein Verfahren (5.2.2) nur dann konsistent nennt, wenn es für jedes lokal gleichgradig lipschitzbeschränkte $g(t,\cdot)$ mit der jeweils zugehörigen Anfangswertaufgabe konsistent im hier benutzten Sinne ist, wird (5.2.7) dort zu einer für die Konsistenz auch notwendigen Bedingung.

*Aus diesem Grunde werden Verfahren mit mehreren einfachen Wurzeln
auf dem Einheitskreis häufig auch als "schwach-stabil" bezeichnet
gegenüber "stark-stabilen" Verfahren, die neben der einfachen Wurzel λ_1 = 1 nur Wurzeln im Innern des Einheitskreises besitzen.*

Bemerkung: *Da die Stabilitätsbedingung ebenso wie die Konsistenz-
bedingungen (5.2.7) von h unabhängig und mithin von rein algebra-
ischer Struktur sind, können beide auch unabhängig von Regularitäts-
eigenschaften der Lösung und der Funktion g betrachtet werden. In
der Tat konnte Taubert [112] zeigen, daß ein die Bedingungen(5.2.7)
erfüllendes stark-stabiles Differenzenverfahren selbst dann noch
konvergiert, wenn g eine unstetige Funktion ist und die mit diesem g gebildete Aufgabe (5.2.1) eine eindeutige Lösung im Sinne von
Filippow [36] besitzt [1]. Dagegen lassen sich schon bei stetigem,
jedoch nicht lipschitzbeschränktem g sehr einfache Beispiele mit
eindeutigen Lösungen angeben, bei denen im schwach-stabilen Fall
Konvergenz nicht mehr eintritt [113]. Bereits relativ geringe Abschwächungen der Lipschitzbeschränktheit erfordern mithin (auch
ohne Berücksichtigung sonstiger Gründe) ein Verwerfen der nur
schwach-stabilen Verfahren. Welche Abschwächungen bei mehreren einfachen Eigenwerten vom Betrage eins noch zulässig sind, wird ebenfalls in [113] näher beschrieben.*

5.3 Konvergenz im Falle verallgemeinerter Lösungen

Die Voraussetzungen des Satzes 5.1.1 seien für jedes u_o einer Teil-
menge $\mathcal{J} \subset \mathfrak{M}$ erfüllt, und das Verfahren (2.1.6) sei auf $\mathfrak{M}$ L-stabil,
mithin also auf $\mathcal{J}$ H_1-konvergent.
Bei nur lokal gleichgradiger Lipschitzbeschränktheit der Operatoren
G(t) ($0 \le t \le T$) sei $\mathcal{J}$ beschränkt [2].

---

[1] Solche Differentialgleichungen mit unstetiger rechter Seite treten z.B. im Zusammenhang mit Problemen der trockenen und zähen
Reibung auf, wie sie von Reissig [89] qualitativ untersucht wurden.

[2] Bei globaler gleichgradiger Lipschitzbeschränktheit kann diese
Voraussetzung entfallen; jedoch behalten wir dennoch die dann im
Satz 5.1.1 entbehrliche Vollständigkeit von $\mathfrak{M}$ bei.

Sei $\mathcal{U}$ eine Teilmenge von $\mathcal{M}$ mit

$$\mathcal{J} \underset{dicht}{\subseteq} \mathcal{U} \subset \mathcal{M} \tag{5.3.1}$$

(bei beschränktem $\mathcal{J}$ ist mithin auch $\mathcal{U}$ beschränkt).

Bei nur lokaler Lipschitzbeschränktheit seien weiterhin $\mathcal{G} = \mathcal{G}(u_o)$, die gemäß Satz 5.1.1 zu jedem $u_o \in \mathcal{J}$ gewählten Kugeln mit Radius $s = s(u_o)$.

Es sei dann $\inf\limits_{u_o \in \mathcal{J}} s(u_o) > 0$, $\sup\limits_{u_o \in \mathcal{J}} s(u_o) < \infty$, und es sei

$$\mathcal{k} := \bigcup_{u_o \in \mathcal{J}} \mathcal{G}(u_o) .$$

Offenbar ist dann $\mathcal{k}$ ebenfalls beschränkt. Überdies gilt

$$\mathcal{U} \subset \mathcal{k} . \tag{5.3.2}$$

Ist L die einheitliche Lipschitzkonstante der $G(t)$ auf $\mathcal{k}$, so ist L nicht kleiner als die in Satz 5.1.1 benutzten Lipschitzkonstanten auf den Kugeln $\mathcal{G}(u_o)$. Wir können deshalb bei beliebigem $u_o \in \mathcal{J}$ die in Satz 5.1.1 jeweils benutzte Lipschitzkonstante der $G(t)$ durch dieses L ersetzen.

Für beliebige $\tilde{u}_o^m$, $\tilde{v}_o^m \in \mathcal{k}^k$ liefert dann (5.1.17) mit (5.1.12) und mit der vorausgesetzten L-Stabilität:

$$\left\| \prod_{\nu=m}^{n-1} \tilde{C}(\nu h,h)\tilde{u}_o^m - \prod_{\nu=m}^{n-1} \tilde{C}(\nu h,h)\tilde{v}_o^m \right\|$$

$$\leqq \varkappa_o \|\tilde{u}_o^m - \tilde{v}_o^m\| + h\varkappa_o \sum_{\nu=m}^{n-1} \sum_{i=0}^{k-1} ab_i L \left\| \prod_{\mu=m}^{\nu-1} \tilde{C}(\mu h,h)\tilde{u}_o^m - \prod_{\mu=m}^{\nu-1} \tilde{C}(\mu h,h)\tilde{v}_o^m \right\|$$

$$+ h\varkappa_o \sum_{\nu=m}^{n-1} ab_k L \left\| \prod_{\mu=m}^{\nu} \tilde{C}(\mu h,h)\tilde{u}_o^m - \prod_{\mu=m}^{\nu} \tilde{C}(\mu h,h)\tilde{v}_o^m \right\|, \quad \text{d.h.}$$

$$(1-h\varkappa_o ab_k L) \left\| \prod_{\nu=m}^{n-1} \tilde{C}(\nu h,h)\tilde{u}_o^m - \prod_{\nu=m}^{n-1} \tilde{C}(\nu h,h)\tilde{v}_o^m \right\| \leqq \varkappa_o \|\tilde{u}_o^m - \tilde{v}_o^m\|$$

$$+ h\varkappa_o \sum_{i=0}^{k-1} ab_i L \sum_{\nu=m}^{n-1} \left\| \prod_{\mu=m}^{\nu-1} \tilde{C}(\mu h,h)\tilde{u}_o^m - \prod_{\mu=m}^{\nu-1} \tilde{C}(\mu h,h)\tilde{v}_o^m \right\| +$$

$$+ h x_o \, ab_k L \sum_{\nu=m}^{n-2} \left\| \prod_{\mu=m}^{\nu} \tilde{C}(\mu h,h) \tilde{u}_o^m - \prod_{\mu=m}^{\nu} \tilde{C}(\mu h,h) \tilde{v}_o^m \right\| . \qquad (5.3.3)$$

Wir beschränken uns nun auf Schrittweiten $h \in [0,h^*]$ mit

$$h^* = \min \left\{ h_o, \frac{1}{2 x_o ab_k L} \right\}^{1)} . \qquad (5.3.4)$$

Ohne Einschränkung der Allgemeinheit können wir annehmen, daß die aus (5.1.3) und (5.1.4) herrührenden a,b die Bedingung ab $\geqq$ 1 erfüllen. Dann gilt bei beliebigem festen m

$$\left\| \prod_{\nu=m}^{n-1} \tilde{C}(\nu h,h) \tilde{u}_o^m - \prod_{\nu=m}^{n-1} \tilde{C}(\nu h,h) \tilde{v}_o^m \right\| \leqq \frac{x_o}{\beta} \left(1 + \frac{x_o}{\beta} hL\right)^{n-m} \| \tilde{u}_o^m - \tilde{v}_o^m \| \qquad (5.3.5)$$

mit

$$\beta = \frac{1}{2ab} \quad (\leqq \tfrac{1}{2}) . \qquad (5.3.6)$$

<u>Beweis:</u> (5.3.5) ist zunächst trivialerweise für n = m richtig, da $x_o \geqq 1$ und (gemäß (5.3.6)) $\beta \leqq \frac{1}{2}$.

Gilt (5.3.5) bereits für Produkte $\prod_{\mu=m}^{\nu} \tilde{C}(\mu h,h)$ mit $\nu \leqq n - 2$, so ergibt (5.3.3):

$$(1 - h x_o ab_k L) \left\| \prod_{\nu=m}^{n-1} \tilde{C}(\nu h,h) \tilde{u}_o^m - \prod_{\nu=m}^{n-1} \tilde{C}(\nu h,h) \tilde{v}_o^m \right\|$$

$$\leqq x_o \| \tilde{u}_o^m - \tilde{v}_o^m \| + h x_o a(b-b_k) L \| \tilde{u}_o^m - \tilde{v}_o^m \|$$

$$+ h x_o a(b-b_k) L \sum_{\nu=m+1}^{n-1} \left\| \prod_{\mu=m}^{\nu-1} \tilde{C}(\mu h,h) \tilde{u}_o^m - \prod_{\mu=m}^{\nu-1} \tilde{C}(\mu h,h) \tilde{v}_o^m \right\|$$

$$+ h x_o \, ab_k L \sum_{\nu=m}^{n-2} \left\| \prod_{\mu=m}^{\nu} \tilde{C}(\mu h,h) \tilde{u}_o^m - \prod_{\mu=m}^{\nu} \tilde{C}(\mu h,h) \tilde{v}_o^m \right\|$$

$$\leqq x_o \| \tilde{u}_o^m - \tilde{v}_o^m \| + h x_o a(b-b_k) L \| \tilde{u}_o^m - \tilde{v}_o^m \| +$$

---

¹⁾ Von Satz 5.1.1 wird vorerst nur die Aussage der punktweisen Konvergenz für $h \to 0$ verwendet, so daß das hier benötigte h_o nicht die Bedingungen (5.1.9),(5.1.10) zu erfüllen braucht und mithin unabhängig von u_o gewählt werden kann.

$$+ h x_o abL \sum_{\nu=m}^{n-2} \frac{x_o}{\beta} (1+\frac{x_o}{\beta}hL)^{\nu+1-m} \| \tilde{u}_o^m - \tilde{v}_o^m \|,$$

d.h.

$$(1-h x_o ab_k L)\| \prod_{\nu=m}^{n-1} \tilde{C}(\nu h,h)\tilde{u}_o^m - \prod_{\nu=m}^{n-1} \tilde{C}(\nu h,h)\tilde{v}_o^m \|$$

$$\leqq x_o \| \tilde{u}_o^m - \tilde{v}_o^m \| + h x_o a(b-b_k)L \| \tilde{u}_o^m - \tilde{v}_o^m \| +$$

$$+ h x_o abL \frac{x_o}{\beta} (1+\frac{x_o}{\beta}hL) \frac{(1+\frac{x_o}{\beta}hL)^{n-1-m} - 1}{\frac{x_o}{\beta}hL} \| \tilde{u}_o^m - \tilde{v}_o^m \|$$

$$= \beta ab \frac{x_o}{\beta} (1+\frac{x_o}{\beta}hL)^{n-m} \| \tilde{u}_o^m - \tilde{v}_o^m \|$$

$$- \{ x_o ab(1+\frac{x_o}{\beta}hL) - x_o - h x_o a(b-b_k)L \} \| \tilde{u}_o^m - \tilde{v}_o^m \|.$$

Wegen $x_o \geqq 1$, $ab \geqq 1$, $\beta \leqq \frac{1}{2}$ ist die geschweifte Klammer nicht negativ, mithin wegen (5.3.6)

$$\| \prod_{\nu=m}^{n-1} \tilde{C}(\nu h,h)\tilde{u}_o^m - \prod_{\nu=m}^{n-1} \tilde{C}(\nu h,h)\tilde{v}_o^m \| \leqq \frac{1}{2} \frac{1}{1-h x_o ab_k L} \frac{x_o}{\beta} (1+\frac{x_o}{\beta}hL)^{n-m} \| \tilde{u}_o^m - \tilde{v}_o^m \|.$$

Mit (5.3.4) folgt daraus die Gültigkeit von (5.3.5) auch für n-1, d.h. (5.3.5) ist durch vollständige Induktion bewiesen.

Nun ist

$$(1+\frac{x_o}{\beta}hL)^n = (1+ \frac{x_o}{\beta}\frac{L}{n}nh)^n \leqq (1+ \frac{x_o}{\beta}\frac{LT}{n}\frac{1}{n})^n$$

$$\leqq \exp(\frac{x_o LT}{\beta}) =: c^* \frac{\beta}{x_o},$$

so daß (5.3.5) speziell für m = 0 die Aussage

$$\| \prod_{\nu=0}^{n-1} \tilde{C}(\nu h,h)\tilde{u}_o - \prod_{\nu=0}^{n-1} \tilde{C}(\nu h,h)\tilde{v}_o \| \leqq c^* \| \tilde{u}_o - \tilde{v}_o \| \qquad (5.3.7)$$

für alle $\tilde{u}_o$, $\tilde{v}_o \in \mathcal{K}^k$, d.h. die gleichgradige Lipschitzbeschränktheit der iterierten Differenzenoperatoren auf $\mathcal{K}^k$ und damit auch auf $\mathcal{U}^k$, ergibt.

Bemerkung: *Der hier auch für den t-abhängigen Fall gegebene Beweis der Lipschitzbeschränktheit (5.3.7) findet sich im wesentlichen in [44]. Für den Fall, daß das zugehörige lineare Problem von t unabhängig ist, wurde ein etwas anders gearteter Beweis in [6] gegeben. Spijker bewies für die von ihm behandelten Verfahrenstypen unter Benutzung seines Stabilitätsbegriffs eine analoge Aussage in [97].*

Die H_1-Konvergenz des Verfahrens auf ϑ impliziert insbesondere die punktweise Konvergenz der iterierten Differenzenoperatoren gegen die stetigen Lösungsoperatoren der Anfangswertaufgabe (5.1.1) auf ϑ_o^k, wobei ϑ_o^k gemäß (5.3.1) in $\mathcal{U}_o^k$ dicht ist.

Da $\mathcal{M}$ als Banachraum vorausgesetzt war, existieren nach Satz 3.2.4 (vergleiche auch die Fußnote zu den Voraussetzungen des Satzes 3.2.4) verallgemeinerte Lösungen auf $\mathcal{U}^{1)}$ aufgrund der gleichgradigen Lipschitzstetigkeit auf $\mathcal{U}^k$ (und damit insbesondere auf $\mathcal{U}_o^k$).

Bemerkung: *Die Aussage der Existenz verallgemeinerter Lösungen auf $\mathcal{U}$ kann auch so gefolgert werden: Die globale Lipschitzbeschränktheit der iterierten Differenzenoperatoren gemäß (5.3.7) auf $\mathcal{U}^k$ und die punktweise Konvergenz auf ϑ_o^k zieht die gleichmäßige Lipschitzbeschränktheit der $\tilde{E}_o(t,0)$ auf ϑ_o^k nach sich:*

$$\|\tilde{E}_o(t,0)\tilde{u}_o^* - \tilde{E}_o(t,0)\tilde{v}_o^*\| \leq \|\tilde{E}_o(t,0)\tilde{u}_o^* - \tilde{Q}(nh,h)\tilde{u}_o^*\|$$

$$+ \|\tilde{Q}(nh,h)\tilde{u}_o^* - \tilde{Q}(nh,h)\tilde{v}_o^*\| + \|\tilde{Q}(nh,h)\tilde{v}_o^* - \tilde{E}_o(t,0)\tilde{v}_o^*\|$$

$$< \varepsilon + c^*\|\tilde{u}_o^* - \tilde{v}_o^*\| + \varepsilon$$

für $u_o,\, v_o \in \vartheta$, für alle $n \geq n_o(\varepsilon)$, für alle $h \leq h_1(\varepsilon)$ mit geeigneten n_o, h_1; mithin folgt

$$\|\tilde{E}_o(t,0)\tilde{u}_o^* - \tilde{E}_o(t,0)\tilde{v}_o^*\| = \|E_o(t)u_o - E_o(t)v_o\| \leq c^*\|u_o - v_o\|.$$

$$(5.3.8)$$

Die damit gegebene gleichgradige Lipschitzbeschränktheit der $E_o(t)$ $(0 \leq t \leq T)$ auf ϑ führt dann auch über Satz 1.2.2 zur Existenz verallgemeinerter Lösungen auf $\mathcal{U}$, wobei die Lösungsoperatoren $E(t)$ ebenfalls mit der Konstanten c^* gleichgradig lipschitzbeschränkt

---

[1] Überdies liefert Satz 3.2.4 die für $k > 1$ und für t-Abhängigkeit hier noch nicht ausreichende Aussage, daß das approximierende Differenzenverfahren dann auch auf $\mathcal{U}_o^k$ stetig konvergiert.

179

sind:

$$\| E(t)u_o - E(t)v_o \| \leq c^* \| u_o - v_o \|, \text{ für alle } u_o, v_o \in \mathfrak{U}. \quad (5.3.9)$$

Wir wollen nun zeigen, daß das Differenzenverfahren (2.1.6) auch bei Erfassung der verallgemeinerten Lösungen H_1-konvergent auf $\mathfrak{U}$ ist, sofern es auf $\mathfrak{I}$ H_1-konvergiert.

Sei also $u_o \in \mathfrak{U}$ und $\tilde{u}_o^m \in \mathfrak{M}^k$ ein Anfangsfeld ab t_m. Gegeben sei weiterhin ein beliebiges $\varepsilon > 0$.

Sei v_o ein noch präzisierbares Element aus $\mathfrak{I}$, $\tilde{v}_o^m$ ein zu diesem v_o noch wählbares Anfangsfeld aus $\mathfrak{M}^k$ und $\{v(t)\}$ die zu v_o gehörende (echte) Lösung. Dann gilt:

$$\| \tilde{u}_{n-m}^m - \tilde{u}(t_n) \| \leq \| \tilde{u}_{n-m}^m - \tilde{v}_{n-m}^m \| + \| \tilde{v}_{n-m}^m - \tilde{v}(t_n) \| + \| \tilde{v}(t_n) - \tilde{u}(t_n) \|.$$
$$(5.3.10)$$

Wegen (5.3.5) und (5.3.9) folgt für das spezielle Anfangsfeld $\tilde{v}_o^m = \tilde{v}(t_m)$ die Aussage

$$\| \tilde{u}_{n-m}^m - \tilde{u}(t_n) \| \leq c^* \| \tilde{u}_o^m - \tilde{v}_o^m \| + \| \tilde{v}_{n-m}^m - \tilde{v}(t_n) \| + c^* \| \tilde{v}_o^* - \tilde{u}_o^* \|$$

$$\leq c^* \| \tilde{u}_o^m - \tilde{u}(t_m) \| + c^* \| \tilde{u}(t_m) - \tilde{v}(t_m) \|$$

$$+ \| \tilde{v}_{n-m}^m - \tilde{v}(t_n) \| + c^* \| v_o - u_o \|.$$

Nochmalige Anwendung von (5.3.9) liefert

$$\| \tilde{u}_{n-m}^m - \tilde{u}(t_n) \| \leq c^* \| \tilde{u}_o^m - \tilde{u}(t_m) \| + c^{*2} \| \tilde{u}_o^* - \tilde{v}_o^* \|$$

$$+ \| \tilde{v}_{n-m}^m - \tilde{v}(t_n) \| + c^* \| v_o - u_o \|, \quad \text{d.h.}$$

$$\| \tilde{u}_{n-m}^m - \tilde{u}(t_n) \| \leq c^* \| \tilde{u}_o^m - \tilde{u}(t_m) \| + c^* (1+c^*) \| u_o - v_o \|$$

$$+ \| \tilde{v}_{n-m}^m - \tilde{v}(t_n) \|. \quad (5.3.11)$$

Wir wählen nun das noch verfügbare $v_o \in \mathfrak{I}$ so, daß

$$\| v_o - u_o \| < \frac{\varepsilon}{3c^* (1+c^*)},$$

was wegen(5.3.1) möglich ist. Unter allen $v_o \epsilon \vartheta$, die dieser Bedingung genügen, wählen wir nach irgendeinem Prinzip ein v_o fest
aus, so daß

$$v_o = v_o(u_o,\varepsilon).$$

Wegen der H_1-Konvergenz auf ϑ existiert

$$\hat{h}_1 = \hat{h}_1(\tfrac{\varepsilon}{3},v_o(u_o,\varepsilon)) =: h_1^*(u_o,\varepsilon),$$

so daß

$$\|\tilde{v}_{n-m}^m - \tilde{v}(t_n)\| < \tfrac{\varepsilon}{3}.$$

Setzt man $\delta(\varepsilon,u_o) := \dfrac{\varepsilon}{3c^*}$, so ergibt (5.3.11)

$$\|\tilde{u}_{n-m}^m - \tilde{u}(t_n)\| < \varepsilon \quad \text{für alle } h \epsilon \ [0,h_1^*(u_o,\varepsilon)]$$

und für alle ab t_m gerechneten Anfangsfelder $\tilde{u}_o^m$ mit der Eigenschaft

$$\|\tilde{u}_o^m - \tilde{u}(t_m)\| < \delta(\varepsilon,u_o),$$

d.h. H_1-Konvergenz für u_o. Da $u_o \epsilon \mathcal{U}$ beliebig war, erhält man in
der Tat H_1-Konvergenz auf $\mathcal{U}$.

Bemerkung: *Einen auf dem bereits früher erwähnten Konzept der diskreten Konvergenz beruhenden Beweis der Existenz verallgemeinerter
Lösungen und deren numerischer Erfassung mittels Differenzenverfahren gab kürzlich Reinhardt [87], wobei auch allgemeinere nichtlineare Aufgaben prinzipiell einbezogen sind, wenngleich andererseits als Beispiel (neben dem linearen Fall) wiederum der Fall
(3.2.1) studiert wird.*

5.4 Konvergenzordnungen bei schwach strukturierten Anfangsdaten halblinearer Aufgaben

Ähnlich wie bei linearen Aufgaben liegt auch bei halblinearen
Problemen eine auf der Fehlerschranke des lokalen Fehlers beruhen-
de globale Fehlerabschätzung nur auf der Konsistenzmenge ϑ vor.
Sie wird durch (5.1.19) mit $\tilde{w} = \tilde{u}_o^m - \tilde{u}(t_m)$ für $m = 0$ geliefert:

$$\|\tilde{u}_n - \tilde{u}(t_n)\| \leqq M\|\tilde{u}_o - \tilde{u}(0)\| + M(1+\alpha)T\,\eta_1(h,u_o), \text{ für alle } u_o \in \vartheta.$$

$$(5.4.1)$$

Die in Abschnitt 5.3 gewonnene Aussage, daß (wie im linearen Falle) auch im halblinearen Falle das Verfahren die verallgemeinerten Lösungen im Sinne der H_1-Konvergenz miterfaßt, läßt wiederum (wie in Abschnitt 4.5) die Frage nach Fehlerabschätzungen oder mindestens nach Konvergenzordnungen bei der näherungsweisen Berechnung gewisser verallgemeinerter Lösungen aufkommen. Diese Frage wurde für den Fall, daß die zugehörige lineare Aufgabe t-unabhängig ist, erstmals in [12] behandelt.

Bemerkung: Für gewisse Aufgabentypen und gewisse zur Lösung dieser Aufgaben benutzte Differenzenverfahren erweisen sich Räume stetiger oder quadratisch integrierbarer Funktionen bei der Frage nach der Konvergenzordnung als nicht zweckmäßig. Im Anschluß an [12] wird dies von Thomée [115] für den Fall $u_t = u_x + u^2$ demonstriert, der mit dem Lax-Wendroff-Schema [70], das hier die Form

$$u_{n+1}(x) = \tfrac{1}{2}(\lambda^2+\lambda)u_n(x+\Delta x) + (1-\lambda^2)u_n(x) + \tfrac{1}{2}(\lambda^2-\lambda)u_n(x-\Delta x) + hu_n^2(x),$$

$$\lambda = \frac{h}{\Delta x},$$

hat, behandelt wird. Als zweckmäßig erscheint dabei die Formulierung der Aufgabe im Besov-Raum (vergleiche z.B. [17]) $B^{1/2,1}$.

Hier soll in Erweiterung von [12] der t-abhängige Fall sogleich einbezogen werden, wobei wir im wesentlichen einer Darstellung von Reichelt [85] folgen (dort für den Fall $k = 1$).

Der zugrundegelegte normierte Raum $\mathcal{M}$ sei ein Banachraum. Die zu (5.1.1) gehörende lineare Aufgabe

$$u_t = F(t)u, \quad 0 \leq t \leq T$$

$$(5.4.2)$$

$$u(0) = u_o$$

besitze eindeutige echte Lösungen

$$u(t) = E_o^{Lin}(t)u_o$$

für alle u_o eines linearen, in $\mathcal{M}$ dichten Teilraums $\mathcal{a}^{Lin} \underset{dicht}{\subseteq} \mathcal{M}$, die von den Anfangswerten stetig abhängen mögen (die Aufgabe sei mithin auf α^{Lin} sachgemäß gestellt).

Für die Aufgabe (5.4.2) verlangen wir die Gültigkeit des bereits in Abschnitt 1.1 erwähnten Hadamard'schen Prinzips in folgendem abgeschwächten Sinne:

Die Aufgabe

$$v_t = F(t)v, \quad s \leq t \leq T$$
$$v(s) = v_{[s]}$$

(5.4.3)

sei für jedes feste $s \in [0,T]$ auf $\alpha_s^{Lin} := E_0^{Lin}(s) \, \alpha^{Lin}$ sachgemäß gestellt. Bezeichnet man die Lösungsoperatoren der Aufgabe (5.4.3) mit $E_0^{Lin}(t,s)$, so gelte auf $\alpha^{Lin} =: \alpha_0^{Lin}$:

$$E_0^{Lin}(t,0) := E_0^{Lin}(t) = E_0^{Lin}(t,s) \, E_0^{lin}(s,0). \qquad (5.4.4)$$

Bemerkung: *Gemäß der t-Abhängigkeit des Operators F wird also ausdrücklich nicht die Halbgruppeneigenschaft der Operatoren $E_0^{Lin}(t)$ verlangt; vielmehr wird statt dessen nur die schwächere Forderung (5.4.4) erhoben. Die Halbgruppeneigenschaft würde sich mit den hier eingeführten (und für parabolische Aufgaben insbesondere von Kato [58] studierten) Operatoren $E_0^{Lin}(t,s)$ in der Form $E_0^{Lin}(t,s) = E_0^{Lin}(t-s)$ schreiben.*

Bemerkung: *Die Lösbarkeit von (5.4.3) folgt sofort aus der Sachgemäßheit der Aufgabe (5.4.2), denn ist $v_{[s]} \in \alpha_s^{Lin}$ (wobei α_s^{Lin} als lineares Bild eines linearen Raumes selbst ein linearer Raum ist), so existiert $v_0 \in \alpha^{Lin}$ mit $v_{[s]} = E_0^{Lin}(s,0)v_0$. Die Funktion $v(t) := E_0^{Lin}(t,0)v_0$ erfüllt offenbar für $s \leq t \leq T$ die Differentialgleichung in (5.4.3) und die Anfangsbedingung, denn es ist*

$$v(s) = E_0^{Lin}(s,0)v_0 = v_{[s]}.$$

Die Eindeutigkeit der Lösung von (5.4.3) folgt zumindest dann ebenfalls aus der Sachgemäßheit der Aufgabe (5.4.2), wenn $E_0^{Lin}(s,0)$ für jedes $s \in [0,T]$ injektiv ist.

Wir registrieren einige offensichtliche Eigenschaften der Operatoren $E_0^{Lin}(t,s)$:

$$E_o^{Lin}(t,s)\ E_o^{Lin}(s,r) = E_o^{Lin}(t,r) \text{ auf } \alpha_r^{Lin} \text{ für } 0 \leq r \leq s \leq t \leq T.$$

$$E_o^{Lin}(s,s) \qquad\qquad = I \qquad\qquad \text{auf } \alpha_s^{Lin} \text{ für } s \in [0,T].$$

$E_o^{Lin}(t,s)$ ist linear und stetig für jedes feste (t,s)

$$\text{mit } 0 \leq s \leq t \leq T.$$

$E_o^{Lin}(\cdot,s)\ v$ ist stetig auf $[s,T]$ für jedes feste $v \in \alpha_s^{Lin}$

$$(5.4.5)$$

$$(\text{vergleiche } (1.1.12)).$$

Wir setzen im folgenden stets

$$\alpha_s^{Lin} \underset{dicht}{\subset\!=\!=} \mathfrak{M} \quad \text{für jedes } s \in [0,T] \qquad\qquad (5.4.6)$$

voraus; diese Voraussetzung ist auch bei t-Abhängigkeit in linearen
Fällen zumeist erfüllt.

Für jedes feste $s \in [0,T]$ existieren dann nach Satz 1.2.2 eindeutige
lineare Fortsetzungen $E^{Lin}(t,s)$ der Operatoren $E_o^{Lin}(t,s)$ vom Definitionsbereich α_s^{Lin} auf den Gesamtraum $\mathfrak{M}$ für alle $t \in [s,T]$, wobei
sich die Eigenschaften (5.4.5) offenbar sogleich auf die $E^{Lin}(t,s)$
fortpflanzen:

$$E^{Lin}(t,s)\ E^{Lin}(s,r) = E^{Lin}(t,r) \text{ auf } \mathfrak{M} \text{ für } 0 \leq r \leq s \leq t \leq T$$

$$E^{Lin}(s,s) \qquad\qquad = I \qquad\qquad \text{auf } \mathfrak{M} \text{ für } s \in [0,T]$$

$E^{Lin}(t,s)$ ist linear und stetig auf $\mathfrak{M}$ für jedes feste (t,s)

$$\text{mit } 0 \leq s \leq t \leq T$$

$$(5.4.7)$$

$E^{Lin}(\cdot,s)v$ ist stetig auf $[s,T]$ für jedes feste $v \in \mathfrak{M}$.

Da somit $\|E^{Lin}(t,s)v\|$ als Funktion von t auf dem kompakten Inter-
vall $[s,T]$ stetig und mithin beschränkt ist, existiert wegen des
Prinzips der gleichmäßigen Beschränktheit (Satz 4.1.2) zu jedem
$s \in [0,T]$ ein $K(s)$, so daß

$$\|E^{Lin}(t,s)\| \leq K(s), \text{ für alle } t \in [s,T]. \qquad\qquad (5.4.8)$$

184

Dabei ist offenbar K(s) $\geq$ 1, wie für t = s aus (5.4.7) folgt.

Es sei weiterhin vorausgesetzt, daß die K(s) für $0 \leq s \leq T$ durch eine einheitliche Konstante $\varkappa_1$ nach oben abgeschätzt werden können:

$$K(s) \leq \varkappa_1 (\varkappa_1 \geq 1) \text{ für } 0 \leq s \leq T. \qquad (5.4.9)$$

Bemerkung: *Die Voraussetzung (5.4.9), d.h.*

$$\| E^{Lin}(t,s) \| \leq \varkappa_1, \text{ für alle } t \in [s,T], \text{ für alle } s \in [0,T],$$
$$(5.4.10)$$

ist sicherlich erfüllt, wenn es ein auf $\vartheta^{Lin} \xrightarrow[dicht]{} \alpha^{Lin}$
($\Longrightarrow \vartheta^{Lin} \xrightarrow[dicht]{} \mathcal{M}$) mit Aufgabe (5.4.2) konsistentes und auf $\mathcal{M}$ H_1-konvergentes Verfahren gibt.

Beweis: *Wir beweisen die Aussage der Einfachheit halber lediglich für k = 1:*
Nach Satz 4.2.2 ist das zugehörige lineare Differenzenverfahren L-stabil auf $\mathcal{M}$, d.h. es existiert $\varkappa_0 \geq 1$ mit

$$\left\| \prod_{\nu=m}^{n-1} C^{Lin}(\nu h, h) \right\| \leq \varkappa_0, \text{ für alle } m \leq n \ (m \geq 0), \text{ für alle } n: nh \in [0,T],$$

$$\text{für alle } h \in [0, h_0] \ (h_0 > 0).$$

Dabei gilt
$$u_n = C^{Lin}((n-1)h, h) u_{n-1}.$$

Sei nun $u \in \mathcal{M}$ beliebig und $v \in \alpha_s^{Lin}$ noch geeignet wählbar.

Dann existiert $w \in \alpha^{Lin}$ mit

$$v = E_0^{Lin}(s,0) w.$$

Sei weiterhin $z \in \vartheta^{Lin}$ noch beliebig wählbar und sei u_0^m ein An-fangsfeld ab t_m [1] für z, wobei wir speziell die exakte Lösung wäh-len:

$$u_0^m = E_0^{Lin}(mh, 0) z.$$

---

[1] Wegen k=1 heißt dies: Man wähle einen Anfangswert u_0^m auf der Schicht $t = t_m$.

Zu gegebenem $\varepsilon > 0$ existiert mithin ein $h_1^{Lin}(\varepsilon) > 0$, so daß gilt:

$$\left\|\prod_{\nu=m}^{n-1} C^{Lin}(\nu h,h) u_0^m - E_0^{Lin}(t_n,0) z\right\| < \varepsilon \;,$$

für alle $h \in [0, h_1^{Lin}(\varepsilon)]$ $(h_1^{Lin}(\varepsilon) \leq h_0)$ für alle $n \in \mathbb{N}$ mit $nh \in [0,T]$, für alle $m \in \mathbb{N}_0$ mit $m \leq n$ (mithin auch für $h = \frac{s}{m}$ bei hinreichend großem m). Dann folgt für solche h:

$$\left\|\prod_{\nu=m}^{n-1} C^{Lin}(\nu h,h) u - E^{Lin}(t,s) u\right\|$$

$$\leq \left\|\prod_{\nu=m}^{n-1} C^{Lin}(\nu h,h) u - \prod_{\nu=m}^{n-1} C^{Lin}(\nu h,h) v\right\|$$

$$+ \left\|\prod_{\nu=m}^{n-1} C^{Lin}(\nu h,h) E_0^{Lin}(s,0) w - \prod_{\nu=m}^{n-1} C^{Lin}(\nu h,h) E_0^{Lin}(s,0) z\right\|$$

$$+ \left\|\prod_{\nu=m}^{n-1} C^{Lin}(\nu h,h) E_0^{Lin}(s,0) z - E_0^{Lin}(t_n,0) z\right\|$$

$$+ \left\|E_0^{Lin}(t_n) z - E_0^{Lin}(t_n) w\right\| + \left\|E_0^{Lin}(t_n) w - E_0^{Lin}(t) w\right\|$$

$$+ \left\|E_0^{Lin}(t,0) w - E^{Lin}(t,s) u\right\|.$$

Mit der Beziehung (4.2.7), die natürlich auch bei H_1-Konvergenz gilt, ergibt sich unter Ausnutzung von (5.4.7):

$$\left\|\prod_{\nu=m}^{n-1} C^{Lin}(\nu h,h) u - E^{Lin}(t,s) u\right\|$$

$$\leq x_0 \|u - v\| + x_0^2 \|w - z\| + \varepsilon + x_0 \|z - w\|$$

$$+ \left\|E_0^{Lin}(t_n) w - E_0^{Lin}(t) w\right\| + \left\|E_0^{Lin}(t,s) E_0^{Lin}(s,0) w - E^{Lin}(t,s) u\right\|$$

$$= x_0 \|u - v\| + x_0(1+x_0) \|w - z\| + \left\|E_0^{Lin}(t_n) w - E_0^{Lin}(t) w\right\|$$

$$+ \left\|E^{Lin}(t,s)(v-u)\right\| + \varepsilon .$$

Wir wählen nun präziser $v \in \mathcal{O}_s^{Lin}$ so nahe bei u, daß $\|u - v\| < \frac{\varepsilon}{x_0}$, was *wegen* $\alpha_s^{Lin} \underset{dicht}{=\!=\!=} \mathfrak{M}$ *möglich ist. Zu diesem v bestimme man das zuge-hörige w und dann $z \in \mathfrak{F}^{Lin}$ so nahe bei w, daß $\|v-z\| < \dfrac{\varepsilon}{\varkappa_o(1+\varkappa_o)}$, was wegen $\mathfrak{F}^{Lin} \underset{dicht}{=\!=\!=} \mathfrak{M}$ ebenfalls möglich ist. Überdies wähle man $h \leqq h_1^{Lin}(\varepsilon)$ so klein (d.h. m so groß) und $n \in \mathbb{N}$ so groß, daß mit(1.1.12) gilt:*

$$\| E_o^{Lin}(t_n)w - E_o^{Lin}(t)w \| < \varepsilon \ .$$

Dann folgt mit (5.4.8)

$$\left\| \prod_{\nu=m}^{n-1} C^{Lin}(\nu h, h)u - E^{Lin}(t,s)u \right\| < (3 + \frac{K(s)}{\varkappa_o})\varepsilon$$

und daher

$$\| E^{Lin}(t,s)u \| < \varkappa_o \|u\| + (4 + \frac{K(s)}{\varkappa_o})\varepsilon, \text{ für alle } t \in [0,T].$$

Da $\varepsilon > 0$ beliebig gewählt war, folgt

$$\| E^{Lin}(t,s)u \| \leqq \varkappa_o \|u\|,$$

d.h. es gilt (5.4.9) mit $\varkappa_1 = \varkappa_o$:

$$\| E^{Lin}(t,s) \| \leqq \varkappa_o. \tag{5.4.11}$$

(5.4.11) läßt sich fast wörtlich auf gleiche Weise auch bei Exi-stenz eines auf $\mathfrak{M}$ H_1-konvergenten k-Schritt-Verfahrens mit $k > 1$ zeigen und bedeutet eine Verallgemeinerung von (4.2.7).

Hinsichtlich der gegebenen halblinearen Anfangswertaufgabe setzen wir noch voraus, daß deren Lösungsoperatoren $E_o(t)$ die Eigenschaft

$$E_o(s)\mathfrak{F} \subset \alpha_s^{Lin} \text{ für alle } s \in [0,T] \tag{5.4.12}$$

mit dem $\mathfrak{F}$ aus (5.4.1) besitzen.

Schließlich sei die Abbildung

$$[0,T] \xrightarrow[G(s)u_o]{} \mathfrak{M} \text{ für alle } u_o \in \mathfrak{M} \text{ stetig.} \tag{5.4.13}$$

Im folgenden soll im Hinblick auf spätere Anwendungen bei der Herleitung von Fehlerabschätzungen für verallgemeinerte Lösungen gezeigt werden, daß die (echten) Lösungen der gegebenen halblinearen Anfangswertaufgabe einer gewissen Integralgleichung genügen.

Zu diesem Zweck vermerken wir zunächst die Gültigkeit des folgenden elementaren Satzes (vgl. z.B. [67], S.134).

<u>Lemma</u>:

Seien X,Y,Z metrische Räume, Z vollständig, $\{x_n\} \subset X$,

$$\{y_m\} \subset Y, \quad \{x_n\} \longrightarrow x_o \in X, \quad \{y_m\} \longrightarrow y_o \in Y,$$

$$f : X \times Y \longrightarrow Z.$$

Die Grenzwerte $\lim\limits_{n \to \infty} f(x_n,y)$ und $\lim\limits_{m \to \infty} f(x,y_m)$ mögen existieren; einer der Grenzübergänge sei gleichmäßig.

Dann gilt: Die Grenzwerte

$$\lim_{n \to \infty} \lim_{m \to \infty} f(x_n,y_m), \quad \lim_{m \to \infty} \lim_{n \to \infty} f(x_n,y_m)$$

und

$$\lim_{n \to \infty} f(x_n,y_n)$$

existieren und sind einander gleich.

Weiterhin beweisen wir zunächst die folgende Aussage:

<u>Satz 5.4.1</u>:

Für jeweils festes $t \in [0,T]$ und festes $u \in \mathfrak{M}$ ist die Abbildung

$$[0,t] \xrightarrow[E^{lin}(t,s)u]{} \mathfrak{M}$$

unter den in diesem Abschnitt bisher gemachten Voraussetzungen stetig.

<u>Beweis</u>: Zu gegebenem $\varepsilon > 0$ existiert wegen (5.4.6) ein $v \in \alpha_s^{Lin}$, so daß

$$u = v + e \text{ mit } \|e\| < \frac{\varepsilon}{3x_1}.$$

Zu diesem $v \in \alpha_s^{Lin}$ existiert ein $w \in \alpha^{Lin}$ mit

$$v = E_o^{Lin}(s,0)w.$$

Gemäß (5.4.7) ist $E_o^{Lin}(s,0)w$ in Abhängigkeit von s auf $[0,T]$ stetig, so daß für eine Folge $\{s_n\} \subset [0,t]$ mit $\{s_n\} \rightarrow s$ (bei festem s) gilt:

$$\|v - E_o^{Lin}(s_n,0)w\| = \|E_o^{Lin}(s,0)w - E_o^{Lin}(s_n,0)w\| < \frac{\varepsilon}{3\varkappa_1}$$

für alle $n \geq n_o(\varepsilon,w)$ bei geeignetem n_o.

Für solche n gilt daher mit (5.4.7):

$$\|E^{Lin}(t,s_n)u - E^{Lin}(t,s)u\|$$

$$= \|E^{Lin}(t,s_n)u - E^{Lin}(t,s)v - E^{Lin}(t,s)e\|$$

$$= \|E^{Lin}(t,s_n)u - E^{Lin}(t,0)w - E^{Lin}(t,s)e\|$$

$$\leq \|E^{Lin}(t,s_n)[u-E^{Lin}(s_n,0)w]\| + \|E^{Lin}(t,s)e\|$$

$$\leq \varkappa_1\|u - v\| + \varkappa_1\|v - E^{Lin}(s_n,0)w\| + \varkappa_1\|e\|$$

$$< 3\varkappa_1 \frac{\varepsilon}{3\varkappa_1} = \varepsilon .$$

Bezüglich der angekündigten Integralgleichung gilt nun der folgende

Satz 5.4.2 (vergleiche auch [86]):
Die aus $u_o \in \vartheta$ hervorgehende (echte) Lösung $u(t) = E_o(t)u_o$ der halblinearen Aufgabe (5.1.1) genügt unter den in diesem Abschnitt bisher angegebenen Voraussetzungen der Integralgleichung

$$u(t) = E^{Lin}(t,0)u_o + \int_0^t E^{Lin}(t,s)G(s)u(s)ds. \qquad (5.4.14)$$

Beweis: Bei gegebenem $u_o \in \vartheta$ und festem $t \in [0,T]$ sei g $([0,t] \rightarrow \mathfrak{M})$ definiert durch

$$g(s) := E^{Lin}(t,s)E_o(s)u_o = E^{Lin}(t,s)u(s).$$

Für $0 \leq s < s + \Delta s \leq t$ (also $\Delta s > 0$) gilt:

$$g(s+\Delta s) - g(s) = E^{Lin}(t,s+\Delta s)u(s+\Delta s) - E^{Lin}(t,s)u(s)$$

$$= [E^{Lin}(t,s+\Delta s) - E^{Lin}(t,s)][u(s+\Delta s) - u(s)] +$$

$$(5.4.15)$$

$$+ E^{Lin}(t,s+\Delta s)u(s) - E^{Lin}(t,s)u(s)$$

$$+ E^{Lin}(t,s)u(s+\Delta s) - E^{Lin}(t,s)u(s).$$

Wir multiplizieren die drei Terme mit $\frac{1}{\Delta s}$ und untersuchen dann ihr Verhalten für $\Delta s \to 0$:

$$\lim_{\Delta s \downarrow 0} \| [E^{Lin}(t,s+\Delta s) - E^{Lin}(t,s)] \frac{1}{\Delta s} [u(s+\Delta s) - u(s)] \|$$

$$\leq \lim_{\Delta s \downarrow 0} \| E^{Lin}(t,s+\Delta s) - E^{Lin}(t,s) \| \; \| u_t(s) \|$$

$$= \| u_t(s) \| \lim_{\Delta s \downarrow 0} \| E^{Lin}(t,s+\Delta s) - E^{Lin}(t,s+\Delta s) \; E^{Lin}(s+\Delta s,s) \|$$

$$\leq \| u_t(s) \| \; \varkappa_1 \lim_{\Delta s \downarrow 0} \| I - E^{Lin}(s+\Delta s,s) \| = 0.$$

Der zweite Term der rechten Seite von (5.4.15) liefert mit (5.4.7)

$$\frac{1}{\Delta s} \{ E^{Lin}(t,s+\Delta s) - E^{Lin}(t,s) \} u(s) =$$

$$= E^{Lin}(t,s+\Delta s) \frac{1}{\Delta s} \{ u(s) - E^{Lin}(s+\Delta s,s)u(s) \}$$

$$= - E^{Lin}(t,s+\Delta s) \frac{1}{\Delta s} \{ E^{Lin}(s+\Delta s,s)u(s) - E^{Lin}(s,s)u(s) \} .$$

Nach (5.4.12) gilt für die Lösung $u(s)$ der halblinearen Anfangs-wertaufgabe:

$$u(s) \epsilon \; \alpha_s^{Lin}.$$

Mithin gilt in der auf $\mathfrak{M}$ gegebenen Norm:

$$\lim_{\Delta s \to 0} \frac{1}{\Delta s} \{ E^{Lin}(s+\Delta s,s)u(s) - E^{Lin}(s,s)u(s) \} = F(s)u(s).$$

Überdies hatte die Untersuchung des ersten Terms gezeigt, daß

$$\lim_{\Delta s \downarrow 0} E^{Lin}(t,s+\Delta s) = E^{Lin}(t,s).$$

Also folgt

$$\lim_{\Delta s \downarrow 0} \{ E^{Lin}(t,s+\Delta s) - E^{Lin}(t,s) \} u(s) = - E^{Lin}(t,s)F(s)u(s).$$

Für den dritten Term der rechten Seite von (5.4.15) gilt offenbar

$$\lim_{\Delta s \downarrow 0} \frac{1}{\Delta s}\{E^{Lin}(t,s)u(s+\Delta s) - E^{Lin}(t,s)u(s)\} = E^{Lin}(t,s)u_t(s).$$

Es existiert somit der rechtsseitige Grenzwert $\lim_{\Delta s \downarrow 0} \frac{1}{\Delta s}\{g(s+\Delta s) - g(s)\}$, und man erhält:

$$\lim_{\Delta s \downarrow 0} \frac{1}{\Delta s}\{g(s+\Delta s) - g(s)\} = E^{Lin}(t,s)\{-F(s)u(s) + u_t(s)\}$$

$$= E^{Lin}(t,s)\ G(s)u(s) =: g'_+(s).$$

Da u als differenzierbare Lösung der halblinearen Anfangswertaufgabe stetig von t abhängt, mit Satz 5.4.1 und mit (5.4.13) erhält man die Aussage, daß diese rechtsseitige Ableitung $g'_+(s)$ in Abhängigkeit von s auf [O,t) stetig ist.

Es soll nun gezeigt werden, daß auch die linksseitigen Ableitungen $g'_-(s)$ für $0 < s < t$ existieren und mit $g'_+(s)$ übereinstimmen, g(s) also in (O,t) differenzierbar (und an den Intervallenden wenigstens einseitig differenzierbar) ist mit

$$g'(s) = E^{Lin}(t,s)\ G(s)u(s). \tag{5.4.16}$$

Hierzu seien für $s \in (0,t)$ positive Zahlen h_o, r_o mit

$$s + 2r_o \leqq t, h_o \leqq s, h_o \leqq r_o$$

gewählt, und in dem oben angegebenen Lemma sei

$$X := [-h_o, h_o], \quad Y := [0, r_o], \quad Z := \mathfrak{M}.$$

Die Abbildung $f : X \times Y \to Z$ werde definiert durch

$$f(h,r) := \begin{cases} \dfrac{g(s+h+r) - g(s+h)}{r} & \text{für } r > 0 \\[2ex] 0 & \text{für } r = 0. \end{cases}$$

Es seien $\{h_i\} \subset X$, $\{r_j\} \subset Y \setminus \{0\}$ zwei Nullfolgen ($i = 1,2,\ldots$). Da mit Satz 5.4.1 g(s) auf [O,t] stetig, also dort auch gleichmäßig stetig ist, existiert der Grenzwert

$$\lim_{i \to \infty} f(h_i, r) = \begin{cases} \dfrac{g(s+r) - g(s)}{r} & \text{für } r > 0 \\[3mm] 0 & \text{für } r = 0 \end{cases} \quad ,$$

und zwar gleichmäßig in r.

Wegen der bereits bewiesenen rechtsseitigen Differenzierbarkeit existiert auch

$$\lim_{j \to \infty} f(h, r_j) = g'_+(s+h).$$

Die Aussage des Lemmas ergibt folglich mit der Stetigkeit von $g'_+(s)$:

$$g'_+(s) = \lim_{i \to \infty} g'_+(s+h_i) = \lim_{i \to \infty} \lim_{j \to \infty} f(h_i, r_j) =$$

$$= \lim_{i \to \infty} \lim_{j \to \infty} \frac{g(s+h_i+r_j) - g(s+h_i)}{r_j}$$

$$= \lim_{j \to \infty} \lim_{i \to \infty} \frac{g(s+h_i+r_j) - g(s+h_i)}{r_j} = \lim_{i \to \infty} \frac{g(s+h_i+r_i) - g(s+h_i)}{r_i}.$$

Speziell für $h_i = - r_i$ $(i = 0,1,2,\ldots)$ erhält man

$$g'_+(s) = \lim_{i \to \infty} \frac{g(s) - g(s-r_i)}{r_i} = g'_-(s),$$

womit (5.4.16) bewiesen ist. Integration von (5.4.16) liefert

$$g(t)-g(0) = \int_0^t E^{Lin}(t,s) \, F(s)u(s)ds, \quad \text{d.h.}$$

$$E^{Lin}(t,t)u(t) = E^{Lin}(t,0)u(0) + \int_0^t E^{Lin}(t,s) \, G(s)u(s)ds,$$

also mit (5.4.7) in der Tat

$$u(t) = E_0^{Lin}(t)u_0 + \int_0^t E^{Lin}(t,s) \, G(s)u(s)ds.$$

Bemerkung: *Für den t-unabhängigen Fall kann bei Vorliegen der Halbgruppeneigenschaft der Operatoren $E^{Lin}(t)$ auf die Voraussetzung (5.4.13) verzichtet werden, da dann bei obigem Beweis der rechtsseitigen Differenzierbarkeit von $g(s)$ das positive Δs auch durch ein negatives Δs zufolge der dann gültigen Beziehung $E^{Lin}(s,s+\Delta s) =$*

$E^{Lin}(/\Delta s/) = E^{Lin}(/\Delta s/,0) = E^{Lin}(s-\Delta s,s)$ *ersetzt werden kann.*

Bemerkung: *Für den t-unabhängigen Fall bei vorliegender Halbgruppen-eigenschaft wurde (5.4.14) von Thompson [119] bewiesen. Auch bei Kato spielt diese Integralgleichung im Spezialfall linearer inhomogener Differentialgleichungen eine entscheidende Rolle (vergleiche [58] und die dort angegebenen weiteren Arbeiten).*

Bei Thompson (für den t-unabhängigen Fall) wie bei Reichelt [85] (für den t-abhängigen Fall) wird (5.4.14) auch zum Nachweis der Existenz verallgemeinerter Lösungen benutzt (vergleiche auch die Bemerkung am Ende des Abschnitts 1.2). Wir stellen uns hier jedoch auf den Standpunkt, daß die Existenz verallgemeinerter Lösungen der halblinearen Anfangswertaufgabe bereits gemäß den Methoden des Abschnitts 5.3 gewährleistet ist und beweisen dann lediglich den folgenden Satz.

<u>Satz 5.4.3:</u>
Ist $\vartheta \underset{dicht}{\subseteq} \mathcal{U} \subset \mathcal{M}$, existieren echte Lösungen $u(t) = E_0(t)u_0$ der

halblinearen Aufgabe für alle $u_0 \in \vartheta$, gelten die Voraussetzungen des Abschnitts 5.3, so daß verallgemeinerte Lösungen $u(t) = E(t)u_0$ des halblinearen Problems für alle $u_0 \in \mathcal{U}$ existieren, so erfüllen auch diese verallgemeinerten Lösungen unter den bisherigen Voraussetzungen dieses Abschnitts die Integralgleichung

$$u(t) = E^{Lin}(t)u_0 + \int_0^t E^{Lin}(t,s)\, G(s)\, E(s)u_0\, ds. \qquad (5.4.17)$$

<u>Beweis:</u> Wegen der Stetigkeitsaussagen (1.1.12), (5.4.13) und wegen Satz 5.4.1 existiert zunächst

$$w(t) := E^{Lin}(t)u_0 + \int_0^t E^{Lin}(t,s)\, G(s)\, E(s)u_0\, ds,$$

und wir haben $w(t) = E(t)u_0$ zu beweisen.

Nun gilt mit einem noch präzisierbaren $v_0 \in \vartheta$:

$$\|w(t) - E(t)u_0\| = \|E^{Lin}(t)u_0 + \int_0^t E^{Lin}(t,s)\, G(s)\, E(s)u_0\, ds - E(t)u_0\| \leqq$$

$$\leq \|E^{Lin}(t)u_o - E^{Lin}(t)v_o\|$$

$$+ \|E^{Lin}(t)v_o + \int_o^t E^{Lin}(t,s)\,G(s)\,E(s)v_o ds - E(t)u_o\|$$

$$+ \| - \int_o^t E^{Lin}(t,s)\,G(s)\,E(s)v_o ds + \int_o^t E^{Lin}(t,s)G(s)E(s)u_o ds\|$$

$$\leq \varkappa_1\|u_o - v_o\| + \|E(t)v_o - E(t)u_o\| \quad ^{1)}$$

$$+ \int_o^t \|E^{Lin}(t,s)\|\,\|G(s)\,E(s)u_o - G(s)\,E(s)v_o\| ds.$$

Ist L die gemäß (5.3.2) auf $\mathfrak{U}$ einheitliche Lipschitzkonstante der Operatoren G(t) $(0 \leq t \leq T)$, so folgt mit (5.3.9):

$$\|w(t) - E(t)u_o\| \leq \varkappa_1\|u_o - v_o\| + c^*\|u_o - v_o\|$$

$$+ \varkappa_1\,L \int_o^t \|E(s)u_o - E(s)v_o\| ds,$$

d.h.

$$\|w(t) - E(t)u_o\| \leq \left\{ \varkappa_1 + c^* + \varkappa_1\,Ltc^* \right\}\|u_o - v_o\|.$$

Da $v_o \in \vartheta$ beliebig nahe bei $u_o \in \mathfrak{U}$ gewählt werden kann, ergibt sich die Behauptung des Satzes.

Zur Abschätzung des Fehler bei der Erfassung verallgemeinerter Lösungen mit $u_o \in \mathfrak{U}$ (bzw. zur Feststellung der Konvergenzordnung) knüpfen wir an die (nicht nur auf lineare Fälle zugeschnittene) Ungleichung (4.5.20) an, wobei es zunächst allerdings unrealistisch erscheinen mag, für die in Abschnitt 4.5 behandelte Approximationsaufgabe, die bei nichtlinearen Problemen in der Regel nichtlinear ist (da $\mathfrak{U}$ zumeist keinen linearen Raum darstellt), die Gültigkeit eines Jackson-Satzes (4.5.13) zu erwarten.

In praktischen Fällen findet sich bei halblinearen Problemen jedoch häufig folgende Situation (vergleiche etwa das Beispiel im Anschluß an Satz 3.2.4):

$$\mathfrak{U} \subset \vartheta_\varkappa := \left\{ u \in \mathfrak{M} \mid \|u\| < \varkappa \right\}, \qquad \vartheta^* \cap \vartheta_\varkappa = \vartheta^* \cap \mathfrak{U} = \vartheta.$$

____

$^{1)}$ gemäß (5.4.14), da $v_o \in \vartheta$

Damit folgt wegen $\vartheta_r = \vartheta_r^* \cap \vartheta$:

$$\vartheta_r = \vartheta_r^* \cap \mathfrak{U} = \vartheta_r^* \cap \mathfrak{Y}_\varkappa \quad (r = 1,2,\ldots).$$

Ist dann $u_o \in \mathfrak{U}$, so betrachte man vorerst die linearen Approximationsaufgaben, die durch

$$E_r^*(u_o) := \inf_{v^* \in \vartheta_r^*} \|u_o - v^*\| \quad (r = 1,2,\ldots)$$

charakterisiert sind und für die mit gewissen $v_r^* = v_r^*(u_o)$ und Funktionalen $\omega_\varkappa^*(u_o)$ ein Jackson-Satz

$$\|u_o - v_r^*(u_o)\| = \frac{\omega_\varkappa^*(u_o)}{r^\Theta}$$

gelten möge. Wähle nun

$$v_r = v_r(u_o) := \frac{\|u_o\|}{\dfrac{\omega_\varkappa^*(u_o)}{r^\Theta} + \|u_o\|} v_r^*(u_o).$$

Da ϑ_r^* ein linearer Raum ist, gilt $v_r \in \vartheta_r^*$. Zugleich folgt

$$\|v_r^*\| \leqq \|v_r^* - u_o\| + \|u_o\| \leqq \frac{\omega_\varkappa^*(u_o)}{r^\Theta} + \|u_o\| \ ,$$

mithin $\|v_r\| \leqq \|u_o\| < \varkappa$, d.h. $v_r \in \mathfrak{Y}_\varkappa$. Also folgt $v_r \in \vartheta_r^* \cap \mathfrak{Y}_\varkappa = \vartheta_r$, und man erhält

$$\|v_r - u_o\| = \frac{1}{\dfrac{\omega_\varkappa^*(u_o)}{r^\Theta} + \|u_o\|} \left\| \|u_o\|\{v_r^*(u_o) - u_o\} - \frac{\omega_\varkappa^*(u_o)}{r^\Theta} u_o \right\|$$

$$\leqq \frac{\|u_o\| \|v_r^* - u_o\| + \|u_o\| \dfrac{\omega_\varkappa(u_o)}{r^\Theta}}{\|u_o\|} \leqq \frac{2\,\omega_\varkappa^*(u_o)}{r^\Theta} \ ,$$

so daß in der Tat auch im Falle dieser nichtlinearen Approximation ein Jackson-Satz (4.5.13) mit $\omega_\varkappa(u_o) := 2\omega_\varkappa^*(u_o)$ gilt.

Wir schreiten nun im vorliegenden halblinearen Fall zur Konkretisierung von (4.5.20).

Für $u_o \in \mathfrak{U}$ folgt aus (5.4.1) für ein noch präzisierbares $v_o \in \vartheta$ (mit Lösung $\{v(t)\}$ und Näherungen v_n) (m = 0):

$$\|\tilde{u}_n - \tilde{u}(t_n)\| \leqq \|\tilde{u}_n - \tilde{v}_n\| + \|\tilde{v}_n - \tilde{v}(t_n)\| + \|\tilde{v}(t_n) - \tilde{u}(t_n)\|$$

$$\leqq \left\| \prod_{\nu=0}^{n-1} \tilde{C}(\nu h,h)\tilde{u}_o - \prod_{\nu=0}^{n-1} \tilde{C}(\nu h,h)\tilde{v}_o \right\|$$

$$+ M\|\tilde{v}_o - \tilde{v}(0)\| + M(1+\alpha)T\eta_1(h,v_o)$$

$$+ \|\tilde{E}(t_n,h)\tilde{v}_o^* - \tilde{E}(t_n,h)\tilde{u}_o^*\|.$$

Wählt man speziell $\tilde{v}_o = \tilde{v}(0)$, so folgt mit (5.3.7) und (5.3.9)

$$\|\tilde{u}_n - \tilde{u}(t_n)\| \leqq c^*\|\tilde{u}_o - \tilde{v}(0)\| + M(1+\alpha)T\eta_1(h,v_o) + c^*\|u_o - v_o\|$$

$$\leqq c^*\|\tilde{u}_o - \tilde{u}(0)\| + c^*\|\tilde{u}(0) - \tilde{v}(0)\| + M(1+\alpha)T\eta_1(h,v_o)$$

$$+ c^*\|u_o - v_o\|$$

$$\leqq c^*\eta_2(h,u_o) + c^*\|\tilde{E}(0,h)\tilde{u}_o^* - \tilde{E}(0,h)\tilde{v}_o^*\|$$

$$+ M(1+\alpha)T\eta_1(h,v_o) + c^*\|u_o - v_o\|$$

$$\leqq c^*\eta_2(h,u_o) + c^{*2}\|u_o - v_o\| + M(1+\alpha)T\eta_1(h,v_o)$$

$$+ c^*\|u_o - v_o\|, \qquad \text{d.h.}$$

$$\|\tilde{u}_n - \tilde{u}(t_n)\| \leqq c^*(1+c^*)\|u_o - v_o\| + M(1+\alpha)T\eta_1(h,v_o) + c^*\eta_2(h,u_o).$$

Ersetzt man v_o durch die Approximierenden v_r für u_o bezüglich ϑ_r^* (r = 1,2,...), so folgt mit dem Jackson-Satz

$$\|\tilde{u}_n - \tilde{u}(t_n)\| \leqq c^*(1+c^*) \frac{\omega_\alpha(u_o)}{r^\Theta} + c^*\eta_2(h,u_o)$$

$$\tag{5.4.19}$$

$$+ M(1+\alpha)T\eta_1(h,v_r) \qquad (r = 1,2,...).$$

Hierbei entspricht rechterhand die Summe der ersten beiden Glieder der Summe der ersten beiden Glieder der rechten Seite von
(4.5.20) [1].

Zur Gewinnung der Funktion φ^* der rechten Seite von (4.5.20) hat man $\eta_1(h,v_o)$ für $v_o \in \vartheta$ näher zu betrachten, um die $v_r \in \vartheta_r$ eliminieren, d.h. $\eta_1(h,v_r)$ durch einen von v_r unabhängigen (dafür jedoch von u_o abhängenden) Ausdruck abschätzen zu können.

Wiederum gehen wir davon aus, daß $\eta_1(h,v_o)$ die Form (4.5.24) besitzt, wobei freilich unter $E_o(t)$ nunmehr die Lösungsoperatoren der halblinearen Aufgabe zu verstehen sind, und es mögen (4.5.25) und (4.5.26) gelten.

Die Differentialgleichung des vorliegenden halblinearen Problems schreiben wir jetzt in der Form

$$u_t = (F(t) + G(t))u(t) = \sum_{|\nu|=0}^{p} a_\nu(\cdot,t)D^\nu u(t) + g(\cdot,t,u(t))$$

$$(5.4.20)$$

mit $g(x,t,u) = [G(t)u](x)$.

Wir untersuchen nun den in (4.5.24) auftretenden Ausdruck

$$D^\lambda \frac{\partial^\varkappa}{\partial t^\varkappa}(E_o(t)v_o) = D^\lambda \frac{\partial^\varkappa}{\partial t^\varkappa}v(t).$$

Überdies sei jetzt $\mathfrak{M}$ eine Banach-Algebra, d.h. mit $u,v \in \mathfrak{M}$ folge $u \cdot v \in \mathfrak{M}$ und $\|u\,v\| \leqq \|u\|\|v\|$. $\frac{\partial^\varkappa}{\partial t^\varkappa}v(t)$ liefert für $\varkappa = 1$ zunächst die rechte Seite von (5.4.20) (mit $v(t)$ statt $u(t)$).

Für $\varkappa = 2$ folgt

$$\frac{\partial^2}{\partial t^2}v(t) = \sum_{|\nu|=0}^{p}\left\{\frac{\partial}{\partial t}a_\nu(\cdot,t)\right\}D^\nu v(t) + \sum_{|\nu|=0}^{p}a_\nu(\cdot,t)D^\nu v_t(t)$$

$$+ g_t(\cdot,t,v(t)) + g_u(\cdot,t,v(t))\,v_t(t),$$

sofern wir voraussetzen, daß die auftretende Ableitungen der a_ν

---

[1] Die zulässigen Werte von h (d.h. von h_o) (und damit auch von α ,M) hängen zwar im allgemeinen über (5.1.9), (5.1.10) von v_r ab, doch unterstellen wir, daß man für alle v_r mit einheitlichem $h_o > 0$ auskommen kann, was in der Tat häufig möglich ist (vergleiche hierzu die Bemerkung 8 im Anschluß an Satz 5.1.1).

und von g existieren. Ersetzt man hierin $v_t(t)$ wiederum durch die rechte Seite der Differentialgleichung, wobei auch Ableitungen der a_ν und der Funktion g nach den Ortsvariablen auftreten, so erhält man einen Ausdruck der Form

$$\sum_{|\nu|=0}^{2p} q_{2,\nu}(\cdot,t)D^\nu v(t) + g_2(\cdot,t,v(t))$$

mit gewissen Koeffizientenfunktionen $q_{2,\nu}$ und einem in v nichtlinearen Term g_2.

So fortfahrend folgt bei hinreichenden Differenzierbarkeitsvoraussetzungen an die a_ν und an g:

$$\frac{\partial^\kappa}{\partial t^\kappa} v(t) = \sum_{|\nu|=0}^{\kappa p} q_{\kappa,\nu}(\cdot,t)D^\nu v(t) + g_\kappa(\cdot,t,v(t)) \qquad (5.4.21)$$

mit gewissen Koeffizienten $q_{\kappa,\nu}$ und einem gewissen g_κ, wobei $q_{1,\nu} = a_\nu$ $(|\nu|=1,\ldots,p)$, $g_1 = g$.

Beschränken wir uns im folgenden auf den Fall nur einer Ortsvariablen $(d = 1, D = \frac{\partial}{\partial x})$ [1], so liefert (5.4.21):

$$D\frac{\partial^\kappa}{\partial t^\kappa} v(t) = \sum_{\nu=0}^{\kappa p}[Dq_{\kappa,\nu}(\cdot,t)]D^\nu v(t) + \sum_{\nu=0}^{\kappa p} q_{\kappa,\nu}(\cdot,t)D^{\nu+1}v(t)$$

$$(5.4.22)$$

$$+ \frac{\partial}{\partial x} g(\cdot,t,v(t)) + \frac{\partial}{\partial u} g_\kappa(\cdot,t,v(t))\,Dv(t).$$

In Analogie zu (4.5.27) fordern wir für die zugehörige lineare Aufgabe die Gültigkeit der Vertauschbarkeitsbeziehung

$$D^\nu E_o^{Lin}(t,s) = E^{Lin}(t,s)\,D^\nu\,(\nu = 1,\ldots,\wp),\ (0 \leq s \leq t).(5.4.23)$$

Die in (5.4.22) auftretenden Ausdrücke $D^\mu v(t)$ lassen sich mit (5.4.14) und (5.4.23) folgendermaßen schreiben:

Für $\mu = 1$ erhält man

$$Dv(t) = E^{Lin}(t,0)v_o' + \int_0^t E^{Lin}(t,s)\,Dg(\cdot,s,v(s))ds$$

$$= E^{Lin}(t,0)v_o' + \qquad\qquad\qquad\qquad (5.4.24)$$

---

[1] Der Fall $d > 1$ bringt außer einer weniger übersichtlichen Schreibweise keine wesentlichen Änderungen (insbesondere keine Änderungen in bezug auf die erstrebten Konvergenzordnungs-Aussagen).

$$+ \int_0^t E^{Lin}(t,s)\left\{\frac{\partial}{\partial x}g(\cdot,s,v(s)) +\frac{\partial}{\partial u}g(\cdot,s,v(s))\; Dv(s)\right\}ds,$$

d.h.

$$\|Dv(t)\| \leqq x_1\|v_0'\| + x_1 t \sup_{0\leqq s\leqq t}\|\frac{\partial}{\partial x}g(\cdot,s,v,(s))\|$$

$$+ x_1 t \sup_{0\leqq s\leqq t}\|\frac{\partial}{\partial u}g(\cdot,s,v(s))\|\; \sup_{0\leqq s\leqq t}\|Dv(s)\|,$$

mithin

$$\sup_{0\leqq t\leqq T}\|Dv(t)\| \leqq x_1\|v_0'\| + x_1 T \sup_{0\leqq t\leqq T}\|\frac{\partial}{\partial x}g(\cdot,t,v(t))\|$$

$$+ x_1 T \sup_{0\leqq t\leqq T}\|\frac{\partial}{\partial u}g(\cdot,t,v(t))\|\; \sup_{0\leqq t\leqq T}\|Dv(t)\|,$$

sofern vorausgesetzt wird, daß $G(s)\; v(s)\in a_s^{Lin}$. Überdies seien $\frac{\partial}{\partial x}g$ und $\frac{\partial}{\partial u}g$ auf $B\times[0,T]\times \mathcal{R}$ (vergleiche (5.3.2)) beschränkt mit gewissen Konstanten c_1, bzw. c_2.

Zieht man sich ferner gegebenenfalls auf Zeitintervalle $[0,\tilde{T}]$ mit $\tilde{T}\leqq T$ und $\tilde{T}<\dfrac{1}{x_1 c_2}$ zurück, so folgt

$$\sup_{0\leqq t\leqq \tilde{T}}\|Dv(t)\| \leqq \frac{1}{1-x_1 c_2\tilde{T}}\|v_0'\| + \frac{x_1 Tc_1}{1-x_1 c_2\tilde{T}}\;.$$

Für $\mu = 2$ erhält man mit (5.4.24)

$$D^2 v(t) = E^{Lin}(t,0)v_0'' + \int_0^t E^{Lin}(t,s)\left\{\frac{\partial^2}{\partial x^2}g(\cdot,s,v(s)) +\frac{\partial}{\partial x}g(\cdot,s,v(s))Dv(s)\right.$$

$$+ \frac{\partial^2}{\partial u\partial x}g(\cdot,s,v,(s))Dv(s)+\frac{\partial^2}{\partial u^2}g(\cdot,s,v(s))\,[Dv(s)]^2$$

$$\left.+ \frac{\partial}{\partial u}g(\cdot,s,v(s))D^2 v(s)\right\}ds,$$

d.h.

$$\|D^2 v(t)\| \leqq x_1\|v_0''\| + x_1 t \sup_{0\leqq s\leqq t}\|\frac{\partial^2}{\partial x^2}g(\cdot,s,v(s))\| + x_1 tc_1 \sup_{0\leqq s\leqq t}\|Dv(s)\|$$

$$+ x_1 t \sup_{0\leqq s\leqq t}\|\frac{\partial^2}{\partial u\partial x}g(\cdot,s,v(s))\|\; \sup_{0\leqq s\leqq t}\|Dv(s)\|$$

$$+ x_1 t \sup_{0\leqq s\leqq t}\|\frac{\partial^2}{\partial u^2}g(\cdot,s,v(s))\|\;(\sup_{0\leqq s\leqq t}\|Dv(s)\|)^2$$

$$+ x_1\; tc_2 \sup_{0\leqq s\leqq t}\|D^2 v(s)\|,$$

sofern wir voraussetzen, daß auch $\frac{\partial}{\partial x}g(\cdot,s,v(s)) + \frac{\partial}{\partial u}g(\cdot,s,v(s))Dv(s)$ in α_s^{Lin} liegt.

Sind auch $\frac{\partial^2}{\partial x^2}g$, $\frac{\partial^2}{\partial u \partial x}g$ und $\frac{\partial^2}{\partial u^2}g$ auf $B \times [0,T] \times \mathcal{R}$ mit Konstanten c_3, c_4, c_5 beschränkt, so erhält man

$$\sup_{0 \leq t \leq \widetilde{T}} \|D^2 v(t)\| \leq \frac{\varkappa_1}{1-\varkappa_1 c_2 \widetilde{T}} \|v_0''\| + \frac{\varkappa_1 \widetilde{T} c_3}{1-\varkappa_1 c_2 \widetilde{T}}$$

$$+ \frac{\varkappa_1 \widetilde{T}(c_1+c_4)}{1-\varkappa_1 c_2 \widetilde{T}} \sup_{0 \leq t \leq \widetilde{T}} \|Dv(t)\|$$

$$+ \frac{\varkappa_1 \widetilde{T} c_5}{1-\varkappa_1 c_2 \widetilde{T}} (\sup_{0 \leq t \leq \widetilde{T}} \|Dv(t)\|)^2 .$$

Analog erhält man für $\mu = 3$:

$$\sup_{0 \leq t \leq \widetilde{T}} \|D^3 v(t)\| \leq \frac{\varkappa_1}{1-\varkappa_1 c_2 \widetilde{T}} \|v_0'''\| + \tilde{c}_1 + \tilde{c}_2 \sup_{0 \leq t \leq T} \|Dv(t)\|$$

$$+ \tilde{c}_3 (\sup_{0 \leq t \leq \widetilde{T}} \|Dv(t)\|)^2 + \tilde{c}_4 (\sup_{0 \leq t \leq \widetilde{T}} \|Dv(t)\|)^3$$

$$+ \tilde{c}_5 \sup_{0 \leq t \leq \widetilde{T}} \|D^2 v(t)\| + \tilde{c}_6 (\sup_{0 \leq t \leq \widetilde{T}} \|Dv(t)\|)(\sup_{0 \leq t \leq \widetilde{T}} \|D^2 v(t)\|)$$

mit gewissen nicht-negativen Konstanten $\tilde{c}_\alpha$ ($\alpha = 1,\ldots,6$).

So fortfahrend erhält man durch vollständige Induktion bei Einführung der Abkürzungen $z_i := \sup_{0 \leq t \leq \widetilde{T}} \|D^i v(t)\|^{1/i}$:

$$z_\mu^\mu \leq \frac{\varkappa_1}{1-\varkappa_1 c_2 \widetilde{T}} \|v_0^{(\mu)}\| + P_\mu(z_1,z_2,\ldots,z_{\mu-1}), \quad (\mu \geq 1 \text{ mit } P_1 \equiv \text{const}),$$

$$(5.4.25)$$

wobei P_μ ein Polynom in den z_i vom Höchstgrad μ mit nichtnegativen Koeffizienten ist ($i = 1,\ldots,\mu-1$), in dem die z_i nur in Potenzen von z_i^i auftreten.

(5.4.22) liefert daher bei entsprechenden Beschränktheitsvoraussetzungen bezüglich der Ausdrücke

$$Dq_{\varkappa,\nu}(\cdot,t) \text{ und } q_{\varkappa,\nu}(\cdot,t) \text{ sowie mit } z_0^0 := 1:$$

$$\sup_{0\le t\le T} \left\| D\frac{\partial^\varkappa}{\partial t^\varkappa} v(t)\right\| \le \sum_{\nu=0}^{\varkappa p} \hat{a}_{\nu,\varkappa}\{z_\nu^\nu + z_{\nu+1}^{\nu+1}\} + c_1 + c_2\,z_1$$

$$=: \sum_{\nu=0}^{\varkappa p+1} \hat{b}_{\nu,\varkappa}\, z_\nu^\nu$$

$$\le \sum_{\nu=1}^{\varkappa p+1} \hat{b}_{\nu,\varkappa}\,\frac{\varkappa_1}{1-\varkappa_1 c_2 T}\|v_o^{(\nu)}\| + \sum_{\nu=1}^{\varkappa p+1} \hat{b}_{\nu,\varkappa} P_\nu(z_1,z_2,\ldots,z_{\nu-1}) + \hat{b}_{o,\varkappa}$$

$$=: \frac{\varkappa_1}{1-\varkappa_1 c_2 T}\sum_{\nu=1}^{\varkappa p+1} \hat{b}_{\nu,\varkappa} v_o^{(\nu)} + Q_{\varkappa p+1}(z_1,z_2,\ldots,z_{\varkappa p})$$

mit einem Polynom $Q_{\varkappa p+1}$ ($\varkappa p+1$)-ten Grades in den z_i (die nur in Potenzen von z_i^i auftreten), dessen Koeffizienten nicht-negativ sind.

Bildet man nun unter Benutzung von (5.4.22) den Ausdruck

$$D^2\frac{\partial^\varkappa}{\partial t^\varkappa} v(t) = \sum_{\nu=0}^{\varkappa p} [D^2 q_{\varkappa,\nu}(\cdot,t)]\, D^\nu v(t)$$

$$+\, 2\sum_{\nu=0}^{\varkappa p} [Dq_{\varkappa,\nu}(\cdot,t)] D^{\nu+1} v(t)$$

$$+\, \sum_{\nu=0}^{\varkappa p} q_{\varkappa,\nu}(\cdot,t) D^{\nu+2} v(t)$$

$$+\, \frac{\partial^2}{\partial x^2} g_\varkappa(\cdot,t,v(t)) + 2\frac{\partial^2}{\partial x\partial u} g_\varkappa(\cdot,t,v(t)) Dv(t)$$

$$+\, \frac{\partial^2}{\partial u^2} g_\varkappa(\cdot,t,v(t)) [Dv(t)]^2 + \frac{\partial}{\partial u} g_\varkappa(\cdot,t,v(t)) D^2(t)$$

und verwendet wiederum (5.4.25), so gelangt man unter geeigneten Differenzierbarkeits- und Beschränktheitsvoraussetzungen (an die in (5.4.20) auftretenden a_ν und an die dort auftretende Nichtlinearität g) zu der Aussage

$$\sup_{0\le t\le T}\left\|D^2\frac{\partial^\varkappa}{\partial t^\varkappa} v(t)\right\| \le \frac{\varkappa_1}{1-\varkappa_1 c_2 T}\sum_{\nu=1}^{\varkappa p+2} \hat{b}_{\nu,\varkappa}\|v_o^{(\nu)}\| + Q_{\varkappa p+2}(z_1,z_2,\ldots,z_{\varkappa p+1})$$

mit gewissen nicht-negativen Konstanten $\hat{b}_{\nu,\varkappa}$ und einem Polynom $Q_{\varkappa p+2}$ vom Grade $\varkappa p+2$ in den $z_i (i = 1,\ldots,\varkappa p+1)$.

Schließlich gelangt man analog zu der Aussage

$$\sup_{0 \leqq t \leqq T} \| D^\lambda \frac{\partial^\varkappa}{\partial t^\varkappa} (E_0(t) v_0) \| \leqq \sum_{\nu=1}^{\varkappa p + \lambda} c_{\lambda,\varkappa,\nu} \| v_0^{(\nu)} \| + Q_{\varkappa p + \lambda}(z_1, z_2, \ldots z_{\varkappa p + \lambda - 1}).$$
$$(5.4.26)$$

Bemerkung: *Für den in (4.5.24) (angewandt auf halblineare Anfangs-wertaufgaben) häufig vorkommenden Fall $\varkappa = 0$ resultiert aus dem Vergleich von (5.4.26) mit (5.4.25) offenbar*

$$c_{\lambda,0,1} = \ldots = c_{\lambda,0,\lambda-1} = 0, \quad c_{\lambda,0,\lambda} = \frac{\varkappa_1}{1 - \varkappa_1 c_2 \widetilde{T}},$$

$$Q_\lambda = P_\lambda, \quad (\lambda = 1, 2, \ldots, \wp).$$

(5.4.26) ergibt nun mit (4.5.24) für $0 \leqq t \leqq \widetilde{T}$:

$$\eta_1(h, v_0) = \frac{1}{L^{**}} \sum_{\mu=1}^{q} \Big\{ h^{\delta_\mu} \sum_{\substack{\lambda,\varkappa \\ 1 \leqq \varkappa p + \lambda \leqq \wp_\mu}} b_{\lambda,\varkappa}^{(\mu)} \Big[\sum_{\nu=0}^{\varkappa p + \lambda} c_{\lambda,\varkappa,\nu} \| v_0^{(\nu)} \|$$

$$(5.4.27)$$

$$+ Q_{\varkappa p + \lambda}(z_1, \ldots, z_{\varkappa p + \lambda - 1}) \Big] \Big\}.$$

Aus (5.4.25) folgt rekursiv:

$$z_\mu^\mu \leqq \frac{1}{1 - \varkappa_1 c_2 \widetilde{T}} \| v_0^{(\mu)} \| + \hat{P}_\mu (\| v_0' \|, \| v_0'' \|^{\frac{1}{2}}, \ldots, \| v_0^{(\mu-1)} \|^{\frac{1}{\mu-1}}), \quad (5.4.28)$$

wobei $\hat{P}_\mu (\xi_1, \xi_2, \ldots, \xi_{\mu-1})$ ein Polynom vom Höchstgrad μ in $\xi_1, \ldots,$ $\xi_{\mu-1}$ ist, dessen Variable ξ_i nur als Potenzen ξ_i^i auftreten (i = $1, \ldots, \mu-1; \mu \geqq 1$).

Vergröberung der rechten Seite von (5.4.27) mittels (5.4.28) liefert schließlich das gesuchte Funktional $\wp^* = \wp^*(h, \alpha_{\vartheta^*}^{(1)}(v_0), \ldots, \alpha_{\vartheta^*}^{(\hat{m})}(v_0))$ (vergleiche (4.5.10)) mit den Halbnormen

$$\alpha_{\vartheta^*}^{(\mu)}(v) = \| v^{(\mu)} \| \quad (\mu = 1, \ldots, \hat{m}), \quad v \in \vartheta^*.$$

Dabei ist $\hat{m} = \wp^*$.

Der Satz von Zamansky (vergleiche (4.5.15), (4.5.16)) gelte wieder in der Form

$$\| v_r^{(\mu)} \| \leqq \begin{cases} \gamma_\mu r^{\mu - \theta} \, \widetilde{\omega}_\varkappa(u_0) & \text{für } \mu \geqq \theta \\[2ex] \gamma_\mu^{**} \, \widetilde{\omega}_\varkappa(u_0) & \text{für } \mu < \theta \end{cases},$$

d.h. $k_\mu = \mu$, und log r trete nicht auf.

Bemerkung: *In dieser Form ist der Satz von Zamansky z.B. wieder er-
füllt, wenn* $\mathfrak{M} = C^o_{2\pi}$ *und* $\vartheta_r = \vartheta^*_r$ *die Menge der in* $\mathfrak{K}$ *enthaltenen
trigonometrischen Polynome der Höchstordnung r ist (vergleiche auch
(4.5.36)). Wird dabei (in Analogie zum linearen Fall in Abschnitt
4.5) wiederum* $\mathfrak{U} \subset C^{\beta,\alpha} \cap C^o_{2\pi}$ *mit* $\beta \in \mathbb{N}_o$, $\beta < \varrho^*$, $0 < \alpha \leqq 1$ [1], *unterstellt, so ist* $\Theta = \beta + \alpha$.

(5.4.28) ergibt dann (wenn dort v_o durch die Approximation v_r für
u_o bezüglich ϑ^*_r ersetzt wird) unter Berücksichtigung von $r \geqq 1$ mit
gewissen $M_\mu = M_\mu(u_o)$:

$$z^\mu_\mu \leqq \begin{cases} M_\mu & \text{für } 0 \leqq \mu < \Theta \\[2ex] M_\mu \, r^{\mu-\Theta} & \text{für } \Theta \leqq \mu \leqq \varrho^* \end{cases}.$$

Mit (5.4.27) folgt

$$\eta_1(h,v_r) = \sum_{\mu=1}^{q} C_\mu(u_o) h^{\sigma_\mu} \, r^{\varrho_\mu - \Theta}, \qquad (5.4.29)$$

wo die C_μ angebbare Funktionale auf $\mathfrak{U}$ darstellen und negative Exponenten von r als Null zu lesen sind.

Einsetzen von (5.4.29) in (5.4.19) ergibt die Fehlerabschätzungen

$$\|\tilde{u}_n - \tilde{u}(t_n)\| \leqq c^*(1+c^*)\frac{\omega_{\mathfrak{V}}(u_o)}{r^\Theta} + M(1+\alpha)\tilde{T} \sum_{\mu=1}^{q} C_\mu(u_o) h^{\sigma_\mu} \, r^{\varrho_\mu - \Theta}$$
$$+ c^*\eta_2(h,u_o) =: F(r,h,u_o) \quad (r = 1,2,\ldots). \qquad (5.4.30)$$

Damit folgt für $u_o \in \mathfrak{U}$

$$\|\tilde{u}_n - \tilde{u}(t_n)\| \leqq O(h^{\frac{\Theta\sigma}{\varrho}}) + c^*\eta_2(h,u_o),$$

denn wählt man in Analogie zum Minimierungsprozeß (über r) des Abschnitts 4.5

$$r = O(h^{-\frac{\sigma}{\varrho}}) \quad (\text{für } h \to 0),$$

---

[1] Dieses α ist nicht mit dem sonst in diesem Abschnitt benutzten
α aus (5.1.9) identisch.

so ergibt (5.4.30)

$$\|\tilde{u}_n - \tilde{u}(t_n)\| \;\leqq\; K_1(u_o)h^{\frac{\theta\sigma}{\rho}} + \sum_{\mu=1}^{q} \hat{C}_\mu(u_o)h^{\sigma_\mu - \frac{\sigma}{\rho}(\rho_\mu - \theta)}$$

$$+ \; c^*\eta_2(h,u_o)$$

$$= h^{\frac{\theta\sigma}{\rho}}\left[K_1(u_o) + \sum_{\mu=1}^{q} \hat{C}_\mu(u_o)h^{\sigma_\mu - \frac{\sigma}{\rho}\rho_\mu} \right]$$

$$+ \; c^*\eta_2(h,u_o)$$

$$\leqq h^{\frac{\theta\sigma}{\rho}}\left[K_1(u_o) + \sum_{\mu=1}^{q} \hat{C}_\mu(u_o)h_o^{\sigma_\mu - \frac{\sigma}{\rho}\rho_\mu} \right]$$

$$+ \; c^*\eta_2(h,u_o)$$

(da gemäß (4.5.25) $\;\sigma_\mu - \frac{\sigma}{\rho}\rho_\mu \geqq 0$).

Wählt man daher ein Verfahren zur Bestimmung des Anfangsfeldes, dessen Fehler ebenfalls ein $O(h^{\frac{\theta\sigma}{\rho}})$ ist, so liefert (5.4.30) insgesamt:

$$\|\tilde{u}_n - \tilde{u}(t_n)\| = O(h^{\frac{\theta\sigma}{\rho}}). \qquad\qquad (5.4.31)$$

Für $\theta = \beta + \alpha$ erhalten wir eine Verallgemeinerung der Aussage (4.5.39), wobei wiederum für $\beta + \alpha \to \rho$ die Fehlerordnung bei glatten Anfangsdaten zurückerhalten wird. Wie wir bereits vermutet hatten, wird auch bei nicht-glatten Daten die Fehlerordnung nicht durch das Auftreten der Operatoren $G(t)$ beeinflußt.

6 Quasilineare Anfangswertaufgaben

6.1 Hinreichende Konvergenzbedingungen

In dem normierten Raum $\mathfrak{M}$ betrachten wir nunmehr quasilineare Anfangswertaufgaben der Form

$$u_t = F(t,u)u + G(t)u, \quad 0 \leq t \leq T$$

$$u(0) = u_o;$$

(6.1.1)

dabei seien die $F(t,u)$ für jedes feste $t \in [0,T]$ und für jedes feste $u \in \mathfrak{M}$ lineare Operatoren [1], die einen gemeinsamen nicht-leeren Definitionsbereich $\mathfrak{M}_F \subset \mathfrak{M}$ besitzen mögen und diesen in $\mathfrak{M}$ hinein abbilden. $\mathfrak{M}_F$ ist mithin ein linearer Teilraum von $\mathfrak{M}$.

Hingegen mögen die nicht notwendig linearen Operatoren $G(t)$ wieder auf dem gesamten Raum $\mathfrak{M}$ definiert sein und $\mathfrak{M}$ in sich abbilden.

Bemerkung: *Zahlreiche Probleme aus den Anwendungsgebieten der Mathematik führen auf quasilineare Anfangswertaufgaben. Eine zusätzliche Bedeutung erfahren diese Aufgaben durch den bereits in Abschnitt 1.1 (Beispiel 4) erwähnten Umstand, daß sich vielfach nichtlineare Anfangswertprobleme auf Anfangswertaufgaben für Systeme quasilinearer Differentialgleichungen zurückführen lassen.*

(6.1.1) besitze für das betrachtete $u_o \in \mathfrak{M}_F$ eine eindeutige Lösung.

Bei den in Kapitel 5 behandelten halblinearen Aufgaben der Form

$$u_t = F(t)u + G(t)u$$

konnte das Konvergenzverhalten entsprechender Differenzenapproximationen im wesentlichen auf das Konvergenzverhalten bei der Lösung der zugehörigen linearen Aufgabe zurückgeführt werden:

Bei einem mit der halblinearen Aufgabe konsistenten Differenzenverfahren trat Konvergenz genau dann ein, wenn die zu der zugehörigen linearen Aufgabe $u_t = F(t)u$ gehörenden iterierten Differenzenoperatoren (ab jeder Schicht t_m) auf $\mathfrak{M}$ gleichmäßig beschränkt waren:

$$\left\| \prod_{\nu=m}^{n-1} \tilde{A}(t_\nu,h) \right\| \leq \varkappa_o.$$

Diese Stabilitätsbedingung war mithin unabhängig von der gesuchten

---

[1] in der Regel Differentialoperatoren bezüglich der nicht explizit aufgeführten Orstvariablen

Lösung (oder deren Näherungen) formulierbar.

Den Operatoren F(t) der linearen Aufgabe stehen nun jedoch in
(6.1.1) die von der gesuchten Lösung abhängigen linearen Operatoren F(t,u) gegenüber. Damit werden auch die den Operatoren $\tilde{A}(t,h)$
des linearen Problems entsprechenden Differenzenoperatoren von u
abhängig. Es kann deshalb nicht erwartet werden, zu Stabilitätsbedingungen gelangen zu können, die wie im linearen und halblinearen
Fall von der zu approximierenden Lösung {u(t)} unabhängig sind; in
der Regel wird man sogar fordern, daß die noch zu präzisierenden
Stabilitätsbedingungen in bezug auf ihre Abhängigkeit von u gleichmäßig für gewisse Teilmengen von $\mathfrak{M}$ erfüllt sind, wobei diese Teilmengen etwa die zu konstruierenden Näherungen $\{u_n\}$ (unter Einbeziehung von Rechenstörungen, z.B. Rundungsfehler) enthalten. Um einer
möglichst breiten Anwendbarkeit dieser Kriterien willen wird man
die Teilmengen möglichst klein zu halten suchen.

*Bemerkung: Zentrale Aussage dieses Abschnitts wird Satz 6.1.1 sein,
in dem neben Fehlerabschätzungen (mit Berücksichtigung der bei jedem Schritt auftretenden Rechenstörungen) ein hinreichendes Konver-
genzkriterium in Form einer Stabilitätsbedingung angegeben wird,
die tatsächlich nur von der gesuchten exakten Lösung {u(t)} der
gegebenen Aufgabe (6.1.1) abhängt.*

*Die Stabilitätsforderung (6.1.11) innerhalb dieses Satzes wird je-
doch bei Spezialisierung auf den linearen oder halblinearen Fall
lediglich in die für die dort definierte L-Stabilität hinreichende Bedingung (4.4.7) übergehen, so daß ohne zusätzliche Voraussetzungen eine Ergänzung der Aussage des Satzes 6.1.1, die diesen zu
einem Äquivalenzsatz im Sinne der linearen Lax-Richtmyer-Theorie
werden ließe, nicht erwartet werden kann. Auch wurde der Satz bisher nur für explizite Mehrschrittverfahren ausgesprochen ([8];[10],
S.118 ff.) und beweist lediglich stabile Konvergenz im Sinne der
Konvergenzdefinition V des Abschnitts 3.1 [1]. Analogie zu den Sät-
zen der linearen und halblinearen Lax-Richtmyer-Theorie besteht in*

---

[1]*Daß bei quasilinearen Anfangswertaufgaben im Falle der Nicht-Exi-
stenz verallgemeinerter Lösungen die stabile Konvergenz eine dem
Problem angemessene Forderung ist, wird in [9] ausgeführt. Vergleiche auch die Bemerkung im Anschluß an das Beispiel zu Satz
3.2.4.*

dem Umstand, daß Satz 6.1.1 typ-unabhängig formuliert ist, die ge-
gebene Differentialgleichung (bzw. das gegebene System von Diffe-
rentialgleichungen) also nicht notwendig hyperbolisch, nicht not-
wendig von erster Ordnung oder nur abhängig von zwei unabhängigen
Variablen zu sein braucht. Er stellt insoweit (wie auch in bezug
auf die alleinige Abhängigkeit der Stabilitätsbedingung von der ex-
akten Lösung) eine Verallgemeinerung der Arbeiten von Courant,
Isaacson, Rees [26] sowie von Törnig und Ziegler [120], [121] dar,
in denen für Differenzapproximationen quasilinearer hyperbolischer
Systeme erster Ordnung in zwei unabhängigen Variablen der Konver-
genzbeweis durch Angabe einer gewöhnlichen Differenzengleichung,
bzw. Differentialgleichung, erbracht wird, deren Lösung explizit
angebbar ist, die zugleich die Fehler des Verfahrens zur numeri-
schen Lösung der gegebenen Aufgabe majorisiert und die bei geeig-
neten Anfangsfeldern für $h \to 0$ identisch verschwindet. Diese Be-
weismethode wird in Satz 6.1.1 übernommen.

Der gegebenen Aufgabe (6.1.1) stellen wir wieder ein Differenzen-
verfahren der Form (2.1.6) gegenüber, wobei die dort auftretenden
Operatoren $A_\nu(t,h)$ $(\nu = 0,\ldots,k)$ aufgrund der Quasilinearität des
Problems (6.1.1) selbst quasilinear seien, d.h.:

Es gebe Operatoren $D_\nu(h,t,u)$, die für jedes feste $h \in [0,h_0]$ (mit
geeignetem $h_0 > 0$), für jedes feste $t \in [0,T]$ und für jedes feste
$u \in \mathfrak{M}$ lineare Operatoren von $\mathfrak{M}$ in sich seien, und für die gelte

$$A_\nu(t,h)u = D_\nu(t,h,u)u \quad (\nu = 0,\ldots,k) \qquad (6.1.2)$$

(vergleiche auch die Bemerkung vor Formel (2.1.6)).

(2.1.6) schreibt sich deshalb im vorliegenden Fall in der Form

$$\sum_{\nu=0}^{k} D_\nu(t_{n+\nu},h,u_{n+\nu})u_{n+\nu} + h\sum_{\nu=0}^{k} B_\nu(h)\, G(t_{n+\nu})\, u_{n+\nu} = 0$$

$$(6.1.3)$$

wobei der explizite Fall durch $D_k(t,h,u) = I, B_k(h) = \Theta$ gekennzeich-
net ist.

Für diesen expliziten Fall ergibt (2.2.3):

$$\tilde{u}_{n+1} = \left\{ \begin{pmatrix} -D_{k-1}(t_{n+k-1},h,u_{n+k-1}) & \cdots & -D_1(t_{n+1},h,u_{n+1}) & -D_0(t_n,h,u_n) \\ I & & & \Theta \\ & \Theta & & \\ & & I & \theta \end{pmatrix} \right.$$

$$\left. -h \begin{pmatrix} B_{k-1}(h) & \cdots & B_1(h) & B_0(h) \\ & \Theta & \end{pmatrix} \begin{pmatrix} G(t_{n+k-1}) & & \\ & \Theta & \\ \Theta & & \\ & & G(t_n) \end{pmatrix} \right\} \tilde{u}_n$$

$$=: \left\{ \tilde{D}(t_n,h,\tilde{u}_n) + h\,\tilde{B}_1(h)\,\tilde{G}(t_n,h) \right\} \tilde{u}_n$$

$$=: \tilde{C}(t_n,h)\,\tilde{u}_n. \tag{6.1.4}$$

Dabei ist $\tilde{D}(t,h,\tilde{u})$ offensichtlich ein für jedes feste $\tilde{u} \in \mathfrak{M}^k$, jedes feste $h \in [0,h_0]$ und jedes feste $t \in [0,T]$ linearer Operator von $\mathfrak{M}^k$ in $\mathfrak{M}^k$, und $\tilde{B}_1(h)$ ist ein für jedes feste $h \in [0,h_0]$ stetiger linearer Operator von $\mathfrak{M}^k$ in $\mathfrak{M}^k$.

Beispiel:

In dem Banachraum $\mathfrak{M} = C^0_{2\pi}$ *(versehen mit der Tschebyscheffnorm) sei die quasilineare Anfangswertaufgabe*

$$u_t = u\,u_x, \quad 0 \leq t \leq T$$
$$u(x,0) = u_0(x) \tag{6.1.5}$$

gegeben, die für alle $u_0 \in \mathfrak{A} := \mathfrak{M} \cap C^1(\mathbb{R})$ *echte Lösungen besitzt (vergleiche z.B. [94], S.38).*

Es ist $G(t) = 0$ *und* $F(t,u) = u\frac{\partial}{\partial x}$.

Zur Approximation verwenden wir das Verfahren von Courant, Isaacson und Rees [26], das für die Aufgabe (6.1.5) lautet:

$$u_{n+1}(x) = u_n(x) + \lambda u_n(x) \begin{cases} [u_n(x+\Delta x) - u_n(x)] & \text{für } u_n(x) \gtrless 0 \\[2ex] [u_n(x) - u_n(x-\Delta x)] & \text{für } u_n(x) < 0 . \end{cases} \qquad (6.1.6)$$

Bei diesem expliziten Einschrittverfahren ist $\tilde{D}(t,h,\tilde{u}) = D(t,h,u) = - D_0(t,h,u) = - D_0(h,u)$ definiert durch

$$[-D_0(h,u)v](x) = v(x) + \lambda u(x) \begin{cases} [v(x+\Delta x) - v(x)] & \text{für } u(x) \gtrless 0 \\[2ex] [v(x) - v(x-\Delta x)] & \text{für } u(x) < 0 \end{cases} \qquad (6.1.7)$$

$(\lambda = \dfrac{h}{\Delta x} = const > 0)$.

In der Tat ist $D_0(h,u)$ für feste h,u ein linearer Operator von $\mathfrak{M}$ in sich.

Bezüglich des Verfahrens (6.1.4) setzen wir folgende Eigenschaften voraus:

(Q1) Die Operatoren $G(t)$ $(0 \leqq t \leqq T)$ seien global [1] gleichgradig lipschitzstetig, d.h. es gebe eine Konstante L mit

$$\|G(t)u - G(t)v\| \leqq L\|u - v\|, \text{ für alle } u,v \in \mathfrak{M}, \text{ für alle } t \in [0,T]. \qquad (6.1.8)$$

(Q2) Es existiere eine Konstante $b > 0$ mit

$$\|B_\nu(h)\| \leqq b \,[2] \quad (\nu = 0,\ldots,k-1) \text{ für alle } h \in [0,h_0] \qquad (6.1.9)$$

(das ist beispielsweise wieder der Fall, wenn $\mathfrak{M}$ vollständig und $\|B_\nu(h)u\|$ für jedes feste $u \in \mathfrak{M}$ stetig auf $[0,h_0]$ ist; vergleiche Satz 4.1.2).

(Q3) Das Verfahren sei für das betrachtete u_0 konsistent im Sinne von (2.3.2).

---

[1] Auch hier reicht (wie im halblinearen Fall) die Forderung nach lokaler Lipschitzstetigkeit in der Regel aus.

[2] vergleiche auch (5.1.3), (5.1.4).

(Q4) Es existiere eine Konstante $K \geqq 0$ und ein $\varkappa = \varkappa(u_o) \geqq 0$, so
daß bei beliebigen $\tilde{u}, \tilde{v} \in \mathfrak{m}^k$ gilt:

$$\| \{ \tilde{D}(t,h,\tilde{u}) - \tilde{D}(t,h,\tilde{v}) \} \, \tilde{w} \| \leqq \begin{cases} K \| \tilde{u} - \tilde{v} \| \, \| \tilde{w} \|, \text{ für alle } \tilde{w} \in \mathfrak{m}^k \\[2ex] \varkappa(u_o) h \| \tilde{u} - \tilde{v} \| \text{ für } \tilde{w} = \tilde{u}(t), \ 0 \leqq t \leqq T \end{cases} \qquad (6.1.10)$$

(diese Forderung beinhaltet im wesentlichen die Forderung nach
der Lipschitzbeschränktheit der in die Differenzengleichung
übernommenen Koeffizienten der Differentialgleichung bezüglich
u. Sie ist mithin weniger eine Forderung an die Differenzen-
gleichung als vielmehr eine Forderung an die Differentialglei-
chung [1]; vergleiche auch die am Schluß dieses Abschnitts ge-
nannten Beispiele).

(Q5) Es existiere eine nur von dem (jeweils) gegebenen u_o abhängende Konstante $M = M(u_o)$ mit der Eigenschaft

$$\sup_{0 \leqq t \leqq T-(k-1)h} \| \tilde{D}(t,h,\tilde{u}(t)) \| \leqq 1 + M(u_o) h \qquad (6.1.11)$$

(diese Bedingung ist im linearen Fall identisch mit der für
die L-Stabilität hinreichenden Bedingung (4.4.7) und soll des-
halb auch hier "Stabilitätsbedingung" genannt werden).

Wir wollen nun, wie bereits angekündigt, bei der Ermittlung des globalen Fehlers sogleich Rechenstörungen bei jedem Schritt einbeziehen.

Sei $\tilde{v}_o^m$ das Anfangsfeld (ab t_m) einschließlich der Störeinflüsse, die
bei der Berechnung des Anfangsfeldes auftraten. $\tilde{v}_{n-m}^m$ sie die gestörte Lösung der Differenzengleichung nach dem (n-m)-ten Schritt. Setzt
man diese beim (n-m+1)-ten Schritt in die Differenzengleichung ein,
so ergibt störungsfreie Rechnung den Ausdruck

$$\tilde{C}(t_n,h) \tilde{v}_{n-m}^m .$$

Unter Hinzunahme der Rechenstörung $\tilde{\partial}_{n-m}^m$ erhält man daraus

---

[1] Wiederum kann man sich im allgemeinen auf nur lokale Lipschitzbe-
dingungen zurückziehen.

$$\tilde{v}^m_{n-m+1} = \tilde{C}(t_n,h)\tilde{v}^m_{n-m} + \tilde{\jmath}^m_{n-m} \quad (n = m, m+1, \ldots). \qquad (6.1.12)$$

Wir vergleichen jetzt die (gestörte) Lösung der Differenzengleichung mit der Lösung der gegebenen Anfangswertaufgabe.

Sei deshalb bei beliebigem $t \in [0,T]$ irgendeine Folge natürlicher
Zahlen $\{n_j\} \to \infty$ und irgendeine Schrittweitennullfolge $\{h_j\}$ mit

$$\{(n_j+k-1)h_j\} \subset [0,T] \text{ und } \{n_j h_j\} \to t$$

gegeben.

Dann gilt

$$\|\tilde{v}^m_{n_j-m+1} - \tilde{E}_o(t,0)\tilde{u}^*_o\| \leqq \|\tilde{v}_{n_j-m+1} - \tilde{E}_o((n_j+1)h_j,h_j)\tilde{u}^*_o\| +$$
$$+ \|\tilde{E}_o((n_j+1)h_j,h_j)\tilde{u}^*_o - \tilde{E}_o(t,0)\tilde{u}^*_o\|. \qquad (6.1.13)$$

Wegen (1.1.12) gilt

$$\lim_{j\to\infty} \|\{\tilde{E}_o(n_j h_j,h_j) - \tilde{E}_o(t,0)\}\tilde{u}^*_o\| = 0;$$

deshalb betrachten wir im folgenden nur noch den ersten Term der
rechten Seite von (6.1.13). Der einfacheren Schreibweise wegen
lassen wir vorübergehend den Index j weg und erhalten mit (6.1.4),
(6.1.8), (6.1.9) und der Konsistenzeigenschaft (2.3.2):

$$\|\tilde{v}^m_{n+1-m} - \tilde{E}_o((n+1)h,h)\tilde{u}^*_o\| = \|\tilde{v}^m_{n+1-m} - \tilde{u}(t_{n+1})\|$$

$$\leqq \|\tilde{C}(t_n,h)\tilde{v}^m_{n-m} + \tilde{\jmath}^m_{n-m} - \tilde{C}(t_n,h)\tilde{u}(t_n)\| + \|\tilde{C}(t_n,h)\tilde{u}(t_n) - \tilde{u}(t_{n+1})\|$$

$$\leqq \|\tilde{D}(t_n,h,\tilde{v}^m_{n-m})\tilde{v}^m_{n-m} + h\,\tilde{B}_1(h)\,\tilde{G}(t_n,h)\tilde{v}^m_{n-m} + \tilde{\jmath}^m_{n-m}$$
$$- \tilde{D}(t_n,h,\tilde{u}(t_n))\tilde{u}(t_n) - h\tilde{B}_1(h)\,\tilde{G}(t_n,h)\tilde{u}(t_n)\| + h\eta_1(h,u_o)$$

$$\leqq \|\tilde{D}(t_n,h,\tilde{v}^m_{n-m})\tilde{v}^m_{n-m} - \tilde{D}(t_n,h,\tilde{u}(t_n))\tilde{u}(t_n)\|$$

$$+ hbL\|\tilde{v}^m_{n-m} - \tilde{u}(t_n)\| + \|\tilde{\jmath}^m_{n-m}\| + h\eta_1(h,u_o) \quad \leqq$$

$$\leq \|\{\tilde{D}(t_n,h,\tilde{v}^m_{n-m}) - \tilde{D}(t_n,h,\tilde{u}(t_n))\}\,[\tilde{v}^m_{n-m} - \tilde{u}(t_n)]\|$$

$$+ \quad \|\{\tilde{D}(t_n,h,\tilde{v}^m_{n-m}) - \tilde{D}(t_n,h,\tilde{u}(t_n))\}\,\tilde{u}(t_n)\|$$

$$+ \quad \|\tilde{D}(t_n,h,\tilde{u}(t_n))\,[\tilde{v}^m_{n-m} - \tilde{u}(t_n)]\|$$

$$+ \quad hbL\|\tilde{v}^m_{n-m} - \tilde{u}(t_n)\| + \|\tilde{\delta}^m_{n-m}\| + h\eta_1(h,u_o).$$

(6.1.10) und (6.1.11) liefern mithin:

$$\|\tilde{v}^m_{n+1-m} - \tilde{u}(t_{n+1})\| \leq K\|\tilde{v}^m_{n-m} - \tilde{u}(t_n)\|^2 + \varkappa(u_o)h\|\tilde{v}^m_{n-m} - \tilde{u}(t_n)\|$$

$$+ \quad [1+hM(u_o)]\,\|\tilde{v}^m_{n-m} - \tilde{u}(t_n)\|$$

$$+ \quad hbL\|\tilde{v}^m_{n-m} - \tilde{u}(t_n)\| + \|\tilde{\delta}^m_{n-m}\| + h\eta_1(h,u_o)$$

$$= K\|\tilde{v}^m_{n-m} - \tilde{u}(t_n)\|^2 + \|\tilde{v}^m_{n-m} - \tilde{u}(t_n)\|$$

$$+ \quad \{\varkappa(u_o) + M(u_o)+bL\}\,h\|\tilde{v}^m_{n-m} - \tilde{u}(t_n)\|$$

$$+ \quad \|\tilde{\delta}^m_{n-m}\| + h\eta_1(h,u_o).\ ^{1)}$$

Zur Abkürzung setzen wir vorübergehend

$$\|\tilde{v}^m_{n-m} - \tilde{u}(t_n)\| =:\ z^m_{n-m}.$$

Ist dann δ eine obere Schranke für die auftretenden $\|\tilde{\delta}^m_{n-m}\|$ ($n = 0,1,2,\ldots$) ($0 \leq m \leq n$), so folgt

$$z^m_{n+1-m} \leq K(z^m_{n-m})^2 + z^m_{n-m} + Nhz^m_{n-m} + \delta + h\eta_1(h,u_o) \tag{6.1.14}$$

mit

$$N = N(u_o) := \varkappa(u_o) + M(u_o) + bL.$$

Wir betrachten nun für $h \in (0,h_o]$ die Riccatische Differentialgleichung

$$y'(t) = \frac{K}{h}\,y^2(t) + Ny(t) + \frac{\delta}{h} + \eta_1 \tag{6.1.15}$$

mit der Anfangsbedingung

$^{1)}$Offenbar genügt es, wenn die Gültigkeit von (6.1.10) nur für alle $\tilde{u} = \tilde{u}(t)$, $0 \leq t \leq T$, gefordert wird, statt für alle $\tilde{u} \in \mathfrak{M}^k$.

212

$$y(t_m) = z_o^m.$$

Setzt man $P := N^2 - 4K\dfrac{\delta+h\eta_1}{h^2}$, so lautet die Lösung dieser gewöhnlichen Anfangswertaufgabe für $t \geq t_m$ mit $\tau := t - t_m$:

a) Für $P < 0$:

$$y(t) = \frac{z_o^m \sqrt{-P} \cos(\tfrac{1}{2}\sqrt{-P}\,\tau) + (Nz_o^m + 2\dfrac{\delta+h\eta_1}{h}) \sin(\tfrac{1}{2}\sqrt{-P}\,\tau)}{\sqrt{-P} \cos(\tfrac{1}{2}\sqrt{-P}\,\tau) - (N+\dfrac{2K}{h}z_o^m) \sin(\tfrac{1}{2}\sqrt{-P}\,\tau)} \qquad (6.1.16)$$

$y(t)$ besitzt eine Singularität an der Stelle $t = T^*(h)$ mit

$$T^*(h) = t_m + \frac{2}{\sqrt{-P}} \text{ arc tan } \frac{\sqrt{-P}}{N+\dfrac{2K}{h}z_o^m} \ .$$

b) Für $P = 0$:

$$y(t) = \frac{2z_o^m + (Nz_o^m + 2\dfrac{\delta+h\eta_1}{h})\tau}{2 - (N+\dfrac{2K}{h}z_o^m)} \ . \qquad (6.1.17)$$

Für diesen Fall besitzt $y(t)$ eine Singularität an der Stelle $t = T^*(h)$ mit

$$T^*(h) = t_m + \frac{2}{N+\dfrac{2K}{h}z_o^m} \ .$$

c) Für $P > 0$:

$$y(t) = \frac{z_o^m \sqrt{P} \cosh(\tfrac{1}{2}\sqrt{P}\,\tau) + (Nz_o^m + 2\dfrac{\delta+h\eta_1}{h}) \sinh(\tfrac{1}{2}\sqrt{P}\,\tau)}{\sqrt{P} \cosh(\tfrac{1}{2}\sqrt{P}\,\tau) - (N+\dfrac{2K}{h}z_o^m) \sinh(\tfrac{1}{2}\sqrt{P}\,\tau)} \qquad (6.1.18)$$

mit einer Singularität bei

$$T^*(h) = t_m + \frac{2}{\sqrt{P}} \text{ ar tanh } \frac{\sqrt{P}}{N+\dfrac{2K}{h}z_o^m} \ .$$

Die Bedeutung dieser gewöhnlichen Anfangswertaufgabe liegt darin, daß ihre Lösung $y(t)$ für $t_m \leq t$ mit $t + (k-1)h \in [0,T^*(h)) \cap [0,T]$ eine Majorante des globalen Fehlers des Differenzenverfahrens darstellt, d.h.

$$y(t_n) \geqq z^m_{n-m} \text{ für } (n+k-1)h \in [0,T^*(h)) \cap [0,T] \quad (n \geqq m). \quad (6.1.19)$$

Der Beweis ergibt sich durch vollständige Induktion:
Für $n = m$ ist (6.1.19) richtig aufgrund der Wahl des Anfangswertes $y(t_m)$; ist dann (6.1.19) bereits bis zu einem $n \geqq m$ richtig, so folgt unter Ausnutzung der Isotonie von y', der Induktionsvoraussetzung und der Relation (6.1.14):

$$y(t_{n+1}) = y(t_n) + \int_{t_n}^{t_{n+1}} y'(t)dt \geqq y(t_n) + hy'(t_n)$$

$$= y(t_n) + Ky^2(t_n) + Nhy(t_n) + \delta + h\eta_1$$

$$\geqq z^m_{n-m} + K(z^m_{n-m})^2 + Nh\, z^m_{n-m} + \delta + h\eta_1 \geqq z^m_{n+1-m} \; .$$

Die Beziehung (6.1.19) lautet (in die alten Größen umgeschrieben)

$$\| \tilde{v}^m_{n-m} - \tilde{u}(t_n) \| \leqq y(t_n), \text{ für alle } n \text{ mit } (n+k-1)h \in [0,T^*(h)) \cap [0,T]$$
$$(6.1.20)$$
$$\text{bei gegebenem } h \in (0,h_o]$$

und stellt mithin (insbesondere für $m = 0$) eine die Rechenstörungen bei jedem Schritt einbeziehende Fehlerabschätzung dar.

Fügt man den vorübergehend weggelassenen Index j in (6.1.20) bei n wieder hinzu, so ist offenbar zur Gewährleistung der stabilen Konvergenz (für u_o) im Sinne der Konvergenzdefinition V des Abschnitts 3.1 jede Beziehung hinreichend, die (bei $\delta = 0$ und $z^m_o = z^m_o(h_j) = O(h_j^\gamma)$ mit geeignetem $\gamma > 0$) zugleich die folgenden Eigenschaften sichert:

1. $T^{**} := \inf_{0 < h_j \leqq h_o} T^*(h_j) > 0$ bei geeignetem $h_o > 0$

2. $\lim_{h_j \to 0} y(t) = 0$ für jedes feste $t \in [0,T^{**})$.

Bemerkung: Ist dabei $T^{**} < T$, so kann die Konvergenz im Rahmen der hier benutzten Beweistechniken allerdings nur in einem gegenüber dem Streifen $[0,T]$ eingeschränkten Streifen $[0,T^{**})$ ausgesagt werden.

Wir betrachten zunächst nochmals den (schon weitgehend behandelten) linearen Fall:

Die Operatoren $G(t)$ ($0 \le t \le T$) treten hier nicht auf. Die Voraussetzungen (Q1) und (Q2) sind mithin trivialerweise erfüllt.

Die dort auftretende Konstante L kann gleich Null gesetzt werden. Ferner hängt hier der Operator D nicht von u ab. Die Voraussetzung (Q4) ist folglich ebenfalls trivialerweise mit $K = \varkappa(u_o) = 0$ erfüllt.

Die Riccatische Differentialgleichung geht über in die lineare Differentialgleichung

$$y'(t) = My(t) + \frac{\delta + h\eta_1}{h}$$

$$y(t_m) = z_o^m$$

mit einem von u_o abhängigen M. Die Lösung dieser Anfangswertaufgabe lautet

$$y(t) = z_o^m \, e^{Mt} + \frac{1}{M} \frac{\delta + h\eta_1}{h} (t-t_m) \quad \text{für } M > 0$$

$$y(t) = z_o^m + \frac{\delta + h\eta_1}{h} (t-t_m) \qquad \text{für } M = 0. \tag{6.1.21}$$

$y(t)$ besitzt hier keine Singularität im Endlichen. Es ist daher $T^*(h) = \infty$ und dmit auch $T^{**} = \infty$. Man erhält somit Konvergenzaussagen, wenn überhaupt, im gesamten Streifen $[0,T]$.

Für den Nachweis der stabilen Konvergenz können wir uns auf den Fall $\delta = 0$ beschränken. Aufgrund der vorausgesetzten Konsistenz für u_o (vergleiche (Q3)) erhalten wir dann aus (6.1.21) unmittelbar die Aussage

$$\lim_{h \to 0} y(t) = 0 \text{ bei beliebigen } t \in [0,T]^{[1]}$$

für jedes ab t_m zulässige Anfangsfeld. Das Verfahren ist also sogar H-konvergent für u_o (im Sinne der Konvergenzdefinition VI des Abschnitts 3.1).

---

[1] beachte: $\displaystyle\lim_{h \to 0} t_m = 0$

Man vergleiche die analogen Ergebnisse der zweiten Richtung des
Äquivalenzsatzes 4.2.1 in Verbindung mit den dort im Anschluß an
den Beweis genannten Bemerkungen (insbesondere Bemerkung 3 mit
$\mathcal{J} = \{u_o\}$).

Ist speziell das Verfahren von der Ordnung $\sigma > 0$, so ist offensichtlich der globale Fehler gemäß (6.1.21) ein $O(h^\sigma)$, sofern auch der
Gesamtfehler des Anfangsfeldes ein $O(h^\sigma)$ ist. Dies gilt auch dann
noch, wenn die bei jedem Schritt auftretenden Rechenstörungen bei
Verkleinerung der Schrittweite wie $h^{\sigma+1}$ verringert werden, δ also
ein $O(h^{\sigma+1})$ ist.

Bemerkung: *Daß die bei jedem Rechenschritt auftretenden Störungen
für $h \to 0$ von geeigneter Stärke verschwinden, stellt eine asymptotische Formulierung der Forderung dar, daß bei einer Verkleinerung
der Schrittweite zum Zwecke der Verringerung des globalen Verfahrensfehlers gegebenenfalls auch die Rechengenauigkeit geeignet erhöht werden muß, um die Verkleinerung des Verfahrensfehlers nicht
durch unverminderte Rechenstörungen unwirksam zu machen* [1].

Auch der halblineare Fall werde als Spezialfall der hier betrachteten quasilinearen Aufgabe nochmals kurz untersucht.

Hier treten im Gegensatz zum linearen Fall die Operatoren $G(t)$ auf,
so daß die Konstante L im allgemeinen von Null verschieden ist. $\tilde{D}$
hängt nicht von u ab. Die Voraussetzung (Q4) ist demzufolge wiederum mit $K = \varkappa(u_o) = 0$ erfüllt. Es bleiben also die soeben im linearen
Fall durchgeführten Betrachten erhalten; statt M hat man lediglich
$N = M + bL$ zu nehmen. Mithin wird das Konvergenzverhalten des Differenzenverfahrens für u_o vom Vorhandensein oder Nichtvorhandensein
des lipschitzstetigen nichtlinearen Teils $G(t)u$ nicht beeinflußt
(sofern die Konsistenzbedingung jeweils erfüllt ist), wiederum in
Analogie zu den (allerdings wesentlich weitergehenden) Ergebnissen
aus Kapitel 5.

Wir behandeln nun den quasilinearen Fall:

---

[1] vergleiche auch die entsprechende Bemerkung (in bezug auf gestörte Anfangselemente) vor Konvergenzdefinition III in Abschnitt 3.1.

Hier besitzt die Riccatische Differentialgleichung für $K > 0$ bei endlichem $T^*(h)$ eine Singularität, die für $h \rightarrow 0$ sogar gegen 0 streben kann. Daher erhalten wir Konvergenzaussagen (wenn überhaupt) auf dem hier beschriebenen Wege möglicherweise nur in einem gegenüber $[0,T]$ eingeschränkten Streifen.

Wir betrachten Verfahren von der Ordnung $\delta > 0$, so daß

$$\eta_1(h,u_0) = \omega_0(u_0)h^\delta$$

gesetzt werden kann. Für die Untersuchung der stabilen Konvergenz des Verfahrens kann man sich wieder auf $\delta = 0$ beschränken. Wir unterscheiden dann hinsichtlich δ drei Fälle:

1. $0 < \delta < 1$

(z.B. bei Anfangs-Randwert-Aufgaben möglich).

Wegen $\dfrac{\eta_1(h,u_0)}{h} \rightarrow \infty$ für $h \rightarrow 0$

folgt $P < 0$ für alle hinreichend kleinen h, so daß man sich hier für die Konvergenzfrage auf die Lösung (6.1.16) der Riccatischen Differentialgleichung beschränken kann. Wegen der Beschränktheit des Hauptwertes der arc tan-Funktion ergibt sich

$$\lim_{h \rightarrow 0} T^*(h) = 0, \text{ d.h. } T^{**} = 0.$$

Im Gegensatz zum (halb)linearen Fall kann somit im Rahmen der hier dargelegten Theorie für $0 < \delta < 1$ die Konvergenz in keinem noch so schmalen Streifen ausgesagt werden (trotz erfüllter Konsistenz und Stabilität des Verfahrens).

2. $\delta = 1$.

Hier gilt $\dfrac{\eta_1(h,u_0)}{h} = \omega_0(u_0)$,

so daß für die Lösung der Riccatischen Differentialgleichung abwechselnd (abhängig von j bei Betrachtung der Folge $h_j \rightarrow 0$) die Fälle $P < 0$, $P = 0$, $P > 0$ auftreten können. Setzt man nun ein Anfangsfeld mit $\gamma \geq 1$ voraus, so erhält man in jedem Fall

$$\lim_{j \to \infty} T^*(h_j) > 0 \text{ und damit } T^{**} > 0.$$

Weiter ergibt sich aus (6.1.16), (6.1.17), (6.1.18) noch die Aussage

$$\lim_{h_j \to 0} y(t) = 0 \text{ bei beliebigem festen } t \in [0,T^{**}) \cap [0,T].$$

Das Verfahren ist also stabil-konvergent für u_o in dem möglicherweise eingeschränkten Streifen $[0,T^{**}) \cap [0,T]$. Der globale Fehler ist dabei ein $O(h)$. Dies gilt auch noch bei Einbeziehung der Rechenstörungen bei jedem Schritt, sofern $\delta = O(h^2)$.

3. $\delta > 1$.

Hier folgt $\lim_{h \to 0} \dfrac{\eta_1(h,u_o)}{h} = 0$, so daß mit $N > 0$ auch $P > 0$ für alle hinreichend kleinen h. Es kommt daher für die Konvergenzuntersuchung im Fall $N > 0$ nur die Formel (6.1.18) in Betracht. Setzt man $\gamma > 1$ voraus, so ergibt (6.1.18)

$$\lim_{h \to 0} T^*(h) = \infty, \text{ d.h. } T^{**} = \infty.$$

Weiter ergibt (6.1.18) noch die Aussage

$$\lim_{h \to 0} y(t) = 0 \text{ bei beliebigem festen } t \in [0,T].$$

Das Verfahren ist also stabil-konvergent für u_o im gesamten Streifen $[0,T]$. Für $\gamma = 1$ ist das Verfahren gleichfalls stabil-konvergent für u_o, jedoch möglicherweise nur in einem eingeschränkten Streifen. Die gleichen Ergebnisse erhält man für $N = 0$. Der globale Fehler des Verfahrens ist ein $O(h^\alpha)$ mit $\alpha = \min(\gamma,\delta)$, wiederum auch bei Einbeziehung der Rechenstörungen bei jedem Schritt, wenn $\delta = O(h^{1+\alpha})$ realisiert wird.

Auch im quasilinearen Fall wird also das Eintreten oder Nichteintreten stabiler Konvergenz (für u_o) im Rahmen der hier bewiesenen Aussagen vom Vorhandensein des Anteils $G(t)u$ nicht beeinflußt.

Beispiele:

1. Wir greifen noch einmal das Problem (6.1.5) mit dem Verfahren

(6.1.6) auf.

Die Voraussetzungen (Q1) und (Q2) sind trivialerweise erfüllt (G(t) $= \Theta$).(Q3) ist z.B. erfüllt für $u_o \in \mathfrak{M} \cap C^2(\mathbf{R})$.

Beweis:

$$[E_o(t+h)u_o - C(h)\, E_o(t)u_o](x)$$

$$= u(x,t+h) - u(x,t) - u(x,t) \cdot \begin{cases} [u(x+\tfrac{h}{\lambda},t) - u(x,t)] & \text{für } u(x,t) \gtrless 0 \\[2ex] [u(x,t) - u(x-\tfrac{h}{\lambda},t)] & \text{für } u(x,t) < 0 \end{cases}$$

$$= hu_t(x,t) - hu(x,t)u_x(x,t) + O(h^2)$$

$$= O(h^2).$$

Folglich ist das Verfahren für u_o [1] konsistent mit der gegebenen Anfangswertaufgabe und von der Ordnung $6 = 1$.

(Q4) ist erfüllt.

Beweis:
Es war $\tilde{D}(t,h,u) = -D_o(h,u)$ mit dem durch (6.1.7) definierten Operator $D_o(h,u)$.

Mithin erhält man

$$[\{-D_o(h,u) + D_o(h,v)\}\, w](x)$$

$$= \lambda \cdot \begin{cases} [u(x)-v(x)]\,[w(x+\tfrac{h}{\lambda})-w(x)] & \text{für } u(x) \geq 0,\ v(x) \gtrless 0 \\[2ex] \{u(x)[w(x+\tfrac{h}{\lambda})-w(x)] -v(x)[w(x)-w(x-\tfrac{h}{\lambda})]\} & \text{für } u(x) \gtrless 0,\ v(x) < 0 \\[2ex] \{u(x)[w(x)-w(x-\tfrac{h}{\lambda})] -v(x)[w(x+\tfrac{h}{\lambda})-w(x)]\} & \text{für } u(x) < 0,\ v(x) \gtrless 0 \\[2ex] [u(x)-v(x)]\,[w(x)-w(x-\tfrac{h}{\lambda})] & \text{für } u(x) < 0,\ v(x) < 0 \end{cases}$$

und daher

---

[1] Das Verfahren ist offenbar sogar konsistent auf $\vartheta := \mathfrak{M} \cap C^2(\mathbf{R})$.

$$\left|\left[\{-D_o(h,u) + D_o(h,v)\}\,w\right](x)\right| \leqq \begin{cases} 2\lambda\,\|w\|\,\|u-v\| & \text{für alle } w\in\mathfrak{M} \\[2ex] h\,\|w'\|\,\|u-v\| & \text{für alle } w\in\mathfrak{M}\cap C^1(\mathbf{R}). \end{cases}$$

Es ist gewiß $E_o(t)u_o \in \mathfrak{M}\cap C^1$ für alle $u_o \in \mathfrak{M}\cap C^2$. Setzt man $K := 2\lambda$ und $\varkappa(u_o) = \max\limits_{0\leqq t\leqq T} \|\frac{\partial}{\partial x}(E_o(t)u_o)\|$, so resultiert in der Tat

$$\|\{\tilde{D}(t,h,u) - \tilde{D}(t,h,v)\}\,w\| \leqq \begin{cases} K\,\|w\|\,\|u-v\| & \text{für alle } w\in\mathfrak{M} \\[2ex] \varkappa(u_o)\,h\,\|u-v\| & \text{für } w = u(t),\ 0\leqq t\leqq T \end{cases},$$

d. h. die Gültigkeit von (6.1.10).

(Q5) ist erfüllt.

Beweis:
(6.1.7) liefert unmittelbar

$$\|D_o(h,u)w\| \leqq \|w\|, \text{ sofern } \lambda \leqq \frac{1}{\|u\|}.$$

Setze $\max\limits_{0\leqq t\leqq T} \|E_o(t)u_o\| =: R$.

Wählt man dann $\mu \leqq \frac{1}{R}$, so folgt

$$\|D_o(h,u(t))\| \leqq 1,$$

so daß (6.1.11) für das betrachtete u_o erfüllt ist.

2. In dem Banachraum

$$\mathfrak{M} = \{u \mid u\in C^o_{2\pi}(\mathbf{R}^2),\ \|u\| = \max\limits_{0\leqq x,y\leqq 2\pi} |u(x,y)|\}$$

behandeln wir die parabolische Anfangswertaufgabe

$$u_t = \varphi(u)\{u_{xx} + u_{yy}\},\ 0\leqq t\leqq T \text{ [1]}$$
$$u(x,y,0) = u_o(x,y)$$

---

[1] Der für praktische Anwendungen wichtige Fall der in *Erhaltungsform* gegebenen Aufgabe $u_t = \mathrm{div}(\varphi(u)\,\mathrm{grad}\,u)$ läßt sich bei hinreichenden Regularitätsforderungen auf vielerlei Weise behandeln, u.a. auch dur Rückführung auf ein quasilineares System und Anwendung der hier beschriebenen Idee.

als Spezialfall von (2.1.1) und verwenden das Differenzenverfahren

$$u_{n+1}(x,y) = u_n(x,y) + \lambda\,\varphi(u_n(x,y))\,\{u_n(x+\sqrt{\tfrac{h}{\lambda}},y) + u_n(x-\sqrt{\tfrac{h}{\lambda}},y)$$
$$- 4\,u_n(x,y) + u_n(x,y+\sqrt{\tfrac{h}{\lambda}}) + u_n(x,y-\sqrt{\tfrac{h}{\lambda}})\}$$

mit $\lambda = \dfrac{h}{(\Delta x)^2} = \dfrac{h}{(\Delta y)^2}.$

Dabei sei φ eine auf $\mathbf{R}$ definierte und (gemäß der Parabolizität) nichtnegative Funktion, die überdies lipschitzbeschränkt sei:

$$|\varphi(u) - \varphi(v)| \leqq r|u - v|, \text{ für alle } u,v \in \mathbf{R}.$$

Ferner besitze die Anfangswertaufgabe für das betrachtete u_o, das die Eigenschaft $u_o \in \mathfrak{M} \cap C^4(\mathbf{R}^2)$ haben möge, eine eindeutige Lösung $u(t) = E_o(t)u_o \in \mathfrak{M} \cap C^4(\mathbf{R}^2)$.
Die Überprüfung der Voraussetzungen (Q1) bis (Q5) ergibt:

(Q1) und (Q2) sind trivialerweise erfüllt ($G(t) \equiv \Theta$).

(Q3): Durch Taylor-Entwicklung um den Punkt (x,y,t) bestätigt man leicht, daß das Verfahren für das betrachtete u_o mit der gegebenen Aufgabe konsistent von der Ordnung $\delta = 1$ ist.

(Q4) ist erfüllt.

Beweis: Wiederum handelt es sich um ein Einschrittverfahren mit von t unabhängigem Operator D_o, so daß

$$\tilde{D}(t,h,u) = -\,D_o(h,u),$$

wobei $D_o(h,u)$ durch

$$[-D_o(h,u)w](x,y) =$$
$$w(x,y) + \lambda\,\varphi(u(x,y))\{w(x+\sqrt{\tfrac{h}{\lambda}},y) + w(x-\sqrt{\tfrac{h}{\lambda}},y) - 4\,w(x,y)$$
$$+ w(x,y+\sqrt{\tfrac{h}{\lambda}}) + w(x,y-\sqrt{\tfrac{h}{\lambda}})\}$$

definiert ist. Folglich gilt

$$[\{-D_o(h,u) + D_o(h,v)\}w](x,y) =$$

$$= \lambda \{ \varphi(u(x,y)) - \varphi(v(x,y)) \} \{ w(x+\sqrt{\tfrac{h}{\lambda}},y) + w(x-\sqrt{\tfrac{h}{\lambda}},y) - 4w(x,y)$$
$$+ w(x,y+\sqrt{\tfrac{h}{\lambda}}) + w(x,y-\sqrt{\tfrac{h}{\lambda}}) \}.$$

Hieraus resultiert

$$\left| [\{ -D_o(h,u) + D_o(h,v) \} w](x,y) \right| \leqq \begin{cases} 8\lambda r \|w\| \ \|u-v\|, \text{ für alle } w \in \mathfrak{M} \\[2ex] r(\|w_{xx}\| + \|w_{yy}\|)h \|u-v\| \text{ für alle} \\ w \in \mathfrak{M} \cap C^2(\mathbb{R}^2) \text{ (insbsondere also} \\ \text{für } w = u(t) \text{ bei beliebigem } t \in \\ [0,T]). \end{cases}$$

Setzt man $K = 8\lambda r$ und $\varkappa(u_o) = r \max\limits_{0 \leqq t \leqq T} (\|\tfrac{\partial^2}{\partial x^2}E_o(t)u_o\| + \|\tfrac{\partial^2}{\partial y^2}E_o(t)u_o\|)$,
so folgt in der Tat für den betrachteten Fall:

$$\|\{ D(t,h,u) - D(t,h,v) \} w \| \leqq \begin{cases} K\|w\| \ \|u-v\|, \quad \text{für alle } w \in \mathfrak{M} \\[2ex] \varkappa(u_o)h \|u-v\|, \quad \text{für } w = E_o(t)u_o \ . \end{cases}$$

(Q5) ist erfüllt.

Beweis: Für alle $w \in \mathfrak{M}$ gilt bei beliebigem $u \in \mathfrak{M}$:

$$|[-D_o(h,u)w](x,y)| \leqq |1-4\lambda \varphi(u(x,y))| \ |w(x,y)|$$
$$+ \lambda \varphi(u(x,y))|w(x+\sqrt{\tfrac{h}{\lambda}},y) + w(x-\sqrt{\tfrac{h}{\lambda}},y) \qquad (6.1.22)$$
$$+ w(x,y+\sqrt{\tfrac{h}{\lambda}}) + w(x,y-\sqrt{\tfrac{h}{\lambda}})| \ .$$

Nun ist φ als lipschitzbeschränkte Funktion stetig. Mithin ist auch

$$[0,T] \ \xrightarrow[\varphi(E_o(t)u_o)]{} \ \mathfrak{M}$$

eine für das gegebene u_o stetige Abbildung. Es existiert also

$$R := \max\limits_{0 \leqq t \leqq T} \varphi(E_o(t)u_o) \geqq 0. \qquad (6.1.23)$$

Wählt man nun $\lambda \leqq \tfrac{1}{4R}$ (mit $\tfrac{1}{4R} := \infty$ für $R = 0$), so folgt aus (6.1.22) für $u := E_0(t)u_0$:

$$\|D_0(h,E_0(t)u_0)\| \leqslant 1.$$

Damit sind auch bei diesem Beispiel alle Voraussetzungen der stabilen Konvergenz (für u_0) erfüllt, sofern man λ geeignet einschränkt.

Bemerkung: *Gerade das letzte Beispiel zeigt zwar, daß bei geeigneter Beschränkung des Schrittweitenverhältnisses in der Tat eine nur von der gesuchten Lösung abhängende Stabilitätsforderung die stabile Konvergenz gewährleistet (vgl. die einleitenden Bemerkungen dieses Abschnitts), daß jedoch infolge der in der Regel nicht bekannten Lösung $\{u(t)\}$ (und damit wegen der Unsicherheit des gemäß (6.1.23) definierten R, d.h. der Unsicherheit bezüglich des zu wählenden Schrittweitenverhältnisses) für die praktische Rechnung Entscheidungs-Unsicherheiten verbleiben können.*

Die Unsicherheiten wären beseitigt, wenn die (allerdings sehr einschneidende) Bedingung

$$O \leqslant \mathscr{Y}(u) \leqslant R, \quad \text{für alle } u \in \mathbf{R}$$

mit einem gewissen angebbaren $R \in \mathbf{R}$ erfüllt wäre. Wählt man dann $\lambda \leqslant \frac{1}{4R}$ mit diesem R, so folgt trivialerweise natürlich wiederum die stabile Konvergenz. Darüber hinaus hat man dann sogar eine Stabilitätsbedingung der Form

$$\|D(t,h,u)\| \leqslant 1, \quad \text{für alle } u \in \mathfrak{M} \tag{6.1.24}$$

erfüllt, d.h. eine Stabilitätsbedingung, die bei beliebigem u gilt.

Wie bereits zu Beginn dieses Abschnitts erwähnt, wird deshalb von verschiedenen Autoren versucht, einen tragfähigen Kompromiß zwischen Unsicherheiten der geschilderten Art und zu stark einschneidenden Forderungen dadurch zu erzielen, daß Konvergenzsätze formuliert werden, in denen die jeweilige Stabilitätsbedingung nur für alle u einer hinreichend großen Umgebung der $u(t)$ $(O \leqslant t \leqslant T)$ als erfüllt vorausgesetzt wird. Einen derartigen Konvergenzsatz, der sich auf Aufgaben- und Verfahrenstypen der hier betrachteten Art bezieht, gaben Hass und Kreth [47]. Die Stabilitätsforderung lautet dort für ein in $\mathfrak{M}^k$ als formales Einschrittverfahren geschriebenes explizites k-Schritt-Verfahren: Für alle Folgen $\{\tilde{u}_\nu\} \subset \mathfrak{g}^k$, wo $\mathfrak{g}$ eine geeignete *beschränkte Kugel in $\mathfrak{M}$ um das Nullelement ist, existiere ein $x_o < \infty$, so daß die Forderung*

$$\left\| \prod_{\nu=m}^{n-1} \tilde{D}(t_\nu, h, \tilde{u}_\nu) \right\| \leq x_o \qquad (6.1.25)$$

für alle $n \in N$, für alle $h \in [0, h_o]$ mit geeignetem $h_o > 0$ und $(n+k-1)h \in [0, T]$ und für alle $m \in N_o$ mit $m \leq n$ erfüllt ist.

Dies ist eine unmittelbare Verallgemeinerung der entsprechenden Forderung (5.1.8) des halblinearen Falls, und es wird nicht nur stabile Konvergenz gezeigt, sondern sogar (in Analogie zur zweiten Richtung des Satzes 4.2.1) H_1-Konvergenz im Sinne der Konvergenzdefinition VIII des Abschnitts 4.2. Überdies wird dabei auch das Auftreten von Singularitäten $T^*(h)$ und damit die eventuelle Einschränkung der Konvergenzaussagen auf schmalere Streifen $[0, T^{**})$ umgangen.

Einen dem Stabilitätsbegriff von Hass und Kreth sehr ähnlichen Begriff benutzte vornehmlich für quasilineare hyperbolische Aufgaben bereits Strang [108].

Wir verzichten an dieser Stelle auf eine ausführliche Wiedergabe von Konvergenzsätzen mit semi-globalen Stabilitätsbedingungen [1], da wir im nächsten Abschnitt unter Verwendung semi-globaler Stabilität sogar einen Äquivalenzsatz beweisen werden.

6.2 Ein Äquivalenzsatz

Bemerkung: Versuche, die von Lax und Richtmyer (entsprechend Satz 4.2.1) für lineare Probleme bewiesene Äquivalenzaussage auf quasilineare Anfangswertaufgaben zu verallgemeinern, sind von verschiedenen Autoren unternommen worden:

---

[1] dabei nennen wir eine Stabilitätsbedingung *lokal*, wenn sie wie (6.1.11) nur von der gesuchten Lösung abhängt, sie heiße *semiglobal*, wenn sie wie (6.1.25) nur für die Elemente gewisser beschränkter Umgebungen der u(t) und *global*, wenn sie wie in (6.1.24) für alle $u \in \mathfrak{M}$ als erfüllt vorausgesetzt wird.

*Dem in [4] angegebenen Konzept folgend formulierte zunächst Dahl
[28]einen solchen Äquivalenzsatz durch konsequentes Übertragen des
Rinowschen Satzes (vergleiche Satz 3.2.2) in die bei Diskreti-
sierungsverfahren vorliegende Terminologie, wobei die Existenz verallgemeinerter Lösungen, die Dahl (entsprechend der Bemerkung im
Anschluß an das dem Satz 3.2.4 angefügte Beispiel) benötigt, vorausgesetzt wird. Da jedoch von der Theorie der Differentialgleichungen her über die Existenz verallgemeinerter Lösungen quasilinearer
Anfangswertaufgaben nur wenige Aussagen bekannt waren, blieb der
Äquivalenzsatz von Dahl zunächst unbefriedigend.*

Spijker gibt in [100] für nicht notwendig lineare Aufgaben der Form

$$\Phi(u) = 0,$$

die durch Diskretisierungen

$$\Phi_h(u^h) = 0$$

*approximiert werden, allgemeine Äquivalenzsätze an, wobei nichtli-
neare parabolische Anfangswertaufgaben als Beispiel dienen. Bei
Spezialisierung des von Spijker gegebenen Beispiels auf quasilineare parabolische Anfangswertaufgaben führen die in [100] erhobenen
Regularitätsforderungen zu stärkeren Voraussetzungen, als sie für
den Beweis des in diesem Abschnitt nachfolgend behandelten Äquivalenzsatzes erforderlich sind. Dieser Äquivalenzsatz geht auf Kreth
[62] zurück und bezieht sich auf quasi-explizite Verfahren
($D_k(t,h,u) = I, B_k$ darf vom Null-Operator verschieden sein). Die
Verallgmeinerung auf implizite Verfahren, wie sie hier einschließlich der Frage der Auflösbarkeit wiedergegeben werden wird, lieferte Puke [82], [82a].*

*Kreth legte seiner Äquivalenz-Aussage einen Konvergenzbegriff zu-
grunde, der für den Spezialfall halblinearer Aufgaben weitestgehend mit der H_1-Konvergenz (im Sinne der Konvergenzdefinition VIII
in Abschnitt 4.2) übereinstimmt, jedoch die spezielle Struktur
quasilinearer Aufgaben stärker einbezieht. Wiederum werden wün-
scheinswerte Eigenschaften eines als brauchbar zu bezeichnenden
Verfahrens sogleich in den Konvergenzbegriff einbezogen: Beim Einsetzen der schon gewonnenen (und in der Regel bereits gerundeten)
Näherungen u_ν ($\nu \leq n$) in die aus der Differentialgleichung in die*

*Differenzengleichung übernommenen Koeffizienten (zwecks Berechnung
von u_{n+1}), d.h. in die im allgemeinen nichtlinearen Argumente der
Differenzenoperatoren, ergibt sich zumeist die Notwendigkeit, die
u_ν nochmals zu gewissen w_ν abzuwandeln. Dabei soll dann der globale Fehler bezüglich dieser speziellen Störungen (sofern diese
hinreichend klein sind) weitgehend unempfindlich bleiben.*

Entsprechend den Untersuchungen von Puke [82], [82a] verallgemeinern wir in diesem Abschnitt zugleich die zur Lösung der quasilinearen Anfangswertaufgabe (6.1.1) bisher zugelassenen Differenzenverfahren der Form (6.1.3):

Zugelassen seien jetzt auch Verfahren der Form

$$\sum_{\nu=0}^{k} D_\nu (t_{n+\nu}, h, u_n, u_{n+1}, \ldots, u_{n+k}) u_{n+\nu} + h \sum_{\nu=0}^{k} B_\nu (h)\, G(t_{n+\nu}) u_{n+\nu} = O, \tag{6.2.1}$$

bei denen die linearen Operatoren D_ν von zu verschiedenen Schichten
gehörenden u_μ abhängen dürfen.

Bemerkung: *Ein Verfahren der Form (6.2.1) (wir betrachten der Einfachheit halber den Fall $G(t) \equiv \Theta$) erhält man z.B. dann, wenn man
die Aufgabe (6.1.1) zunächst in eine Integrodifferentialgleichung*

$$u(t+h) = u(t) + \int_{t}^{t+h} F(\tau, u(\tau))\, u(\tau) d\tau$$

überführt, das Integral näherungsweise mit der Mittelpunktsregel

$$u(t+h) \approx u(t) + hF(t+\tfrac{h}{2},\ u(t+\tfrac{h}{2}))\, u(t+\tfrac{h}{2})$$

*auswertet und den Ausdruck $F(t+\tfrac{h}{2},\ u(t+\tfrac{h}{2}))\, u(t+\tfrac{h}{2})$ vermittels
$\tfrac{1}{2}F(t+\tfrac{h}{2},\ \tfrac{1}{2}[u(t) + u(t+h)])\,[u(t) + u(t+h)]$ approximiert. Hingegen wäre man zu einem Verfahren der Form (6.1.3) gelangt, wenn die Appro-
ximation gelautet hätte*

$$\tfrac{1}{2}\{F(t,u(t))u(t) + F(t+h,u(t+h))u(t+h)\}\,.$$

*Im linearen (bzw. halblinearen) Fall führen natürlich beide Vor-
schriften zum gleichen Verfahren (z.B. für den Fall der Wärmelei-
tungsgleichung zu dem schon erwähnten Verfahren von Crank und
Nicholson [27]), im quasilinearen Fall wird man jedoch im erstge-
nannten Fall ein günstigeres Fehlerverhalten erwarten, da hier die*

durch die Approximation bedingten Fehler miteinander multipliziert werden.

Die Aufgabe (6.1.1) besitze nun für das betrachtete u_o wiederum eine eindeutige Lösung $u(t) = E_o(t)u_o$ und es sei $r \in \mathbb{R}$ wiederum eine Konstante mit der Eigenschaft

$$\sup_{0 \leq t \leq T} \| u(t) \| \leq r. \qquad (6.2.2)$$

In Analogie zum Abschnitt 5.1 sei $\mathcal{G} \subset \mathfrak{M}$ wieder eine abgeschlossene Kugel um das Nullelement mit einem Radius $s > r$, wobei s noch wählbar bleibt.

Die Operatoren $G(t)$ $(O \leq t \leq T)$ seien auf $\mathfrak{M}$ (wiederum in Analogie zu Abschnitt 5.1) lokal gleichgradig lipschitzstetig, so daß es eine Konstante L mit der Eigenschaft

$$\| G(t)u - G(t)v \| \leq L \| u - v \|, \text{ für alle } u,v \in \mathcal{G}, \text{ für alle } t \in [O,T]$$
$$(6.2.3)$$

gibt.

Da wir im Gegensatz zu Abschnitt 6.1 hier auch implizite Verfahren (d.h.: es ist nicht notwendig $D_k = I$, $B_k = \Theta$, D_ν ($\nu = O,\ldots,k-1$) unabhängig von u_{n+k}) zulassen, haben wir die Voraussetzungen an das Verfahren (6.2.1) zu präzisieren, bzw. zu ergänzen:

(V1) Die $D_\nu(t,h,z_o,z_1,\ldots,z_k)$ $(\nu = O,\ldots,k)$ seien für jedes feste $t \in [O,T]$ mit $t+kh \in [O,T]$, jedes feste $h \in [O,h_o]$ mit geeignetem $h_o > O$ und jedes feste $z_i \in \mathcal{G}$ $(i = O,\ldots,k)$ lineare Operatoren, die den zugrunde gelegten normierten Raum $\mathfrak{M}$ in sich abbilden.

(V2) Die Operatoren $[D_k(t,h,z_o,\ldots,z_k) + hB_k(h)(t)]^{-1}$ und $D_k^{-1}(t,h,z_o,\ldots,z_k)$ mögen für jedes feste $t \in [O,T]$ mit $t + kh \in [O,T]$, für jedes feste $z_i \in \mathcal{G}$ $(i = O,\ldots,k)$ auf $\mathfrak{M}$ existieren.

Bemerkung: (V2) verallgemeinert die gleichnamige Voraussetzung des Abschnitts 5.1, stellt hier jedoch noch nicht notwendig eine Auflösbarkeitsbedingung dar, da die D_ν ($\nu = O,\ldots,k$) von z_k abhängen dürfen. Auf die Auflösbarkeit wird noch gesondert eingegangen werden.

(V3) $D_k^{-1}(t,h,z_0,\dots,z_k)$ und $B_\nu(h)$ $(\nu = 0,\dots,k)$ seien für jeweils feste $t \in [0,T]$ mit $t+kh \in [0,T]$, feste $h \in [0,h_0]$ und feste $z_i \in \mathcal{O}$ $(i = 0,\dots,k)$ gleichmäßig beschränkte Operatoren von $\mathcal{M}$ in sich; es gebe also von t,h und den z_i unabhängige Konstanten $a \geq 1, b_\nu$ mit den (zu (5.1.3) analogen) Eigenschaften

$$\|D_k^{-1}(t,h,z_0,\dots,z_k)\| \leq a, \|B_\nu(h)\| \leq b \quad (\nu = 0,\dots,k). \quad (6.2.4)$$

(V4) Es gebe Konstanten $\hat{x}_\nu = \hat{x}_\nu(u_0)$ und K_ν, so daß gilt:

a) $\|\{D_\nu(t,h,v_0,\dots,v_k) - D_\nu(t,h,z_0,\dots,z_k)\}\, u(\tau)\| \leq h \hat{x}_\nu \max_{i=0,\dots,k} \|v_i - z_i\|$

$$(6.2.5)$$

für $\nu = 0,\dots,k$, für alle v_i, $z_i \in \mathcal{O}$ $(i = 0,\dots,k)$, für alle $h \in [0,h_0]$ und für alle $t,\tau \in [0,T]$ mit $t+kh \in [0,T]$;

b) $\|\{D_\nu(t,h,v_0,\dots,v_k) - D_\nu(t,h,v_0,\dots,v_{k-1},z)\}\, w\| \leq K_\nu \|w\| \|v_k - z\|$

$$(\nu = 0,\dots,k-1), \quad (6.2.6)$$

$$\|\{D_k(t,h,v_0,\dots,v_k) - D_k(t,h,z_0,\dots,z_k)\}\, w\| \leq K_k \|w\| \max_{i=0,\dots,k} \|v_i - z_i\|$$

für alle v_i, $z_i \in \mathcal{O}$, für alle $w \in \mathcal{M}$, für alle $t \in [0,T]$ mit $t+kh \in [0,T]$ und für alle $h \in [0,h_0]$.

Bemerkung: *(6.2.5), (6.2.6) stellen eine Verallgemeinerung von (6.1.10) dar. Die (bei Spezialisierung auf die in Abschnitt 6.1 betrachteten Verfahren) über (6.1.10) hinausgehende Forderung, daß (6.2.5) auch für $\tau \neq t$ gelten soll, bedeutet keine wesentliche Einschränkung, da (6.2.5) in der Regel über eine Taylor-Entwicklung realisiert wird, bei der von $u(\tau)$ nur verlangt wird, daß es eine in bezug auf die Ortsvariablen hinreichend glatte Funktion sei (vergleiche auch die Beispiele in Abschnitt 6.1).*

Setzt man vorerst voraus, daß (6.2.1) bei gegebenen $u_\nu \in \mathcal{O}$ $(\nu = n, n+1, \dots, n+k-1)$ für alle hinreichend kleinen h jeweils eine Lösung u_{n+k} in $\mathcal{O}$ besitzt (eine Voraussetzung, die noch zu beweisen sein wird), so läßt sich (6.2.1) wegen (V2) wie folgt umformen:

$$u_{n+k} = - D_k^{-1}(t_{n+k},h,u_n,\ldots,u_{n+k})\Big\{\sum_{\nu=0}^{k-1} D_\nu(t_{n+\nu},h,u_n,\ldots,u_{n+k})u_{n+\nu}$$

$$+ h\sum_{\nu=0}^{k} B_\nu(h)\,G(t_{n+\nu})u_{n+\nu}\Big\}, \tag{6.2.7}$$

bzw.

$$u_{n+k} = \Big\{I + hD_k^{-1}(t_{n+k},h,u_n,\ldots,u_{n+k})B_k(h)G(t_{n+k})\Big\}^{-1}$$

$$\Big\{- D_k^{-1}(t_{n+k},h,u_n,\ldots,u_{n+k})\Big\}\Big\{\sum_{\nu=0}^{k-1} D_\nu(t_{n+\nu},h,u_n,\ldots,u_{n+k})u_{n+\nu}$$

$$+ h\sum_{\nu=0}^{k-1} B_\nu(h)\,G(t_{n+\nu})u_{n+\nu}\Big\}. \tag{6.2.8}$$

Übergang zum Produktraum $\mathfrak{M}^k$ (entsprechend Abschnitt 2.2) liefert daher

$$\tilde{u}_{n+1} = \tilde{R}(t_n,h,\tilde{u}_n,\tilde{u}_{n+1})\{\tilde{D}(t_n,h,\tilde{u}_n,\tilde{u}_{n+1}) + h\tilde{B}_1(t_n,h,\tilde{u}_n,\tilde{u}_{n+1})\}\tilde{u}_n$$

$$=: \tilde{C}(t_n,h,\tilde{u}_n,\tilde{u}_{n+1})\tilde{u}_n \quad ^{1)} \tag{6.2.9}$$

sowie

$$\tilde{u}_{n+1} = \tilde{D}(t_n,h,\tilde{u}_n\tilde{u}_{n+1})\tilde{u}_n + h\tilde{B}_0(t_n,h,\tilde{u}_n\tilde{u}_{n+1})\tilde{u}_{n+1}$$

$$+ h\tilde{B}_1(t_n,h,\tilde{u}_n,\tilde{u}_{n+1})\tilde{u}_n \quad ^{2)} \tag{6.2.10}$$

mit

$$\tilde{R}(t,h,\tilde{v},\tilde{z}) :=$$

$$\begin{pmatrix}
\{I + hD_k^{-1}(t+kh,h,v_o,\ldots,v_{k-1},z_{k-1})B_k(h)G(t+kh)\}^{-1} & \Theta \text{------} \Theta \\
 & I \quad \Theta \\
 \Theta & \ddots \\
 & \quad I
\end{pmatrix},$$

$$\tilde{D}(t,h,\tilde{v},\tilde{z}) := \tilde{D}_1(t,h,\tilde{v},\tilde{z})\tilde{D}_o(t,h,\tilde{v},\tilde{z}),$$

$^{1)}$ analog zu (5.1.5), (5.1.6)

$^{2)}$ analog zu (5.1.7).

$$\tilde{D}_1(t,h,\tilde{v},\tilde{z}) := \begin{pmatrix} -D_k^{-1}(t+kh,h,v_o,\ldots,v_{k-1},z_{k-1}) & \Theta & \text{-------} & \Theta \\ & I & & \Theta \\ & & \ddots & \\ & \Theta & & \\ & & & I \end{pmatrix},$$

$$\tilde{D}_o(t,h,v,z) :=$$

$$\begin{pmatrix} D_{k-1}(t+(k-1)h,h,v_o,\ldots,v_{k-1},z_{k-1}) \text{----} D_o(t,h,v_o,\ldots,v_{k-1},z_{k-1}) \\ I & \Theta \\ \Theta & \ddots & \\ & I & \Theta \end{pmatrix},$$

$$\tilde{B}_1(t,h,\tilde{v},\tilde{z}) :=$$

$$\begin{pmatrix} \left\{ \begin{array}{l} -D_k^{-1}(t+kh,h,v_o,\ldots,v_{k-1},z_{k-1}) \\ \cdot B_{k-1}(h)G(t+(k-1)h) \end{array} \right\} \text{----} \left\{ \begin{array}{l} -D_k^{-1}(t+kh,h,v_o,\ldots,v_{k-1},z_{k-1}) \\ \cdot B_o(h)G(t) \end{array} \right\} \\ \Theta \end{pmatrix},$$

$$\tilde{B}_o(t,h,\tilde{v},\tilde{z}) :=$$

$$\begin{pmatrix} -D_k^{-1}(t+kh,h,v_o,\ldots,v_{k-1},z_{k-1})\, B_k(h)\, G(t+kh) & \Theta & \text{-------} & \Theta \\ & & \Theta & \end{pmatrix}.$$

Für jeweils festes $t \in [0,T]$ mit $t+kh \in [0,T]$, festes $h \in [0,h_o]$ und feste $\tilde{v}, \tilde{z} \in \mathcal{G}^k$ sind offenbar die Operatoren $\tilde{D}_o(t,h,\tilde{v},\tilde{z})$ und $\tilde{D}_1(t,h,\tilde{v},\tilde{z})$ (und damit auch $\tilde{D}(t,h,\tilde{v},\tilde{z})$) lineare Operatoren von $\mathcal{M}^k$ in sich.

Die Operatoren $\tilde{B}_1(t,h,\tilde{v},\tilde{z})$ und $\tilde{B}_0(t,h,\tilde{v},\tilde{z})$ sind für die gleichen $t,h,\tilde{v},\tilde{z}$ lokal gleichgradig lipschitzstetige Operatoren von $\mathfrak{M}^k$ in sich, denn mit (6.2.3) und (6.2.4) gilt

$$\|\tilde{B}_1(t,h,\tilde{v},\tilde{z})\tilde{u} - \tilde{B}_1(t,h,\tilde{v},\tilde{z})\tilde{w}\| \le a \sum_{\nu=0}^{k-1} b_\nu L \|\tilde{u} - \tilde{w}\|$$

sowie $$(6.2.11)$$

$$\|\tilde{B}_0(t,h,\tilde{v},\tilde{z})\tilde{u} - \tilde{B}_0(t,h,\tilde{v},\tilde{z})\tilde{w}\| \le ab_k L \|\tilde{u} - \tilde{w}\|.$$

Auch folgt für jedes feste $t \in [0,T]$ mit $t+kh \in [0,T]$, für jedes feste $h \in [0,h_0]$ sowie für feste $\tilde{v},\tilde{z} \in \mathfrak{G}^k$ mittels (6.2.4):

$$\|\tilde{D}_1(t,h,\tilde{v},\tilde{z})\| \le a. \qquad (6.2.12)$$

Wir vermerken noch die aus (6.2.5), (6.2.6) für

$$\tilde{v},\tilde{p},\tilde{y},\tilde{z} \in \mathfrak{G}^k, \quad \text{für } t,\tau \in [0,T] \text{ mit } t + kh \in [0,T], \ h \in [0,h_0],$$

und für $\tilde{w} \in \mathfrak{M}^k$ folgenden Eigenschaften

$$\|\{\tilde{D}_0(t,h,\tilde{v},\tilde{y}) - \tilde{D}_0(t,h,\tilde{p},\tilde{z})\}\ \tilde{u}(\tau)\|$$
$$\le h \sum_{\nu=0}^{k-1} \hat{\varkappa}_\nu \ \max(\|\tilde{v} - \tilde{p}\|, \|\tilde{y} - \tilde{z}\|), \qquad (6.2.13)$$

$$\|\{D_0(t,h,\tilde{v},\tilde{y}) - \tilde{D}_0(t,h,\tilde{v},\tilde{z})\}\tilde{w}\| \le \sum_{\nu=0}^{k-1} K_\nu \|\tilde{w}\| \|\tilde{y} - \tilde{z}\|, \qquad (6.2.14)$$

$$\|\{\tilde{D}_1^{-1}(t,h,\tilde{v},\tilde{y}) - \tilde{D}_1^{-1}(t,h,\tilde{p},\tilde{z})\}\ \tilde{w}\| \le K_k \|\tilde{w}\| \max(\|\tilde{v}-\tilde{p}\|, \|\tilde{y}-\tilde{z}\|), (6.2.15)$$

$$\|\{\tilde{D}_1^{-1}(t,h,\tilde{v},\tilde{y}) - \tilde{D}_1^{-1}(t,h,\tilde{p},\tilde{z})\}\ \tilde{u}(\tau)\| \le \hat{\varkappa}_k h \max(\|\tilde{v}-\tilde{p}\|, \|\tilde{y}-\tilde{z}\|), (6.2.16)$$

und setzen im folgenden

$$\hat{\varkappa} := \sum_{i=0}^{k} \varkappa_i, \quad K := \sum_{i=0}^{k} K_i, \quad b := \sum_{i=0}^{k} b_i. \qquad (6.2.17)$$

Zur Formulierung der Konsistenzbedingung verwenden wir eine zu (2.3.6) analoge Darstellung:

Zu dem gegebenen u_0 existiere ein $\eta_1(h) = \eta_1(h,u_0) = o(h)$ (für $h \to 0$), so daß

$$\|\tilde{u}(t+h) - \tilde{C}(t,h,\tilde{u}(t), \tilde{u}(t+h))\tilde{u}(t)\| \le h\eta_1(h) , \qquad (6.2.18)$$

für alle $h \in [0, h_o]$.

Bei Rechnung ab der Schicht t_m (vergleiche Abschnitt 3.1) liefert
(6.2.9) (sofern die Näherungen $\tilde{u}^m_{\nu-m}$ existieren und in $\mathcal{O}_f^k$ liegen):

$$\tilde{u}^m_{n-m} = \prod_{\nu=m}^{n-1} \tilde{C}(t_\nu, h, \tilde{u}^m_{\nu-m}, \tilde{u}^m_{\nu-m+1}) \tilde{u}^m_o. \qquad (6.2.19)$$

Das Verfahren (6.2.1) werde nun für u_o L-stabil (auf $\mathcal{M}$) genannt,
wenn es zu einem $s > r$ eine Konstante $\varkappa_o$ gibt mit der Eigenschaft,
daß für alle $n \in \mathbb{N}$, für alle $h \in [0, h_o]$ (mit geeignetem $h_o > 0$) mit
$(n+k-1)h \in [0, T]$ und für alle Folgen $\{\tilde{w}_\nu\} \subset \mathcal{M}^k$ ($\nu = m, \ldots, n$) mit

$$\| \tilde{w}_\nu - \tilde{u}(t_\nu) \| \leqq s - r$$

gilt:

$$\left\| \prod_{\nu=m}^{n-1} \tilde{D}(t_\nu, h, \tilde{w}_\nu, \tilde{w}_{\nu+1}) \right\| \leqq \varkappa_o . \qquad (6.2.20)$$

Bemerkung: *Offenbar geht die Stabilitätsdefinition (6.2.20) im Spezialfall linearer oder halblinearer Aufgaben in den entsprechenden Stabilitätsbegriff (4.1.7) über. Im Falle expliziter oder quasiexpliziter Verfahren der Form (6.1.3) tritt in (6.2.20) das vierte Argument von $\tilde{D}$ nicht auf, so daß man zu (6.1.25) gelangt (wobei in (6.2.20) sogar nur Elemente $\tilde{w}_\nu$ aus einer Umgebung der exakten Lösung mit weitgehend beliebig nahe bei r liegendem $s > r$ benötigt werden, während (6.1.25) für alle $\tilde{w} \in \mathcal{O}_f^k$ gelten sollte). Wie bei (6.1.25) handelt es sich mithin auch bei (6.2.20) im Sinne der Ausführungen am Schluß des Abschnitts 6.1 um eine lediglich semiglobale Stabilitätsforderung.*

Gemäß [62] und [82] werde der Konvergenzbegriff für die hier behandelten quasilinearen Aufgaben wie folgt definiert:

<u>Konvergenzdefinition IX:</u>
Das Differenzenverfahren (6.2.1) heiße H_1-konvergent für u_o, wenn
bei hinreichend klein gewähltem $h_o > 0$ für alle auf $(0, h_o]$ definierten Funktionen $\eta_i(h)$ ($i = 2,3$) mit $\lim_{h \to 0} \eta_i(h) = 0$, für alle ab t_m
gerechneten Anfangsfelder $\tilde{u}^m_o$ mit

$$\| \tilde{u}^m_o - \tilde{u}(t_m) \| \leqq \eta_2(h) \qquad (6.2.21)$$

sowie für alle Folgen $\{\tilde{w}_\nu\} \in \mathfrak{M}^k$ mit

$$\|\tilde{w}_\nu - \tilde{u}(t_\nu)\| \leqq \eta_3(h) \tag{6.2.22}$$

eine Funktion $\eta_4(h) = \eta_4(h,u_o)$ mit $\lim_{h \to 0} \eta_4(h) = 0$ existiert, so daß bei beliebigem $n \in \mathbb{N}$, beliebigem $m \in \mathbb{N}_o$ mit $m \leqq n$ und beliebigem $h \in (0,h_o]$ mit $(n+k-1)h \in [0,T]$ die Abschätzung

$$\left\| \prod_{\nu=m}^{n-1} \tilde{C}(t_\nu,h,\tilde{w}_\nu,\tilde{w}_{\nu+1})\tilde{u}_o^m - \tilde{u}(t_n) \right\| \leqq \eta_4(h) \tag{6.2.23}$$

gilt.

Bemerkung: *Der noch zu formulierende Äquivalenzsatz wird zeigen, daß ein im Sinne der Konvergenzdefinition IX H_1-konvergentes Verfahren notwendigerweise L-stabil ist. Diese Stabilität zieht umgekehrt zusammen mit der Konsistenz jedoch nicht nur die H_1-Konvergenz im hier benutzten Sinne nach sich, sondern wird im Satz 6.2.1 (der dem Äquivalenzsatz vorangestellt werden wird) speziell natürlich die Aussage liefern, daß die aus einem gemäß (6.2.21) (ab t_m) zulässigen Anfangsfeld hervorgehenden $\tilde{u}_{\nu-m}^m$ ($\nu = m+1, m+2, \ldots, n$) eine Beziehung (6.2.22) mit einem gewissen $\eta_3(h)$ erfüllen, wenn man dort $\tilde{w}_\nu$ durch $\tilde{u}_{\nu-m}^m$ ersetzt. Dies wiederum bedeutet im wesentlichen, daß das Verfahren (6.2.1) dann auch H_1-konvergent im Sinne der (nicht nur auf lineare Probleme zugeschnittenen) Konvergenzdefinition VIII in Abschnitt 4.2 ist [1]. η_3 stellt dann eine Fehlerschranke bei störungsfreier fortlaufender Rechnung dar.*

Im Satz 6.2.1 soll auch die bereits aufgeworfene Auflösbarkeitsfrage zur Berechnung von u_{n+k} bei gegebenem $\tilde{u}_m \in \mathcal{G}^k$ beantwortet werden. Dabei rechnen wir sogleich wieder ab einer beliebigen Schicht t_m: Ist $\tilde{u}_{n-m}^m$ bereits bekannt, so werde, ausgehend etwa von $\tilde{u}_{n+1-m}^{m\,[o]}$, iterativ eine Folge $\{\tilde{u}_{n+1-m}^{m\,[i]}\}$ mit

---

[1] Deshalb verwenden wir für den Konvergenzbegriff IX wiederum die Bezeichnung H_1-Konvergenz.

$$\tilde{u}^{m\,[0]}_{n+1-m} = \begin{pmatrix} u^{m}_{n+k-1-m} \\ u^{m}_{n+k-1-m} \\ u^{m}_{n+k-2-m} \\ \vdots \\ u^{m}_{n+1-m} \end{pmatrix} \,, \qquad \tilde{u}^{m\,[i]}_{n+1-m} = \begin{pmatrix} u^{m\,[i]}_{n+k-m} \\ u^{m}_{n+k-1-m} \\ \vdots \\ u^{m}_{n+1-m} \end{pmatrix} \,,$$

vermöge der Vorschrift (vergleiche 6.2.10))

$$\tilde{u}^{m\,[i+1]}_{n+1-m} = \tilde{D}(t_n,h,\tilde{u}^m_{n-m},\tilde{u}^{m\,[i]}_{n+1-m})\,\tilde{u}^m_{n-m}$$

$$+ h\tilde{B}_0(t_n,h,\tilde{u}^m_{n-m},\tilde{u}^{m\,[i]}_{n+1-m})\,\tilde{u}^{m\,[i]}_{n+1-m}$$

$$+ h\tilde{B}_1(t_n,h,\tilde{u}^m_{n-m},\tilde{u}^{m\,[i]}_{n+1-m})\,\tilde{u}^m_{n-m} \qquad\qquad (6.2.25)$$

$$=: \tilde{P}(t_n,h,\tilde{u}^m_{n-m})\,\tilde{u}^{m\,[i]}_{n+1-m} \quad (i = 0,1,2,\dots)$$

gebildet. Da die in (V2) auftretenden inversen Operatoren nur definiert sind, wenn die in $D_k(t,h,z_0,\dots,z_k)$ auftretenden Argumente z_μ ($\mu = 0,\dots,k$) in $\mathcal{G}$ liegen, ist auch die rechte Seite von
(6.2.25) nur definiert, wenn sichergestellt ist, daß neben
$\tilde{u}^m_{n-m} \epsilon\, \mathcal{G}^k$ auch $\tilde{u}^{m\,[i]}_{n+1-m} \epsilon\, \mathcal{G}^k$. $\tilde{u}^{m\,[i+1]}_{n+1-m}$ ist dann eindeutig bestimmt.

Bemerkung: *(6.2.25) ist äquivalent mit der Vorschrift*

$$D_k(t_{n+k},h,u^m_{n-m},\ \dots,\ u^m_{n+k-1-m},\ u^{m\,[i]}_{n+k-m})\,u^{m\,[i+1]}_{n+k-m}$$

$$+ \sum_{\nu=0}^{k-1} D_\nu(t_{n+\nu},h,u^m_{n-m},\ \dots,\ u^m_{n+k-1-m},\ u^{m\,[i]}_{n+k-m})\,u^m_{n+\nu-m} \qquad (6.2.26)$$

$$+ hB_k(h)\,G(t_{n+k})u^{m\,[i]}_{n+k-m} + h\sum_{\nu=0}^{k-1} B_\nu(h)\,G(t_{n+\nu})u^m_{n+\nu-m} = 0.$$

Ist dabei

$$D_k(t_{n+k},h,u^m_{n-m},\ \dots,\ u^m_{n+k-1-m},\ u^{m\,[i]}_{n+k-m}) \neq I,$$

so ist gegebenenfalls zur numerischen Bestimmung von $u^{m\,[i+1]}_{n+k-m}$ *bei ge-*

gebenem $u_{n+k-m}^{m\ [i]}$ *nochmals ein Iterationsverfahren anzuwenden* [1].

Mithin hat man (auch bei Vernachlässigung der durch die letzte Bemerkung angedeuteten Komplikationen) bei der Verwendung des Iterationsverfahrens (6.2.25) simultan folgende Aussagen zu gewährleisten:

(1) Es ist $\tilde{u}_{n-m}^{m} \in \mathcal{Q}^k$ für n = m, m + 1, ...
(für n = m ist diese Forderung wegen (6.2.21) für alle hinreichend kleinen h erfüllt);

(2) bei jeweils festem n ist $\tilde{u}_{n+1-m}^{m\ [i]} \in \mathcal{Q}^k$ (i = 0,1,2,...) (für i = 0 ist diese Forderung bei Gültigkeit von (1) im Falle der Wahl (6.2.24), die wir zu einem Bestandteil des Gesamtverfahrens erheben, erfüllt);

(3) bei festem n konvergiert die aus (6.2.24) hervorgehende Folge $\left\{ \tilde{u}_{n+1-m}^{m\ [i]} \right\}$ gegen einen in $\mathcal{Q}^k$ liegenden Fixpunkt $\tilde{u}_{n+1-m}^{m}$ des Operators $\tilde{P}(t_n, h, \tilde{u}_{n-m}^{m})$.

<u>Satz 6.2.1:</u>

Ist $\mathcal{M}$ vollständig, erfüllt das ab t_m gerechnete Anfangsfeld $\tilde{u}_o^m$ die Forderung (6.2.21), ist das Verfahren (6.2.1) für u_o konsistent im Sinne von (6.2.18) und L-stabil gemäß (6.2.20), so sind die soeben angegebenen Forderungen (1), (2), (3) bei Verwendung des Iterationsverfahrens (6.2.25) erfüllt, und es existiert eine Funktion $\eta_3(h)$ mit $\lim_{h \to 0} \eta_3(h) = 0$, so daß

$$\| \tilde{u}_{n-m}^{m} - \tilde{u}(t_n) \| \leq \eta_3(h) \quad ^{2)} \quad (n = m, m+1, \ldots).$$

<u>Beweis:</u> Wir vermerken zunächst die Existenz einer Konstanten $\hat{c} \geq 1$ mit der Eigenschaft

---

[1] Dies ist einer der Gründe für die vielfach bevorzugte Beschränkung auf quasi-explizite Verfahren.

[2] In [82] berücksichtigt Puke noch diejenigen Fehler, die numerisch durch das Abbrechen des Iterationsverfahrens nach endlich vielen Schritten entstehen.

$$\|\tilde{D}(t_n,h,\tilde{w},\tilde{z})\| \leqq \hat{c} \tag{6.2.27}$$

für alle $\tilde{w} \epsilon \mathfrak{M}^k$ mit $\|\tilde{w} - \tilde{u}(t_n)\| \leqq s-r$, für alle $n \epsilon \mathbb{N}$, für alle $h \epsilon [0,h_o]$ mit $(n+k-1)h \epsilon [0,T]$ und für alle $\tilde{z} \epsilon \mathfrak{g}^k$, denn aus (6.2.2), (6.2.12), (6.2.14), (6.2.16) und (6.2.20) folgt

$$\|\tilde{D}(t_n,h,\tilde{w},\tilde{z})\| = \|\tilde{D}_1(t_n,h,\tilde{w},\tilde{z})\tilde{D}_o(t_n,h,\tilde{w},\tilde{z})\|$$

$$\leqq \|\tilde{D}_1(t_n,h,\tilde{w},\tilde{z})\tilde{D}_o(t_n,h,\tilde{w},\tilde{z}) - \tilde{D}_1(t_n,h,\tilde{w},\tilde{z})\tilde{D}_o(t_n,h,\tilde{w},\tilde{u}(t_{n+1}))\|$$

$$+ \|\tilde{D}_1(t_n,h,\tilde{w},\tilde{z})\tilde{D}_o(t_n,h,\tilde{w},\tilde{u}(t_{n+1})) - \tilde{D}_1(t_n,h,\tilde{w},\tilde{u}(t_{n+1}))$$

$$\cdot \tilde{D}_o(t_n,h,\tilde{w},\tilde{u}(t_{n+1}))\|$$

$$+ \|\tilde{D}_1(t_n,h,\tilde{w},\tilde{u}(t_{n+1}))\tilde{D}_o(t_n,h,\tilde{w},\tilde{u}(t_{n+1}))\|$$

$$\leqq a \sum_{\nu=0}^{k-1} K_\nu \|\tilde{z} - \tilde{u}(t_{n+1})\|$$

$$+ \|\tilde{D}_1(t_n,h,\tilde{w},\tilde{z})\| \, \|[\tilde{D}_1^{-1}(t_n,h,\tilde{w},\tilde{u}(t_{n+1})) - \tilde{D}_1^{-1}(t_n,h,\tilde{w},\tilde{z})]$$

$$\cdot \tilde{D}(t_n,h,\tilde{w},\tilde{u}(t_{n+1}))\|$$

$$+ x_o \leqq a \sum_{\nu=0}^{k-1} K_\nu(s+r) + aK_k(s+r)x_o + x_o$$

$$\leqq x_o \, [aK(s+r)+1] =: \hat{c} \,^{1)}.$$

Weiterhin gilt

$$\tilde{C}(t_\nu,h,\tilde{u}(t_\nu), \tilde{u}(t_{\nu+1})) \, \tilde{u}(t_\nu) \epsilon \mathfrak{g}^k \tag{6.2.28}$$

für alle hinreichend kleinen h und für alle t_ν mit $t_\nu + kh \leqq T$, denn es ist mit (6.2.2) und (6.2.18)

$$\|\tilde{C}(t_\nu,h,\tilde{u}(t_\nu), \tilde{u}(t_{\nu+1}))\tilde{u}(t_\nu)\|$$

$$\leqq \|\tilde{u}(t_{\nu+1})\| + \|\tilde{C}(t_\nu,h,\tilde{u}(t_\nu), \tilde{u}(t_{\nu+1}))\tilde{u}(t_\nu) - \tilde{u}(t_{\nu+1})\|$$

$$\leqq r + h\eta_1(h) \leqq r + (s-r) = s, \text{ sofern man } h_o > 0 \text{ so klein wählt,}$$

daß $h\eta_1(h) \leqq s-r$ für alle $h \epsilon [0,h_o]$. Wir wählen sogleich h_o so

---

$^{1)}$ Bei der Anwendung von (6.2.20) ersetze man dort $n - 1$ durch n und wähle $m = n$, $\tilde{w}_n = \tilde{w}$, $\tilde{w}_{n+1} = \tilde{u}(t_{n+1})$.

klein, daß

$$\alpha := ah_o(\hat{x}+b_k\,L+K_k) \leqq \frac{1}{2}\,\frac{s-r}{s+r} \quad \text{und} \quad K_k(s+r)\alpha^2 \leqq h_o\,K_k \qquad (6.2.29)$$

sowie

$$\eta(h) := \max(\eta_1(h),\ \eta_2(h)) \leqq \min\Big\{1,\frac{(s-r)(1-\alpha)}{2\hat{c}M[1+\ K(s+r)]}\Big\}^{[1]} \qquad (6.2.30)$$

mit

$$M := \frac{x_o}{1-\alpha}\big\{1+(1+ah_ob_kL)\,T\big\}\exp\big(\frac{x_o}{1-\alpha}aT(2\hat{x}+Lb+2K_k)\big). \qquad (6.2.31)$$

Wie bereits erwähnt, gilt bei den nunmehr zugelassenen Zeit-Schrittweiten wegen (6.2.21)

$$\tilde{u}_o^m \in \mathcal{Q}^k.$$

Bilden wir zu jedem $h \in [0,h_o]$ und zu jedem t die Menge

$$\mathcal{K}_{h,t} := \big\{\tilde{v} \in \mathcal{M}^k\ \|v-u(t)\| \leqq s-r\big\}^{[2]} \subset \mathcal{Q}^k,$$

so gilt sogar

$$\tilde{u}_o^m \in \mathcal{K}_{h,t_m} \qquad (0 \leq h \leq h_o).$$

Wir gehen nun von der Induktionsannahme aus, daß die $\tilde{u}_{\nu-m}^m$ für
$\nu = m, m+1, \ldots, n$ bereits berechenbar gewesen seien und bei jeweils festem $h \in [0,h_o]$ die Eigenschaft

$$\tilde{u}_{\nu-m}^m \in \mathcal{K}_{h,t} \qquad (\nu = m, \ldots, n) \qquad\qquad (6.2.32)$$

besitzen.

Dann gilt

$$\|\tilde{u}_{n-m}^m - \tilde{u}(t_n)\|$$

$$\leqq \frac{x_o}{1-\alpha}\left[1+\frac{x_o\,ah(2\hat{x}+bL+2K_k\eta_1(h))}{1-\alpha}\right]^{n-m}\big\{(1+ahb_kL)(n-m)h\eta_1(h)+\eta_2(h)\big\}$$

und damit auch die gröbere Abschätzung

---

[1] vergleiche Fußnote zu (5.1.10) auf S.155.

[2] $u(t) = u(t,h)$; vergleiche die Fußnote zu (2.2.5) auf S.46.

$$\|\tilde{u}^m_{n-m} - \tilde{u}(t_n)\| \leqq M\eta(h) =: \eta_3(h). \tag{6.2.34}$$

(6.2.33) beweisen wir seinerseits durch vollständige Induktion nach n (beginnend mit n = m), denn offenbar ist (6.2.33) zunächst wegen $\frac{\varkappa_0}{1-\alpha} \geqq 1$ mit (6.2.21) erfüllt; die Abschätzung gelte bereits bis n-1. Dann folgt

$$\tilde{u}^m_{n-m} - \tilde{u}(t_n) = \prod_{\nu=m}^{n-1} \tilde{D}(t_\nu,h,\tilde{u}^m_{\nu-m}, \tilde{u}^m_{\nu+1-m})[\tilde{u}^m_0 - \tilde{u}(t_m)]$$

$$+ \sum_{\nu=m}^{n-1} \prod_{\mu=\nu+1}^{n-1} \tilde{D}(t_\mu,h,\tilde{u}^m_{\mu-m}, \tilde{u}^m_{\mu+1-m})\Big\{\tilde{D}_1(t_\nu,h,\tilde{u}^m_{\nu-m},\tilde{u}^m_{\nu+1-m})$$

$$\cdot[\tilde{D}_0(t_\nu,h,\tilde{u}^m_{\nu-m},\tilde{u}^m_{\nu+1-m}) - \tilde{D}_0(t_\nu,h,\tilde{u}(t_\nu), \tilde{u}(t_{\nu+1}))]\,\tilde{u}(t_\nu)$$

$$+ h[\tilde{B}_1(t_\nu,h,\tilde{u}^m_{\nu-m}, \tilde{u}^m_{\nu+1-m})\tilde{u}^m_{\nu-m} - \tilde{B}_1(t_\nu,h,\tilde{u}^m_{\nu-m}, \tilde{u}^m_{\nu+1-m})\tilde{u}(t_\nu)]$$

$$+ h[\tilde{B}_0(t_\nu,h,\tilde{u}^m_{\nu-m}, \tilde{u}^m_{\nu+1-m})\tilde{u}_{\nu+1-m} - \tilde{B}_0(t_\nu,h,\tilde{u}^m_{\nu-m},\tilde{u}^m_{\nu+1-m})$$

$$\cdot\tilde{C}(t_\nu,h,\tilde{u}(t_\nu), \tilde{u}(t_{\nu+1}))\tilde{u}(t_\nu)]$$

$$+ \tilde{D}_1(t_\nu,h,\tilde{u}^m_{\nu-m},\tilde{u}^m_{\nu+1-m})[\tilde{D}_1^{-1}(t_\nu,h,\tilde{u}(t_\nu),\tilde{u}(t_{\nu+1}))$$

$$- \tilde{D}_1^{-1}(t_\nu,h,\tilde{u}^m_{\nu-m},\tilde{u}^m_{\nu+1-m})]\ \tilde{C}(t_\nu,h,\tilde{u}(t_\nu), \tilde{u}(t_{\nu+1}))\tilde{u}(t_\nu)$$

$$+ \tilde{C}(t_\nu,h,\tilde{u}(t_\nu), \tilde{u}(t_{\nu+1}))\tilde{u}(t_\nu) - \tilde{u}(t_{\nu+1})\Big\}, \tag{6.2.35}$$

wie man in Analogie zu (5.1.13) (wiederum durch vollständige Induktion) unter Berücksichtigung der für alle $\tilde{u},\tilde{v},\tilde{p},\tilde{q}\in\mathcal{Q}^k$ geltenden und aus (6.2.9), (6.2.10) und der Definition der Operatoren $\tilde{D}_1$, $\tilde{B}_0$, $\tilde{B}_1$ folgenden Beziehungen

$$\tilde{D}(t,h,\tilde{u},\tilde{v})\tilde{u} + h\tilde{B}_0(t,h,\tilde{u},\tilde{v})\ \tilde{C}(t,h,\tilde{u},\tilde{v})\tilde{u} + h\tilde{B}_1(t,h,\tilde{u},\tilde{v})\tilde{u} = \tilde{C}(t,h,\tilde{u},\tilde{v})\tilde{u} \tag{6.2.36}$$

und

$$\tilde{D}^{-1}(t,h,\tilde{u},\tilde{v})\ \tilde{B}_i(t,h,\tilde{u},\tilde{v}) = D_1^{-1}(t,h,\tilde{p},\tilde{q})\ \tilde{B}_i(t,h,\tilde{p},\tilde{q}) \tag{6.2.37}$$

$$(i = 0,1)$$

zeigt.

(6.2.32) liefert nun mit (6.2.12), (6.2.20) und (6.2.21)

$$\|\tilde{u}^m_{n-m} - \tilde{u}(t_n)\| \leq \varkappa_o \, \eta_2(h)$$

$$+ \varkappa_o \, a \sum_{\nu=m}^{n-2} \|\{\tilde{D}_o(t_\nu,h,\tilde{u}^m_{\nu-m},\tilde{u}^m_{\nu+1-m}) - \tilde{D}_o(t_\nu,h,\tilde{u}(t_\nu),\tilde{u}(t_{\nu+1}))\}\,\tilde{u}(t_\nu)\|$$

$$+ a \|\{\tilde{D}_o(t_{n-1},h,\tilde{u}^m_{n-1-m},\tilde{u}^m_{n-m}) - \tilde{D}_o(t_{n-1},h,\tilde{u}(t_{n-1}),\tilde{u}(t_n))\}\,\tilde{u}(t_{n-1})\|$$

$$+ \varkappa_o h \sum_{\nu=m}^{n-1} \|\tilde{B}_1(t_\nu,h,\tilde{u}^m_{\nu-m},\tilde{u}^m_{\nu+1-m})\,\tilde{u}^m_{\nu-m} - \tilde{B}_1(t_\nu,h,\tilde{u}^m_{\nu-m},\tilde{u}^m_{\nu+1-m})\,\tilde{u}(t_\nu)\|$$

$$+ \varkappa_o h \sum_{\nu=m}^{n-2} \|\tilde{B}_o(t_\nu,h,\tilde{u}^m_{\nu-m},\tilde{u}^m_{\nu+1-m})\,\tilde{u}^m_{\nu+1-m} - \tilde{B}_o(t_\nu,h,\tilde{u}^m_{\nu-m},\tilde{u}^m_{\nu+1-m})$$

$$\tilde{C}(t_\nu,h,\tilde{u}(t_\nu),\tilde{u}(t_{\nu+1}))\,\tilde{u}(t_\nu)\|$$

$$+ h \|\tilde{B}_o(t_{n-1},h,\tilde{u}^m_{n-1-m},\tilde{u}^m_{n-m})\,\tilde{u}^m_{n-m} - \tilde{B}_o(t_{n-1},h,\tilde{u}^m_{n-1-m},\tilde{u}^m_{n-m})\,\tilde{u}(t_n)\|$$

$$+ h \|\tilde{B}_o(t_{n-1},h,\tilde{u}^m_{n-1-m},\tilde{u}^m_{n-m})\,\tilde{u}(t_n)$$

$$- \tilde{B}_o(t_{n-1},h,\tilde{u}^m_{n-1-m},\tilde{u}^m_{n-m})\,\tilde{C}(t_{n-1},h,\tilde{u}(t_{n-1}),\tilde{u}(t_n))\,\tilde{u}(t_{n-1})\|$$

$$+ \varkappa_o \sum_{\nu=m}^{n-1} \|\tilde{C}(t_\nu,h,\tilde{u}(t_\nu),\tilde{u}(t_{\nu+1}))\,\tilde{u}(t_\nu) - \tilde{u}(t_{\nu+1})\|$$

$$+ \varkappa_o \sum_{\nu=m}^{n-2} \|\tilde{D}_1(t_\nu,h,\tilde{u}^m_{\nu-m},\tilde{u}^m_{\nu+1-m}) \, [\tilde{D}_1^{-1}(t_\nu,h,\tilde{u}(t_\nu),\tilde{u}(t_{\nu+1}))$$

$$- \tilde{D}_1^{-1}(t_\nu,h,\tilde{u}^m_{\nu-m},\tilde{u}^m_{\nu+1-m})]\,\tilde{C}(t_\nu,h,\tilde{u}(t_\nu),\tilde{u}(t_{\nu+1}))\,\tilde{u}(t_\nu)\|$$

$$+ \|\tilde{D}_1(t_{n-1},h,\tilde{u}^m_{n-1-m},u^m_{n-m}) \, [\tilde{D}_1^{-1}(t_{n-1},h,\tilde{u}(t_{n-1}),\tilde{u}(t_n))$$

$$- \tilde{D}_1^{-1}(t_{n-1},h,\tilde{u}^m_{n-1-m},\tilde{u}^m_{n-m})]\,\tilde{C}(t_{n-1},h,\tilde{u}(t_{n-1}),\tilde{u}(t_n))\,\tilde{u}(t_{n-1})\| \quad .$$

Hieraus folgt mit (6.2.11), (6.2.12), (6.2.13), (6.2.15), (6.2.16) und (6.2.18):

$$\|\tilde{u}^m_{n-m} - \tilde{u}(t_n)\| \leq \varkappa_o \, \eta_2(h)$$

$$+ \varkappa_o \, ah \sum_{i=0}^{k-1} \hat{\varkappa}_i \sum_{\nu=m}^{n-2} \max(\|\tilde{u}^m_{\nu-m} - \tilde{u}(t_\nu)\| , \ \|\tilde{u}^m_{\nu+1-m} - \tilde{u}(t_{\nu+1})\|) \ +$$

$$+ \; ah \sum_{i=0}^{k-1} \hat{x}_i \; \max(\|\tilde{u}^m_{n-1-m} - \tilde{u}(t_{n-1})\|, \; \|\tilde{u}^m_{n-m} - \tilde{u}(t_n)\|)$$

$$+ \; x_o \; ahL \sum_{i=0}^{k-1} b_i \sum_{\nu=m}^{n-1} \|\tilde{u}^m_{\nu-m} - \tilde{u}(t_\nu)\|$$

$$+ \; x_o \; ahb_k L \sum_{\nu=m}^{n-2} \|\tilde{u}^m_{\nu+1-m} - \tilde{u}(t_{\nu+1})\|$$

$$+ \; x_o \; ahb_k L \sum_{\nu=m}^{n-2} \|\tilde{u}(t_{\nu+1}) - \tilde{C}(t_\nu,h,\tilde{u}(t_\nu), \tilde{u}(t_{\nu+1}))\tilde{u}(t_\nu)\|$$

$$+ \; ahb_k L \|\tilde{u}^m_{n-m} - \tilde{u}(t_n)\|$$

$$+ \; ahb_k L \|\tilde{u}(t_n) - \tilde{C}(t_{n-1},h,\tilde{u}(t_{n-1}), \tilde{u}(t_n)) \; \tilde{u}(t_{n-1})\|$$

$$+ \; x_o \sum_{\nu=m}^{n-1} \|\tilde{C}(t_\nu,h,\tilde{u}(t_\nu), \tilde{u}(t_{\nu+1})) \; \tilde{u}(t_\nu) - \tilde{u}(t_{\nu+1})\|$$

$$+ \; x_o \; ah\hat{x}_k \sum_{\nu=m}^{n-2} \max(\|\tilde{u}^m_{\nu-m} - \tilde{u}(t_\nu)\|, \; \|\tilde{u}^m_{\nu+1-m} - \tilde{u}(t_{\nu+1})\|)$$

$$+ \; x_o \; aK_k \sum_{\nu=m}^{n-2} \|\tilde{C}(t_\nu,h,\tilde{u}(t_\nu), \tilde{u}(t_{\nu+1})) \; \tilde{u}(t_\nu) - \tilde{u}(t_{\nu+1})\|$$

$$+ \; ah\hat{x}_k \; \max(\|\tilde{u}^m_{n-1-m} - \tilde{u}(t_{n-1})\|, \; \|\tilde{u}^m_{n-m} - \tilde{u}(t_n)\|)$$

$$+ \; aK_k \|\tilde{C}(t_{n-1},h,\tilde{u}(t_{n-1}), \tilde{u}(t_n)) \; \tilde{u}(t_{n-1}) - \tilde{u}(t_n)\|$$

$$\max(\|\tilde{u}^m_{n-1-m} - \tilde{u}(t_{n-1})\|, \; \|\tilde{u}^m_{n-m} - u(t_n)\|),$$

d.h.

$$\|\tilde{u}^m_{n-m} - \tilde{u}(t_n)\| \leq x_o \; \eta_2(h) + 2x_o \; ah\hat{x} \sum_{\nu=m}^{n-1} \|\tilde{u}^m_{\nu-m} - \tilde{u}(t_\nu)\|$$

$$+ \; ah\hat{x} \|\tilde{u}^m_{n-m} - \tilde{u}(t_n)\| + x_o \; ahbL \sum_{\nu=m}^{n-1} \|\tilde{u}^m_{\nu-m} - \tilde{u}(t_\nu)\|$$

$$+ \; ahb_k L \|\tilde{u}^m_{n-m} - \tilde{u}(t_n)\|$$

$$+ \; x_o (1+ahb_k L) \sum_{\nu=m}^{n-1} \|\tilde{C}(t_\nu,h,\tilde{u}(t_\nu), \tilde{u}(t_{\nu+1})) \; \tilde{u}(t_\nu) - \tilde{u}(t_{\nu+1})\|$$

$$+ \; 2x_o \; aK_k \sum_{\nu=m}^{n-1} \|\tilde{C}(t_\nu,h,\tilde{u}(t_\nu),\tilde{u}(t_{\nu+1})\tilde{u}(t_\nu)-\tilde{u}(t_{\nu+1})\| \; \|\tilde{u}^m_{\nu-m}-\tilde{u}(t_\nu)\|+$$

$$+ aK_k \|\tilde{C}(t_{n-1}, h, \tilde{u}(t_{n-1}), \tilde{u}(t_n)) \tilde{u}(t_{n-1}) - \tilde{u}(t_n)\| \, \|\tilde{u}^m_{n-m} - \tilde{u}(t_n)\|.$$

Unter Benutzung der Induktionsannahme (d.h. Gültigkeit von (6.2.33) bis n-1) resultiert mit der Konsistenzeigenschaft (6.2.18) sowie mit (6.2.29):

$$\|\tilde{u}^m_{n-m} - \tilde{u}(t_n)\| \leqq \frac{\varkappa_o}{1-\alpha}\left[(1+ahb_kL)(n-m)h\eta_1(h) + \eta_2(h)\right] \; +$$

$$+ \; ah(2\hat{\varkappa} + bL + 2K_k\eta_1(h)) \sum_{\nu=m}^{n-1} \frac{\varkappa_o}{1-\alpha}\left[1 + \frac{\varkappa_o ah(2\hat{\varkappa}+bL+2K_k\eta_1(h))}{1-\alpha}\right]^{\nu-m}$$

$$\left[(1+ahb_kL)(\nu-m)h\eta_1(h) + \eta_2(h)\right]$$

$$\leqq \frac{\varkappa_o}{1-\alpha}\left[1 + \frac{\varkappa_o ah(2\hat{\varkappa}+bL+2K_k\eta_1(h))}{1-\alpha}\right]^{n-m} \left[(1+ahb_kL)(n-m)h\eta_1(h)+\eta_2(h)\right].$$

Damit ist (6.2.33) und (6.2.34) bewiesen.

Zur Vervollständigung des Beweises des Satzes 6.2.1 haben wir noch den Induktionsschluß zu erbringen, daß auch $\tilde{u}^m_{n+1-m}$ in $\mathcal{G}^k$ existiert, mittels des Iterationsverfahrens (6.2.25) (ausgehend von der Wahl (6.2.24)) berechenbar ist und daß (6.2.32) auch für $\nu = n + 1$ gilt. Aufgrund der vorausgestzten Vollständigkeit des zugrunde gelegten Raumes $\mathcal{M}$ und damit des Raumes $\mathcal{M}^k$ (und damit der als metrischen Raum aufgefaßten, in $\mathcal{M}^k$ abgeschlossenen Kugel $\mathcal{K}_{h,t_{n+1}}$) ist hierfür lediglich zu zeigen, daß die Folge $\{\tilde{u}^{m[i]}_{n+1-m}\}$ für $i \geqq i_o$ mit einem gewissen i_o eine Cauchy-Folge in $\mathcal{K}_{h,t_{n+1}} \subset \mathcal{G}^k$ ist. Diesen Nachweis erbringen wir in drei Schritten:

a) $\tilde{u}^{m[1]}_{n+1-m} \in \mathcal{K}_{h,t_{n+1}}$

b) $\tilde{u}^{m[i]}_{n+1-m} \in \mathcal{K}_{h,t_{n+1}} \;\; \Rightarrow \;\; \tilde{u}^{m[i+1]}_{n+1-m} \in \mathcal{K}_{h,t_{n+1}} \quad (\; \Rightarrow i_o = 1)$

c) $\|\tilde{P}(t_n, h, \tilde{u}^m_{n-m})\tilde{u}^{m[j]}_{n+1-m} - \tilde{P}(t_n, h, \tilde{u}^m_{n-m})\tilde{u}^{m[i]}_{n+1-m}\|$

$$\leqq \; \|\tilde{u}^{m[j]}_{n+1-m} - u^{m[i]}_{n+1-m}\| \quad \text{für } i,j \geqq 1$$

mit

$$\beta := \frac{\hat{c}aKM\eta(h)}{1-\alpha} + \alpha \leqq \frac{\hat{c}aK(s-r)(1-\alpha)}{2c(1+aK(s+r))} + \alpha < \frac{1}{2}\,\frac{s-r}{s+r} + \frac{1}{2}\,\frac{s-r}{s+r} < 1.$$

$$(6.2.38)$$

Gemäß Induktionsvoraussetzung ist $\tilde{u}^m_{n-m} \in \mathcal{G}^k$, also auch $\tilde{u}^{m\,[0]}_{n+1-m} \in \mathcal{G}^k$, und daher folgt bei vorübergehender Setzung

$$\tilde{w}^m_{\mu-m} := \begin{cases} \tilde{u}^m_{\mu-m} & \text{für } \mu = 1,\ldots,n \\[2ex] \tilde{u}^{m\,[0]}_{n+1-m} & \text{für } \mu = n+1 \end{cases} :$$

$$\tilde{u}^{m\,[1]}_{n+1-m} - \tilde{u}(t_{n+1}) = \tilde{P}(t_n,h,\tilde{w}^m_{n-m})\tilde{w}^m_{n-m+1} - \tilde{u}(t_{n+1})$$

$$= \check{D}(t_n,h,\tilde{w}^m_{n+1-m})\tilde{w}^m_{n-m} + h\tilde{B}_0(t_n,h,\tilde{w}^m_{n-m},\tilde{w}^m_{n+1-m})\tilde{w}^m_{n+1-m}$$

$$\quad + h\,\tilde{B}_1(t_n,h,\tilde{w}^m_{n-m},\tilde{w}^m_{n+1-m})\tilde{w}^m_{n-m} - \tilde{u}(t_{n+1})$$

$$= \check{D}(t_n,h,\tilde{w}^m_{n-m},\tilde{w}^m_{n+1-m})[\tilde{w}^m_{n-m}-\tilde{u}(t_n)] + \check{D}(t_n,h,\tilde{w}^m_{n-m},\tilde{w}^m_{n+1-m})\tilde{u}(t_n)$$

$$\quad + h[\tilde{B}_0(t_n,h,\tilde{w}^m_{n-m},\tilde{w}^m_{n+1-m})\tilde{w}^m_{n+1-m} + \tilde{B}_1(t_n,h,\tilde{w}^m_{n-m},\tilde{w}^m_{n+1-m})\tilde{w}^m_{n-m}]$$

$$\quad - \tilde{u}(t_{n+1})$$

$$= \check{D}(t_n,h,\tilde{w}^m_{n-m},\tilde{w}^m_{n+1-m})[\tilde{w}^m_{n-m} - \tilde{u}(t_n)]$$

$$\quad + \tilde{D}_1(t_n,h,\tilde{w}^m_{n-m},\tilde{w}^m_{n+1-m})\,[\tilde{D}_0(t_n,h,\tilde{w}^m_{n-m},\tilde{w}^m_{n+1-m})$$

$$\qquad\qquad\qquad\qquad\qquad - \tilde{D}_0(t_n,h,\tilde{u}(t_n),\tilde{u}(t_{n+1}))]\,\tilde{u}(t_n)$$

$$\quad + h[\breve{B}_0(t_n,h,\dot{\tilde{w}}^m_{n-m},\ddot{\tilde{w}}^m_{n+1-m})\dot{\tilde{w}}^m_{n+1-m} - \ddot{B}_0(t_n,h,\tilde{w}^m_{n-m},\breve{\tilde{w}}^m_{n+1-m})\ddot{C}(t_n,h,\tilde{u}(t_n),$$

$$\qquad\qquad\qquad\qquad\qquad\qquad \tilde{u}(t_{n+1}))\tilde{u}(t_n)]$$

$$\quad + h[\tilde{B}_1(t_n,h,\tilde{w}^m_{n-m},\tilde{w}^m_{n+1-m})\tilde{w}^m_{n-m} - \tilde{B}_1(t_n,h,\tilde{w}^m_{n-m},\tilde{w}^m_{n+1-m})\tilde{u}(t_{n+1})]$$

$$\quad + \tilde{D}_1(t_n,h,\tilde{w}^m_{n-m},\tilde{w}^m_{n+1-m})[\tilde{D}_1^{-1}(t_n,h,\tilde{u}(t_n)\tilde{u}(t_{n+1}))$$

$$\qquad\qquad\qquad\qquad\qquad - \tilde{D}_1^{-1}(t_n,h,\tilde{w}^m_{n-m},\tilde{w}^m_{n-m+1})]\,.$$

$$\cdot[\tilde{C}(t_n,h,\tilde{u}(t_n)\tilde{u}(t_{n+1}))\tilde{u}(t_n) - \tilde{u}(t_{n+1}) + \tilde{u}(t_{n+1})]$$

$$+ \tilde{C}(t_n,h,\tilde{u}(t_n), \tilde{u}(t_{n+1}))\tilde{u}(t_n) - \tilde{u}(t_{n+1}),$$

wie man mit (6.2.36), (6.2.37) sofort nachrechnet. Unter Verwendung der gemäß Induktionsvoraussetzung gültigen Beziehung (6.2.35) folgt:

$$\tilde{u}^{m\,[1]}_{n+1-m} - \tilde{u}(t_{n+1}) = \prod_{\nu=m}^{n} \tilde{D}(t_\nu,h,\tilde{u}^m_{\nu-m}, \tilde{w}^m_{\nu+1-m}) \, [\tilde{u}^m_o - \tilde{u}(t_m)]$$

$$+ \sum_{\nu=m}^{n} \prod_{\mu=\nu+1}^{n} \tilde{D}(t_\mu,h,\tilde{u}^m_{\mu-m}, \tilde{w}^m_{\mu+1-m})\Big\{\tilde{D}_1(t_\nu,h,\tilde{u}^m_{\nu-m}, \tilde{w}^m_{\nu+1-m})$$

$$[\tilde{D}_o(t_\nu,h,\tilde{u}^m_{\nu-m}, \tilde{w}^m_{\nu+1-m}) - \tilde{D}_o(t_\nu,h,\tilde{u}(t_\nu), \tilde{u}(t_{\nu+1}))] \, \tilde{u}(t_\nu)$$

$$+ h[\tilde{B}_1(t_\nu,h,\tilde{u}^m_{\nu-m}, \tilde{w}^m_{\nu+1-m})\tilde{u}^m_{\nu-m} - \tilde{B}_1(t_\nu,h,\tilde{u}^m_{\nu-m}, \tilde{w}^m_{\nu+1-m})\tilde{u}(t_\nu)]$$

$$+ h[\tilde{B}_o(t_\nu,h,\tilde{u}^m_{\nu-m}, \tilde{w}^m_{\nu+1-m})\tilde{w}^m_{\nu+1-m} - \tilde{B}_o(t_\nu,h,\tilde{u}^m_{\nu-m}, \tilde{w}^m_{\nu+1-m}) \quad (6.2.39)$$

$$[\tilde{C}(t_\nu,h,\tilde{u}(t_\nu),\tilde{u}(t_{\nu+1}))\tilde{u}(t_\nu) - \tilde{u}(t_{\nu+1}) + \tilde{u}(t_{\nu+1})]]$$

$$+ \tilde{D}_1(t_\nu,h,\tilde{u}^m_{\nu-m},\tilde{w}^m_{\nu+1-m}) \, [\tilde{D}_1^{-1}(t_\nu,h,\tilde{u}(t_\nu),\tilde{u}(t_{\nu+1}))$$

$$- \tilde{D}_1^{-1}(t_\nu,h,\tilde{u}^m_{\nu-m}, \tilde{w}^m_{\nu+1-m})] \, [\tilde{C}(t_\nu,h,\tilde{u}(t_\nu),\tilde{u}(t_{\nu+1}))\tilde{u}(t_\nu)$$

$$- \tilde{u}(t_{\nu+1}) + \tilde{u}(t_{\nu+1})]$$

$$+ \tilde{C}(t_\nu,h,\tilde{u}(t_\nu),\tilde{u}(t_{\nu+1}))\tilde{u}(t_\nu) - \tilde{u}(t_{\nu+1})\Big\} \, .$$

Mit (6.2.11), (6.2.12), (6.2.13), (6.2.14), (6.2.15), (6.2.16), (6.2.17), (6.2.18),(6.2.20), (6.2.21), (6.2.27), (6.2.28), (6.2.29), (6.2.30) und (6.2.31) erhält man daher

$$\|\tilde{u}^{m\,[1]}_{n+1-m}-\tilde{u}(t_{n+1})\| \leqq \hat{c}\,\varkappa_o\,\eta_2(h)$$

$$+ ah \sum_{i=0}^{k-1} \hat{\varkappa}_i [\hat{c}\,\varkappa_o \sum_{\nu=m}^{n-1} \max(\|\tilde{u}^m_{\nu-m} - \tilde{u}(t_\nu)\|, \, \|\tilde{u}^m_{\nu+1-m} - \tilde{u}(t_{\nu+1})\|)$$

$$+ \max(\|\tilde{u}^m_{n-m} - \tilde{u}(t_n)\|, \, \|\tilde{u}^m_{n-m} - \tilde{u}(t_{n+1})\|)]$$

$$+ \hat{c}\,\varkappa_o\,ahL \sum_{i=0}^{k-1} b_i \sum_{\nu=m}^{n} \|\tilde{u}^m_{\nu-m} - \tilde{u}(t_\nu)\| +$$

$$+ \text{ahb}_k L \left\{ \hat{c} \varkappa_o \sum_{\nu=m}^{n-1} \left[\|\tilde{u}_{\nu+1-m}^m - \tilde{u}(t_{\nu+1})\| + h\eta_1(h) \right] \right.$$

$$\left. + \|\tilde{u}_{n-m}^m - \tilde{u}(t_{n+1})\| + \hat{c}\varkappa_o h\eta_1(h) \right\}$$

$$+ a \left\{ \hat{c}\varkappa_o \sum_{\nu=m}^{n-1} \left[K_k h\eta_1(h)\max(\|\tilde{u}_{\nu-m}^m - \tilde{u}(t_\nu)\|, \|\tilde{u}_{\nu+1-m}^m - \tilde{u}(t_{\nu+1})\|) \right.\right.$$

$$\left. + h\hat{\varkappa}_k \max(\|\tilde{u}_{\nu-m}^m - \tilde{u}(t_\nu), \|\tilde{u}_{\nu+1-m}^m - \tilde{u}(t_{\nu+1})\|) \right]$$

$$\left. + (K_k h\eta_1(h) + h\hat{\varkappa}_k) \max(\|\tilde{u}_{n-m}^m - \tilde{u}(t_n)\|, \|\tilde{u}_{n-m}^m - \tilde{u}(t_{n+1})\|) \right\}$$

$$+ \hat{c}\varkappa_o(n+1-m)h\eta_1(h).$$

Nunmehr wird wie beim Beweis der Abschätzung (6.2.33) verfahren, wobei man zu der Aussage

$$\|\tilde{u}_{n+1-m}^{m\,[1]} - \tilde{u}(t_{n+1})\| \leqq \hat{c}\varkappa_o [\eta_2(h) + (1+\text{ahb}_k L)(n+1-m)h\eta_1(h)]$$

$$\left[1 + \frac{\varkappa_o ah(2\hat{\varkappa}+bL+2K_k\eta_1(h))}{1-\alpha} \right]^{n+1-m} + \alpha \|\tilde{u}_{n-m}^m - \tilde{u}(t_{n+1})\|$$

$$\leqq \hat{c} \frac{\varkappa_o}{1-\alpha} [1 + (1+\text{ahb}_k L)T] \eta(h) \exp\left(\frac{\varkappa_o aT(2\hat{\varkappa}+bL+2K_k)}{1-\alpha}\right)$$

$$+ \alpha \|\tilde{u}_{n-m}^m - \tilde{u}(t_{n+1})\|$$

$$\leqq \hat{c}M\eta(h) + \alpha(s+r) \leqq \frac{1}{2}(s-r) + \frac{1}{2}\frac{s-r}{s+r}(s+r) = s-r$$

gelangt. Mithin ist der Schritt a) zur Vervollständigung des Beweises des Satzes 6.2.1 vollzogen und wir kommen zur Durchführung des Schrittes b):

Sei also

$$\tilde{u}_{n+1-m}^{m\,[i]} \in \mathscr{K}_{h,t_{n+1}}, \quad (i \geqq 1). \tag{6.2.41}$$

Zur Abschätzung von

$$\|\tilde{u}_{n+1-m}^{m\,[i+1]} - \tilde{u}(t_{n+1})\| = \|\tilde{P}(t_n,h,\tilde{u}_{n-m}^m)u_{n+1-m}^{m\,[i]} - \tilde{u}(t_{n+1})\|$$

kann wie bei der Abschätzung von $\|\tilde{u}^{m\,[1]}_{n+1-m} - \tilde{u}(t_{n+1})\|$ innerhalb des Schrittes a) vorgegangen werden. Die im Schritt a) aufgetretene Schwierigkeit, daß nicht notwendig $\tilde{u}^{m\,[0]}_{n+1-m} \in \mathcal{K}_{h,t_{n+1}}$ gilt, entfällt hier wegen (6.2.41), so daß auch (6.2.27) nicht benötigt wird. Mithin gilt in Analogie zu (6.2.40) (wenn man dort $\hat{c}$ durch 1 ersetzt):

$$\|\tilde{u}^{m\,[i+1]}_{n+1-m} - \tilde{u}(t_{n+1})\| \leqq M\eta(h) + \alpha\|\tilde{u}^{m\,[i]}_{n+1-m} - \tilde{u}(t_{n+1})\|$$

$$\leqq M\eta(h) + \alpha(s+r) \leqq s-r. \tag{6.2.42}$$

Wir kommen nun zur Realisierung des Schrittes c).

Allgemein gilt für $\tilde{y},\tilde{z} \in \mathcal{K}_{h,t_{n+1}}$, $\tilde{v} \in \mathcal{K}_{h,t_n}$:

$$\|\tilde{P}(t_n,h,\tilde{v})\tilde{y} - \tilde{P}(t_n,h,\tilde{v})\tilde{z}\|$$

$$\leqq \|\tilde{D}_1(t_n,h,\tilde{v},\tilde{y})[\tilde{D}_0(t_n,h,\tilde{v},\tilde{y}) - \tilde{D}_0(t_n,h,\tilde{v},\tilde{z})](\tilde{v}-\tilde{u}(t_n))\|$$

$$+ \|\tilde{D}_1(t_n,h,\tilde{v},\tilde{y})[\tilde{D}_0(t_n,h,\tilde{v},\tilde{y}) - \tilde{D}_0(t_n,h,\tilde{v},\tilde{z})]\tilde{u}(t_n)\|$$

$$+ h\|\tilde{B}_0(t_n,h,\tilde{v},\tilde{y})\tilde{y} - \tilde{B}_0(t_n,h,\tilde{v},\tilde{y})\tilde{z}\|$$

$$+ \|\tilde{D}_1(t_n,h,\tilde{v},\tilde{y})[\tilde{D}_1^{-1}(t_n,h,\tilde{v},\tilde{z}) - \tilde{D}_1^{-1}(t_n,h,\tilde{v},\tilde{y})]$$

$$[\tilde{P}(t_n,h,\tilde{v})\tilde{z}-\tilde{u}(t_{n+1})]\|$$

$$+ \|\tilde{D}_1(t_n,h,\tilde{v},\tilde{y})[\tilde{D}_1^{-1}(t_n,h,\tilde{v},\tilde{z}) - \tilde{D}_1^{-1}(t_n,h,\tilde{v},\tilde{y})]\tilde{u}(t_{n+1})\|$$

$$= \left\{ a\sum_{i=0}^{k-1}K_i|\tilde{v}-\tilde{u}(t_n)\| + ha\hat{\varkappa} + hab_kL + aK_k\|\tilde{P}(t_n,h,\tilde{v})\tilde{z}-\tilde{u}(t_{n+1})\| \right\} \|\tilde{y}-\tilde{z}\|.$$

Damit folgt für $\tilde{v} = \tilde{u}^m_{n-m}$, $\tilde{y} = \tilde{u}^{m\,[j]}_{n+1-m}$, $\tilde{z} = \tilde{u}^{m\,[i]}_{n+1-m}$:

$$\|\tilde{P}(t_n,h,\tilde{u}^m_{n-m})\tilde{u}^{m\,[j]}_{n+1-m} - \tilde{P}(t_n,h,\tilde{u}^m_{n-m})\tilde{u}^{m\,[i]}_{n+1-m}\|$$

$$\leqq \left\{ a(K-K_k)\|\tilde{u}^m_{n-m} - \tilde{u}(t_n)\| + ha(\hat{\varkappa}+b_kL) + aK_k\|\tilde{u}^{m\,[i+1]}_{n+1-m} - \tilde{u}(t_{n+1})\| \right\}$$

$$\|\tilde{u}^{m\,[j]}_{n+1-m} - \tilde{u}^{m\,[i]}_{n+1-m}\| =:$$

$$=: q(n,h,i) \| \tilde{u}^{m[j]}_{n+1-m} - \tilde{u}^{m[i]}_{n+1-m} \| .$$

Hierbei ist nun zu zeigen, daß $q(n,h,i)$ nicht größer ist als die Zahl β aus (6.2.38).

In der Tat folgt mit (6.2.34) und (6.2.42) für $i \geq 1$:

$$q(n,h,i) \leq a(K-K_k)M\eta(h) + h_o a(\hat{\varkappa}+b_k L)$$
$$+ aK_k[M\eta(h) + \alpha \| \tilde{u}^{m[i]}_{n+1-m} - \tilde{u}(t_{n+1})\|] .$$

Wendet man hierin auf $\| \tilde{u}^{m[i]}_{n+1-m} - \tilde{u}(t_{n+1})\|$ wiederum (6.2.42) an (mit i statt $i + 1$) und fährt entsprechend fort, so folgt

$$q(n,h,i) \leq a(K-K_k)M\eta(h) + h_o a(\hat{\varkappa}+b_k L)$$
$$+ aK_k[M\eta(h)(1+\alpha+ \ldots +\alpha^{i-1}) + \alpha^i \| \tilde{u}^{m[1]}_{n+1-m} - \tilde{u}(t_{n+1})\|] .$$

Mit (6.2.40) erhält man wegen $\hat{c} \geq 1$

$$q(n,h,i) \leq \hat{c}a(K-K_k)M\eta(h) + h_o a(\hat{\varkappa}+b_k L)$$
$$+ aK_k M\eta(h) \frac{1-\alpha^i}{1-\alpha} + aK_k \alpha^i \hat{c}M\eta(h) + aK_k \alpha^{i+1}(s+r),$$

d.h. (wegen $\alpha < 1$):

$$q(n,h,i) \leq \frac{\hat{c}aKM\eta(h)}{1-\alpha} + h_o a(\hat{\varkappa}+b_k L) + aK_k \alpha^2(s+r).$$

(6.2.29) liefert schließlich

$$q(n,h,i) \leq \frac{\hat{c}aKM\eta(h)}{1-\alpha} + \alpha = \beta .$$

Damit ist Satz 6.2.1 vollständig bewiesen.

Bemerkung: Das Iterationsverfahren (6.2.25) mit dem Startwert (6.2.24) kann im impliziten Fall bei hinreichend kleinen Schrittweiten h auch bei der praktischen Rechnung benutzt werden. Für Verfahren der in diesem Abschnitt betrachteten Allgemeinheit liegt ein Beweis für die Konvergenz der Iteration bei beliebigem Startwert $\tilde{u}^{m[o]}_{n+1-m} \in \mathcal{U}^k$ bisher nicht vor (im Gegensatz zu dem in [62] behandelten Fall quasi-expliziter Differenzenverfahren).

Bemerkung: *Für $K_k \longrightarrow 0$ erhält man im wesentlichen erneut (wiederum bis auf die hier nicht gesicherte Unabhängigkeit vom Startelement der Iteration) die erste Richtung des Satzes 5.1.1. Wie dort kann auch hier die Voraussetzung der Vollständigkeit des zugrundegelegten Raumes $\mathfrak{M}$ entfallen, sofern es sich um explizite Verfahren handelt.*

Bemerkung: *Wie im linearen und halblinearen Fall liefern (6.2.33), (6.2.34) eine.Fehlabschätzung oder zumindest eine Aussage über die Konvergenzordnung lediglich für den Fall hinreichend glatter Anfangswerte, d.h. für solche Anfangsdaten, deren zugehörige Lösungen die Konsistenzbedingung (6.2.18) erfüllen. Für die Frage der Existenz und numerischen Erfaßbarkeit verallgemeinerter Lösungen vergleiche Abschnitt 6.3.*

Wir kommen nun zum Nachweis der Äquivalenz von Stabilität (im Sinne von (6.2.20)) und Konvergenz (im Sinne der Konvergenzdefinition IX dieses Abschnitts), durch den über den Satz 6.2.1 hinaus insbesondere sichergestellt wird, daß (6.2.20) nicht nur eine hinreichende Konvergenzbedingung darstellt, sondern auch als Mindestforderung anzusehen ist, wenn man die in die Konvergenzdefinition IX aufgenommenen wünschenswerten Eigenschaften des Differenzenverfahrens gewährleisten will.

<u>Satz 6.2.2</u>   (Äquivalenzsatz)(vergleiche [82]):
Die Anfangswertaufgabe (6.1.1) erfülle (6.2.3) und besitze für $u_o \in \mathfrak{M}$ eine eindeutige Lösung, die (6.2.2) erfüllt. Dabei sei $\mathfrak{M}$ vollständig. Das Verfahren (6.2.1) genüge den Voraussetzungen (V1), (V2), (V3), (V4) dieses Abschnitts. Dann gilt:

I)   Ist das Verfahren L-stabil und konsistent bezüglich u_o, so ist es auch H_1-konvergent.

II) Ist das Verfahren H_1-konvergent (bezüglich u_o) mit einem Funktional $\eta_4(h) = \eta_4(h, \eta_2(h), \eta_3(h))$ (vergleiche (6.2.21), (6.2.22)), das die Eigenschaft $\lim_{\substack{x_1 \to 0 \\ x_2 \to 0 \\ x_3 \to 0}} \eta_4(x_1, x_2, x_3) = 0$ [1] besitzt, so ist es

____

[1] Diese Voraussetzung ist in der Praxis regelmäßig erfüllt und stellt mithin keine wesentliche Einschränkung dar.

auch L-stabil.

__Beweis:__ a) Einschränkung der Schrittweite: Wir wählen $h_o \in (0,1)$ von vornherein so klein, daß für alle $h \in [0,h_o]$ die Existenz der $\eta_i(h)$ $(i = 1,2,3)$ aus (6.2.18), (6.2.21), (6.2.22) gesichert ist. Darüber hinaus sei h_o so klein gewählt, daß

$$\alpha_o := ah_o b_k L \leqq \frac{1}{2}\frac{s-r}{s+r} \qquad (6.2.43)$$

und

$$\eta_o(h) := \max\{\eta_1(h),\eta_2(h),\eta_3(h)\} \leqq \min\left\{\frac{s-r}{2M_o},\ 1\right\} \qquad (6.2.44)$$

mit

$$M_o = \varkappa_o\, \frac{1+\left[1+a(h_o b_k L+2 +2K_k)\right]T}{1-\alpha_o}\, \exp(\varkappa_o\, \frac{abLT}{1-\alpha_o})\ ^{1)}. \qquad (6.2.45)$$

Bemerkung: Wählt man h_o so klein, daß die Voraussetzungen des Satzes 6.2.1 erfüllt sind, so ist mit (6.2.19) auch (6.2.43) erfüllt. Wie bereits ausgeführt, wird man natürlich neben der Gewährleistung der Aussage des Satzes 6.2.2 auch die Gültigkeit des Satzes 6.2.1 erreichen wollen, um in (6.2.22) ein η_3 verwenden zu können, bei dem die Folge $\{\tilde{u}_{\nu-m}^m\}$ als spezielle Folge $\{\tilde{w}_\nu\}$ angesehen werden kann, umgekehrt jedoch die $\tilde{w}_\nu$ als verfälschte $\tilde{u}_{\nu-m}^m$ interpretierbar sind.

b) Nachweis von I). $^{2)}$

Für ein im Sinne von (6.2.21) ab $t = t_m$ zulässiges Anfangsfeld $\tilde{u}_o^m$ und eine im Sinne von (6.2.22) zulässige *Approximationsfolge* $\{\tilde{w}_\nu\}$ sei

$$\tilde{u}_{n-m}^m := \prod_{\nu=m}^{n-1} \tilde{C}(t_\nu,h,\tilde{w}_\nu,\tilde{w}_{\nu+1})\tilde{u}_o^m. \qquad (6.2.46)$$

Dann gilt

$$\|\tilde{u}_{n-m}^m - \tilde{u}(t_n)\| = \frac{\varkappa_o}{1-ahb_k L}\left(1+\varkappa_o\,\frac{ahbL}{1-ahb_k L}\right)^{n-m}\Big\{(1+ahb_k L)(n-m)h\eta_1(h)$$
$$(6.2.47)$$
$$+\ 2ah(\hat{\varkappa}+K_k\eta_1(h))(n-m)\eta_3(h)\ +\ \eta_2(h)\Big\}$$

$^{1)}$vergleiche wiederum die Fußnote zu (5.1.10) auf S.155.

$^{2)}$Dieser Nachweis wird naturgemäß einigen Teilen des Beweises des Satzes 6.2.1 stark ähneln.

für alle $n \in \mathbb{N}$, $m \in \mathbb{N}_o$ mit $n \geq m$ und für alle $h \in [0,h_o]$ mit $(n+k-1)h \in [0,T]$, so daß mit (6.2.44), (6.2.45) die Aussage

$$\| \tilde{u}^m_{n-m} - \tilde{u}(t_n) \| \leq M_o \, \eta_o(h) =: \eta_4(h),$$

d.h. die H_1-Konvergenz, resultiert.

(6.2.47) aber beweist man wieder durch vollständige Induktion bezüglich $q := n - m$, denn offenbar ist (6.2.47) zunächst für $q = 0$ wegen (6.2.21) erfüllt. Gelte also (6.2.47) bereits bis $q - 1 = n - m - 1$. Um daraus die Richtigkeit von (6.2.47) für $q = n - m$ folgen zu können, sei auf die Darstellung

$$
\begin{aligned}
\tilde{u}^m_{n-m} - \tilde{u}(t_n) &= \prod_{\nu=m}^{n-1} \tilde{D}(t_\nu,h,\tilde{w}_\nu,\tilde{w}_{\nu+1}) \, [\tilde{u}^m_o - \tilde{u}(t_m)] \\
&+ \sum_{\nu=m}^{n-1} \prod_{\mu=\nu+1}^{n-1} \tilde{D}(t_\mu,h,\tilde{w}_\mu,\tilde{w}_{\mu+1}) \Big\{ \tilde{D}_1(t_\nu,h,\tilde{w}_\nu,\tilde{w}_{\nu+1}) [\tilde{D}_o(t_\nu,h,\tilde{w}_\nu,\tilde{w}_{\nu+1}) \\
&\qquad\qquad - \tilde{D}_o(t_\nu,h,\tilde{u}(t_\nu),\tilde{u}(t_{\nu+1}))] \, \tilde{u}(t_\nu) \\
&+ h\big[\tilde{B}_1(t_\nu,h,\tilde{w}_\nu,\tilde{w}_{\nu+1})\tilde{u}^m_{\nu-m} - \tilde{B}_1(t_\nu,h,\tilde{w}_\nu,\tilde{w}_{\nu+1})\tilde{u}(t_\nu)\big] \\
&+ h\big[\tilde{B}_o(t_\nu,h,\tilde{w}_\nu,\tilde{w}_{\nu+1})\tilde{u}^m_{\nu+1-m} - \tilde{B}_o(t_\nu,h,\tilde{w}_\nu,\tilde{w}_{\nu+1}) \\
&\qquad\qquad \tilde{C}(t_\nu,h,\tilde{u}(t_\nu),\tilde{u}(t_{\nu+1}))\tilde{u}(t_\nu)\big] \\
&+ \tilde{D}_1^{-1}(t_\nu,h,\tilde{w}_\nu,\tilde{w}_{\nu+1})\big[\tilde{D}_1^{-1}(t_\nu,h,\tilde{u}(t_\nu),\tilde{u}(t_{\nu+1})) - \tilde{D}_1^{-1}(t_\nu,h,\tilde{w}_\nu,\tilde{w}_{\nu+1})\big] \\
&\qquad\qquad \tilde{C}(t_\nu,h,\tilde{u}(t_\nu),\tilde{u}(t_{\nu+1}))\tilde{u}(t_\nu) \\
&+ \tilde{C}(t_\nu,h,\tilde{u}(t_\nu),\tilde{u}(t_{\nu+1}))\tilde{u}(t_\nu) - \tilde{u}(t_{\nu+1}) \Big\}
\end{aligned}
\tag{6.2.48}
$$

verwiesen, die wie (6.2.35) in Analogie zu (5.1.13) unter Berücksichtigung der Identitäten (6.2.36), (6.2.37) wiederum durch vollständige Induktion als gültig nachgewiesen werden kann, sofern man dabei noch

$$\| \tilde{u}^m_{\nu-m} \| \leq s \quad \text{für alle } \nu \text{ mit } 0 \leq \nu - m \leq n - m \tag{6.2.49}$$

voraussetzt. (6.2.49) wird man anschließend noch zu gewährleisten haben.

Aus (6.2.48) folgt aber

$$\|\tilde{u}^m_{n-m} - \tilde{u}(t_n)\| \;\leqq\; \frac{\varkappa_o}{1-ahb_kL} \left\{ ahbL \sum_{\nu=m}^{n-1} \|\tilde{u}^m_{\nu-m} - \tilde{u}(t_\nu)\| \;+\; 2ah(\hat{\varkappa}+K_k\eta_1(h)) \cdot \right.$$

$$\left. (n-m)\eta_3(h) \;+\; (1+ahb_kL)(n-m)h\eta_1(h) \;+\; \eta_3(h) \right\} \;,$$

woraus sich (6.2.47) für $q = n - m$ unmittelbar unter Verwendung der Iterationsvoraussetzung ergibt. Es verbleibt die Aufgabe des Nachweises von (6.2.49), wobei wir völlig analog vorgehen wie beim Beweis von (5.1.16):

Offenbar ist (6.2.49) für $q = 0$ wegen (6.2.21), (6.2.44) erfüllt. (6.2.47) und (6.2.49) seien noch bis $q - 1 = n - m - 1$ richtig. Definiert man rekursiv

$$\tilde{z}_o \;:=\; \tilde{u}^m_{n-m-1} \in \mathcal{Q}^k,$$

$$\tilde{z}_i \;:=\; \tilde{D}(t_{n-1},h,\tilde{w}_{n-1},\tilde{w}_n)\tilde{z}_o \;+\; h\tilde{B}_1(t_{n-1},h,\tilde{w}_{n-1},\tilde{w}_n)\tilde{z}_o$$

$$+\; h\tilde{B}_o(t_{n-1},h,\tilde{w}_{n-1},\tilde{w}_n)\tilde{z}_{i-1} \;=:\; \tilde{S}(t_{n-1},h)\tilde{z}_{i-1}, \;(i = 1,2,\ldots),$$

so folgt mit (6.2.3), (6.2.4)

$$\|\tilde{S}(t_{n-1},h)\tilde{v} - \tilde{S}(t_{n-1},h)\tilde{w}\| \;\leqq\; ahb_kL\|\tilde{v}-\tilde{w}\|, \;\text{für alle}\; \tilde{v},\tilde{w} \in \mathcal{Q}^k.$$

Mithin ist $\tilde{S}(t_{n-1},h)$ auf $\mathcal{Q}^k$ wegen (6.2.43) stark kontrahierend. Weiterhin gilt

$$\|\tilde{S}(t_{n-1},h)\tilde{0}\| \;\leqq\; \varkappa_o \; ahbL \sum_{\nu=m}^{n-1} \|\tilde{u}^m_{\nu-m} - \tilde{u}(t_\nu)\|$$

$$+\; \varkappa_o\left\{\eta_2(h)+2ah(\hat{\varkappa}+K_k\eta_1(h))(n-m)\eta_3(h) \;+\; (1+ahb_kL)(n-m)h\eta_1(h)\right\}$$

$$+\; (1+ahb_kL)\|\tilde{u}(t_n)\|$$

$$\leqq\; M_o\eta_o(h) \;+\; (1+ahb_kL)r \;\leqq\; \frac{s-r}{2} \;+\; (1+ahb_kL)r \;\leqq\; (1-ahb_kL)s,$$

wie man in Analogie zu dem Schluß von (6.2.47) aus (6.2.48) und mittels (6.2.43), (6.2.44) zeigt.

Da ahb_kL die Kontraktionszahl von $\tilde{S}(t_{n-1},h)$ ist, folgt mit dem Fixpunktsatz für kontrahierende Abbildungen (vergleiche z.B. [129], S.75) die Existenz eines eindeutig bestimmten Fixpunktes von $\tilde{S}(t_{n-1},h)$ in $\mathcal{Q}^k$. Dieser Fixpunkt ist aber gerade $\tilde{u}^m_{n-m}$, so daß

(6.2.49) gilt.

c) Nachweis von II):

Wegen $\lim\limits_{\substack{x_1 \to 0 \\ x_2 \to 0 \\ x_3 \to 0}} \eta_4(x_1,x_2,x_3) = 0$ sowie aufgrund der vorausgesetzten

H_1-Konvergenz gibt es zu jedem $s > r$ ein $h_1 \in [0,h_0]$ und $\delta,\varepsilon \in (0,s-r]$ mit

$$\|\tilde{u}^m_{n-m} - \tilde{u}(t_n)\| \leqq s-r$$

für alle $\tilde{u}^m_0 \in \mathcal{G}^k$ mit $\|\tilde{u}^m_0 - \tilde{u}(t_m)\| \leqq \delta$, für alle $\tilde{w} \in \mathcal{M}^k$ mit $\|\tilde{w} - \tilde{u}(t_\nu)\| \leqq \varepsilon$ $(\nu = m,\ldots,n)$, für alle $m \in \mathbb{N}_0$, $n \in \mathbb{N}$ mit $m \leqq n$ und für alle $h \in [0,h_1]$ mit $(n+k-1)h \in [0,T]$. Dabei ist $\tilde{u}^m_{n-m}$ durch (6.2.46) definiert.

Mit (6.2.2) folgt

$$\|\tilde{u}^m_{n-m}\| \leqq s.$$

Setze

$$\tilde{v}^m_{n-m} := \prod_{\nu=m}^{n-1} \tilde{C}(t_\nu,h,\tilde{w}_\nu,\tilde{w}_{\nu+1}) \tilde{u}(t_m)$$

(d.h. Verwendung des exakten Anfangsfeldes ab $t = t_m$; mithin gilt auch $\tilde{v}^m_{n-m} \in \mathcal{K}_{h,t_n}$). Dann liefert vollständige Induktion nach $q = n-m$ die Darstellung

$$\begin{aligned}
\tilde{u}^m_{n-m} - \tilde{v}^m_{n-m} = &\prod_{\nu=m}^{n-1} \tilde{D}(t_\nu,h,\tilde{w}_\nu,\tilde{w}_{\nu+1})\left[\tilde{u}^m_0 - \tilde{u}(t_m)\right] \\
&+ h \sum_{\nu=m}^{n-1} \prod_{\mu=\nu+1}^{n-1} \tilde{D}(t_\mu,h,\tilde{w}_\mu,\tilde{w}_{\mu+1})\left[\tilde{B}_1(t_\nu,h,\tilde{w}_\nu,\tilde{w}_{\nu+1})\tilde{u}^m_{\nu-m}\right. \\
&\qquad\qquad\qquad\qquad\qquad\qquad\qquad\qquad\qquad\qquad\qquad\qquad (6.2.50) \\
&\quad - \tilde{B}_1(t_\nu,h,\tilde{w}_\nu,\tilde{w}_{\nu+1})\tilde{v}^m_{\nu-m} + \tilde{B}_0(t_\nu,h,\tilde{w}_\nu,\tilde{w}_{\nu+1})\tilde{u}^m_{\nu+1-m} \\
&\quad \left. - \tilde{B}_0(t_\nu,h,\tilde{w}_\nu,\tilde{w}_{\nu+1})\tilde{v}^m_{\nu+1-m}\right].
\end{aligned}$$

Damit folgt

$$\left\|\prod_{\nu=m}^{n-1} \tilde{D}(t_\nu,h,\tilde{w}_\nu,\tilde{w}_{\nu+1})\right\| \leqq \gamma(1+ahbL)^{n-m} \leqq e^{\gamma abLT} =: \varkappa_0 \qquad (6.2.51)$$

mit $\gamma := 2\frac{s-r}{\delta}$, denn (6.2.51) ist offenbar zunächst für $q = n-m = 0$ trivialerweise erfüllt. Gilt (6.2.51) bereits bis $q-1 = n-m-1$, so ergibt (6.2.50) mit (6.2.11) und (6.2.17)

$$\left\| \prod_{\nu=m}^{n-1} \tilde{D}(t_\nu,h,\tilde{w}_\nu,\tilde{w}_{\nu+1})[\tilde{u}_o^m - \tilde{u}(t_m)] \right\| \leqq 2(s-r)$$

$$+ h\sum_{\nu=m}^{n-1} \gamma(1+ahbL_\gamma)^{n-\nu-1} \left\{ \|\tilde{B}_1(t_\nu,h,\tilde{w}_\nu,\tilde{w}_{\nu+1})\tilde{u}_{\nu-m}^m \right.$$

$$\left. - \tilde{B}_1(t_\nu,h,\tilde{w}_\nu,\tilde{w}_{\nu+1})\tilde{v}_{\nu-m}^m \right\|$$

$$+ \|\tilde{B}_o(t_\nu,h,\tilde{w}_\nu,\tilde{w}_{\nu+1})\tilde{u}_{\nu+1-m}^m - \tilde{B}_o(t_\nu,h,\tilde{w}_\nu,\tilde{w}_{\nu+1})\tilde{v}_{\nu+1-m}^m \| \right\}$$

$$\leqq 2(s-r) + habL\, 2(s-r) \sum_{\nu=m}^{n-1} \gamma(1+ahbL_\gamma)^{n-\nu-1} = 2(s-r)(1+ahbL_\gamma)^{n-m},$$

womit (6.2.51) für alle $\tilde{w}_\nu$ mit $\|\tilde{w}_\nu - \tilde{u}(t_\nu)\| \leqq s^*-r\,(s^* := s+\varepsilon)$ $(\nu = m,\ldots,n)$ und für alle oben angegebenen m,n,h bewiesen ist. Dies aber bedeutet die L-Stabilität des Verfahrens.

<u>Beispiel</u> (vergleiche [62], [82a]):
In dem Banachraum $\mathfrak{M} := \{u\,|\,u \in C^o[0,1],\ u(0) = u(1) = 0,$
$\|u\| = \max\limits_{0\leqq x\leqq 1} |u(x)|\}$ betrachten wir die quasilineare parabolische
Anfangsrandwertaufgabe

$$u_t = \varphi(x,t,u)u_{xx},\ 0 \leq t \leq T,$$

$$\text{(6.2.52)}$$

$$u(x,0) = u_o(x),\ u(0,t) = u(1,t) = 0 \quad \text{für } t \in [0,T],\ x \in [0,1].$$

$\varphi(x,t,u)$ sei eine nichtnegative stetige und bezüglich u lokal gleichgradig lipschitzstetige reellwertige Funktion [1] auf $[0,1] \times [0,T] \times \mathfrak{M}$.

Zur numerischen Lösung verwenden wir das implizite Einschrittverfahren

$$u_{n+1}(x) = u_n(x) + \frac{\lambda}{2}\varphi(x,t_n + \frac{h}{2},\ \frac{u_n(x)+u_{n+1}(x)}{2})\left\{u_n(x-\Delta x) - 2u_n(x)\right.$$

$$\left. + u_n(x+\Delta x) + u_{n+1}(x-\Delta x) - 2u_{n+1}(x) + u_{n+1}(x+\Delta x)\right\}$$

____

[1] vergleiche das parabolische Beispiel aus Abschnitt 6.1.

für
$$\Delta x \leqq x \leqq 1 - \Delta x$$

mit der Forderung $\lambda := \dfrac{h}{(\Delta x)^2} = \text{const} > 0$. Für $0 \leqq x < \Delta x$, bzw. für $1 - \Delta x < x \leqq 1$, werde $u_{n+1}(x)$ gemäß den Überlegungen in Abschnitt 2.1 (vergleiche etwa (2.1.8)) durch lineare Interpolation zu einem Element aus $\mathfrak{M}$ fortgesetzt [1].

(6.2.52) besitze für ein $u_0 \epsilon \mathfrak{M}$ eine Lösung, die dann eindeutig bestimmt ist (vergleiche [125], S.189 ff.).

Aufgrund des für diese Aufgabe gültigen Randmaximumsatzes gilt

$$\max_{0 \leqq t \leqq T} \| u(t) \| = \| u_0 \| =: r. \qquad (6.2.54)$$

Sei $s > r$ und

$$| \varphi(x,t,u) - \varphi(x,t,v) | \leqq L^* \| u-v \|$$

für $0 \leqq x \leqq 1$, $0 \leqq t \leqq T$, $u,v \epsilon \mathcal{O} = \{ u \epsilon \mathfrak{M} \mid \| u \| \leqq s \}$.

(6.2.53) erfüllt einschließlich der Rand-Interpolationsvorschriften die Voraussetzungen (V1) bis (V4) mit

$$a=1, \quad b_0 = b_1 = 0, \quad \hat{x}_0 = \hat{x}_1 = \tfrac{1}{2} L^* \max_{0 \leqq t \leqq T} \| u_{xx}(t) \| , \quad K_0 = \lambda L^*, \quad K_1 = 2\lambda L^* .$$

Unter der Schrittweitenbedingung $\lambda \cdot \max\limits_{\substack{0 \leqq x \leqq 1 \\ 0 \leqq t \leqq T \\ u \, \epsilon \, \mathcal{O}}} \varphi(x,t,u) \leqq 1$ ist das Verfahren auch L-stabil mit $x_0 = 1$. In Verbindung mit der Konsistenz folgt daher die H_1-Konvergenz.

6.3 Existenz verallgemeinerter Lösungen

Die Frage der Existenz von Lösungen, bzw. schwachen Lösungen, bei quasilinearen Anfangswertaufgaben, in denen Regularitätsstörungen

---

[1] (6.2.53) läßt sich in der Form (6.2.1), nicht jedoch in der Form (6.1.3) schreiben.

vorliegen, wurden (z.T. unter Einschluß der Frage der numerischen
Erfaßbarkeit solcher Lösungen) in verschiedenen Arbeiten untersucht. Genannt seien exemplarisch etwa die Untersuchungen von
Oleinik [79] über unstetige Lösungen gewisser quasilinearer Differentialgleichungen der Form

$$u_t + \frac{\partial}{\partial x}\ \phi(t,x,u)\ +\ \gamma(t,x,u)\ =\ 0$$

sowie eine Arbeit von Lax [68] über schwache Lösungen nichtlinearer hyperbolischer Gleichungen und deren numerische Berechnung.

Andererseits gibt es bisher keine umfassenden Untersuchungen über
den Zusammenhang zwischen unstetigen Lösungen und schwachen Lösungen einerseits sowie verallgemeinerten Lösungen im hier definierten
Sinne andererseits [1], da der Lösungsbegriff, wie er in Abschnitt
1.1 eingeführt wurde, in starkem Maße von der in $\mathfrak{M}$ benutzten Norm
abhängt. Dementsprechend lagen bisher auch keine sehr weitgehenden
Ergebnisse über die Existenz verallgemeinerter Lösungen (verstanden
als stetige Fortsetzungen echter Lösungen für die jeweils benutzte
Norm) bei quasilinearen Anfangswertaufgaben vor.

Eine vollständige Ausnutzung des Satzes 3.2.4 zum Nachweis der Existenz verallgemeinerter Lösungen quasilinearer Aufgaben (und damit
zugleich deren numerische Erfaßbarkeit mittels Differenzenverfahren) bei weitestgehend nachprüfbaren Voraussetzungen gelang erstmals Kreth [63] auf der Grundlage des Satzes 6.2.1.

Bei den Differenzenverfahren, mit deren Hilfe gemäß Satz 3.2.4 der
Existenzbeweis für verallgemeinerte Lösungen geführt werden soll,
beschränken wir uns auf explizite Einschrittverfahren. Gegeben sei
also in dem Banachraum $\mathfrak{M}$ die quasilineare Aufgabe (6.1.1), d.h.

$$u_t\ =\ F(t,u)u\ +\ G(t)u,$$

$$0 \leqq t \leqq T \tag{6.3.1}$$

$$u(0)\ =\ u_0.$$

Wiederum seien die G(t) $(0 \leqq t \leqq T)$ Operatoren von $\mathfrak{M}$ in sich, die lo-

---

[1] vergleiche jedoch den in Abschnitt 1.2 gegebenen Hinweis auf
[71].

kal gleichgradig lipschitzstetig seien, und die Operatoren $F(t,u)$ seien für jedes feste $t \in [0,T]$ und jedes feste $u \in \mathfrak{M}$ lineare Abbildungen eines von t und u unabhängigen Teilbereichs $\mathfrak{M}_F \subset \mathfrak{M}$ in $\mathfrak{M}$.

(6.3.1) besitze eindeutige (echte) Lösungen $u(t) = E_0(t)u_0$ für alle u_0 einer beschränkten Teilmenge $\mathcal{A}$ von $\mathfrak{M}_F$, und es sei

$$\sup_{u_0 \in \mathcal{A}} \; \max_{0 \leq t \leq T} \| E_0(t)u_0 \| =: r < \infty \;^{1)}. \qquad (6.3.2)$$

Die Lösungsoperatoren $E_0(t)$ $(0 \leq t \leq T)$ seien stetige Abbildungen von $\mathcal{A}$ in $\mathfrak{M}_F$. Es sei $\mathcal{G} \subset \mathfrak{M}$ eine Kugel um das Nullelement mit Radius $s > r$ und L die einheitliche Lipschitzkonstante der Operatoren $G(t)$ auf $\mathcal{G}$:

$$\| G(t)u - G(t)v \| \leq L\|u - v\|, \text{ für alle } u,v \in \mathcal{G}, \text{ für alle } t \in [0,T]. \qquad (6.3.3)$$

Dabei sei s so wählbar, daß das explizite Einschrittverfahren

$$u_{n+1} = [D_0(t_n,h,u_n) + hB_0(h)G(t_n)]u_n = : \overline{C}(t_n,h,u_n)u_n = C(t_n,h)u_n \qquad (6.3.4)$$

die Voraussetzung (V1) des Abschnitts 6.2 erfüllt; es sei also $D_0(t,h,z)$ für jedes feste $t \in [0,T]$, jedes feste $h \in [0,h_0]$ bei geeignetem $h_0 > 0$ und für jedes feste $z \in \mathcal{G}$ ein linearer Operator von $\mathfrak{M}$ in sich.

Die Voraussetzung (V2) ist wegen $B_1(h) \equiv \Theta$, $D_1(t,h,z) \equiv - I$ trivialerweise erfüllt.

Offenbar erfüllt D_1^{-1} die in (V3) an D_k^{-1} gestellten Bedingungen mit $a = 1$, so daß sich (V3) auf die auch hier als erfüllt vorausgesetzte Forderung reduziert, daß die $B_0(h)$ $(0 \leq h \leq h_0)$ gleichmäßig beschränkte Operatoren von $\mathfrak{M}$ in sich seien. Es existiere also $b_0 = b$ (vergleiche (6.2.17)) mit

$$\| B_0(h) \| \leq b, \text{ für alle } h \in [0,h_0]. \qquad (6.3.5)$$

---

1) Besitzt beispielsweise die Aufgabe (6.2.52) bei einheitlichem $T > 0$ eindeutige Lösungen für alle hinreichend glatten u_0, so ist (6.3.2) offenbar wegen (6.2.54) für diejenigen dieser u_0 erfüllt, die nicht außerhalb der Kugel mit Radius r um O liegen.

Wir interessieren uns nun für verallgemeinerte Lösungen $E(t)u_o$ für alle $u_o \in \mathcal{U} \subset \mathcal{M}$ mit $\mathcal{A} \underset{dicht}{\subset} \mathcal{U}$ (aufgrund der Abgeschlossenheit von $\mathcal{G}$ folgt dann wegen $\mathcal{A} \subset \mathcal{G}$ auch $\mathcal{U} \subset \mathcal{G}$). Im Zusammenhang mit der Frage nach der Existenz und numerischen Erfaßbarkeit verallgemeinerter Lösungen haben wir uns hier (ähnlich wie bei der entsprechenden Frage im halblinearen Fall; vergleiche Abschnitt 5.3) zunächst mit der Konvergenz bei glatten Lösungen zu befassen, d.h. nicht nur mit der Konvergenz für ein u_o, für welches die Konsistenzbedingung erfüllt sei, sondern mit der Konvergenz für alle u_o einer in $\mathcal{A}$ und damit in $\mathcal{U}$ dichten Teilmenge ϑ.

Das Verfahren (6.3.4) sei also mit der gegebenen Anfangswertaufgabe auf $\vartheta \subset \mathcal{A} \subset \mathcal{U}$ konsistent, wobei sich die Konsistenzbedingung (6.2.18) hier wieder in folgender Form schreibt:

Es existiere ein auf $[O,h_o] \times \vartheta$ definiertes Funktional $\eta_1(h,u_o) = o(1)$ (für $h \to O$) mit der Eigenschaft

$$\| u(t+h) - C(t,h)u(t) \| \leqq h\eta_1(h,u_o), \text{ für alle } t \in [O,T], \text{ für alle } u_o \in \vartheta,$$

$$(6.3.6)$$

$$u(t) = E_o(t)u_o.$$

Zur Sicherung der H_1-Konvergenz auf ϑ muß nunmehr innerhalb der Voraussetzung (V4) des Abschnitts 6.2 die Gültigkeit von (6.2.5) für alle in (6.3.6) berücksichtigten Lösungen gewährleistet werden. Dabei ist offenbar (6.2.5) für $\nu = 1$ trivialerweise mit $\hat{\varkappa}_1 = O$ erfüllt.

Es bedarf mithin der Existenz eines Funktionals $\hat{\varkappa}_o(u_o)$ auf ϑ mit der Eigenschaft

$$\| \{ D_o(t,h,v) - D_o(t,h,z) \} \; E_o(\tau)u_o \| \leqq h\,\hat{\varkappa}_o(u_o) \| v - z \|$$

für alle $\tau, t \in [O,T]$, für alle $h \in [O,h_o]$, für alle $u_o \in \vartheta$, für alle $v, z \in \mathcal{G}$.

Diese Existenz ist gewiß gewährleistet, wenn wir die Gültigkeit der folgenden stärkeren Bedingung unterstellen:

Sei $\mathcal{U}$ eine Teilmenge von $\mathcal{M}$ mit der Eigenschaft

$$\mathfrak{U} \subset \mathfrak{A} \quad , \mathfrak{M}_F \cap \mathfrak{G} \subset \mathfrak{A};$$

auf $\mathfrak{G} \cap \mathfrak{A}$ existiere eine Konstante $\hat{\varkappa}_o$, so daß gilt:

$$\|\{D_o(t,h,v) - D_o(t,h,z)\}u\| \leqq h\hat{\varkappa}_o \|v - z\| \qquad (6.3.7)$$

für alle $t \in [0,T]$, für alle $h \in [0,h_o]$ mit von u unabhängigem h_o, für alle $v,z \in \mathfrak{G}$, für alle $u \in \mathfrak{G} \cap \mathfrak{A}$.

(6.2.6) innerhalb der Voraussetzung (V4) ist wiederum trivialerweise mit $K_\nu = 0$ ($\nu = 0,1$) erfüllt.

Schließlich sei das Verfahren (6.3.4) für alle $u_o \in \vartheta$ L-stabil auf $\mathfrak{M}$ im Sinne von (6.2.20). Dies möge sogar durch das Erfülltsein der stärkeren Forderung

$$\|D_o(t,h,w)\| \leqq 1 + \gamma h \qquad (6.3.8)$$

für alle $t \in [0,T]$, für alle $h \in [0,h_o]$ und für alle $w \in \mathfrak{G}$ gewährleistet sein, wobei γ eine von diesen t,h,w unabhängige Konstante sei.

Bemerkung: (6.3.8) soll mit einem für alle $w \in \mathfrak{G}$ einheitlichen h_o gelten. Auch die Voraussetzungen (V1), (V2), (V3) sind offenbar (wenn überhaupt) mit einheitlichem h_o erfüllbar. Auch die Existenz eines Funktionals η_1 in (6.3.6) kann in der Praxis ohne wesentliche Einschränkung der Allgemeinheit als mit einheitlichem h_o nachgewiesen vorausgesetzt werden. Man wähle deshalb nun unter diesen und dem in (6.3.7) angegebenen h_o das kleinste.

Jetzt wollen wir Satz 6.2.1 anwenden und vermerken dazu, daß für $m = 0$ und bei Wahl des jeweils exakten Anfangselementes u_o (als Anfangsfeld unseres Einschrittverfahrens) die Forderung (6.2.21) entfällt ($\eta_2 = 0$). Darüber hinaus haben wir durch geeignete Wahl der Schrittweite noch die Forderungen (6.2.29), (6.2.30) zu erfüllen. Wegen $K_1 = b_1 = 0$ reduziert sich (6.2.29) auf die Bedingung

$$\alpha := ah_o\hat{\varkappa}_o \leqq \frac{1}{2} \frac{s-r}{s+r} \quad \text{(mit dem } \hat{\varkappa}_o \text{ aus (6.3.7))}.$$

Ein dieser Forderung genügendes h_o ist offenbar ebenfalls unabhängig von $u_o \in \vartheta$ wählbar. Mit diesem h_o bilden wir M gemäß (6.2.31) und wählen dann ein $h_1 = h_1(u_o) \in (0,h_o]$ derart, daß (6.2.30) für alle $h \in [0,h_1]$ erfüllt ist, d.h.:

$$\eta_1(h,u_o) \leqq \min(1, \frac{(s-r)(1-\alpha)}{2e^{\gamma T}M}) \quad \text{für alle } h \in [0,h_1]$$

$$(\eta = \eta_1 \text{ wegen } \eta_2 = 0, \ K = 0, \ \hat{c} = \sup_{nh \in [0,T]} (1+\gamma h)^n \leqq e^{\gamma T}).$$

Anschließend ersetze man im Beweis des Satzes 6.2.1 (der sich wegen des Wegfalls des Iterationsverfahrens (6.2.25) hier stark vereinfacht) überall h_o durch $h_1(u_o)$ und gelangt damit zu folgender Aussage:

Für alle $u_o \in \vartheta$, für alle $h \in [0,h_1(u_o)]$ existiert ein Funktional $\eta_3(h,u_o)$ mit

$$\|u_n - E_o(t_n)u_o\| \leqq \eta_3(h,u_o)$$

und mit

$$\lim_{h \to 0} \eta_3(h,u_o) = 0$$

für jedes feste $u_o \in \vartheta$.

Ist dann $\{n_j\} \subset \mathbb{N}$ eine unbeschränkte Folge, $\{h_j\} \subset [0,h_1(u_o)]$ eine Schrittweitennullfolge mit $\{n_j h_j\} \subset [0,T]$ und $\lim_{j \to \infty} n_j h_j = t$, so folgt mit (1.1.12)

$$\lim_{j \to \infty} \prod_{\nu=0}^{n_j-1} C(\nu h_j, h_j) = E_o(t)$$

punktweise auf ϑ. Um mit Satz 3.2.4 nun die Existenz verallgemeinerter Lösungen für alle $u_o \in \mathcal{U}$ und deren numerische Erfassung durch das benutzte Differenzenverfahren zumindest im Sinne stetiger Konvergenz der Operatoren $Q(n_j h_j, h_j) = \prod_{\nu=0}^{n_j-1} C(\nu h_j, h_j)$ gegen die stetige Fortsetzung $E(t)$ des Operators $E_o(t)$ für jedes $t \in [0,T]$ aussagen zu können, bedarf es noch des Nachweises, daß die iterierten Differenzenoperatoren $Q(nh,h)$ für alle n und h mit $nh \in [0,T]$ auf $\mathcal{U}$ gleichgradig stetig sind.

In Satz 6.2.1 war gezeigt worden, daß für jedes $u_o \in \vartheta$ die Folge $\{u_n\}$ die Eigenschaft besitzt, in der Kugel um das Nullelement mit

dem vorgegebenen Radius $s > \sup\limits_{0 \leq t \leq T} \|E_o(t)u_o\|$ zu liegen, sofern die
Schrittweite h hinreichend klein ist. Mithin liegt jede dieser
Folgen für jeweils hinreichend kleines h auch in der hier betrach-
teten Kugel $\mathcal{G}$.

Um die gleichgradige Stetigkeit der iterierten Differenzenoperatoren auf $\mathcal{U}$ gewährleisten zu können, wollen wir zusätzlich noch fordern, daß für alle $h \in [0,h_o]$ (mit den oben gewählten h_o) sogar gilt:

$$\prod_{\nu=0}^{n-1} C(\nu h,h) \; : \; \mathcal{U} \to \mathcal{G} \cap \mathcal{U} \quad , \text{ für alle } h \in [0,h_o] \text{ mit } nh \in [0,T]. \qquad [1]$$

$$(6.3.9)$$

Dann gilt sogar folgende Aussage: Die iterierten Differenzenoperatoren sind auf $\mathcal{U}$ gleichgradig lipschitzstetig.

Sind nämlich $u_o, v_o \in \mathcal{U}$, so folgt mit (6.3.3), (6.3.4), (6.3.5),
(6.3.7), (6.3.8) und (6.3.9) zunächst $Q(nh,h)u_o \in \mathcal{G}$, $Q(nh,h)v_o \in \mathcal{G}$
und

$$\|Q(nh,h)u_o - Q(nh,h)v_o\| = \|u_n - v_n\|$$

$$= \|D_o(t_{n-1},h,u_{n-1})u_{n-1} + hB_o(h)\, G(t_{n-1})u_{n-1}$$

$$- D_o(t_{n-1},h,v_{n-1})v_{n-1} - hB_o(h)\, G(t_{n-1})v_{n-1}\|$$

$$\leq \|D_o(t_{n-1},h,u_{n-1})u_{n-1} - D_o(t_{n-1},h,v_{n-1})u_{n-1}\|$$

$$+ \|D_o(t_{n-1},h,v_{n-1})[u_{n-1} - v_{n-1}]\|$$

$$+ h\|B_o(h)\| \,\|G(t_{n-1})u_{n-1} - G(t_{n-1})v_{n-1}\|$$

$$= h\hat{\varkappa}_o\|u_{n-1} - v_{n-1}\| + (1+\gamma h)\|u_{n-1} - v_{n-1}\| + hbL\|u_{n-1} - v_{n-1}\|$$

$$= (1+c^* h)\|u_{n-1} - v_{n-1}\| = (1+c^* h)\|Q((n-1)h,h)u_o - Q((n-1)h,h)v_o\|$$

mit $c^* = \hat{\varkappa}_o + \gamma + bL$.

So fortfahrend folgt

$$\|Q(nh,h)u_o - Q(nh,h)v_o\| \leq (1+c^* h)^n\|u_o - v_o\| \leq e^{c^* T}\|u_o - v_o\|,$$

---

[1] Dies bedeutet u.a. Erhaltung der Struktureigenschaften der Elemente von $\mathcal{U}$ unter den Abbildungen $Q(nh,h)$ und ist häufig erfüllt.

für alle $n \in \mathbb{N}$, für alle $h \in [0,h_o]$ mit $nh \in [0,T]$.

Damit ist die Existenz verallgemeinerter Lösungen für alle $u_o \in \mathcal{U}$ und deren numerische Erfaßbarkeit unter den genannten Voraussetzungen bewiesen.

Bemerkung: *Aussagen hinsichtlich der Konvergenzordnung bei der Erfassung verallgemeinerter Lösungen mittels Differenzenverfahren, wie sie für den linearen Fall in Abschnitt 4.5 und für den halblinearen Fall im Abschnitt 5.4 angegeben werden konnten, liegen für den quasilinearen Fall bisher nicht vor.*

Wir beschließen diesen Abschnitt mit einem Beispiel (vergleiche [63]):

<u>Beispiel:</u>
Es sei $C_{2\pi}^o(\mathbb{R}^d)$ wieder der Raum der auf $\mathbb{R}^d$ stetigen, in jeder Variablen 2π-periodischen reellwertigen Funktionen, der durch

$$\|\hat{f}\| := \max_{\substack{0 \leq x_i \leq 2\pi \\ i=1,\ldots,d}} |\hat{f}(x_1,\ldots,x_d)| \quad , \quad \hat{f} \in C_{2\pi}^o(\mathbb{R}^d)$$

normiert sei. Weiterhin sei $\mathcal{M}$ der q-fache Produktraum von $C_{2\pi}^o(\mathbb{R}^d)$, wobei für

$$f = \begin{pmatrix} \hat{f}^1 \\ \vdots \\ \hat{f}^q \end{pmatrix} \in \mathcal{M}$$

gelte:

$$\|f\| := \max_{i=1,\ldots,q} \|\hat{f}^i\| .$$

In $\mathcal{M}$ sei nun die quasilineare Anfangswertaufgabe

$$u_t(x,t) + ((g(x,t,u(x,t)),\nabla)u(x,t) = f(x,t), \quad 0 \leq t \leq T,$$
$$u(x,0) = u_o(x), \tag{6.3.10}$$

$(x = (x_1,\ldots,x_d))$ gegeben. Dabei seien

$$f : \mathbb{R}^d \times [0,T] \to \mathbb{R}^q \text{ und } g: \mathbb{R}^d \times [0,T] \times \mathbb{R}^q \to \mathbb{R}^d$$

stetige Abbildungen mit stetigen partiellen Ableitungen bezüglich der Ortsvariablen; $((\cdot,\cdot))$ bedeute das innere Produkt auf $\mathbb{R}^d$.

(6.3.10) stellt mithin ein System quasilinearer Differentialgleichungen dar (Eulersche Gleichungen für das Geschwindigkeitsfeld u
einer Strömung zu gegebenem Druck und gegebener Dichte; vergleiche z.B. [83]).

f genüge der globalen Lipschitzbedingung

$$\|f(x,t) - f(y,t)\| \leqq a\|x - y\|_{\mathbb{R}^d} \text{ für alle } t \in [0,T], \text{ für alle } x,y \in \mathbb{R}^d,$$

$(\|x\|_{\mathbb{R}^d} := \max\limits_{i=1,\ldots,d} |x_i|)$ und sei 2π-periodisch bezüglich jeder

Ortsvariablen. Für jedes feste $t \in [0,T]$ und jedes feste $w \in \mathbb{R}$ gelte
$g^i(\cdot,t,w(\cdot)) \in C^o_{2\pi}(\mathbb{R}^d)$ $(i = 1,\ldots,d)$.

Ferner gebe es Konstanten b und c derart, daß

$$\|g(x,t,z) - g(y,t,w)\|_{\mathbb{R}^d} \leqq b\|x - y\|_{\mathbb{R}^d} + c\|z - w\|_{\mathbb{R}^q} \qquad (6.3.11)$$

für alle $x,y \in \mathbb{R}^d$ und für alle $z,w \in \mathbb{R}^q$ mit

$$\|z\|_{\mathbb{R}^q} \leqq s, \quad \|w\|_{\mathbb{R}^q} \leqq s$$

bei gegebenem $s > 0$.

(6.3.10) soll mittels des Verfahrens von Courant, Isaacson und
Rees [26] näherungsweise gelöst werden, das in diesem Fall in der
j-ten Komponente lautet:

$$u^j_{n+1}(x) = u^j_n(x) - \sum_{i=1}^d g^i(x,t_n,u_n(x))\{u^j_n(x_1,\ldots,x_{i-1},x_i+$$
$$\qquad\qquad (6.3.12)$$
$$+ \delta_i\Delta x,x_{i+1},\ldots,x_d) - u^j_n(x_1,\ldots,x_{i-1},x_i-\gamma_i\Delta x,x_{i+1},\ldots,x_d)\}$$
$$+ hf^j(x,t_n),$$

wobei in Richtung jeder Ortsvariablen mit der gleichen äquidistanten Schrittweite Δx diskretisiert worden sei und mit

$$\delta_i = 1, \gamma_i = 0 \text{ falls } g^i(x,t_n,u_n(x)) \leqq 0,$$
$$\qquad\qquad (6.3.13)$$
$$\text{bzw.} \qquad \delta_i = 0, \gamma_i = 1 \text{ falls } g^i(x,t_n,u_n(x)) > 0.$$

Bezüglich des Schrittweitenverhältnisses $\lambda = \frac{h}{\Delta x}$ werde verfügt: $\lambda = \text{const} > 0$ mit einem im übrigen noch wählbaren λ.

Bei (6.3.12) handelt es sich mithin um ein explizites Einschrittverfahren, wobei $D_o(t,h,w)$ definiert ist durch

$$[D_o(t,h,w)v]^j(x) := v^j(x) - \lambda \sum_{i=1}^{d} g^i(x,t,w(x)) \cdot$$

$$\cdot \{v^j(x_1,\ldots,x_i+\delta_i\Delta x,\ldots,x_d) - v^j(x_1,\ldots,x_i-\gamma_i\Delta x,\ldots,x_k) \quad (6.3.14)$$

$$+ hf^j(x,t), \quad (j = 1,\ldots,q),$$

mit den δ_i, γ_i aus (6.3.13).

$B_o(h)$ ist hier für jedes h die Identität.

Das Verfahren (6.3.12) ist somit von der Form (6.3.4). Da f nicht von u abhängt, ist (6.3.3) für alle $u,v \in \mathfrak{M}$ erfüllt ($L = 0$).

Sei $\mathcal{O}_J$ die Kugel um das Nullelement mit einem (fest gewählten) Radius

$$s > \int_O^T \|f(\cdot,t)\| \, dt; \quad (6.3.15)$$

b,c in (6.3.11) seien für dieses s bestimmt.

Gemäß (6.3.14) ist dann offenbar $D_o(t,h,z)$ für jedes feste $t \in [O,T]$, für jedes feste $h \geq O$ und für jedes feste $z \in \mathcal{O}_J$ ein linearer Operator von $\mathfrak{M}$ in sich; die Voraussetzung (V1) des Abschnitts 6.2 ist also erfüllt.

(6.3.5) ist erfüllt mit $b = 1$ (wobei dieses b nicht mit dem b aus (6.3.11) identisch ist).

Weiterhin sei $\mathfrak{R}$ die Menge der in $\mathfrak{M}$ enthaltenen lipschitzstetigen Funktionen:

Es existiert also ein auf $\mathfrak{R}$ definiertes Funktional L, so daß

$$\|v(x) - v(y)\| \leq L(v)\|x - y\|_{\mathbb{R}^d} \text{ für } v \in \mathfrak{R}, \text{ für alle } x,y \in \mathbb{R}^d.$$

$$(6.3.16)$$

Man zeigt dann leicht, daß der mit (6.3.12) (6.3.4) definierte Operator $\bar{C}(t,h,w)$ die Eigenschaft besitzt, diesen Teilraum $\mathfrak{A} \subset \mathfrak{M}$ für jedes feste $t \in [0,T]$, für jedes feste $h \geq 0$ und für jedes feste $w \in \mathfrak{g} \cap \mathfrak{A}$ in sich abzubilden.

Sei nun

$$\bar{g} := \max_{\substack{0 \leq t \leq T \\ 0 \leq x_i \leq 2\pi \\ (i=1,\ldots,d) \\ \|z\|_{R^q} \leq s}} \| g(x,t,z) \|_{R^d} < \infty \;. \qquad (6.3.17)$$

Wählt man dann $\lambda \leq \dfrac{1}{d\bar{g}}$, so ist das Verfahren stabil im Sinne von (6.3.8) mit $\gamma = 0$.

Ist r eine Konstante mit $\int\limits_0^T \|f(\cdot,t)\| \, dt = r < s$, so gilt für alle $u_o \in \mathfrak{M}$ mit

$$\|u_o\| \leq r - \int\limits_0^T \|f(\cdot,t)\| \, dt \qquad (6.3.18)$$

die Beziehung

$$u_n \in \mathfrak{g} \qquad (6.3.19)$$

für alle $n \in \mathbb{N}_o$ und für alle $h \in [0,h_o]$ mit geeignetem $h_o > 0$ sowie mit $nh \in [0,T]$. Dies folgt aus (6.3.17) und aufgrund der Wahl von λ, denn zunächst liefert (6.3.12)

$$\|u_1\| \leq \|u_o\| + h\|f(\cdot,t_o)\| \leq r - \int\limits_0^T \|f(\cdot,t)\| \, dt + h\|f(\cdot,t_o)\| ;$$

wählt man $h_o > 0$ so klein, daß für alle $h \in [0,h_o]$ und für alle $n \in \mathbb{N}_o$ mit $nh \in [0,T]$ die Riemannsche Summe $\sum\limits_{\nu=0}^{n} h\|f(\cdot,t_\nu)\|$ die Eigenschaft

$$\sum_{\nu=0}^{n} h\|f(\cdot,t_\nu)\| - \int\limits_0^T \|f(\cdot,t)\| \, dt \leq s-r \qquad (6.3.20)$$

besitzt, so folgt $u_1 \in \mathfrak{g}$. So fortfahrend ergibt sich die Aussage (6.3.19) [1].

---

[1] Für $h \to 0$ läßt sich die linke Seite von (6.3.20) offenbar sogar unter jedes $\varepsilon > 0$ drücken, so daß für ein der Bedingung (6.3.18) genügendes und eine echte Lösung erzeugendes u_o zusammen mit der Aussage der punktweisen Konvergenz des Verfahrens das Erfülltsein von (6.3.2) mit dem r aus (6.3.18) folgt.

Zusammen mit der erwähnten Eigenschaft der Operatoren $\bar{C}(t,h,w)$, $\mathcal{U}$ in sich abzubilden, ergibt sich für alle $u_0 \epsilon \mathcal{U}$ das Erfülltsein der Voraussetzung (6.3.9), sofern man

$$\mathcal{U} \subset \{u \,|\, u \epsilon \mathcal{U}, \|u\| \leqq r - \int_0^T \|f(\cdot,t)\|\, dt\} \qquad (6.3.21)$$

wählt. Bevor wir $\mathcal{U}$ näher präzisieren, sei vermerkt, daß das auf $\mathcal{G} \cap \mathcal{U}$ definierte Funktional L die Eigenschaft

$$L(u_{n+1}) \leqq L(u_n) + h\{a + bL(u_n) + cL^2(u_n)\}$$

besitzt, sofern u_0 aus einem der Beziehung (6.3.21) genügenden $\mathcal{U}$ gewählt wurde.

In Analogie zu dem Vorgehen in Abschnitt 6.1 majorisieren wir diese $L(u_n)$ $(n = 0,1,2,\ldots,)$ durch die Lösung $y(t)$ der Riccatischen Differentialgleichung

$$y' = cy^2 + by + a, \quad 0 \leq t \leq T$$

mit der Anfangsbedingung $y(0) = L(u_0)$.

$y(t)$ kann aus (6.1.16), (6.1.17), (6.1.18) (bei Umbenennung der einander entsprechenden Größen) entnommen werden und hängt hier nicht von h ab. Die Lösung hängt jedoch von $L(u_0)$ ab und besitzt wiederum für $c > 0$ eine Singularität bei endlichem $t = T^*(u_0)$, die z.B. für $ac > \dfrac{b^2}{4}$ bei

$$T^*(u_0) = \frac{1}{\omega_0} \ \text{arc tan} \ \frac{\omega_0}{\frac{b}{2}+cL(u_0)} \qquad (\omega_0^2 = ac - \frac{b^2}{4})$$

liegt.

Wir geben nun eine Konstante $\hat{x}_0 > 0$ vor und präzisieren dann die Menge $\mathcal{U}$ wie folgt:

$$\mathcal{U} := \{u_0 \epsilon \mathcal{U} \,|\, \|u_0\| \leqq r - \int_0^T \|f(\cdot,t)\|\, dt, \ T^*(u_0) \geqq T + \epsilon,$$

$$y(t) = y(t,u_0) \leqq \frac{\hat{x}_0}{c} \ \text{für} \ 0 \leq t \leq T\}^{[1]}$$

---

[1] Gegebenenfalls hat man das ursprünglich vorgegebene Intervall [0,T] einzuschränken, um dann bei hinreichend kleinem T und hinreichend großen r,s zu einem nichtleeren $\mathcal{U}$ zu gelangen.

$(\varepsilon > 0)$.

Es sei dann

$$\alpha := \mathcal{U} \cap (C_{2\pi}^1(\mathbb{R}^d) \times \ldots \times C_{2\pi}^1(\mathbb{R}^d))$$

und

$$\vartheta := \mathcal{U} \cap (C_{2\pi}^2(\mathbb{R}^d) \times \ldots \times C_{2\pi}^2(\mathbb{R}^d)).$$

Dann ist ϑ dicht in α und α dicht in $\mathcal{U}$. Besitzt die Aufgabe (6.3.10) unter den angegebenen Voraussetzungen (echte) Lösungen für alle $u_0 \epsilon \alpha$, so ist (6.3.6) erfüllt, und zwar ist das Verfahren mit der Aufgabe (6.3.10) konsistent von der Ordnung 1 auf ϑ. Der Nachweis der Existenz echter Lösungen wurd z.B. für die homogene Aufgabe $(f \equiv 0)$ von Rautmann geliefert (vergleiche [83]).

Für die $u_0 \epsilon \mathcal{U}$ erhält man unmittelbar

$$\| \{D_0(t,h,v) - D_0(t,h,z)\} u_n \| \leqq hcL(u_n) \|v - z\|$$

für alle $v, z \epsilon \vartheta$, so daß wegen $L(u_n) \leqq y(t_n) \leqq \dfrac{x_0}{c}$ auch die Bedingung (6.3.7) in ausreichender Weise erfüllt ist.

Damit ist die Existenz verallgemeinerter Lösungen der Aufgabe (6.3.10) unter den angegebenen Voraussetzungen für alle $u_0 \epsilon \mathcal{U}$ bewiesen.

7 Nichtlineare Anfangswertaufgaben

7.1 Hinreichende Konvergenzbedingungen

Bereits in Bemerkung 7 im Anschluß an Satz 5.1.1 war auf den Umstand hingewiesen worden, daß die dort behandelten Typen halblinearer Anfangswertaufgaben noch nicht die allgemeinste Form halblinearer Aufgaben erster Ordnung (in t) darstellen und beispielsweise den Fall

$$u_t = u_{xx} + f(t,x,u,u_x) \quad , \quad 0 \leqq t \leqq T$$
$$u(x,0) = u_0(x)$$

$$(7.1.1)$$

nicht umfassen. Einen Ausweg bot sich hier wie auch für allgemeinere nichtlineare Anfangswertaufgaben durch Überführung in Anfangswertaufgaben mit Systemen quasilinearer Differentialgleichungen an
(vergleiche Beispiel 4 in Abschnitt 1.1). Andererseits kann die Realisierung solcher Transformationen schwierig oder aufwendig oder
auch unmöglich sein, und man muß dann der betrachteten nichtlinearen Aufgabe direkt ein Differenzenverfahren gegenüberstellen. So
untersuchte u.a. Stetter [104] nichtlineare Aufgaben Au = 0 und
Approximationen $F_h u_n = 0$ (mit eingearbeiteten Anfangs-, bzw. Randbedingungen) und gab eine hinreichende Konvergenzbedingung an;
Spijker [100] formulierte Äquivalenzsätze für diese Probleme.

Hier sollen im folgenden Konvergenzbedingungen angegeben werden,
die mit schwächeren Regularitätsforderungen auskommen [1], in gewissem Sinne auf das schichtweise Fortschreiten bei Anfangswertaufgaben Rücksicht nehmen und auch praktisch relativ leicht überprüfbar sind. Dabei folgen wir im wesentlichen einer Darstellung von
H. von Dein [30].

Zugrundegelegt werde wiederum ein Banachraum $\mathfrak{M}$ über $\mathbf{R}$, in dem die
nichtlineare Anfangswertaufgabe

$$u_t = A(t)u, \quad 0 \leq t \leq T$$
$$u(0) = u_0 \tag{7.1.2}$$

für das gegebene $u_0 \in \mathfrak{M}_A$ eine eindeutige Lösung besitze. Dabei sei
$\mathfrak{M}_A \subset \mathfrak{M}$ wiederum der als nichtleer und als von t unabhängig vorausgesetzte Definitionsbereich der nichtlinearen Operatoren A(t)
$(0 \leq t \leq T)$, die $\mathfrak{M}_A$ in $\mathfrak{M}$ abbilden mögen.

Zur Approximation der Aufgabe (7.1.2) ziehen wir explizite k-
Schritt-Verfahren heran, die wir dieser Beschränkung auf den expliziten Fall wegen sogleich in der Form

$$u_{n+k} + \sum_{\nu=0}^{k-1} F_\nu(t_{n+\nu}, h) u_{n+\nu} = 0 \tag{7.1.3}$$

---

[1] insbesondere bei Realisierungen im Zusammenhang mit parabolischen
Aufgaben.

schreiben, wobei die $F_\nu(t,h)$ für jedes feste $t \in [0,T]$ und für jedes feste $h \in [0,h_o]$ (mit noch wählbarem $h_o > 0$) Abbildungen von $\mathfrak{M}$ in sich sein mögen.

Die Überführung in ein auf $\mathfrak{M}^k$ definiertes formales Einschrittverfahren (gemäß Abschnitt 2.2) liefert

$$\tilde{u}_{n+1} = \tilde{C}(t_n,h)\tilde{u}_n \qquad (7.1.4)$$

mit

$$\tilde{C}(t,h) := \begin{pmatrix} -F_{k-1}(t+(k-1)h,h) & \cdots & -F_1(t+h,h) & -F_o(t,h) \\ I & & & \Theta \\ & \Theta & \Theta & \vdots \\ \Theta & & & \vdots \\ & & I & \Theta \end{pmatrix},$$

wobei die $\tilde{C}(t,h)$ von t und h abhängige, im allgemeinen nichtlineare Operatoren von $\mathfrak{M}^k$ in sich darstellen.

Wir fragen zunächst nach hinreichenden Bedingungen für stabile Konvergenz ab jeder Schicht t_m (im Sinne der Konvergenzdefinition VII in Abschnitt 3.1). Dabei präzisieren wir diesen Konvergenzbegriff wie folgt:

<u>Definition:</u> Das Verfahren (7.1.4) heißt *für u_o τ-konvergent von der Ordnung β*, wenn es ein $K \geq 0$ gibt, so daß für alle $h \in [0,h_o]$ und für alle $n \in \mathbb{N}$ mit $(n+k-1)h \in [0,T]$ und für alle $m \in \mathbb{N}_o$ mit $m \leq n$ der globale Fehler bei Rechnung ab t_m die Bedingung

$$\left\| \prod_{\nu=m}^{n-1} \tilde{C}(t_\nu,h)\tilde{u}_o^m - \tilde{u}(t_n) \right\| \leq Kh^\beta \qquad (7.1.5)$$

erfüllt, sofern das ab der Schicht t_m gerechnete Anfangsfeld $\tilde{u}_o^m$ die Eigenschaft

$$\|\tilde{u}_o^m - \tilde{u}(t_m)\| \leq ah^\tau \quad (h \in [0,h_o]) \qquad (7.1.6)$$

besitzt (β = const > 0, τ = const > 0, a = const > 0).

Wir setzen voraus, daß das Verfahren (7.1.4) im Sinne von (2.3.2) für u_o (d.h. auf $\vartheta := \{u_o\}$) mit der gegebenen Aufgabe (7.1.2) konsistent von der Ordnung $\sigma > 0$ sei; es existiere also ein $M \geq 0$, so daß für alle $h \in [0,h_o]$ gilt:

$$\|\tilde{C}(t,h)\tilde{u}(t) - \tilde{u}(t+h)\| \leq Mh^{1+\sigma}. \qquad (7.1.7)$$

Dabei gehen wir im folgenden aus Gründen der Vereinfachung davon aus, daß $\sigma = \tau$ ist, die Fehlerordnung des Anfangsfeldes also mit der Verfahrensordnung übereinstimmt.

Definition: Ein für u_o τ-konvergentes Verfahren von der Ordnung τ heißt kurz *τ-konvergent für u_o*.

Es sei nun s eine (weitgehend willkürlich wählbare) positive Konstante und $\alpha \geq 0$.

Für jedes $h \in (0,h_o]$ bezeichne $\mathcal{G}^k_{\alpha,h}(t) \subset \mathfrak{M}^k$ die abgeschlossene Kugel um $\tilde{u}(t)$ mit dem Radius sh^α, d.h.

$$\mathcal{G}^k_{\alpha,h}(t) := \{\tilde{v} \in \mathfrak{M}^k ; \|\tilde{v} - \tilde{u}(t)\| \leq sh^\alpha\} \text{ für } t \in [0,T] \qquad {}^{1)}.$$

Wir setzen voraus, daß das Verfahren (7.1.4) in folgendem Sinne stabil sei:

Es gebe ein (in der Regel von dem gegebenen u_o abhängige) Konstante $\gamma \geq 0$ derart, daß für alle $h \in (0,h_o]$ und für alle $t \in [0,T]$ mit $t + (k-1)h \in [0,T]$ und für alle $\tilde{v} \in \mathcal{G}^k_{\alpha,h}(t)$ bei einem $\alpha \geq 0$ gilt:

$$\|\tilde{C}(t,h)\tilde{v} - \tilde{C}(t,h)\tilde{u}(t)\| \leq (1+\gamma h)\|\tilde{v} - \tilde{u}(t)\|. \qquad (7.1.8)$$

Bemerkung: *Dieser Stabilitätsbegriff entspricht wietgehend der von Stetter in [104] definierten "α-restricted stability".*

In Analogie zu der Richtung

$$\text{Stabilität} \wedge \text{Konsistenz} \Rightarrow \text{Konvergenz}$$

${}^{1)}$ Für $\alpha = 0$ schreiben wir in Analogie zu den früheren Abschnitten wieder nur $\mathcal{G}^k$, d.h. $\mathcal{G}^k_{0,h} = \mathcal{G}^k$ (für alle $h \in (0,h_o]$).

früherer Äquivalenzsätze läßt sich dann auch im vorliegenden nichtlinearen Fall folgender Satz ([30]) aussprechen:

Satz 7.1.1:
Die Anfangswertaufgabe (7.1.2) sei für das dort angegebene u_o eindeutig lösbar. Das Differenzenverfahren (7.1.4) sei für u_o konsistent von der Ordnung $\tau > 0$ und erfülle die Stabilitätsbedingung
(7.1.8) für ein positives $\alpha \leqq \tau$ bei einem $s > 0$. Dann ist das Verfahren τ-konvergent für u_o.

Beweis: Sei in (7.1.8) zunächst $\gamma > 0$.
Dann setzen wir

$$K := ae^{\gamma T} + \frac{M}{\gamma}[e^{\gamma T}-1]$$

(mit a aus (7.1.6) und M aus (7.1.7)   und fordern

$$Kh_o^{\tau-\alpha} \leqq s \quad {}^{1)}. \tag{7.1.9}$$

Dann gilt:

$$\|\tilde{u}_{n-m}^m - \tilde{u}(t_n)\| \leqq (1+\gamma h)^{n-m}\|\tilde{u}_o^m - \tilde{u}(t_m)\| + Mh^{1+\tau}\sum_{\mu=m}^{n-1} (1+\gamma h)^{\mu-m} \leqq Kh^{\tau} \tag{7.1.10}$$

für alle $n \in \mathbb{N}$, für alle $m \in \mathbb{N}_o$ mit $m \leqq n$, für alle $h \in [0,h_o]$ mit
$(n+k-1)h \in [0,T]$ und für alle $\tilde{u}_o^m$ mit $\|\tilde{u}_o^m - \tilde{u}(t_m)\| \leqq ah^{\tau}$.

(7.1.10) wird wiederum durch vollständige Induktion bewiesen, denn
offenbar ist diese Beziehung zunächst für $q := n - m = 0$ richtig.
Ist die Gültigkeit bis zu einem $q-1 = n-m-1 \geqq 0$ bereits gewährleistet, so folgt

$$\tilde{u}_p^m \in \mathcal{O}_{\alpha,h}^k(t_{p+m}) \quad (p = 0,\ldots,q-1)$$

${}^{1)}$ Im Falle $\tau > \alpha$ ist (7.1.9) dadurch erfüllbar, daß man das in die
Voraussetzungen des Satzes eingehende $h_o > 0$ gegebenenfalls nach-
träglich noch weiter einschränkt. Für $\tau = \alpha$ bedeutet (7.1.9)
evtl. eine Einschränkung des Schrittweitenverhältnisses (vergleiche hierzu die Bemerkung zu dem im Anschluß an diesen Satz dargestellten Beispiel).

und

$$\|\tilde{u}_q^m - \tilde{u}(t_n)\| \leqq \|\tilde{C}(t_{n-1},h)\tilde{u}_{n-1-m}^m - \tilde{C}(t_{n-1},h)\tilde{u}(t_{n-1})\|$$

$$+ \|\tilde{C}(t_{n-1},h)\tilde{u}(t_{n-1}) - \tilde{u}(t_n)\|$$

$$\leqq (1+\gamma h)\|\tilde{u}_{n-1-m}^m - \tilde{u}(t_{n-1})\| + Mh^{1+\tau}$$

$$\leqq (1+\gamma h)(1+\gamma h)^{n-1-m}\|\tilde{u}_o^m - \tilde{u}(t_m)\|$$

$$+ (1+\gamma h)Mh^{1+\tau}\sum_{\mu=m}^{n-2}(1+\gamma h)^{\mu-m} + Mh^{1+\tau}$$

$$= (1+\gamma h)^{n-m}\|\tilde{u}_o^m - \tilde{u}(t_m)\| + Mh^{1+\tau}\frac{(1+\gamma h)^{n-m}-1}{\gamma h}$$

$$\leqq e^{\gamma T}\|\tilde{u}_o^m - \tilde{u}(t_m)\| + \frac{M}{\gamma}h^{\tau}(e^{\gamma T}-1)$$

$$\leqq \left\{e^{\gamma T}a + \frac{M}{\gamma}(e^{\gamma T}-1)\right\}h^{\tau} = Kh^{\tau},$$

womit (7.1.10) für den Fall $\gamma > 0$ bewiesen ist und insbesondere auch die Aussage $\tilde{u}_{n-m}^m \in \mathcal{G}_{\alpha,h}^k(t_n)$ folgt.

Im Falle $\gamma = 0$ folgt mit $K := a + MT$ noch unmittelbarer

$$\|\tilde{u}_{n-m}^m - \tilde{u}(t_n)\| \leqq \|\tilde{u}_o^m - \tilde{u}(t_m)\| + (n-m)Mh^{1+\tau} \leqq Kh^{\tau}$$

<u>Beispiel</u> (vergleiche [30]):
Wiederum betrachten wir der Einfachheit halber eine auf dem Torus gegebene Anfangswertaufgabe in einer Ortsvariablen:

Es sei $f = f(t,x,p,q)$ eine auf $[0,T] \times \mathbb{R}^3$ definierte stetige und bezüglich x 2π-periodische Funktion. Gesucht sei in dem Banachraum $\mathfrak{M} = C_{2\pi}^o(\mathbb{R})$ (versehen mit der Tschebyscheff-Norm) die als eindeutig existierend vorausgesetzte Lösung $\{u(t)\} \subset \mathfrak{M}$ der Aufgabe

$$u_t = f(t,x,u,u_x), \quad 0 \leq t \leq T$$

$$u(x,0) = u_o(x) \in C_{2\pi}^2(\mathbb{R}).$$

(7.1.11)

Die Lösung und ihre Ableitung nach x seien der Norm nach gleichmäßig für alle $t \in [0,T]$ durch Konstanten r_1, r_2 beschränkt und auch u_{xx} existiere und sei beschränkt.

Es gebe Konstanten $s_1 > r_1$, $s_2 > r_2$ derart, daß für alle $t \in [0,T]$, für alle $x \in [0,2\pi]$ und für alle $p,q \in \mathbb{R}$ mit $|p| \leqq s_1$ und $|q| \leqq s_2$ die partiellen Ableitungen von f nach p und q existieren und stetig sein mögen, so daß mit gewissen $A, B \in \mathbb{R}$ gilt:

$$|f_p(t,x,p,q)| \leqq A, \quad |f_q(t,x,p,q)| \leqq B.$$

In Anlehnung an das Verfahren von Friedrichs (vergleiche etwa [52], S.138 ff.) verwenden wir das explizite Einschrittverfahren

$$u_{n+1}(x) = \frac{1}{2}\{u_n(x+\Delta x) + u_n(x-\Delta x)\}$$

$$+ hf(t_n,x,u_n(x), \frac{u_n(x+\Delta x) - u_n(x-\Delta x)}{2\Delta x}), \quad \text{für alle } x \in (-\infty,\infty).$$

(7.1.12)

Mit der Forderung $\lambda := \frac{h}{\Delta x} = \text{const} > 0$ (mit noch wählbarem λ) ergibt sich der $\mathfrak{M}$ in sich abbildende Operator $\tilde{C}(t,h) = C(t,h)$ $(k = 1)$ aus

$$- \quad [C(t,h)v](x) := \frac{1}{2}\{v(x+\tfrac{h}{\lambda}) + v(x-\tfrac{h}{\lambda})\}$$

$$+ hf(t,x,v(x), \frac{\lambda}{2h}\{v(x+\tfrac{h}{\lambda}) - v(x-\tfrac{h}{\lambda})\}) \ .$$

Aufgrund der Voraussetzungen über $u(t)$ und über f ist das Verfahren (7.1.12) mit der gegebenen Anfangswertaufgabe (für das betrachtete u_o) konsistent von der Ordnung 1.

Setze $\alpha = 1$ und $s = \frac{s_2 - r_2}{\lambda}$; wähle h_o so klein, daß

$$h_o < \frac{s_1 - r_1}{s} \ .$$

Für $v \in \mathcal{G}_{1,h}(t)$ gilt dann

$$\|v\| = \max_{0 \leqq x \leqq 2\pi} |v(x)| \leqq sh + r_1 \leqq s_1$$

und

$$\max_{0 \leqq x \leqq 2\pi} \frac{\lambda}{2h} |v(x+\tfrac{h}{\lambda}) - v(x-\tfrac{h}{\lambda})| \leqq \lambda s + r_2 = s_2.$$

Für $v \in \mathcal{G}_{1,h}(t)$ folgt mithin unter Verwendung der Differenzierbarkeitsvoraussetzungen:

$$- \quad \{[C(t,h)v](x) - [C(t,h)u(t)](x)\} =$$

$$= \left\{ \frac{1}{2} + \frac{\lambda}{2} \, f_q(t,x,w(x,t), \, [Dw(t)] \, (x)) \right\} \left\{ v(x+\tfrac{h}{\lambda}) - u(x+\tfrac{h}{\lambda},t) \right\}$$

$$+ \left\{ \frac{1}{2} - \frac{\lambda}{2} \, f_q(t,x,w(x,t), \, [Dw(t)] \, (x)) \right\} \left\{ v(x-\tfrac{h}{\lambda}) - u(x-\tfrac{h}{\lambda},t) \right\}$$

$$+ \, hf_p(t,x,w(x,t), [Dw(t)] \, (x)) \left\{ v(x) - u(x,t) \right\}$$

mit $w(x,t) := u(x,t) + \vartheta \{ v(x) - u(x,t) \}$ sowie mit

$$[Dz](x) := \frac{\lambda}{2h} \{ z(x+\tfrac{h}{\lambda}) - z(x-\tfrac{h}{\lambda}) \} \, , \quad 0 < \vartheta < 1 \, .$$

Unter Berücksichtigung der gleichmäßigen Beschränktheit von f_q sichert die Wahl

$$\lambda \leqq \frac{1}{B}$$

die Aussage

$$\frac{1}{2} \pm \frac{\lambda}{2} \, f_q(t,x,w(x,t),[Dw(t)] \, (x)) \leqq 0,$$

und wir erhalten

$$|[C(t,h)v](x) - [C(t,h)u(t)] \, (x)|$$

$$\leqq \left\{ \frac{1}{2} + \frac{\lambda}{2} \, f_q(t,x,w(x,t), \, [Dw(t)] \, (x)) \right\} |v(x+\tfrac{h}{\lambda}) - u(x+\tfrac{h}{\lambda},t)|$$

$$+ \left\{ \frac{1}{2} - \frac{\lambda}{2} \, f_q(t,x,w(x,t), \, [Dw(t)] \, (x)) \right\} |v(x-\tfrac{h}{\lambda}) - u(x-\tfrac{h}{\lambda},t)|$$

$$+ \, h|f_p(t,x,w(x,t),[Dw(t)] \, (x))| \, |v(x) - u(x,t)|$$

$$\leqq \left\{ \frac{1}{2} + \frac{\lambda}{2} \, f_q(t,x,w(x,t), \, [Dw(t)] \, (x)) \right\} \, \| v - u(t) \|$$

$$+ \left\{ \frac{1}{2} - \frac{\lambda}{2} \, f_q(t,x,w(x,t), \, [Dw(t)] \, (x)) \right\} \| v - u(t) \|$$

$$+ \, h \, A \| v - u(t) \|$$

$$= (1+hA) \| v - u(t) \| \, .$$

Damit gilt insgesamt

$$\| C(t,h)v - C(t,h)u(t) \| \leqq (1+hA) \, \| v - u(t) \|$$

für $v \in \mathcal{U}_{1,h}(t)$, $t \in [0,T]$, $h \in [0,h_o]$,

so daß das Verfahren (7.1.12) auch die Bedingung (7.1.8) erfüllt
und Satz 7.1.1 auf dieses Verfahren angewendet werden kann.

Bemerkung: *In dem vorstehenden Beispiel ist $\alpha = \tau = 1$, so daß
(7.1.9) die Gültigkeit von*

$$s \geqslant K$$

*erfordert. Wegen $s = \dfrac{s_2 - r_2}{\lambda}$ ist dies jedoch erreichbar, falls man λ
über die Beschränkung $\lambda \leqslant \dfrac{1}{B}$ hinaus gegebenenfalls noch weiter ver-
kleinert.*

7.2 Notwendige und hinreichende Konvergenzbedingungen bei differenzierbaren Verfahren

Gegeben sei in dem Banachraum $\mathfrak{M}$ wiederum die Aufgabe (7.1.2), die
mit einem Verfahren der Form (7.1.3) numerisch gelöst werden soll.

Das Verfahren sei in folgendem Sinne differenzierbar: Die Operatoren $F_\nu(t,h)$ ($\nu = 0,1,\ldots,k-1$) mögen für alle $t \in [0,T]$ und für alle
$h \in (0,h_0]$ mit geeignetem $h_0 > 0$ und mit $t+(k-1)h \in [0,T]$ für
$u \in \mathcal{G}_{\alpha,h}(t)$ (mit einem $s > 0$) bei beliebigem $v \in \mathfrak{M}$ eine Darstellung

$$F_\nu(t,h)v - F_\nu(t,h)u = L^\nu_{(t,h,u)}(v-u) + g^\nu_h(v,u) \qquad (7.2.1)$$

besitzen; dabei seien die $L^\nu_{(t,h,u)}$ ($\nu = 0,\ldots,k-1$) für jedes feste
$t \in [0,T]$, für jedes feste $h \in (0,h_0]$ mit $t+(k-1)h \in [0,T]$ und für jedes feste $u \in \mathcal{G}_{\alpha,h}(t)$ lineare Operatoren von $\mathfrak{M}$ in sich mit folgender
Eigenschaft:

Ist speziell $v \in \mathcal{G}_{\alpha,h}(t)$ und $u = u(t)$, so gelte

$$F_\nu(t,h)v - F_\nu(t,h)u(t) = L^\nu_{(t,h,w)}(v-u(t)) \qquad (7.2.2)$$

mit einem

$$w := u(t) + \vartheta_\nu(v-u(t)), \quad \vartheta_\nu \in (0,1), \quad (\nu = 0,\ldots,k-1). \qquad (7.2.3)$$

Für jeweils feste $u \in \mathcal{G}_{\alpha,h}(t)$ und festes $h \in (0,h_0]$ definieren wir
nichtlineare Operatoren $G_{\nu,h}(u)$ ($\nu = 0,\ldots,k-1$) von $\mathfrak{M}$ in sich ver-

mittels

$$G_{\nu,h}(u)v := g_h^{\nu}(v,u)$$

und setzen für

$$\tilde{u}^T = (u_{m_{k-1}}, u_{m_{k-2}}, \ldots, u_{m_0}), \quad \tilde{u} \in g_{\alpha,h}^k(t):$$

$$\tilde{G}_h(\tilde{u}) := \begin{pmatrix} -G_{k-1,h}(u_{m_{k-1}}) & \cdots & -G_{0,h}(u_{m_0}) \\ & \ominus & \end{pmatrix},$$

$$\tilde{L}_{(t,h,\tilde{u})} := \begin{pmatrix} -L_{(t+(k-1)h,h,u_{m_{k-1}})}^{k-1} & \cdots & -L_{(t+h,h,u_{m_1})}^{1} & -L_{(t,h,u_{m_0})}^{0} \\ I & & \ominus & \\ & \ominus & & I & \ominus \end{pmatrix}.$$

Dann stellt $\tilde{L}_{(t,h,\tilde{u})}$ für jedes feste Tripel $(t,h,\tilde{u})$ einen linearen und $\tilde{G}_h(\tilde{u})$ einen nichtlinearen Operator von $\mathfrak{M}^k$ in sich dar (vergleiche Abschnitt 2.2).

Mit (7.2.1) gilt für $\tilde{u} \in g_{\alpha,h}^k(t)$ und $\tilde{v} \in \mathfrak{M}^k$

$$\tilde{C}(t,h)\tilde{v} - \tilde{C}(t,h)\tilde{u} = \tilde{L}_{(t,h,\tilde{u})}(\tilde{v}-\tilde{u}) + \tilde{G}_h(\tilde{u})\tilde{v}, \qquad (7.2.4)$$

und mit (7.2.2) folgt für $\tilde{v} \in g_{\alpha,h}^k(t)$

$$\tilde{C}(t,h)\tilde{v} - \tilde{C}(t,h)\tilde{u}(t) = \tilde{L}_{(t,h,\tilde{w})}\{\tilde{v}-\tilde{u}(t)\} \qquad (7.2.5)$$

mit $\tilde{w} = \tilde{u}(t) + \tilde{\vartheta}_0\{\tilde{v}-\tilde{u}(t)\}$, wobei wir

$$\tilde{\vartheta}_{\nu} := \begin{pmatrix} \vartheta_{\nu+k-1} & & 0 \\ & \ddots & \\ 0 & & \vartheta_{\nu} \end{pmatrix}, \qquad \vartheta_{\nu+i} \in (0,1) \ (i=0,\ldots,k-1), \ (\nu=0,1,2,\ldots)$$

gesetzt haben.

Aufgrund der solcherart vorgenommenen Linearisierung des Verfahrens wird folgende Stabilitätsdefinition sinnvoll:

<u>Definition</u>: Das Differenzenverfahren (7.1.3) heißt bezüglich u_o α-stabil, wenn es eine Konstante $\varkappa_o > 0$ gibt, so daß (bei hinreichend klein gewähltem $h_o > 0$) gilt:

$$\left\| \prod_{\nu=m}^{n-1} \tilde{L}_{(t_\nu,h,\tilde{w}_\nu)} \right\| \leq \varkappa_o \qquad (7.2.6)$$

für alle $n \in \mathbf{N}$, für alle $m \in \mathbf{N}_o$ mit $m \leq n$, für alle $h \in [0,h_o]$ mit $(n+k-1)h \in [0,T]$ und für alle Folgen $\{\tilde{w}_\nu\} \subset \mathfrak{M}^k$ mit

$$\tilde{w}_\nu \in \mathcal{G}_{\alpha,h}^k(t_\nu) \quad (\nu = 0,1,2,\ldots).$$

Bemerkung: *Hinreichend für die α-Stabilität bezüglich u_o ist offenbar die Existenz einer Konstanten γ mit*

$$\| \tilde{L}_{(t_n,h,\tilde{w})} \| = 1 + \gamma h \qquad (7.2.7)$$

für alle $n \in \mathbf{N}$, für alle $h \in [0,h_o]$ mit $(n+k-1)h \in [0,T]$ und für alle $\tilde{w} \in \mathcal{G}_{\alpha,h}^k(t_n)$.

Bemerkung: *Das Erfülltsein von (7.2.7) und (7.2.5) liefert das Erfülltsein der Voraussetzung (7.1.8) des Satzes 7.1.1.*

Bemerkung: *Für lineare Aufgaben bedeutet α-Stabilität bezüglich u_o bei beliebigem $\alpha \geq 0$ gerade L-Stabilität auf $\mathfrak{M}$ im Sinne von (4.1.7).*

Bemerkung: *Ist das Verfahren (bei festgehaltenem $s > 0$) α-stabil, so ist es auch τ-stabil für $\tau \geq \alpha$ (und $h_o < 1$).*

Sei nun wie in Abschnitt 7.1 wiederum $\tau \geq \alpha$. Sind dann die Voraussetzungen (7.2.1), (7.2.2) und (7.2.3) erfüllt, so erweist sich auch die α-Stabilität zunächst wieder als ein hinreichendes Kriterium in folgendem Sinne:

<u>Satz 7.2.1</u> (v. Dein, [30]):
Die gegebene Anfangswertaufgabe (7.1.2) sei für u_o eindeutig lös-

bar. Ist das Differenzenverfahren (7.1.3) α-stabil bezüglich u_0 und mit der Aufgabe (7.1.2) konsistent für u_0 von der Ordnung τ, so ist es auch τ-konvergent für u_0.

__Beweis:__ In Analogie zu Satz 7.1.1 schränken wir $h_0 > 0$ gegebenenfalls noch soweit ein, daß mit

$$K := \varkappa_0 (a+MT)$$

gilt:

$$Kh_0^{\tau-\alpha} \leqq s \quad ^{1)}$$

(a gemäß (7.1.6), M gemäß (7.1.7)).

Durch vollständige Induktion nach n (beginnend mit $n = m$) zeigt man dann die Gültigkeit der beiden folgenden Aussagen:

a) $\tilde{u}^m_{n-m} - \tilde{u}(t_n) = \prod_{\nu=m}^{n-1} \tilde{L}_{(t_\nu,h,\tilde{w}_\nu)} (\tilde{u}^m_0 - \tilde{u}(t_m))$

$$\quad + \sum_{\mu=m}^{n-1} \prod_{\nu=\mu+1}^{n-1} \tilde{L}_{(t_\nu,h,\tilde{w}_\nu)} [\tilde{C}(t_\mu,h)\tilde{u}(t_\mu) - \tilde{u}(t_{\mu+1})] \tag{7.2.8}$$

mit $\tilde{w}_\nu := \tilde{u}(t_\nu) + \tilde{\vartheta}_\nu \{\tilde{u}^m_{\nu-m} - \tilde{u}(t_\nu)\}$ bei gewissen $\vartheta_{\nu+i} \in (0,1)$
$(\nu = m,m+1,\ldots)(i = 0,1,\ldots,k-1)$;

b) $\| \tilde{u}^m_{n-m} - \tilde{u}(t_n) \| \leqq Kh^\tau \tag{7.2.9}$

für alle $n \in \mathbb{N}$, $m \in \mathbb{N}_0$ mit $m \leqq n$, für alle $h \in (0,h_0]$ mit $(n+k-1)h \in [0,T]$ und für alle $\tilde{u}^m_0 \in \mathfrak{M}^k$ mit

$$\| \tilde{u}^m_0 - \tilde{u}(t_m) \| \leqq ah^\tau.$$

In der Tat sind offenbar beide Aussagen zunächst für $n = m$ richtig, woraus mit (7.2.9) insbesondere $\| \tilde{u}^m_0 - \tilde{u}(t_m) \| \leqq Kh^\tau \leqq Kh_0^{\tau-\alpha}h^\alpha \leqq sh^\alpha$, d.h. $\tilde{u}^m_0 \in \mathcal{Q}^k_{\alpha,h}(t_m)$, folgt.

Gelten beide Aussagen bereits bis n-1 und folgt damit insbesondere

---

$^{1)}$ vergleiche die Fußnote zu (7.1.9) auf S.268.

$\tilde{u}^m_{\nu-m} \epsilon \, g^k_{\alpha,h}(t_\nu)$ $(\nu = m, m+1, \ldots, n-1)$, so erhält man mit (7.2.5)

$$\tilde{u}^m_{n-m} - \tilde{u}(t_n) = \tilde{C}(t_{n-1},h)\tilde{u}^m_{n-1-m} - \tilde{C}(t_{n-1},h)\tilde{u}(t_{n-1})$$
$$+ \tilde{C}(t_{n-1},h)\tilde{u}(t_{n-1}) - \tilde{u}(t_n)$$

$$= \tilde{L}_{(t_{n-1},h,\tilde{w}_{n-1})}\{\tilde{u}^m_{n-1-m} - \tilde{u}(t_{n-1})\} + \tilde{C}(t_{n-1},h)\tilde{u}(t_{n-1}) - \tilde{u}(t_n)$$

$$= \tilde{L}_{(t_{n-1},h,\tilde{w}_{n-1})}\left\{ \prod_{\nu=m}^{n-2} \tilde{L}_{(t_\nu,h,\tilde{w}_\nu)}(\tilde{u}^m_o - \tilde{u}(t_m)) \right.$$

$$\left. + \sum_{\mu=m}^{n-2} \prod_{\nu=\mu+1}^{n-2} \tilde{L}_{(t_\nu,h,\tilde{w}_\nu)}[\tilde{C}(t_\mu,h)\tilde{u}(t_\mu) - \tilde{u}(t_{\mu+1})] \right\}$$

$$+ \tilde{C}(t_{n-1},h)\tilde{u}(t_{n-1}) - \tilde{u}(t_n)$$

$$= \prod_{\nu=m}^{n-1} \tilde{L}_{(t_\nu,h,\tilde{w}_\nu)}(\tilde{u}^m_o - \tilde{u}(t_m))$$

$$+ \sum_{\mu=m}^{n-1} \prod_{\nu=\mu+1}^{n-1} \tilde{L}_{(t_\nu,h,\tilde{w}_\nu)}[\tilde{C}(t_\mu,h,)\tilde{u}(t_\mu) - \tilde{u}(t_{\mu+1})] \; ,$$

d.h. die Gültigkeit von (7.2.8) auch für n. Hieraus aber folgt mit (7.1.6), (7.1.7)

$$\|\tilde{u}^m_{n-m} - \tilde{u}(t_n)\| \leq \varkappa_o\|\tilde{u}^m_o - \tilde{u}(t_m)\| + \sum_{\mu=m}^{n-1} \varkappa_o\|\tilde{C}(t_\mu,h)\tilde{u}(t_\mu) - \tilde{u}(t_{\mu+1})\|$$

$$\leq \varkappa_o \, ah^\tau + \varkappa_o(n-m)Mh^{1+\tau} \leq \varkappa_o \, ah^\tau + \varkappa_o \, TMh^\tau = Kh^\tau,$$

d.h. die Gültigkeit auch von (7.2.9) für n.

Bemerkung: *Neben der Beschränkung auf explizite Verfahren verdankt man die Einfachheit des Beweises des Satzes 7.2.1 insbesondere der Forderung (7.2.2), die jedoch in den Anwendungen häufig erfüllt ist (vergleiche das Beispiel im Anschluß an Satz 7.2.2).*

Unter gewissen Voraussetzungen erweist sich die Stabilität (7.2.6) nun auch hier wieder als notwendige Konvergenzbedingung:

<u>Satz 7.2.2:</u>
Die Anfangswertaufgabe (7.1.2) sei für u_o eindeutig lösbar. Wieder-

um sei $\tau \gtreqless \alpha$, und die Voraussetzungen (7.2.1), (7.2.2) und (7.2.3) seien erfüllt. Überdies mögen Konstanten $1_\nu \gtreqless 0$ ($\nu = 0,\ldots,k-1$) und $\wp \in \mathbb{R}$ mit $\wp + 1 \leqq \tau$ existieren, so daß für alle $t \in [0,T]$, für alle $h \in (0,h_o]$ mit $t + (k-1)h \leqq T$ und für beliebige u_1, $u_2 \in \mathcal{O}_{\alpha,h}(t)$ gilt:

$$\| L^\nu_{(t,h,u_1)} - L^\nu_{(t,h,u_2)}\| \leqq h^{-\wp} 1_\nu \|u_1 - u_2\|^{\,1)}. \qquad (7.2.10)$$

Ist ferner das Differenzenverfahren (7.1.3) τ-konvergent für u_o, so ist es auch τ-stabil bezüglich u_o.

<u>Beweis</u>: (7.2.10) liefert in Verbindung mit (7.2.1), (7.2.2), (7.2,3) für beliebiges $v \in \mathcal{O}_{\alpha,h}(t)$

$$\| g^\nu_h(v,u(t))\| < h^{-\wp} 1_\nu \|v - u(t)\|^2 \quad (\nu = 0,\ldots,k-1),$$

und mit $1 := \sum_{\nu=0}^{k-1} 1_\nu$ ergibt sich hieraus für $\tilde{v} \in \mathcal{O}^k_{\alpha,h}(t)$

$$\| \tilde{G}(\tilde{u}(t))\tilde{v}\| < h^{-\wp} 1 \|\tilde{v} - \tilde{u}(t)\|^2 . \qquad (7.2.11)$$

Ferner folgt noch

$$\| \tilde{L}_{(t,h,\tilde{u}_1)} - \tilde{L}_{(t,h,\tilde{u}_2)}\| \leqq h^{-\wp} 1 \|\tilde{u}_1 - \tilde{u}_2\| \qquad (7.2.12)$$

für alle $t \in [0,T]$, für alle $h \in (0,h_o]$ mit $t + (k-1)h \leqq T$ und für alle $\tilde{u}_1$, $\tilde{u}_2 \in \mathcal{O}^k_{\alpha,h}(t)$.

Aufgrund der τ-Konvergenz des Verfahrens für u_o existiert ein $K \gtreqless 0$ derart, daß für alle $h \in (0,h_o]$ (bei hinreichend kleinem $h_o > 0$), für alle $n \in \mathbb{N}$, $m \in \mathbb{N}_o$ mit $m \leq n, t_{n+k-1} \in [0,T]$ sowie für alle $\tilde{u}^m_o \in \mathfrak{M}^k$ mit $\|\tilde{u}^m_o - \tilde{u}(t_m)\| \leqq ah^\tau$ der globalen Fehler der Abschätzung

$$\left\| \prod_{\nu=m}^{n-1} \tilde{C}(t_\nu,h)\tilde{u}^m_o - \tilde{u}(t_n)\right\| \leqq Kh^\tau \qquad (7.2.13)$$

genügt. Sei wieder h_o zugleich so klein gewählt, daß

$$Kh_o^{\tau-\alpha} \leqq s. \qquad (7.2.14)$$

---

¹⁾Eine ähnliche Bedingung findet sich in [100] bereits für die dem Satz 7.2.1 entsprechende hinreichende Richtung.

Seien nun $\{\tilde{u}^m_{n-m}\}$, $\{\tilde{v}^m_{n-m}\}$ zwei Folgen von Näherungselementen, die aus zulässigen Anfangsfeldern (ab der Schicht t_m) $\tilde{u}^m_o$, bzw. $\tilde{v}^m_o$, hervorgegangen sind. Vollständige Induktion nach $q = n-m$ (beginnend mit $q = 0$) erweist sofort die Richtigkeit der Beziehung

$$\tilde{u}^m_{n-m} - \tilde{v}^m_{n-m} = \prod_{\nu=m}^{n-1} \tilde{L}_{(t_\nu,h,\tilde{u}(t_\nu))} [\tilde{u}^m_o - \tilde{v}^m_o]$$

$$+ \sum_{\mu=m}^{n-1} \prod_{\nu=\mu+1}^{n-1} \tilde{L}_{(t_\nu,h,\tilde{u}(t_\nu))} [\tilde{G}_h(\tilde{u}(t_\mu))\tilde{u}^m_{\mu-m} - \tilde{G}_h(\tilde{u}(t_\mu))\tilde{v}^m_{\mu-m}] ,$$

woraus man vorerst die Abschätzung

$$\left\| \prod_{\nu=m}^{n-1} \tilde{L}_{(t_\nu,h,\tilde{u}(t_\nu))} \right\| \leq \frac{2K}{a}\left[1+\frac{2K^2}{a}l\, h^{\tau-\wp}\right]^{n-m} \tag{7.2.15}$$

erhält ($t_{n+k-1} \leq T$):

(7.2.15) ist nämlich zunächst für $q = n-m = 0$ richtig, da (7.2.13) für $n = m$ die Aussage $K \geq a$ liefert; gilt aber (7.2.15) bereits für alle q bis $q = n-m-1$, so folgt

$$\left\| \prod_{\nu=m}^{n-1} \tilde{L}_{(t_\nu,h,\tilde{u}(t_\nu))} [\tilde{u}^m_o - \tilde{v}^m_o] \right\|$$

$$\leq \| \tilde{u}^m_{n-m} - \tilde{v}^m_{n-m} \| + \sum_{\mu=m}^{n-1} \left\| \prod_{\nu=\mu+1}^{n-1} \tilde{L}_{(t_\nu,h,\tilde{u}(t_\nu))} \right\| \{ \|\tilde{G}_h(\tilde{u}(t_\mu))\tilde{u}^m_{\mu-m}\|$$

$$+ \|\tilde{G}_h(\tilde{u}(t_\mu))\tilde{v}^m_{\mu-m}\| \}$$

$$\leq 2Kh^\tau + \sum_{\mu=m}^{n-1} \left\| \prod_{\nu=\mu+1}^{n-1} \tilde{L}_{(t_\nu,h,\tilde{u}(t_\nu))} \right\| \{ lh^{-\wp}\|\tilde{u}^m_{\mu-m} - \tilde{u}(t_\mu)\|^2$$

$$+ h^{-\wp}l\|\tilde{v}^m_{\mu-m} - \tilde{u}(t_\mu)\|^2 \}$$

$$\leq 2Kh^\tau + 2K^2 lh^{2\tau-\wp} \sum_{\mu=m}^{n-1} \frac{2K}{a}\left\{1+ \frac{2K^2}{a}lh^{\tau-\wp}\right\}^{n-(\mu+1)}$$

$$= 2Kh^\tau \left\{1+ \frac{2K^2}{a} lh^{\tau-\wp}\right\}^{n-m} .$$

Wählt man hierin nun speziell $\tilde{v}^m_o = \tilde{u}(t_m)$ und $\tilde{u}^m_o = \tilde{u}(t_m) + ah^\tau \tilde{z}$ bei beliebigem $\tilde{z} \in \mathfrak{M}^k$ mit $\|\tilde{z}\| = 1$, so erhält man

$$ah^\tau \left\| \prod_{\nu=m}^{n-1} \tilde{L}_{(t_\nu,h,\tilde{u}(t_\nu))} \tilde{z} \right\| \leqq 2Kh^\tau \left\{ 1 + 2\frac{K^2}{a} lh^{\tau-\varrho} \right\}^{n-m} ,$$

d.h. die Richtigkeit von (7.2.15) auch für $q = n - m$.

(7.2.15) läßt sich noch zu der independenten Abschätzung

$$\left\| \prod_{\nu=m}^{n-1} \tilde{L}_{(t_\nu,h,\tilde{u}(t_\nu))} \right\| \leqq \frac{2K}{a} \exp\left(\frac{2K^2}{a} lh_o^{\tau-(\varrho+1)} T\right) =: \varkappa_1 \qquad (7.2.16)$$

abschwächen.

Sei nun weiterhin $\tilde{z} \in \mathfrak{M}^k$ ein beliebiges Element mit $\|\tilde{z}\| = 1$ und $\{w_\nu\} \subset \mathcal{G}_{\tau,h}^k$ eine beliebige Folge.

Dann gilt:

$$\prod_{\nu=m}^{n-1} \tilde{L}_{(t_\nu,h,\tilde{w}_\nu)} \tilde{z} = \prod_{\nu=m}^{n-1} \tilde{L}_{(t_\nu,h,\tilde{u}(t_\nu))} \tilde{z}$$

$$+ \sum_{\mu=0}^{n-m-1} \left\{ \prod_{\nu=n-\mu}^{n-1} \tilde{L}_{(t_\nu,h,\tilde{u}(t_\nu))} \prod_{\nu=m}^{n-\mu-1} \tilde{L}_{(t_\nu,h,\tilde{w}_\nu)} \tilde{z} \right.$$

$$\left. - \prod_{\nu=n-\mu-1}^{n-1} \tilde{L}_{(t_\nu,h,\tilde{u}(t_\nu))} \prod_{\nu=m}^{n-\mu-2} \tilde{L}_{(t_\nu,h,\tilde{w}_\nu)} \tilde{z} \right\} \qquad (7.2.17)$$

$$= \prod_{\nu=m}^{n-1} \tilde{L}_{(t_\nu,h,\tilde{u}(t_\nu))} \tilde{z}$$

$$+ \sum_{\mu=0}^{n-m-1} \left\{ \prod_{\nu=n-\mu}^{n-1} \tilde{L}_{(t_\nu,h,\tilde{u}(t_\nu))} \left[\tilde{L}_{(t_{n-\mu-1},h,\tilde{w}_{n-\mu-1})} \right.\right.$$

$$\left.\left. - \tilde{L}_{(t_{n-\mu-1},h,\tilde{u}(t_{n-\mu-1}))} \right] \prod_{\nu=m}^{n-\mu-2} \tilde{L}_{(t_\nu,h,\tilde{w}_\nu)} \tilde{z} \right\} .$$

(7.2.17) ergibt mit (7.2.12) und (7.2.16) unter Berücksichtigung von $\varkappa_1 \geqq 1$ (wie man wiederum mittels vollständiger Induktion sofort nachprüft):

$$\left\| \prod_{\nu=m}^{n-1} \tilde{L}_{(t_\nu,h,\tilde{w}_\nu)} \right\| \leqq \varkappa_1 (1 + \varkappa_1 lsh^{\tau-\varrho})^{n-m} \leqq \varkappa_1 \exp(\varkappa_1 lsh_o^{\tau-(\varrho+1)} T) =: \varkappa_o$$

für alle $n \in \mathbb{N}$, $m \in \mathbb{N}_o$ mit $m \leqq n$, für alle $h \in (0,h_o]$ mit $(n+k-1)h \in$

[O,T] und für alle $\tilde{w}_\nu \epsilon \, \mathfrak{q}^k_{\tau,h}(t_\nu)$ $(\nu = 0,1,\ldots)$.

Damit ist Satz 7.2.2 bewiesen.

Bemerkung: *Die Sätze 7.2.1 und 7.2.2 liefern zusammen einen Äquivalenzsatz für nichtlineare Anfangswertaufgaben der beschriebenen Art, wobei übrigens beim Beweis des Satzes 7.2.2 in Analogie zu der entsprechenden Richtung früherer Äquivalenzsätze die Konsistenz wiederum nicht benötigt wurde. Hinsichtlich der Frage der Existenz und numerischen Erfaßbarkeit verallgemeinerter Lösungen liegen bisher nur wenige praktisch erprobte Ergebnisse vor (vergleiche jedoch die letzte Bemerkung in Abschnitt 5.3).*

Beispiel:

(vergleiche [30]): Wir kehren zurück zu der eingangs dieses Kapitels genannten Anfangswertaufgabe (7.1.1), d.h. zu der Aufgabe

$$u_t = u_{xx} + f(t,x,u,u_x), \quad O \leq t \leq T$$

$$u(x,O) = u_o(x),$$

die (wie bereits erwähnt) nicht unter die in Kapitel 5 behandelten Problemklassen fällt. Zugrundegelegt sei der mit der Supremums-Norm versehene Banachraum $\mathfrak{M}$ der 2π-periodischen beschränkten Funktionen.

$f = f(t,x,p,q)$ sei wie im Beispiel zu Satz 7.1.1 eine stetige und bezüglich x 2π-periodische Abbildung von $[O,T] \times \mathbf{R}^3$ in $\mathbf{R}$.

Zu dem gegebenen u_o besitze die Aufgabe eine eindeutige Lösung $u(x,t)$ im Streifen $O \leq t \leq T$, wobei f und u_o so glatt seien, daß $u(x,t) \in C^{4,2}(\mathbf{R} \times [O,T])$.

Weiterhin sei

$$\sup_{O \leq t \leq T} \|u(\cdot,t)\| \leq r_1, \quad \sup_{O \leq t \leq T} \|u_x(\cdot,t)\| \leq r_2,$$

und es seien s_1, s_2, A,B Konstanten mit

$s_1 > r_1$, $s_2 > r_2$, $|f_p| \leq A$, $|f_q| \leq B$ für alle $t \epsilon [O,T]$, für alle $x \epsilon [0,2\pi]$ und für alle $p,q \epsilon \mathbf{R}$ mit $|p| \leq s_1$, $|q| \leq s_2$.

Numerisch soll die Aufgabe durch das explizite Einschrittverfahren

$$u_{n+1}(x) = (1-2\lambda)u_n(x) + \lambda\{u_n(x+\sqrt{\tfrac{h}{\lambda}}) + u_n(x-\sqrt{\tfrac{h}{\lambda}})\}$$

$$+\, hf(t_n,x,u_n(x),\tfrac{\lambda}{2h}[u_n(x+\sqrt{\tfrac{h}{\lambda}}) - u_n(x-\sqrt{\tfrac{h}{\lambda}})])$$

$$=:\ [C(t_n,h)u_n](x) = [-F_o(t_n,h)u_n](x) \qquad\qquad (7.2.18)$$

gelöst erden ($\lambda := \dfrac{h}{(\varDelta x)^2} = \text{const} > 0$).

Die Operatoren $C(t,h)$ ($0 \le t \le T$, $h \in (0,h_o]$ mit beliebigem $h_o \in (0,T]$)
bilden $\mathfrak{M}$ und sogar den vollständigen Teilraum $C_{2\pi}^o(\mathbb{R})$ jeweils in
sich ab.

Mit $\alpha = \dfrac{1}{2}$ und $s := \dfrac{s_2 - r_2}{\sqrt{\lambda}}$ folgt für $u \in \mathcal{Q}_{\alpha,h}(t)$

$$\|u\| \le s_1$$

sowie

$$\sup_{0 \le x \le 2\pi} \tfrac{1}{2}\sqrt{\tfrac{\lambda}{h}}\,|u(x+\sqrt{\tfrac{h}{\lambda}}) - u(x-\sqrt{\tfrac{h}{\lambda}})| \ \le\ \sup_{0 \le x \le 2\pi} \tfrac{1}{2}\sqrt{\tfrac{\lambda}{h}}\,|u(x+\sqrt{\tfrac{h}{\lambda}})$$

$$- u(x+\sqrt{\tfrac{h}{\lambda}},t)|$$

$$+ \sup_{0 \le x \le 2\pi} \tfrac{1}{2}\sqrt{\tfrac{\lambda}{h}}\,|u(x+\sqrt{\tfrac{h}{\lambda}},t) - u(x-\sqrt{\tfrac{h}{\lambda}},t)|$$

$$+ \sup_{0 \le x \le 2\pi} \tfrac{1}{2}\sqrt{\tfrac{\lambda}{h}}\,|u(x-\sqrt{\tfrac{h}{\lambda}},t) - u(x-\sqrt{\tfrac{h}{\lambda}})|$$

$$\le \tfrac{1}{2}\sqrt{\tfrac{\lambda}{h}}\,sh^{\frac{1}{2}} + \tfrac{1}{2}\sqrt{\tfrac{\lambda}{h}}\,2\sqrt{\tfrac{h}{\lambda}}\,\|u_x(\cdot,t)\| + \tfrac{1}{2}\sqrt{\tfrac{\lambda}{h}}\,sh^{\frac{1}{2}}$$

$$\le \sqrt{\lambda}\,s + r_2 = s_2.$$

Aufgrund der Differenzierbarkeitsvoraussetzungen über f ergibt sich
deshalb für $u \in \mathcal{Q}_{\alpha,h}(t)$ und $v \in \mathfrak{M}$:

$$[F_o(t,h)v - F_o(t,h)u](x) = [L_{(t,h,u)}(v-u)](x) + [g(v,u)](x)$$

mit

$$-[L_{(t,h,u)}z](x) := (1-2\lambda)z(x) +$$

$$+ \left\{ \lambda + \frac{1}{2} \sqrt{\frac{\lambda}{h}} \; f_q(t,x,u(x), [Du](x)) \right\} z(x+ \sqrt{\tfrac{h}{\lambda}})$$

$$+ \left\{ \lambda - \frac{1}{2} \sqrt{\frac{\lambda}{h}} \; f_q(t,x,u(x), [Du](x)) \right\} z(x- \sqrt{\tfrac{h}{\lambda}})$$

$$+ hf_p(t,x,u(x), [Du](x)) z(x)$$

sowie

$$\| g(v,u) \| = O(\|v - u\|) \quad \text{für} \quad \|v - u\| \longrightarrow 0,$$

wenn $[Du](x)$ den ersten zentralen Differenzenquotienten von u an der Stelle x bezeichnet; für $u = u(t)$, $v \in \mathcal{Q}_{\alpha,h}(t)$ erhält man insbesondere

$$[F_0(t,h)v - F_0(t,h)u(t)](x) = [L_{(t,h,w)}(v-u(t))](x)$$

mit $w(x,t) = u(x,t) + \vartheta(v(x) - u(x,t)) \in \mathcal{M}$ für jedes feste $t \in [0,T]$; $\vartheta \in (0,1)$.

Damit sind die Voraussetzungen (7.2.1), (7.2.2), (7.2.3) erfüllt. Mit Rücksicht auf die gleichmäßige Beschränktheit von f_p, f_q ergibt sich nun fast unmittelbar für beliebiges $w \in \mathcal{Q}_{\tau,h}(t)$ $(\tau \geq \alpha)$ bei hinreichend kleinem λ und hinreichend kleinem h_0 die für die τ-Stabilität hinreichende Abschätzung (7.2.7) (wenn man dort α durch τ ersetzt).

Wie man außerdem mittels Taylorentwicklung nachrechnet, ist das Verfahren (7.2.18) mit der gegebenen Anfangswertaufgabe unter den genannten Voraussetzungen konsistent für u_0 von der Ordnung 1, so daß wir für ein Anfangsfeld der Fehlerordnung 1 die 1-Konvergenz des Verfahrens schließen können.

Bemerkung: *Sind f_p, f_q sogar lokal gleichgradig lipschitzstetig, so läßt sich mit $\rho = 0$ auch das Erfülltsein von (7.2.10) nachweisen.*

Bemerkung: *Ist $f_q \equiv 0$, so liegt eine halblineare Aufgabe im Sinne des Kapitels 5 vor. Unter den genannten Voraussetzungen ist dann schon genau wie dort die Einschränkung des Schrittweitenverhältnisses $\lambda \leq \frac{1}{2}$ für die Gewährleistung der Stabilität hinreichend.*

Bemerkung: *Einen andersartigen Zugang zum Nachweis der stetigen Konvergenz differenzierbarer Verfahren (mit erneuter Anwendung auf das Beispiel (3.2.1) und auf das soeben behandelte Beispiel) gibt Reinhardt [88].*

8 Nichtzylindrische Probleme [1]

Bei den bisher behandelten Aufgaben ließen sich die Lösungselemente $u(t)$, $0 \le t \le T$, bzw. die Näherungen u_n ($n = 0,1,2,\ldots$), als Elemente eines festen linearen Raumes auffassen. Mithin mußten die Lösungen $u(x,t)$ auf Zylindern $\mathcal{G}_O \times [0,T]$ ($\mathcal{G}_O \subset \mathbf{R}^d$) definiert sein (wobei auch $\mathcal{G}_O = \mathbf{R}^d$ zugelassen war, wie in Beispielen deutlich wurde). Besitzen dagegen die $u(x,t)$ für jeweils unterschiedliche feste t, bzw. die $u_n(x)$ für unterschiedlich feste n, keine gemeinsamen Definitionsbereiche, so wäre $\mathfrak{M}$ offenbar kein linearer Raum mehr. Die Existenzbereiche der Lösungen der gegebenen Aufgabe wurden deshalb bisher als zylindrisch vorausgesetzt.

Dies ist jedoch bekanntlich schon bei linearen hyperbolischen Systemen erster Ordnung mit auf einem *beschränkten* Bereich $\mathcal{G}_O$ definierten Anfangsfunktionen nicht mehr der Fall.

Es sollen nun allgemeiner Aufgaben der folgenden Form zugelassen werden:

Zu einer Schar $\mathcal{G}_t$ ($0 \le t \le T$) von Bereichen aus dem $\mathbf{R}^d$ existiere eine Schar $\mathfrak{M}_t$ normierter Funktionenräume, deren Elemente jeweils auf $\mathcal{G}_t$ definiert seien. Die auf $\mathfrak{M}_t$ definierte Norm werde mit $\|\ldots\|_t$ bezeichnet.

Die Bereiche $\mathcal{G}_t$ mögen die Eigenschaft $\mathcal{G}_\tau \subset \mathcal{G}_t$ für $\tau \le t$ besitzen. Setzen wir

$$\mathcal{G} = \left\{ (x,t) \mid x \in \mathcal{G}_t,\ 0 \le t \le T \right\}$$

---

[1] vergleiche auch [10], S.136 ff.

und

$$\mathcal{F} = \left\{ u \,|\, u = u(x,t), (x,t) \in \mathcal{G} \,,\, u(\cdot,t) \in \mathcal{M}_t \text{ für jedes feste } t \in [O,T] \right\},$$

so wird $\mathcal{F}$ auf natürliche Weise zu einem linearen Raum aufgrund der Linearität der Räume $\mathcal{M}_t$. Auf $\mathcal{F}$ möge eine Norm $\|\ldots\|$ erklärt sein. Setzt man für $u \in \mathcal{F}$

$$\|u\|^{(h)} := \max_{\nu = O, \ldots, \left[\frac{T}{h}\right]} \|u(\cdot,t_\nu)\|_{t_\nu}, \tag{8.1}$$

so gelte

$$\lim_{h \to O} \|u\|^{(h)} = \|u\|.$$

Die Aufgabe

$$u_t = A(t)u, \quad O \leq t \leq T$$

$$u(O) = u_O \tag{8.2}$$

mit nicht notwendig linearen Operatoren $A(t)$, die ihren jeweiligen Definitionsbereich $\mathcal{M}_{A(t)} \subset \mathcal{M}_t$ in $\mathcal{M}_t$ abbilden mögen, besitze für alle $u_O \in \mathcal{A}_O \subset \mathcal{M}_O$ eine jeweils eindeutige Lösung $u(\cdot,\cdot) \in \mathcal{F}$.

Die Lösungen $u(x,t)$ werden also sowohl als Elemente der normierten Räume $\mathcal{M}_t$ (bei jeweils festem $t \in [O,T]$) als auch als Elemente des normierten Raumes $\mathcal{F}$ angesehen.

Um deutlich zu machen, daß sich die für zylindrische Probleme erzielten Aussagen weitgehend auf nichtzylindrische Probleme der hier betrachteten Art übertragen lassen, sei exemplarisch auf die Übertragung der Ergebnisse des Abschnitts 6.1 hingewiesen:

Gegeben sei also als Spezialfall der Aufgabe (8.2) die quasilineare Anfangswertaufgabe (6.1.1), d.h.

$$u_t = F(t,u) + G(t)u, \quad O \leq t \leq T$$

$$u(O) = u_O.$$

Zur Approximation verwenden wir ein explizites Verfahren der Form (6.1.3), wobei wir uns der Einfachheit halber auf Einschrittver-

285

fahren beschränken [1]:

$$u_{n+1}(x) = - D_0(t_n,h,u_n)u_n - hB_0(t_n,h)G(t_n)u_n =: C(t_n,h)u_n \quad [2].$$

Dabei sei $D_0(t,h,u)$ für jedes feste $u \in \mathfrak{M}_t$ und für jedes feste $h \in [0,h_0]$ (bei geeignetem $h_0 > 0$) ein linearer Operator von $\mathfrak{M}_t$ in $\mathfrak{M}_{t+h}$ und $B_0(t,h)$ sei ein für jedes feste $h \in [0,h_0]$ linearer stetiger Operator von $\mathfrak{M}_t$ in $\mathfrak{M}_{t+h}$.

Die Operatoren $G(t)$ mögen $\mathfrak{M}_t$ in sich abbilden.

Ersetzt man dann die für stabile Konvergenz hinreichenden Bedingungen (Q1) bis (Q5) des Abschnitts 6.1 durch die nachfolgend angegebenen Bedingungen (Q1a) bis (Q5a), so gelten die dort erzielten Ergebnisse bei entsprechender Induzierung der Normen und bei entsprechender (unter Berücksichtigung von (8.1) sofort anschreibbarer) Übertragung der Definition der stabilen Konvergenz auch hier:

(Q1a) Die Operatoren $G(t)$ $(0 \leqq t \leqq T)$ seien global gleichgradig lipschitzsstetig, d.h. es gebe eine Konstante L mit

$$\|G(t)u - G(t)v\|_t \leqq L\|u - v\|_t \text{ für alle } u,v \in \mathfrak{M}_t, \text{ für alle}$$
$$t \in [0,T].$$

(Q2a) Es existiere eine Konstante $b > 0$ mit

$$\|B_0(t,h)\|_t \leqq b, \text{ für alle } h \in [0,h_0], \text{ für alle } t \in [0,T].$$

(Q3a) Das betrachtete Verfahren sei für das jeweils betrachtete u_0 mit der gegebenen Aufgabe konsistent, d.h. es gelte

$$\|C(t,h) E_0(t)u_0 - E_0(t+h)u_0\|_{t+h} \leqq h\eta_1(h,u_0)$$
$$\text{mit } \eta_1(h,u_0) = o(1) \text{ für } h \to 0.$$

---

[1] Die Übertragung auf Mehrschrittverfahren bereitet nach dem Muster des Abschnitts 6.1 keine Schwierigkeiten.

[2] Die hier eingeführte Abhängigkeit der Operatoren B_0 von t berücksichtigt die jetzt nicht mehr einheitlichen Definitionsbereiche.

(Q4a) Es existiere eine Konstante $K \gtrsim 0$ und ein $\varkappa = \varkappa(u_o) \gtrsim 0$, so
daß bei beliebigen $u, v \in \mathfrak{M}_t$ und für jedes $t \in [0, T-h]$ gilt:

$$\|\{D_o(t,h,u) - D_o(t,h,v)\}\, w\|_{t+h} \leq \begin{cases} K\|u-v\|_t \|w\|_t, & \text{für alle } w \in \mathfrak{M}_t \\[2ex] \varkappa(u_o) h \|u-v\|_t & \text{für } w = u(t) \end{cases} \;.$$

(Q5a) Es existiere eine nur von dem (jeweils) gegebenen u_o abhängende Konstante $M = M(u_o)$ mit der Eigenschaft

$$\sup_{0 \leq t \leq T} \|D_o(t,h,u(t))\|_t \leq 1 + M(u_o)h.$$

Literatur

1. Albrecht, R. und W. Urich: Ein Differenzenverfahren zur näherungsweisen Lösung des Anfangswertproblems für Systeme halblinearer partieller Differentialgleichungen 1. Ordnung. Numer. Math. $\underline{3}$, 131 - 146 (1961)

2. Ames, W.F.: Nonlinear partial differential equations in engineering. New York - London: Academ. Press 1965

3. Ansorge, R.: Die Adams-Verfahren als Charakteristikenverfahren höherer Ordnung zur Lösung von hyperbolischen Systemen halblinearer Differentialgleichungen. Numer. Math. $\underline{5}$, 443 - 460 (1963)

4. Ansorge, R.: Zur Frage der Verallgemeinerung des Äquivalenzsatzes von Lax. Numer. Math. $\underline{8}$, 178 - 185 (1966)

5. Ansorge, R.: Der Äquivalenzsatz von Lax für halblineare Probleme. ZAMM $\underline{46}$, T35 - T37 (1966)

6. Ansorge, R.: Konvergenz von Mehrschrittverfahren zur Lösung halblinearer Anfangswertaufgaben. Numer. Math. $\underline{10}$, 209 - 219 (1967)

7. Ansorge, R.: Zur Existenz verallgemeinerter Lösungen nichtlinearer Anfangswertaufgaben. In: ISNM, vol. $\underline{12}$, 13 - 22 (editors: L. Collatz and H. Unger) Basel - Stuttgart: Birkhäuser 1969

8. Ansorge, R.: Konvergenz von Differenzenverfahren für quasilineare Anfangswertaufgaben. Numer. Math. 13, 217 - 225 (1969)

9. Ansorge, R.: Problemorientierte Hierarchie von Konvergenzbegriffen bei der numerischen Lösung von Anfangswertaufgaben. Math. Z. $\underline{112}$, 13 - 22 (1969)

10. Ansorge, R. und R. Hass: Konvergenz von Differenzenverfahren für lineare und nichtlineare Anfangswertaufgaben. Lecture Notes in Mathem., vol. 159, Berlin - Heidelberg - New York: Springer 1970

11. Ansorge, R. und C. Geiger: Approximationstheoretische Abschätzung des Diskretisationsfehlers bei verallgemeinerten Lösungen gewisser Anfangswertaufgaben. Abh. Math. Sem. Univ. Hamburg $\underline{36}$, 99 - 110 (1971)

12. Ansorge, R., C. Geiger und R. Hass: Existenz und numerische Erfaßbarkeit verallgemeinerter Lösungen halblinearer Anfangswertaufgaben. ZAMM $\underline{52}$, 597 - 605 (1972)

13. Ansorge, R. und C. Geiger: Fehlerabschätzungen bei Aufgaben mit schwach strukturierten Ausgangsdaten. In: Lecture Notes in Mathematics, vol. 333 (editors: R. Ansorge and W. Törnig) Berlin - Heidelberg - New York: Springer 1973

14. Aumann, G.: Reelle Funktionen. Berlin - Göttingen - Heidelberg: Springer 1954

15. du Bois-Reymond, P.: Sitzungs-Ber. Preuß. Akad. d. Wiss. Berlin, 359 - 360 (1886)

16. Bramble, J.H., B.E. Hubbard and V. Thomée: Convergence estimates for essentially positive type discrete Dirichlet problems. Math. Comput. $\underline{23}$, 695 - 710 (1969)

17. Brenner, P., V. Thomée and L.B. Wahlbin: Besov spaces and applications to difference methods for initial value problems. Lecture Notes in Mathem. vol. 434 Berlin - Heidelberg - New York: Springer 1975

18. Buchanan, M.L.: A necessary and sufficient condition for stability of difference schemes for initial value problems. SIAM J. $\underline{11}$, 919 - 935 (1963)

19. Burgers, J.M.: A functional equation related to the Boltzmann equation and to the equations of gas dynamics. In: Partial differential equations and continuum mechanics. (editor: R.E. Langer) University of Wisconsin Press 1961

20. Butzer, P.L. und K. Scherer: Approximationsprozesse und Interpolationsmethoden. Mannheim - Zürich: Bibliographisches Institut 1968

21. Butzer, P.L. and R. Weis: On the Lax equivalence theorem equipped with orders. J. Approx. Th. $\underline{19}$, 239 - 252 (1977)

22. Chartres, B.A. and R. S. Stepleman: A general theory of convergence for numerical methods. SIAM J. Numer. Anal. $\underline{9}$, 476 - 492 (1972)

23. Collatz, L.: The numerical treatment of differential equations (3rd ed., 2nd printing). Berlin - Heidelberg-New York: Springer 1966

24. Courant, R.: Über eine Eigenschaft der Abbildungsfunktionen bei konformer Abbildung. Gött. Nachr., 101 - 109 (1914)

25. Courant, R., K. Friedrichs und H. Lewy: Über die partiellen Differenzengleichungen der mathematischen Physik. Math. Ann. $\underline{100}$, 32 - 74 (1928)

26. Courant, R., E. Isaacson and M. Rees: On the solution of nonlinear hyperbolic differential equations by finite differences. Comm. Pure Appl. Math. $\underline{5}$, 243 - 255 (1952)

27. Crank, J. and Nicholson, P.: A practical method for numerical integration of solutions of partial differential equations of heat-conducting type. Proc. Cambridge Philos. Soc. $\underline{43}$, 50 - 67 (1947)

28. Dahl, O.: Approximation of nonlinear operators. In: Lecture Notes in Mathematics, vol. 109 (editor: J. Ll. Morris) Berlin - Heidleberg - New York: Springer 1969

29. Dahlquist, G.: Convergence and stability in the numerical integration of ordinary differential equations. Math. Scand. $\underline{4}$, 33 - 53 (1956)

30. von Dein, H.: Konvergenzbedingungen bei der numerischen Behandlung nichtlinearer Anfangswertaufgaben mittels Differenzenverfahren. In: ISNM, vol. 31 (editors: J. Albrecht and L. Collatz) Basel - Stuttgart: Birkhäuser 1976

31. Demmig, F.: Ein explizites Charakteristikenverfahren zweiter Ordnung für das Anfangswertproblem bei quasilinearen hyperbolischen Differentialgleichungssystemen erster Ordnung mit zwei unabhängigen Veränderlichen. ZAMM $\underline{53}$, 145 - 154 (1973)

32. Douglas, J.: On the numerical integration of

$$\frac{\partial^2 u}{\partial x^2} + \frac{\partial^2 u}{\partial y^2} = \frac{\partial u}{\partial t} \text{ by implicit methods. J. Soc. Indust. Appl.}$$

Math. $\underline{3}$, 42 - 65 (1955)

33. Douglas, jr. and T. Dupont: Galerkin methods for parabolic equations. SIAM. J. Numer. Anal. $\underline{7}$, 575 - 626 (1970)

34. Eisen, D.: The equivalence of stability and convergence for finite difference schemes with singular coefficients. Numer. Math. $\underline{10}$, 20 - 29 (1967)

35. Engelke, W.: L_2-Norm-konvergente Mehrschrittverfahren für lineare Anfangswertaufgaben mit konstanten Koeffizienten. Diplomarbeit Hamburg 1973.

36. Filippow, A.F.: Differential equations with discontinuous right-hand side. Amer. Math. Soc. Transl. $\underline{42}$, 199 - 231 (1960)

37. Fix, G. and N. Nassif: On finite element approximations to time dependent problems. Numer. Math. $\underline{19}$, 127 - 175 (1972)

38. Forsythe, G. and W. Wasow: Finite-difference methods for partial differential equations. New York - London: John Wiley & Sons, 1960

39. Friedman, A.: Partial differential equations. New York: Holt, Rinehart & Winston 1969

40. Glaser, J.: Kritischer Vergleich der Stabilitätsbegriffe bei Differenzenverfahren. Diplom-Arbeit, Hamburg 1973

41. Glaser, J.: Das Stabilitätsproblem bei der numerischen Behandlung von Differentialgleichungen. Computing $\underline{19}$, 221 - 231 (1978)

42. Gustafson, B., H.-O. Kreiß and A. Sundström: Stability theory of difference approximations for mixed initial boundary value problems, II, Math. Comput. $\underline{26}$, 649 - 686 (1972)

43. Gustafson, B.: The convergence rate for difference approximations to mixed initial boundary value problems. Math. Compt. $\underline{29}$, 396 - 406 (1975)

44. Hass, R.: Stabilität und Konvergenz von Differenzenverfahren für halblineare Probleme. Dissertation Hamburg 1971

45. Hass, R.: Konvergenz von Differenzenverfahren für halblineare Anfangswertaufgaben. In: Lecture Notes in Mathematics, vol. 267 (editors: R. Ansorge and W. Törnig) Berlin - Heidelberg - New York: Springer 1972

46. Hass, R.: Bemerkungen zur Stabilität von Differenzenverfahren für lineare und halblineare Anfangswertaufgaben. In: Lecture Notes in Mathematics, vol. 395 (editors: R. Ansorge and W. Törnig). Berlin - Heidelberg - New York: Springer 1974

47. Hass, R. und H. Kreth: Stabilität und Konvergenz von Mehrschrittverfahren zur numerischen Lösung quasilinearer Anfangswertprobleme. ZAMM $\underline{54}$, 353 - 358 (1974)

48. Hellwig, G.: Partielle Differentialgleichungen. Stuttgart: Teubner 1960

49. Henrici, P.: Discrete variable methods in ordinary differential equations. New York - London: John Wiley & Sons 1962

50. Hersh, R.: On the theory of difference schemes for mixed initial boundary value problems. SIAM J. Numer. Anal. $\underline{5}$, 436 - 450 (1968)

51. Janenko, N.N.: Die Zwischenschrittmethode zur Lösung mehrdimensionaler Probleme der mathematischen Physik. Lecture Notes in Mathematics, vol. 91, Berlin - Heidelberg - New York: Springer 1969

52. John, F.: Lectures on advanced numerical analysis. New York - London - Paris: Gordon and Breach 1967

53. Johnen, H.: Über Sätze von M. Zamansky und S.B. Stečkin und ihre Umkehrungen auf dem n-dimensionalen Torus. J. Approx. Th. $\underline{2}$, 97 - 110 (1969)

54. Johnston, R.L. and S.K. Pal: The numerical solution of hyperbolic systems using bicharacteristics. Math. Comput. $\underline{26}$, 377 - 392 (1972)

55. Kamke, E.: Differentialgleichungen I (5. Aufl.) Leipzig: Geest & Portig 1964

56. Kantorovitch, L.V.: Functional analysis and applied mathematics (Russian), Uspeki Mat. Nauk $\underline{3}$, 89 - 185 (1948) (Translation: National Bureau of Standards Report 1509, 1952)

57. Kantorowitsch, L.W. und G.P. Akilov: Funtionalanalysis in normierten Räumen. Berlin: Akademie-Verlag 1964

58. Kato, T.: Abstract evolution equations of parabolic type in
    Banach and Hilbert spaces. Nagoya Math. J. _19_, 93 - 125
    (1961)

59. Konoval'tsev, I.V.: An example of a difference scheme unstable
    in the class of continuous coefficents. U. S. S. R. Comput.
    Math. math. Phys. _5_ (1965), 185 - 190 (1967)

60. Kreiß, H.O.: Über die Stabilitätsdefinition für Differenzen-
    gleichungen, die partielle Differentialgleichungen approximie-
    ren. Nordisk Tidskr. Informations-Behandling _2_, 153 - 181
    (1962)

61. Kreiß, H.O.: On difference approximations of the dissipative
    type for hyperbolic differential equations. Comm. Pure Appl.
    Math. _17_, 335 - 353 (1964)

62. Kreth, H.: Ein Äquivalenzsatz bei der numerischen Lösung qua-
    silinearer Anfangswertaufgaben. In: Numerische Behandlung
    nichtlinearer Integrodifferential- und Differentialgleichun-
    gen. Lecture Notes in Mathematics, vol. 395 (editors: R. An-
    sorge and W. Törnig) Berlin - Heidelberg - New York: Springer
    1974

63. Kreth, H.: Der Nachweis der Existenz verallgemeinerter Lösun-
    gen quasilinearer Anfangswertaufgaben mittels Differenzenver-
    fahren. Computing _15_, 251 - 261 (1975)

64. Kreth, H.: Ein Zwischenschrittverfahren für halblineare An-
    fangswertaufgaben. In: ISNM, vol. 31 (editors: J. Albrecht
    and L. Collatz) Basel - Stuttgart: Birkhäuser 1976

65. Laasonen, P.: Über eine Methode zur Lösung der Wärmeleitungs-
    gleichung. Acta Math. _81_, 309 - 317 (1949)

66. Lambert, J.D.: Variable coefficient multistep methods for
    ordinary differential equations applied to parabolic diffe-
    rential equations. In: Topics in numerical analysis II (edi-
    tor: J.J.H. Miller). London - New York - San Francisco: Aca-
    demic Press 1975

67. Lang, S.: Analysis I. London: Wesley 1969

68. Lax, P.: Weak solutions of nonlinear hyperbolic equations and
    their numerical computations. Comm. Pure Appl. Math. _7_, 159 -
    193 (1954)

69. Lax, P.D. and R.D. Richtmyer: Survey of the stability of line-
    ar finite difference equations. Comm. Pure Appl. Math. _9_,
    267 - 293 (1956)

70. Lax, P.D. and B. Wendroff: Difference schemes for hyperbolic
    equations with high order of accuracy. Comm. Pure Appl. Math.
    _17_, 381 - 398 (1964)

71. Lühmann, H.: Ein Vergleich verallgemeinerter und schwacher
    Lösungen des Cauchy-Problems der Wellengleichung. Diplom-Ar-
    beit, Hamburg 1974

72. Mäkelä, M., O. Nevanlinna and A.H. Sipilä: On the concepts
    of convergence, consistency, and stability in connection with
    some numerical methods. Numer. Math. $\underline{22}$, 216 - 274 (1974)

73. Marinescu, G.: Analiza Numeriča, Editura Academici Republicii
    Socialiste România, Bukarest 1974

74. Meinardus, G.: Approximation von Funktionen und ihre numeri-
    sche Behandlung. Berlin - Göttingen - Heidelberg - New York:
    Springer 1964

75. Miller, J.J.H. and W.G. Strang: Matrix theorems for partial
    differential and difference equations. Math. Scand. $\underline{18}$,
    113 - 133 (1966)

76. Miller, J.J.H.: On the L_2 theory of linear hyperbolic diffe-
    rential and difference equations with constant coefficients.
    Inst. di Elab. d. Inform. del Cons. Naz. d. Ric. Lito Telici
    - Pisa 1969

77. Miller, J.J.H.: On the location of zeros of certain classes
    of polynomials with applications to numerical analysis. J.
    Inst. Math. Appl. $\underline{8}$, 397 - 406 (1971)

78. Morton, K.W. and S. Schechter:: On the stability of finite
    difference matrices. SIAM, J., Numer. Anal., Ser. B. $\underline{2}$, 119 -
    127 (1965)

79. Oleinik, O.A.: Discontinuous solutions of non-linear diffe-
    rential equations (Russisch). Uspechi Mat. Nauk (N.S.) $\underline{12}$,
    3 - 73 (1957) (vgl. auch Amer. Math. Soc. Transl., Ser. $\overline{2}$,
    $\underline{26}$, 95 - 172 (1963))

80. Peacemann, D.W. and H.H. Racheford jr.: The numerical solu-
    tion of parabolic and elliptic differential equations. J.
    Soc. Indust. Appl. Math. $\underline{3}$, 28 - 41 (1955)

81. Peetre, J. and V. Thomée: On the rate of convergence for
    discrete initial-value problems. Math. Scand. $\underline{21}$, 159 - 176
    (1967)

82. Puke, V.: Auflösbareit und Konvergenz impliziter Differenzen-
    verfahren zur numerischen Lösung quasilinearer Anfangswert-
    aufgaben. Diplom-Arbeit, Universität Hamburg 1975

82a. Puke, V.: Konvergenz impliziter Mehrschrittverfahren zur nu-
    merischen Lösung quasilinearer Anfangswertaufgaben. Computing
    $\underline{18}$, 249 - 262 (1977)

83. Rautmann, R.: Zur iterativen Lösung spezieller Systeme parti-
    eller Differentialgleichungen. ZAMM $\underline{54}$, T197 - T199(1974)

84. Rautmann, R.: On the convergence of a Galerkin method to
    solve the initial value problem of a stabilized Navier-Stokes
    equation. In: ISNM, vol. 27 (editors: R. Ansorge, L. Collatz,
    G. Hämmerlin, W. Törnig) Basel - Stuttgart: Birkhäuser 1975

85. Reichelt, P.: Halblineare Anfangswertaufgaben mit zeitabhängigem Differentialoperator und ihre numerische Behandlung. Diplom-Arbeit Hamburg 1974

86. Reichelt, P.: Eine Darstellung der Lösung von halblinearen Anfangswertaufgaben in Integralform. ZAMM 55, 613 (1975)

87. Reinhardt, H.-J.: On the existence of generalized solutions and the convergence of difference methods for nonlinear initial-value problems. Manuscripta Math. 17, 151 - 170 (1975)

88. Reinhardt, H.-J.: Differentiable difference approximations for nonlinear initial-value problems. (to appear)

89. Reissig, R.: Erzwungene Schwingungen mit zäher und trockener Reibung. Math. Nachr. 11, 249 - 252 (1954)

90. Richtmyer, R.D. and K.W. Morton: Difference methods for initial-value problems (2nd ed.). New York - London - Sidney: Interscience Publishers 1967

91. Riesz, F.et B. Sz.-Nagy: Lecon d'analyse fonctionelle (3me éd.) Académie des Sciences de Hongrie 1955

92. Rinow, W.: Die innere Geometrie der metrischen Räume. Berlin - Göttingen - Heidelberg: Springer 1961

93. Rjabenki, V.S. und A.F. Filippow: Über die Stabilität von Differenzengleichungen. Berlin: VEB Deutscher Verlag der Wissenschaften 1960

94. Sauer, R.: Anfangswertprobleme bei partiellen Differentialgleichungen. (2.Aufl.) Berlin - Göttingen - Heidelberg: Springer 1958

95. Schultz, H.M.: A generalization of the Lax equivalence theorem. Proc. Amer. Math. Soc. 17, 1034 - 1035 (1966)

96. Sobolev, S.L.: Einige Anwendungen der Funktionalanalysis auf Gleichungen der mathematischen Physik. Berlin: Akademie-Verlag 1964

97. Spijker, M.N.: Convergence and stability of step-by-step methods for the numerical solution of initial-value problems. Numer. Math. 8, 161 - 177 (1966)

98. Spijker, M.N.: On the consistency of finite-difference methods for the soltuion of initial-value problems. J. Math. Anal. Appl. 19, 125 - 132 (1967)

99. Spijker, M.N.: Stability and convergence of finite difference methods. Thesis, Leiden University (1968)

100. Spijker, M.N.: Equivalence theorem for nonlinear finite-difference methods. In: Numerische Lösung nichtlinearer partieller Differential- und Integrodifferentialgleichungen. Lecture Notes in Mathematics, vol. 267 (editors: R. Ansorge and W. Törnig). Berlin - Heidelberg - New York: Springer 1972

101. Stetter, H.J.: Anwendung des Äquivalenzsatzes von P. Lax
auf inhomogene Probleme. Zamm $\underline{39}$, 396 - 397 (1959)

102. Stetter, H.J.: On the convergence of characteristic finite-
difference methods of high accuracy for quasi-linear hyperbolic equations. Numer. Math. $\underline{3}$, 321 - 344 (1961)

103. Stetter, H.J.: A study of strong and weak stability in discretization algorithms. J. SIAM Numer. Anal., Ser. B. $\underline{2}$,
265 - 280 (1965)

104. Stetter, H.J.: Stability of nonlinear discretization algorithms. In: Numerical solution of partial differential
equations (editor: J.H.Bramble). New York - London: Academic
Press 1966

105. Stetter, H.J.: Analysis of discretization methods for ordinary differential equations. Berlin - Heidelberg - New York:
Springer 1973

106. Strang, W.G.: Difference methods for mixed boundary-value
problems. Duke Math. J. $\underline{27}$, 221 - 231 (1960)

107. Strang, W.G.: Trigonometric polynomials and difference methods of maximum accuracy. J. Math. Phys.$\underline{41}$, 147 - 154 (1962)

108. Strang, W.G.: Accurate partial difference methods. II. Non-
Linear problems. Numer. Math. $\underline{6}$, 37 - 46 (1964)

109. Strang, W.G.: On the construction and comparison of difference schemes. SIAM J. Numer. Anal. $\underline{5}$, 506 - 517 (1965)

110. Stummel, F.: Discrete convergence of mappings. In: Procee-
dings of the Conference on Numerical Analysis. Dublin 1972
(editor: J.Miller) New York - London: Academic Press 1973

111. Stummel, F. and J. Reinhardt: Discrete convergence of continuous mappings in metric spaces. In: Numerische, insbesondere
approximationstheoretische Behandlung von Funktionalgleichun-
gen. Lecture Notes in Mathematics, vol. 333 (editor: R. Ansorge and W. Törnig). Berlin - Heidelberg - New York: Springer 1973

112. Taubert, K.: Differenzenverfahren für gewöhnliche Anfangswertaufgaben mit unstetiger rechter Seite. In: Lecture Notes
in Mathematics, vol. 395 (editors: R. Ansorge and W. Törnig)
Berlin - Heidelberg - New York: Springer 1974

113. Taubert, K.: Eine Erweiterung der Theorie von Dahlquist. Computing $\underline{17}$, 177 - 185 (1976)

114. Thomas, L.: Computation of one-dimensional flows including
shocks. Comm. Pure Appl. Math. $\underline{7}$, 195 - 206 (1954)

115. Thomée, V.: Convergence analysis of a finite difference sche-
me for a simple semilinear hyperbolic equation. In Lecture
Notes in Mathem. vol. 395 (editors: R. Ansorge and W. Törnig).
Berlin - Heidelberg - New York: Springer 1974

116. Thomée, V.: Some convergence results for Galerkin methods for parabolic boundary value problems. In: Mathematical aspects of finite elements in partial differential equations. (editor: C. de Boor). New York - San Francisco - London: Academic Press 1974

117. Thomée, V. and B. Wendroff: Convergence estimates for Galerkin methods for variable coefficient initial value problems. SIAM J. Numer. Anal. $\underline{11}$, 1059 - 1068 (1974)

118. Thomée, V. and L. Wahlbin: On Galerkin methods in semilinear parabolic problems. SIAM J. Numer. Anal. $\underline{12}$, 378 - 389 (1975)

119. Thompson, R.J.: Difference approximations for inhomogeneous and quasi-linear equations. J. Soc. Indust. Appl. Math. $\underline{12}$, 189 - 199 (1964)

120. Törnig, W.: Über Differenzenverfahren in Rechteckgittern zur numerischen Lösung quasilinearer hyperbolischer Differentialgleichungen. Numer. Math. $\underline{5}$, 353 - 370 (1963)

121. Törnig, W. und M. Ziegler: Bemerkungen zur Konvergenz von Differenzapproximationen für quasilineare hyperbolische Anfangswertprobleme in zwei unabhängigen Veränderlichen. ZAMM $\underline{46}$, 201 - 210 (1966)

122. Urabe, M.: Theory of errors in numerical integration of ordinary differential equations. J. Sci. Hiroshima Univ. Ser. A-I $\underline{25}$, 3 - 62 (1961)

123. Walsh, J.L. and D. Young: On the accuracy of the numerical solution of the Dirichlet problem by finite differences. J. Res. Nat. Bur. Standards $\underline{51}$, 343 - 363 (1953)

124. Walsh, J.L. and D. Young: On the degree of convergence of solutions of difference equations to the solution of the Dirichlet problem. J. Math. Phys. $\underline{33}$, 80 - 93 (1954)

125. Walter, W.: Differential and integral inequalities. Berlin - Heidelberg - New York: Springer 1970

126. Wasow, W.: On the truncation error in the solution of Laplace's equation by finite differences. J. Res. Nat. Bur. Standards $\underline{48}$, 345 - 348 (1952)

127. Weissinger, J.: Zur Theorie und Anwendung des Iterationsverfahrens. Math. Nachr. $\underline{8}$, 193 - 212 (1952)

128. Wendroff, B.: Well-posed problems and stable difference operators. SIAM, J., Numer. Anal. $\underline{5}$, 71 - 82 (1968)

129. Werner, H.: Praktische Mathematik I. Mathematica Scripta, vol. 1. Berlin - Heidelberg - New York: Springer 1970

130. Yosida, K.: Functional analysis (4th ed.) Berlin - Heidelberg - New York: Springer 1974

131. Zamansky, M.: Classes de saturation de certains procédés
     d'approximation des séries de Fourier des fonctions continues
     et application a quelques problemes d'approximation. Ann.
     sci. Ecole Norm. Sup. __66__, 19 - 93 (1949)

132. Zurmühl, R.: Matrizen. Berlin - Göttingen - Heidelberg: Sprin-
     ger 1950

133. Zwas, G.: On two step Lax-Wendroff methods in several dimen-
     sions. Numer. Math. __20__, 350 - 355 (1973)

Verzeichnis einiger häufig benutzter Symbole

Große Sütterlin-Buchstaben $(\mathcal{A},\mathcal{B},\mathcal{L},\dots)$ stellen stets (aber nicht
ausschließlich) Mengen oder Räume dar; $\overline{\mathcal{A}}$ Abschließung von $\mathcal{A}$.

$C^p(B)$ Raum der auf B p-mal stetig differenzierbaren, reellwertigen
Funktionen.

$C^p_\omega(B)$ Raum der auf B p-mal stetig differenzierbaren, reellwertigen
und in jeder Variablen ω-periodischen Funktionen.

$C^{p,q}(B \times C)$ Raum der auf $B \times C$ definierten stetigen, reellwertigen
Funktionen, die auf B p-mal und die auf C q-mal stetig differenzierbar sind.

$L_p(\mathcal{G})$ Raum der über $\mathcal{G}$ zur p-ten Potenz Lebesgue-integrierbaren
Funktionen.

Θ Nulloperator

I Identität

$:=$ definitionsgleich

$$(a_1,\dots,a_n)^T = \begin{pmatrix} a_1 \\ \vdots \\ a_n \end{pmatrix}$$

$[\cdot,\cdot]$ abgeschlossenes Intervall, $(\cdot,\cdot)$ offenes Intervall, $(\cdot,\cdot]$
halboffenes Intervall

[10] Hinweis auf die im Literaturverzeichnis unter Nr. 10 angegebene Literaturstelle

Sachverzeichnis

<u>Grigorieff, Numerik gewöhnlicher Differentialgleichungen</u>

<u>Band 1: Einschrittverfahren</u>

202 Seiten mit 11 Bildern. Kart. DM 16,80

Einschrittverfahren für Systeme erster und
höherer Ordnung
Explizite und implizite Runge-Kutta-Formeln
Das Fehlberg-Verhalten
Implizite Formeln mit höheren Ableitungen
Integration steifer Differentialgleichungen
Extrapolationsverfahren
Schrittweitensteuerung
Asymptotische, starke und absolute Stabilität
Konvergenz

<u>Band 2: Mehrschrittverfahren</u>

411 Seiten mit 49 Bildern, 32 Tabellen und
zahlreichen Beispielen. Kart. DM 29,80

Explizite und implizite Mehrschrittverfahren
Spezielle Verfahren für Systeme erster und
höherer Ordnung
Formeln mit günstigster Fehlerfortpflanzung
Verfahren mit variabler Schrittweite
Anlaufrechnung und Bemessung der Schrittweite
Konsistenz
Asymptotische Stabilität
Starke und absolute Stabilität
Prädiktor-Korrektor-Verfahren
Konvergenz der Differenzenquotienten
Reduktion der Rundungsfehler

Preisänderungen vorbehalten

Teubner Studienbücher Fortsetzung

Mathematik Fortsetzung

Walter: **Biomathematik für Mediziner**
148 Seiten. DM 14,80

Witting: **Mathematische Statistik**
Eine Einführung in Theorie und Methoden. 3. Aufl. 223 Seiten. DM 26,80 (LAMM)

Informatik

Ehrig et al.: **Universal Theory of Automata**
A Categorical Approach
240 Seiten. DM 24,80

Giloi: **Principles of Continuous System Simulation**
Analog, Digital and Hybrid Simulation in a Computer Science Perspective
172 Seiten. DM 25,80 (LAMM)

Hotz: **Informatik: Rechenanlagen**
Struktur und Entwurf. 136 Seiten. DM 17,80 (LAMM)

Kandzia/Langmaack: **Informatik: Programmierung**
234 Seiten. DM 22,80 (LAMM)

Kupka/Wilsing: **Dialogsprachen**
168 Seiten. DM 19,80 (LAMM)

Maurer: **Datenstrukturen und Programmierverfahren**
222 Seiten. DM 26,80 (LAMM)

Mehlhorn: **Effiziente Algorithmen**
240 Seiten. DM 24,80 (LAMM)

Oberschelp/Wille: **Mathematischer Einführungskurs für Informatiker**
Diskrete Strukturen. 236 Seiten. DM 19,80 (LAMM)

Paul: **Komplexitätstheorie**
247 Seiten. DM 25,80 (LAMM)

Richter: **Betriebssysteme**
152 Seiten. DM 22,80 (LAMM)

Richter: **Logikkalküle**
232 Seiten. DM 24,80 (LAMM)

Schlageter/Stucky: **Datenbanksysteme: Konzepte und Modelle**
261 Seiten. DM 22,80 (LAMM)

Schnorr: **Rekursive Funktionen und ihre Komplexität**
191 Seiten. DM 25,80 (LAMM)

Spaniol: **Arithmetik in Rechenanlagen**
Logik und Entwurf. 208 Seiten. DM 24,80 (LAMM)

Wirth: **Algorithmen und Datenstrukturen**
376 Seiten. DM 26,80 (LAMM)

Wirth: **Compilerbau**
Eine Einführung. 96 Seiten. DM 15,80 (LAMM)

Wirth: **Systematisches Programmieren**
Eine Einführung. 3. Aufl. 160 Seiten. DM 19,80 (LAMM)

Preisänderungen vorbehalten